石油和化工企业危险区域分类：降低风险指南

Hazardous Area Classification in Petroleum and Chemical Plants: A Guide to Mitigating Risk

[澳] Alireza Bahadori 著

天津开发区(南港工业区)管委会 译

中国石化出版社

著作权合同登记　图字 01-2015-5732

Hazardous Area Classification in Petroleum and Chemical Plants: A Guide to Mitigating Risk /1 edition (December 9, 2013) / Alireza Bahadori

图书在版编目（CIP）数据

石油和化工企业危险区域分类：降低风险指南/(澳)巴哈多里(Bahadori，A.)著；天津开发区(南港工业区)管委会译.——北京：中国石化出版社，2016.1

ISBN 978-7-5114-3796-9

Ⅰ.①石…　Ⅱ.①巴…　②天…　Ⅲ.①石油化工企业－安全管理－指南　Ⅳ.①TE687-62

中国版本图书馆CIP数据核字(2015)第310345号

中国石化出版社出版发行

地址：北京市东城区安定门外大街58号

邮编：100011　电话：(010)84271850

读者服务部电话：(010)84289974

http://www.sinopec-press.com

E-mail:press@sinopec.com

北京柏力行彩印有限公司印刷

全国各地新华书店经销

*

710×1000毫米 16开本 24印张 429千字

2016年4月第1版　2016年4月第1次印刷

定价：80.00元

译者序

目前，在我们国家，作为区域经济发展新焦点的工业园区，如雨后春笋般在全国各地兴建起来。今后我国工业园区建设还将继续呈现良好的发展势头。由于起步较晚，我国在工业园区的建设和管理方面经验不足。以美国为代表的发达国家在这方面已积累十分丰富的经验和教训，他山之石可以攻玉，这些对于我国正处于高速发展中的化工园区建设和管理，具有重要的借鉴作用。

翻译出版译著《地方经济发展与环境：寻找共同点》、《商业竞争环境下的安全管理》、《石油和化工企业危险区域分类：降低风险指南》，正是为了给我国的化工园区提供先进的管理理念、管理经验和管理方法，通过学习和借鉴这些方法和经验，提高我们的认识，优化我们的管理水平，把我们的化工园区建设成加工体系匹配、产业联系紧密、原料直供、物流成熟完善、公用工程专用、管控可靠、安全环境污染统一治理、管理统一规范、资源高效利用的产业聚集地。

《地方经济发展与环境：寻找共同点》一书针对化工园区管理所面临的经济发展与环境保护这两个重要领域协调发展的问题，提出了化工园区及石化行业关于“责任关怀”新发展理念的行业自律行动，旨在协调化工园区所在地的经济发展与环境保护，将复杂的环境和经济理念融入轻松适用的实践之中，加速实现经济发展与环境可持续发展的协调共赢。

《竞争商业环境下的安全管理》一书提出了包括中国在内的世界各国石化行业所面临的新挑战——建设适应21世纪新环境下的安全管理体系，诠释了包括石化工业在内的工业生产领域安全文化的内涵，着重探讨了风险管理的预防措施，强调了通过培训教育掌握风险管理技巧的重要性。

《石油和化工企业危险区域分类：降低风险指南》一书指出，对化工园区内的危险区域进行有效分类和识别，并在此基础上建立一套完善有效的消防安全体系，是化工园区实现可持续发展的重要保障，详细介绍了各种危险源辨识系统、救火规则和方法，以及工厂装置安全间距设计方法等。本书提供了大量案例，具有很强的实践性和可操作性，对于我国化工园区安全规划和安全管理的实施具有很强的借鉴和参考价值。

参与书稿翻译、审阅工作的还有王喜明、李捷、马爱华、张英、牛建岭等同志，中国石化出版社对三本著作的出版给予了大力支持，在此一并致谢。

鉴于水平有限，书中难免存在谬误和不足，敬请读者批评指正。

2015年10月

谨将此书献给我亲爱的父母和祖父母，以及这些年来在工作上给予我很多帮助的人们。

——[澳] Alireza Bahadori

前　言

随着各种各样化学品使用日益增多，除可燃性外，也带来了其他许多问题，这就需要建立一个简单的危险化学品识别系统。建立该系统的目的是保护那些在工厂或仓库工作的人们不受到火灾的伤害。

在一些厂区，可能存在可燃性气体、蒸气、液体或废弃物，如果这些物质泄露出来，就可能形成“易燃环境”。如果在装置中空气或氧气与可燃物接触，那么就形成了一个易燃环境。

“危险区域”同样可以描述为那些安装电气设备的场所，或者是如果存在起火因素，因自身特点可能会面临爆炸风险的场所。然而，可燃性物质不总是可以完全避免的(如甲醇和矿区的煤粉)。因此，在电气设备(如按钮或指示灯)的使用过程中，使用者了解这些设备的安装环境至关重要。对危险因素正确的理解，有助于使用者正确选择、安装和运行电气设备，进而提供一个安全的操作环境。

危险识别的首要步骤，是对于经过多方评估且存在易燃环境的工厂进行分类划区。该步骤就是人们所熟知的“区域分类”。

本书提供了一些简单、易认、易于理解的图标，可以清楚地给出任一物质的固有危险性；同时，也给出在化工和炼油行业中，这些危险物质与防火、光照和控制相关的等级分类。

本书旨在提供准确的警示信号和现场信息，以保障在火灾发生期间公众和消防人员的生命安全。本书有助于规划有效灭火的操作过程，工厂设计工程师和工厂安全防护人员也可使用本书。

本书内容涵盖了相关工业灭火操作的总体特点、规则和基本要求。此外，本书还对于火灾危险、建筑物危害、灭火方法、危险识别和分类等内容进行了探讨。

通过阅读这本书，可以对工厂区域分类有个全面了解。本书主要适用于炼油厂这类在常压条件下就存在可燃气体或蒸气与空气混合物风险的场所，因此，本书涉及以下区域：石油炼制厂；石油和天然气管道输送设施；天然气液化加工装置；钻井、陆上生产设施和海上固定或移动平台；化工生产区域。

区域分类方法对危险物质是否存在以及存在的几率作出了简洁的描述，进而选择恰当的设备，进行安全防护。理论上，在确定其等级时，对于每个设备所处的空间、工段或者区域都应单独考虑。事实上，对于一个特定场所的分级确认，需要对其进行详细了解。

在确定场所的分级、分区和分组之前，必须对该场所进行详细的研究。对于特定区域，当地权威检测机构有责任规定其等级、区域和组别的分类。

本书简要概述了防爆主要方面的内容。从根本上来说，保证易爆环境的安全，是多方面共同努力的结果。制造商有责任保证出售安全的设备，而安装者则必须遵照所提供的指南进行安装并依照设备既定用途使用。

其次，设备的使用者有责任按照安全工作规程对设备进行检测和维修。各种指南以及国内外标准是保证设备持续安全的基础。

最后，在此感谢CRC出版社的编辑和出版团队，以及Allison Shatkin和Kate Gallo等人的帮助。

作者简介

Alireza Bahadori，博士，目前在澳大利亚南十字星大学(Southern Cross University)环境科学与工程学院从事研究工作。他在澳大利亚科廷大学(Curtin University)取得了博士学位。在过去20年的多数时间中，他曾担任过各种工艺过程岗位的工作，并参与过多项伊朗国家石油公司(NIOC)、阿曼石油开发公司(PDO)和克劳夫阿美科企业有限公司(Clough AMEC PTY LTD.)的大型工程项目。

Bahadori博士出版过6本专著，发表超过200篇以上的文章。他的书籍已被John Wiley & Sons、Springer、Taylor & Francis和Elsevier等著名出版社接收和出版。他还因其在石油和天然气领域的研究而获得著名的由澳大利亚政府授予的奋进号国际研究生研究奖(Australian Government's Endeavour International Postgraduate Research Award)。他还于2009年获得西澳大利亚州政府颁发的澳大利亚西部能源研究联盟(WA:ERA)最高奖。此外，他还是多本杂志的编辑委员会成员，比如由Wiley-Scrivener出版的《Journal of Sustainable Energy Engineering》。

目　录

第1章　火灾分类和火灾危险性

1.1 引言

工业装置面临的一个最重大安全问题就是火灾和爆炸。危险区域是指存在于该区域的可燃的液体、气体、蒸气或可燃灰尘等达到爆炸极限而导致爆炸或火灾的区域。对于这类危险区域，必须采用特殊设计的设备和专门的安装技术，以防止发生可能的爆炸和燃烧。

可燃物质是指容易点燃并能迅速燃烧的物质。可燃物可分为可燃气体、可燃液体和可燃固体三类。

可燃物是大多数作业场所中以气体、液体和固体形式存在的普通物质。一些可燃物质举例如下：

① 气体。可燃气体是指其在空气中的爆炸下限小于13%，或在空气中的含量至少为12%。例如，丁烷是一种易燃气体，因为它在空气中的爆炸下限为2%。一氧化碳在空气中的爆炸下限为13%，爆炸上限为74%。在这个范围内，一氧化碳是可燃的。典型的易燃气体有天然气、丙烷、丁烷、甲烷、乙炔、一氧化碳和硫化氢。

② 液体。可燃液体的闪点低于37.8℃。典型的易燃液体有汽油以及醇类、丙酮甲苯、油漆和涂料稀释剂、黏合剂、脱脂剂、清洁剂、蜡状物、抛光剂等溶剂。

③ 固体。各种煤、自燃金属(与空气和水接触会发生燃烧的金属，如钾和钠)、被可燃液体浸湿的固体垃圾(如破布、报纸、泄漏清扫物等)、火药、火柴、粉剂和可燃的纤维是典型的易燃固体。

表1.1给出了可燃物的更多信息。

可燃液体是闪点大于或等于38℃的液体，其类型可细分为：ⅠA级的可燃液体闪点处于38～60℃之间；ⅡA级的可燃液体闪点处于60～93℃之间；ⅢB级的可燃液体闪点大于93℃。

闪点小于38℃且在此温度下的蒸气压不超过275.79kPa(绝)的可燃性液体属于Ⅰ级液体。Ⅰ级液体又可细分为ⅠA级液体(闪点低于23℃且沸点低于38℃)、ⅠB级液体(闪点低于23℃且沸点不低于38℃)和ⅠC级液体(闪点不低于23℃且沸点低于38℃)。

表1.1 可燃物分类

可燃物质	例 子	描 述
可燃气体	氢气等	碳原子数较少的碳氢化合物与空气中的氧气反应
可燃液体或蒸气	碳氢化合物(如乙醚、丙酮、轻烃等)	① 在室温下，足量的烃类蒸发，在其表面形成潜在的易爆气体环境；其他液体则需要更高的温度来蒸发； ② 闪点是可燃性液体的蒸气在实验条件下发生短暂闪火的最低温度，这是危险区域分类的一个重要因素，低闪点的可燃液体比高闪点的可燃液体更具危险性
可燃性固体	粉剂、纤维和火药	① 粉尘危害具有累积性，是其与气体/蒸气危害的重大区别，未燃烧的尘雾会落在附近物体的表面上，除非被清理，否则粉剂层会积累并成为后续燃烧的燃料； ② 典型的尘粉爆炸由尘雾闪火引起，可导致相对较小的破坏； ③ 小的初始爆炸的压力波是尘粉爆炸最具破坏性的一部分，这些压力波可冲击周围水平或垂直表面的粉剂层，形成更大的尘雾，并被初始燃烧的尘雾点燃；这样，小的初始爆炸可导致剧烈的爆炸，有时甚至会产生一系列的爆炸且一次比一次剧烈

美国国家消防协会(National Fire Protection Association，NFPA)的“菱形”标志可用于识别对救援人员造成危害的危险物。在存放危险化学品的厂房和集装箱上经常可看到这样的标志。图1.1给出此标志划分的危害种类以及表示危害严重程度分类的数字。

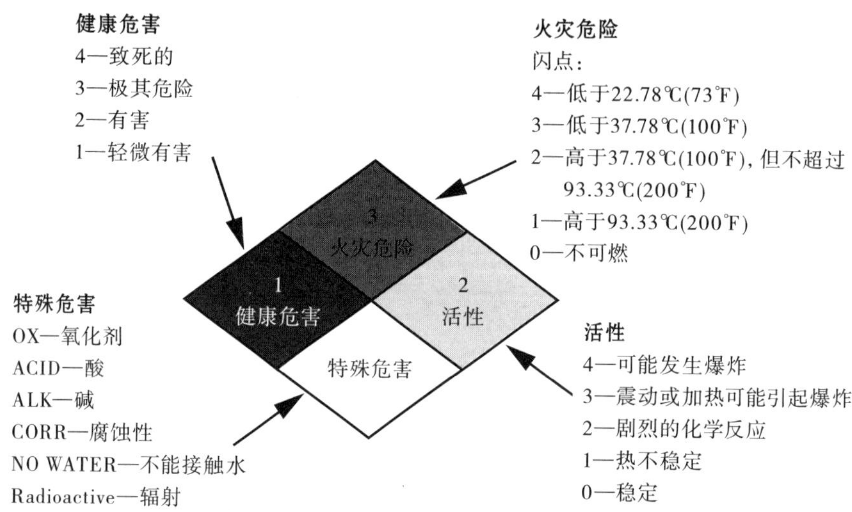

图1.1 菱形标志表示的危害种类以及代表NFPA不同火灾等级的数字

菱形和数字标志表示危险的严重程度。根据NFPA的规定，ⅠA级和ⅠB级可燃性液体的火灾等级为4级，ⅠC级可燃性液体的火灾等级为3级，其他易燃液体火灾等级为1级或2级。NFPA对于实验室常用化学品的火灾等级划分见表1.2。

表1.2 一些实验室化学品的NFPA火灾等级

化学名称	NFPA等级	闪点/℃	沸点/℃	着火温度/℃
乙 醛	4	−37.8	21.1	175
乙 酸	2	39	118	463
丙 酮	3	−18	56.07	465
乙 腈	3	6	82	524
二硫化碳	3	−30	46.1	90
环已烷	3	−20	81.7	245
二乙胺	3	−23	57	312
二乙醚	4	−45	35	160
二甲亚砜	1	95	189	215
乙 醇	3	12.8	78.3	365
庚 烷	3	−3.9	98.3	204
己 烷	3	−21.7	68.9	225
氢 气	4		−252	500
异丙醇	3	11.7	82.8	3
甲 醇	3	11.1	64.9	385
甲基乙基酮	3	−6.1	80	515
戊 烷	4	−40	36.1	260
苯乙烯	3	32.2	146.1	490
氧杂环戊烷	3	−14	66	321
甲 苯	3	4.4	110	480
对二甲苯	3	27.2	138.3	530

1.2 火焰等级

着火是任何可燃物质的迅速氧化，这是一种涉及燃料、热量和氧气的化学反应。这三种燃烧要素通常也被认为是“火三角”。三要素一旦处于合适的比例，将会生成火焰。除去其中任何一种要素(亦即除去三角中的一角)，都可将火焰熄灭。

值得注意的是，任何易燃性气体或蒸气都有其特定的燃烧上、下限。氧化剂中的物质和浓度要么低于特定值(燃烧下限)，要么高于特定值(燃烧上限)，都将会出现闪火，但火焰不会扩散。可以采用空气稀释易燃性物质的浓度或阻止空气/氧气进入的方法来阻止闪火。后一种方法在有人员工作的地方不可用，只能用于无人作业的化工厂(Tommasini, Pons 2011)。

如果可燃性气体或蒸气云被释放并点燃，所有的可燃物质将因发生爆炸而消耗。如果没有被点燃，可燃气体或蒸气云将最终通过对流和扩散的方式得以消散，不会出现紧急危险，也失去了特定的“燃料源”(Kantawong 2012)。

最常见的反应类型是可燃性气体、蒸气或粉尘与周围空气中的氧气的反应。

一般来说，在大气中发生爆炸必须达到以下三个基本要求：

① 存在足够量的可燃性物质，以产生可燃性或爆炸性混合物。

② 存在足够量的氧化剂，可与可燃性物质结合生成爆炸性混合物，最常见的是空气(氧气)。

③ 必须存在点火源——火花或高热量。

"火三角"如图1.2所示，这个模型通常可以用来理解着火如何发生以及如何灭火。氧气、热量和燃料这三要素的存在，构成了点火三角形的边。如果缺少任何一种要素，将不会发生爆炸，三要素必须同时存在才能发生爆炸。

图1.2 火三角

一些学者还提出，无法抑制的链反应中还存在第四种要素，这使得着火化学反应三角模型多了一个边，被称为火四面体。

1.2.1 氧化剂

所有常规危险区域标准和防爆装置所提及的氧化剂，一般是指大气条件下的空气。空气中的氧气只够一定量可燃性物质的燃烧。若要使空气与燃料的混合物形成危害，必须存在足够量的空气使火焰传播。

当大气中可用氧气的量与可燃性物质的量接近平衡时，爆炸的危害(包括压力和温度)是最大的。若可燃性物质的量太少，燃烧将很难扩散甚至完全终止；若可燃性物质量过多，也会出现同样的情况。

富氧环境或增压密封都将改变燃烧条件，需要采用特殊的方法预防和控制爆炸。对于富氧或加压环境下的防爆，若未经过仔细研究，采用任何一种常压混合物的防爆措施都是不安全的。

1.2.2 点火源

燃烧所需能量的多少由以下因素决定：

① 危险物质的浓度在其规定可燃极限之内。

② 特殊危险物质的爆炸特性。

③ 危险物质存放处的空间容积。

工业电气设备所涉及的点火源的更多分类详见表1.3 。

表1.3 点火源的分类

点火源(工业电气设备)	举 例
热表面	被线圈、电阻器、灯、制动器或热轴承加热的表面。在危险物质的自燃温度或自动点火温度时，热表面点火发生；在该温度下，危险物质可以自动点燃而不需要更多的能量输入
电气火花	当电路损坏或发生静电放电时，会出现电火花；在电接头的制造和损坏处，会产生电弧
摩擦和撞击火花	当外壳或附件受到撞击时产生

1.2.3 火灾类型的命名

火灾的分类主要依据涉及的燃料来划分，一般有5种类型的火灾。采用以下命名方式主要是为了简化不同性质火灾的分类以及口语和书面语对其的表述。

1.2.3.1 A类

A级火灾是普通可燃性物质的燃烧，例如木头、布、纸、塑料及其他可燃性物质。这种类型的燃烧会产生灰烬，可通过除去燃烧三要素之一得以熄灭。适用于A类火灾的灭火器应该标有三角形的字母A标志(见图1.3)，若用颜色分类，应为绿色。这种火灾一般是涉及固体物质的燃烧，通常是燃烧后可形成发热余烬的有机物质。

图1.3 A级灭火器材标志

1.2.3.2 B类

B类火灾涉及可燃性的液体或液化状的固体以及可燃气体和油脂。这种火灾由易燃液体、石油脂、焦油、原油、油漆、溶剂、涂料、醇类和可燃性气体等引起。这种类型的火灾是在燃料表面发生燃烧，最好通过覆盖或捂灭的方式来熄灭。这种火灾可快速扩散并在很短的时间内大面积着火。适宜于B类火灾的灭火器材应该标有正方形的字母B(见图1.4)，若用颜色分类，应为红色。

图1.4 B级灭火器材标志

1.2.3.3 C类

C类火灾发生在带电设备中，此时用毯子覆盖或用不导电的灭火剂隔绝灭火至关重要。水或者含水的溶液不可用于C类火灾。适宜于C类火灾的灭火器材应该标有圆形的字母C(见图1.5)，若用颜色分类，应为蓝色。

图1.5 C级灭火器材标志

简而言之，这类火灾涉及到与带电元件(如电动机和开关等)接触的气体和物质。当电气设备断电后，火灾将如A、B或D类火灾一样持续燃烧。

1.2.3.4 D类

D类火灾涉及易燃性金属(如镁、钛、锆、钾、钠和锂)，通常采用的灭火剂为干粉灭火剂。适宜于D类火灾的灭火器材应该标有星形的字母D(见图1.6)，若用颜色分类，应为黄色。

图1.6 D级灭火器材标志

1.2.3.5 K类

K类火灾是在烹饪器具中着火，涉及蔬菜、动物油脂等可燃性烹饪介质。可采用湿化学药品灭火。这类灭火器材应该标有字母K(见图1.7)。

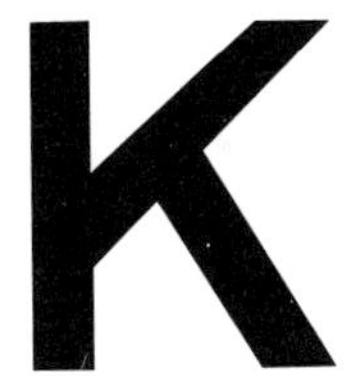

图1.7 K级灭火器材标志

1.3 火灾隐患的属性

不能采用单一的火灾隐患特性(如闪点或自燃温度)来描述或评估实际火灾条件下材料、产品、零部件或系统的危害或火灾风险。通常,火灾的危险性是在可控的实验室条件下确定的,因此,只能用来评估和描述材料、产品、零部件或系统在这些可控条件下的危害或风险(Shen et al 2009)。

在这些给定条件下测量的危险性可以作为火灾风险评估的要素,但前提是这些评估应考虑所有给定条件下与评价火灾危险相关的因素。可燃物质的火灾隐患属性通常指的是纯组分物质的性能,而当物质中掺有杂质或是不同物质的混合物时,其属性则有所不同。

1.3.1 闪点

闪点是容器中的液体蒸发出足够的蒸气与液体表面的空气形成可燃混合物的最小温度。可燃混合物是指在可燃范围内(上限与下限之间)被点燃后能够使火焰蔓延的混合物(Hernandez et al 1995) 。

火焰的蔓延是通过可燃性混合物火焰的扩散实现的,而这种扩散从点火源开始。低于燃烧下限的气体或蒸气与一定比例空气形成的混合物可在点火源处燃烧,也就是说,火焰没有立即扩散到点火源周围的区域。但当混合物处于可燃范围内,当有点火源存在时,火焰将通过混合物得以蔓延。由此就可以将火焰蔓延与燃烧的概念区分开来,火焰蔓延是指发生于点火源并通过混合物传播的过程。

低于闪点时也会发生蒸发,但蒸气量不足以达到形成可燃混合物。这一现象通常出现在可燃或易燃性液体及某些特定的固体中(例如樟脑或卫生球可在室温下慢慢升华),或某些在相对较高温度(5.5℃)下凝固但在固态下有闪点的液体(例如苯)。

测试闪点一般采用以下一种或两种类型的检测仪:开口闪点测试仪和闭口闪点测试仪。对于大多数液体,由闭口方法测试的闪点略低于用开口方法测试的闪点(以摄氏度计量时,一般低5%~10%)。

图1.8和图1.9分别给出闭口闪点测试仪和克利夫兰(Cleveland)开口闪点测试仪的样机图。

图1.8 闭口闪点测试仪

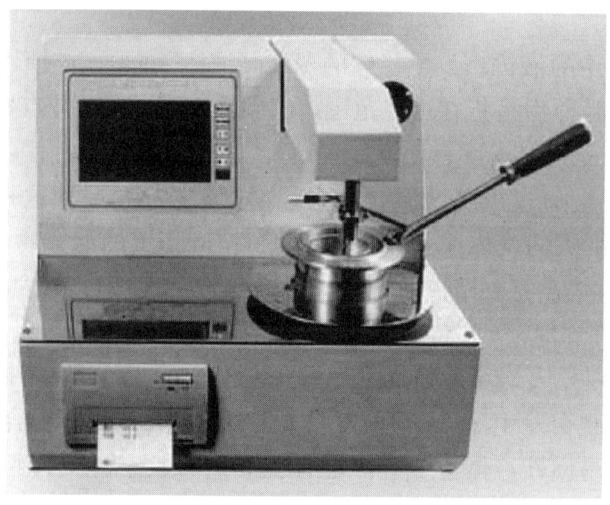

图1.9 克利夫兰开口闪点测试仪

1.3.2 着火温度

对于某一物质，无论固体、液体，还是气体，着火温度是在无热源的情况下引燃或自燃的最低温度。

在一组条件下测得的着火温度可因条件变化而发生显著的变化，因此，着火温度只能作为一个相对接近值。

一些已知的影响着火温度的变量主要有：蒸气或气体与空气的组成比例；点火所处的空间大小和形状；加热的速率和持续时间；点火源的种类和温度；其他物质的催化性能或其他影响；氧气浓度(Berkowitz et al 2004)。

由于测试着火温度的不同方法存在许多差异(如容器尺寸、容器形状、加热方法和点火源等)，因此，采用不同测试方法测得的着火温度不同也就不足为奇了。

1.3.2.1 可燃极限(爆炸极限)

任何可燃性气体或蒸气都具有特定的可燃极限，在可燃极限内，气体或蒸气与空气的混合物可以保持火焰的持续传播。

这些极限被称为燃烧下限(LFL)、爆炸下限(LEL)、燃烧上限(UFL)和爆炸上限(UFL)，通常用可燃物质与空气混合的体积分数来表示。图1.10为汽油的爆炸上限和爆炸下限的示意图。

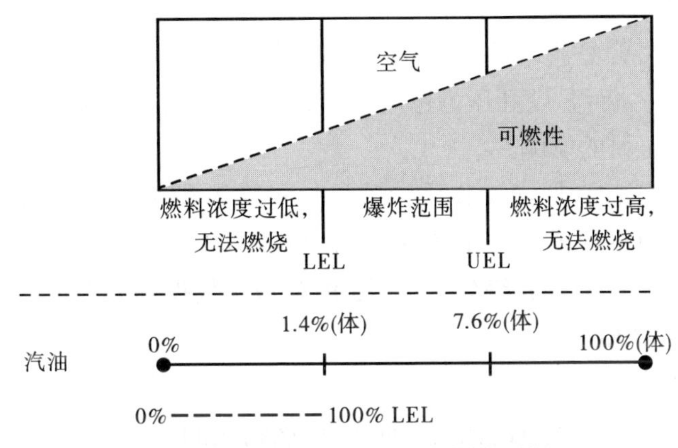

图1.10 汽油的爆炸上限和爆炸下限

对于闪点高于40℃的可燃性物质，必须升温到足够高温度，使其达到规定的组成比例，才能测得其可燃极限。

一般来说，低于燃烧下限的混合物因浓度太低而无法燃烧或爆炸，高于爆炸上限的混合物因浓度太高也不能燃烧或爆炸。

研究表明，燃烧极限并非燃烧的基本参数，而是依赖于许多因素，例如反应室的表面积与体积之比、火焰方向和燃烧速率等。一些实验表明，在层流状态下，随着流速的增大，燃烧上限增大到一个与管径无关的最大值，然后又因湍流而降低；而与之相反，燃烧下限则不受流速影响。

ASTM(American Society for Testing and Materials，美国试验材料协会)E681

是测定燃烧极限的一个标准方法。除空气或氧气外，气体和蒸气也可在大气环境中形成可燃性混合物，例如氢气与氯气的混合物。

1.3.2.2 燃烧(爆炸)范围

可燃性气体和蒸气与空气混合物的燃烧上限和下限之间的范围被称为燃烧范围，通常也被称为爆炸范围。例如，丁烷在普通环境温度下的燃烧下限为1.6%(体)，而燃烧上限为8.4%(体)，因此则可以认为，所有浓度在1.6%~8.4%(体)之间的丁烷蒸气都处于燃烧或爆炸范围之内。

目前，还没有对可燃性上、下限中所用到的燃烧和爆炸两个术语进行严格区分。

在标准大气条件下，超过该范围的气体与空气的混合物是不可燃的。在自由大气条件下，高于UFL的混合物浓度是不可控的，进一步被空气稀释后将生成处于燃烧范围之内的可燃混合物(Dennis 1998)。

1.3.3 相对密度

物质的相对密度是指该物质质量与具有同等体积的其他物质质量的比值。温度影响液体的体积，而温度和压力影响气体体积。因此，在精确测量相对密度时，必须修正温度和压力的影响。

常用的相对密度值是指该物质的质量与同等体积水的质量的比值。通常，相对密度值是经过圆整的值。例如，相对密度在0.95~1.0的物质，圆整为1.0。在少数情况下(如燃料油)，当物质的组分变化时，相对密度数据则为大于1或小于1。

1.3.4 相对蒸气密度

相对蒸气密度是指在相同温度和压力下，该物质在气相或蒸气状态下的质量与同等体积的干基空气质量的比值。通常，以该物质的相对分子质量与空气平均相对分子质量(约为29)的比值来计算。

1.3.5 沸点

液体的沸点是液体的蒸气压与大气压相等时液体的温度。因此，沸点越低，可燃性液体的挥发性和危害性越大。

对于没有恒定沸点的物质或混合物，很难得到精确的沸点，此时，依照ASTM D86(石油产品蒸馏测试标准方法)测得10%的馏出温度可作为该类液体的沸点。

1.3.6 熔点

熔点是一种纯物质由固体形式变为液体时的温度。

1.3.7 沸溢

敞顶式储罐中的某种油品经过长时间的静态燃烧后，火势突然剧烈并伴随着将燃烧的油品携出罐外的现象叫做沸溢(boil-over)。当表面燃烧的残余物比未燃烧的原油黏稠时，残余物下沉，并形成一个热油层，这一热油层的持续下降速度比回归到表层的油品速度更快，被称为“热波”。当热波遇到储罐底部油品或乳状液中的水时，水首先达到过热，随后剧烈地沸腾，溢出罐外。发生沸溢的油品的沸点变化范围较大，包括轻馏分和黏性残留物。这些特性在大多数原油中都存在，并可以在合成产品生产过程中形成。

值得注意的是，沸溢与溢出(slop-over)和起泡溢出(forth-over)完全不同。溢出是指当水喷在燃烧的热油表面时所发生的小的起泡。起泡溢出与火灾无关，当水进入或存在于存放热稠油的储罐时会导致起泡溢出。与储罐内物质混合后，水会突然变成蒸气，致使罐内一部分油品溢出。

1.3.8 可燃性液体在水中的溶解度

可燃性液体在水中的溶解程度对选择有效的灭火剂和灭火方法非常有用。例如，对于水溶性的可燃性液体，推荐使用抗溶型泡沫灭火剂。对于水溶性的可燃性液体导致的火灾，也可通过稀释来熄灭，但是这种方法并不常用，因为需要大量的水才能使得液体不易燃烧；而且，当燃烧的液体温度大于100℃时，这种方法会存在起泡危险。表1.4列出一些化学组分的物化性质。

表1.4 各种化学组分的性质

产 品		闪点/℃	自燃温度(AIT)/℃	空气中的爆炸下限，%(体)	空气中的爆炸上限，%(体)	是否溶于水	蒸气密度(空气=1)
闪点低于61℃的产品	丙 酮	-18	465	2.6	13	是	2
	乙 腈	6	524	4.4	16	否	1.4
	苯	-11	498	1.3	7.9	否	2.7
	乙酸丁酯	27	370	1.7	7.6	否	4
	环己烷	-20	245	1.3	8.4	否	2.9
	环戊烷	-37	380	1.1	8.7	否	2.4
	环戊烯	-30	395	1.2	9	否	2.3
	二氯丙烷	-45	180	1.7	48	否	2.5
	二乙醚	4	557	3.1	14.5	否	无数据
	乙 醇	13	363	3.3	19	否	1.6
	丙二醇单乙醚	40	255	1.3	12	是	无数据
	乙氧基乙酸丙酯	54	325	1	9.9	是	无数据
	乙酸乙酯	-4	426	2.2	11	否	3
	乙酸异戊酯	25	360	1	7.5	否	4.5
	异戊烯	-45	290	1	9	否	2.4

续表

产品		闪点/℃	自燃温度(AIT)/℃	空气中的爆炸下限，%(体)	空气中的爆炸上限，%(体)	是否溶于水	蒸气密度(空气=1)
闪点低于61℃的产品	异丁醇	25	415	1.6	10.9	否	2.6
	乙酸丁酯	17	421	2	15	否	4
	异癸烷	46	430	0.5	5	否	5.9
	异辛烷	–14	420	0.7	5.5	否	3.9
	异丙醇	14	399	2	12	是	2.1
	乙酸异丙酯	5	460	1.8	7.8	否	3.5
	间二甲苯	25	527	1.1	7	否	3.7
	甲醇	12	464	7.3	36	是	1.1
	甲氧基丙醇	35	290	1.6	13.8	是	3.1
	甲氧基乙酸丙酯	50	340	1.2	10.6	否	4.6
	甲基乙基酮	–9	404	1.8	11.5	否	2.5
	丙二醇	9	370	2.6	12.5	否	2.6
	正丁醇	37	343	1.4	11.2	否	2.6
	正丙醇	–15	360	2	12	否	2.1
	对二甲苯	24	528	1.1	7	否	3.7
	混合溶剂	依溶剂而定	依溶剂而定	依溶剂而定	依溶剂而定	否	依溶剂而定
	叔戊醇	20.5	435	1.2	9	否	无数据
	叔丁醇	11	480	2.4	8	否	2.5
	甲苯	4	480	1.3	7.8	否	3.1
	三聚异丁烯	42	355	0.5	6.5	否	无数据
	乙酸乙烯酯单体	–8	402	2.6	13.4	否	3
	石油溶剂	43.5	215	1.1	8	否	4.9
	二甲苯	32	463	1.1	7	否	3.7
闪点高于61℃的产品	2–乙基己醇	77	270	0.9	9.7	否	4.5
	二乙二醇丁醚乙酸酯	116	299	0.8	10.7	否	5.6
	丁基二乙二醇醚	114	228	0.7	9.9	是	5.6
	丁基乙二醇乙酸酯	84	340	0.9	8.5	否	5.4
	丁基乙二醇乙醚	68	245	1.1	12.7	是	4.1
	二乙醇胺	138	662	1.6	9.8	是	3.7
	二甘醇二丙酸酯	143	380	1.8	12.2	是	3.7
	乙氧基丙氧基丙醇	86.5	190	0.8	9.6	是	无数据
	甲氧基丙氧基丙醇	79	270	1.4	10.4	是	5.1

续表

产品		闪点/℃	自燃温度(AIT)/℃	空气中的爆炸下限,%(体)	空气中的爆炸上限,%(体)	是否溶于水	蒸气密度(空气=1)
闪点高于61℃的产品	单乙烯基乙二醇	116	432	3.2	33	否	无数据
	单乙醇胺	93	420	5.5	17	是	2.1
	无臭煤油	75	250	0.9	8	否	6.3
	三乙醇胺	179	324	1.3	8.5	是	5.1
	三甘醇	165.5	371	0.2	9.2	是	5.2

1.4 火险分类

本节将介绍适用于特殊用房火险的灭火剂型号以及火险分类。

1.4.1 轻度(低度)火险

轻度火险用房是指包括家具、装饰品及房内物品在内的A级可燃性物质总量较少的场所。这可能包括一些办公室、教室、会议厅等建筑或房间用房。对于这类等级用房,其中的物品基本上属于不可燃物质,或者已进行了布置,使得火灾不大可能很快蔓延。如果是密闭空间或者安全存储的话,这类用房还可能放有少量B类可燃物。

1.4.2 普通(中度)火险

普通火险用房是指A级和B级可燃物的总量超出轻度用房火险规定值的场所。这类用房包括办公室、教室、商店、军火库、轻工业厂房、研究中心、汽车展示厅、停车场、车间、轻度火险用房的辅助区域以及存放Ⅰ级和Ⅱ级可燃液体的仓库。

1.4.3 重度(高度)火险

重度火险用房是指存储、生产、使用过程和/或产成品中A类和B类可燃物的总量超过中度火险规定总量的场所。这类用房包括:木材加工厂、汽车维修厂、飞机维修厂、船舶维修厂、产品陈列展示厅、产品会展中心陈列室;存储和加工厂房(如涂漆、浸渍、涂层等);可燃液体生产厂、石化气体处理厂、加油站;存放除Ⅰ级和Ⅱ级可燃液体之外的物品及其半成品的仓库等。

1.5 用房火险分类

1.5.1 概述

对于没有充足和可靠水源的用房,本节通过调查危险物的数量以及成分的可燃性能,为不同用房进行分类并对用房风险进行分级。

主管部门通过完成下面指定的调查可以确定如下所列的用房火险分类号。

主管部门应该对所有建筑进行现场调查,调查内容包括建筑类型、占用率和暴露情况，以及在适当的管辖范围内获取相关信息并计算总供水需求。在现场调查期间，应记录可用的供水量。这一信息可用于制订灭火预案。

在居民区的调研中，应确定每一个建筑的面积、体积以及是否处于结构火灾危险的区域，但不包括内部的调查(Zhang, Zheng 2012)。

这些调查可与火灾预防或灭火计划监测相结合。以上指定的任何建筑未经调查不应指定用房火险分类号。

有自动喷水装置保护的任何建筑都不应指定其用房火险分类号。

在很多市郊地区，存储有潜在危险性的危险物质，而且这些危险物的数量足够大，无疑提高了建筑用房火灾分类等级。

本节描述的供水需求应基于火灾危险性，相关主管机构应当详细说明如何保证这些水的供应。

最小供水需求应通过以下信息来确定：

① 步骤1——用房火险分类；

② 步骤2——建筑分类；

③ 步骤3——结构尺寸；

④ 步骤4——若有，还应包括暴露建筑物。

1.5.2 用房火险分类号

用房火险分类号是一系列从3～7的数字，这组数字仅作为求解总供水需求方程的数学参数。

下文中的每一小节列出了一些规定等级用房类型的实例，然而这些实例并不涵盖所有类型。类似的用房类型应归类成相同的用房火险分类号。

当一个建筑的用房类型多于一种时，该建筑应采用最危险用房的用房火险分类号。

1.5.3 3级用房火险分类号

被划分为3级火险的用房被认为是严重危险的用房，其内部易燃物的数量和可燃性非常高。这类用房一旦发生火灾，将会非常迅速地扩散并快速释放热量。

当一个暴露的建筑物的用房火险分类号为3级，在不包括其自身尺寸的15.2m范围内都可能面临火灾危险。

在石油、天然气和石化工业中，被划分为3级用房火险的实例包括：飞机库、面粉厂、化工厂、石油化工厂、炸药库、油码头、粮仓、贮木场、天然气压缩站、石油炼厂、天然气加工厂、塑料加工和储存车间、采油装置、原油增压站、溶剂萃取车间、清漆和油漆储存车间。

1.5.4 4级用房火险分类号

被划分为4级火险的用房被认为是高危险的用房，其内部可燃物的可燃性和数量都很高。载这类用房中发生的火灾扩散快，热量释放率也较高。

当一个暴露的建筑物被归类为4级用房火险时，在不包括其自身尺寸的15.2m内都面临火灾的危险。

被划分为4级用房火险的实例包括：建筑材料、百货商场、展览厅、礼堂、剧院、饲料商店(半加工品)、码头、修理车间、橡胶制品存储间、专用仓库(纸、家具、油漆)、百货商店、通用仓库和木工店等。

1.5.5 5级用房火险分类号

被划分为5级火险的用房被认为是中等危险的用房，其内部可燃物的数量和可燃性处于中等程度，可燃物的库存高度不超过3.7m。这类用房中的火灾扩散较快，热量以中等速度释放。

被划分为5级用房火险的实例包括：图书馆(有大的储藏区)、金工车间、金属加工厂、药店、印刷厂、餐厅和空置建筑。

1.5.6 6级用房火险分类号

被划分为6级用房火险被认为是低危险的用房，其内部可燃物的数量和可燃性均为中等，可燃物的库存高度不超过2.44m。发生在这类用房中的火灾以中等速度扩散，热量释放率处于中等水平。

该类用房实例包括汽车停车场、面包店、理发美容店和锅炉房。

1.5.7 7级用房火险分类号

被划分为7级火险的用房被认为是轻危险的用房，其内部可燃物的数量和可燃性较低。这类用房中的火灾以相对较低的速度扩散，热量释放率相对较低。

该类用房实例包括：公寓、高等院校、学生宿舍、民居、消防站、医院、酒店、宾馆、图书馆(无大型仓库区域)、办公室(包括数据处理机房)、门卫室、学校。

1.6 结构分类

根据调研情况为各种类型的建筑物分级，并分配等级编号。0.5~1.5的一系列数学参数可以应用到对应的计算方程中，以计算总的供水需求。

根据现有标准，最慢燃烧或最低危害类型的抗燃建筑物的结构分类号取为0.5，而最快燃烧或最高危害类型的木制框架建筑物的结构分类号取为1.5。

1.6.1 概述

根据调研情况，主管部门可通过本节的相关内容来确定建筑的分类号。

为了完成这一项工作，应对每个被调研的建筑物进行建筑结构类型分类并分配相应的结构分类号。住宅的结构分类号不应高于1.0。当住宅不可燃并具有抗燃性时，结构分类号应小于等于1。

以上指定的建筑物在未调研之前不应分配结构分类号。当一个建筑物的建筑结构类型多于一种时，整个建筑应使用较高的结构分类号。

当被调研建筑物15.2m以内的建筑物面积不小于9.3m^2时，该建筑被认为是一个暴露建筑物，其供水需求量是根据标准方法计算所得需水量的1.5倍。

1.6.2 结构分类号

1.6.2.1 耐火结构

耐火结构(结构分类号为0.5)是指为防止倒塌并阻止火灾的蔓延，主要结构构件为不可燃物质(钢筋混凝土、砖、石材和具有一定耐火性的金属材料)的建筑物。

1.6.2.2 不燃结构

不燃结构(结构分类号为0.75)是指所有的结构(包括墙、地板和房顶)均为不可燃物质并且属于耐火结构的建筑物。

1.6.2.3 普通结构

普通结构(结构分类号为1.0)是指外墙或砌体结构为不可燃物质，而其他结构构件全部或部分为木质或其他可燃物质的任何建筑物。

1.6.2.4 木框架结构

木框架结构(结构分类号为1.50)是指结构构件全部或部分由木质或其他可燃性物质的任何建筑物。该建筑物不属于普通建筑。

当住宅为木框架结构，其结构分类号为1.0。

1.6.3 结构维度

必须确定每栋住宅的体积(包括附属车库、有顶棚的门廊等等)，主要是指水平屋顶轮廓线下的体积(长×宽×高)。

1.6.3.1 计算最小供水量

在完成结构调研并确定结构分类号和用房火险分类号之后，主管部门应计算所需最小供水量。

如果一建筑物面积不小于9.29m^2，并处于另一建筑物周围15.24m的范围内，则认为该建筑物具有暴露于火灾危险的风险。如果不计建筑物尺寸，若建筑物的用房火险分类号为3或4且在另一建筑周围15.24m的范围内，也认为该建筑物暴露于火灾危险的风险。

1.6.3.2 无暴露危险的建筑

对于无暴露危险的建筑，一般情况下，最小供水量应通过该建筑物的体积(包

括任何附加结构)除以其用房火险分类号并乘以结构分类号计算得出:

最小供水量=建筑总体积÷用房火险分类号×结构分类号

对于用于居住且没有暴露危险的任何建筑物,其所需最小供水量应不小于7570L(2000gal)。

1.6.3.3 有暴露危险的建筑

具有独立结构且具有暴露危险的建筑,其最小供水量计算方法为:

最小供水量=建筑总体积÷用房火险分类号×结构分类号×1.5

1.6.3.4 有自动喷水灭火系统保护的建筑

当某一建筑配有满足以下标准的自动喷水系统保护时,主管部门应有权搁置居民用房的供水需求(除7570L的最小供水之外):NFPA13——自动喷水灭火系统的安装标准;NFPA 13D——预制装配式房屋和独立住宅喷水系统安装标准;NFPA 13R——四层以上居民用房喷水系统安装标准。

如果保护建筑的喷水系统不完全满足NFPA 13、NFPA 13D或NFPA 13R,其供水量的提供应与实际相一致。

1.7 建筑消防措施

本节给出了从火灾、烟雾或惊恐中降低生命危险所需的建筑消防和用房特点的最小需求。本节还给出了疏散设施设计的最低标准,从而保证建筑物内人群的快速逃离,或者在理想状况下进入建筑物的安全区域。在固定位置并被建筑物占用时,车辆、船舶或其他移动结构应视为建筑物处理(Mostia 1997)。

本节不是用来提出通常有防火或建筑法规功能的一般防火或建筑结构特性。在本节中,没有考虑以下防范措施作为任何规定的基础:避免在建筑正常占用过程中发生意外伤害、避免因人员疏忽大意而导致人身伤害以及减轻或避免火灾导致的财产损失。

本节同时适用于新建筑和现有的建筑。在其他章节中,有些现有建筑的规定与新建筑的规定不同。

当有两种以上级别的用房同时出现在同一建筑或结构内,并且保障措施无法单独实施时,用房所涉及到的疏散措施、结构、防火及其他保护措施应遵循最严格要求。

人员密集区包括但不限于以会议、娱乐、餐饮、展览和培训等目的聚集50人或更多人的整个或部分建筑。

人员密集场所包括:议会大厅、清真寺、礼堂、保龄球馆、会议室、展厅、图书馆、电影院、休闲码头、休闲运动场所、体育、餐厅、剧院和培训中心。

少于50人且以集会为目的的任何房间或空间的用房，在位于其他用房建筑之中并且该建筑同时附带其他用房功能时，应被分类为其他用房并应遵守其使用规定。

1.7.1 人员密集场所子分类

每个人员密集场所应根据人员载荷进行如下细分：

① A级——人员载荷大于1000人；

② B级——人员载荷大于300但不超过1000人；

③ C级——人员载荷不小于50但不超过300人。

1.7.2 教育用房

教育用房是指人员载荷在6人以上、以教育为目且每天至少占用4h或每周至少占用12h的所有建筑物或建筑物的部分。教育用房主要包括：学术型幼儿园、普通幼儿园和任何人员载荷的日托机构。

对于附带一些其他用房的情况，本小节的内容可用于这类其他用房的指导(Beck et al 1992)。

1.7.3 卫生保健用房

卫生保健用房是指用于患有精神疾病、身体疾病或身体衰弱人群的医护或其他治疗，以及婴儿、恢复期病人和体弱老人看护的用房。卫生保健用房为4个或4个以上的居住者提供休养设施，这些居住者大多由于年老、患有身体和精神疾病或者由于他们无法控制安全措施而不能进行自我保护。卫生保健用房包括：医院、养老院、企业性质的照护机构和医疗保健中心。

1.7.4 居民用房

居民用房是指在提供住宿的正常住宅用途的用房，包括所有设计用来提供睡眠的建筑。居民用房主要包括：宿舍、公寓、招待所、独立住宅、寄宿和保健设施。

1.7.5 商业用房

商业用房包括商店、市场等用于展示或销售商品的建筑。商业用房主要包括：百货商店、药店、超级市场等。其他用房建筑内的小型零售业务，诸如办公大楼内的报摊，应服从主要用房建筑安全出口的要求。

1.7.6 经营、办公用房

经营、办公用房是指用于经济交易的用房(不同于商业用房)，用来保存账目、文档和类似用途。经营、办公用房主要包括：牙医办公室、医生办公室、普通办公室、流动诊疗所、门诊诊所以及用于基础和应用研究的无危险化学品实验室。

在某一个用房中附带运营的最小办公用房，应视为占主导地位的用房来考虑，并且应服从占主导地位用房的相关规定(Chu, Sun 2008)。

1.7.7 工业用房

工业用房包括制造各种产品及用于加工、组装、搅拌、包装、修整、装饰和修理等操作的工厂。

工业用房主要包括：干洗厂、洗衣店、各种工厂、发电厂、天然气加工厂、泵站、实验室、炼油厂、危险化学品生产厂、熏制室、气体压缩机厂、油品泵站、装油码头、油品转运站、天然气压缩站、液化石油气装瓶厂。

1.8 建筑内物品危险

在本书主题范围内，建筑物内物品危险主要是指能危及到建筑内人员安全和生命的多种潜在危险，具体包括：起火和火焰传播的危险；产生烟气或其他有害气体的危险；导致爆炸或其他事故的危险(Megri 2009)。

建筑物内物品的危险性应由有关主管部门根据物品的特性以及建筑物内的工艺和操作来确定。具有不同危险性的物品在建筑物内的不同部分分布时，其危险性以最危险的物品来定(Ellicote 2006)。

1.8.1 建筑物内物品危险分类

建筑物内物品的危险性主要可分为低、普通和高这三级。

1.8.1.1 低危险

低危险物品主要是指在建筑物内火焰不自动蔓延的低可燃性的物品，例如办公建筑内的金属家具。

1.8.1.2 普通危险

普通危险物品是指以普通速度燃烧或释放一定体积烟气的物品，例如轮胎。

1.8.1.3 高危险

高危险物品是指极速燃烧或在燃烧中可发生爆炸的物品，例如汽油或液化石油气。

1.8.2 储藏分类

货物分类如下：

① Ⅰ级货物是放在可燃货板上的不可燃货物，通常装在常规瓦楞纸箱中(包含或不包含单层隔板)，或者装在常规纸质包装材料中(包含或不包含货板)。

② Ⅱ级货物是指Ⅰ级货物包装在有(或没有)货盘的条板木箱、坚固木箱、多层纸板纸箱或同等可燃包装材料之中。

③ Ⅲ级货物是指有(或没有)货盘的木材、纸张、天然纤维布或C组塑料及其制

品(制品中可能含有少量的A组或B组塑料)。金属自行车附带有塑料手柄、踏板、座椅、轮胎，就是一个含有少量塑料的商品的例子。

④ Ⅳ级商品是指Ⅰ级、Ⅱ级、Ⅲ级产品包装在普通瓦楞纸箱中并含有大量普通A组塑料，以及包覆普通A组塑料包装(包括B组塑料和散粒的A组塑料)的Ⅰ级、Ⅱ级、Ⅲ级产品装在有(或没有)货盘的普通瓦楞纸箱中。这样的实例有：一台包装在普通的瓦楞纸箱中并包裹塑料泡沫的金属材质打印机。

1.8.3 塑料、合成橡胶、橡胶的分类

以下分类是建立在普通塑料物质的基础之上。添加阻燃改性剂或物质物理形态发生变化可改变其分类。

1.8.3.1 A组

① 丙烯腈-丁二烯-苯乙烯三元共聚物(ABS)；

② 聚甲基丙烯酸甲酯(有机玻璃)；

③ 乙缩醛(聚甲醛)；

④ 丁基橡胶；

⑤ 乙丙橡胶(EPDM)；

⑥ 玻璃钢(FRP)；

⑦ 天然橡胶(可膨胀)；

⑧ 丁腈橡胶；

⑨ 热塑性聚酯[例如聚对苯二甲酸乙二醇酯(PET)]；

⑩ 聚丁二烯；

⑪ 聚碳酸酯；

⑫ 聚酯弹性体；

⑬ 聚乙烯；

⑭ 聚丙烯；

⑮ 聚苯乙烯；

⑯ 聚氨酯；

⑰ 聚氯乙烯(PVC)(高塑性的，例如可用于制造胶布、无衬薄膜)；

⑱ 苯乙烯-丙烯腈共聚物(SAN)；

⑲ 丁苯橡胶(SBR)。

1.8.3.2 B组

① 纤维素塑料(例如乙酸纤维素、乙酸丁酸纤维素、乙基纤维素)；

② 氯丁二烯橡胶；

③ 氟塑料[例如乙烯-三氟氯乙烯共聚物(ECTFE)];

④ 乙烯-四氟乙烯(ETFE)共聚物;

⑤ 氟化乙丙烯(FEP)共聚物;

⑥ 天然橡胶(非膨胀);

⑦ 尼龙(例如尼龙6、尼龙6/6);

⑧ 硅酮橡胶。

1.8.3.3 C组

① 氟塑料[例如聚氯代三氟乙烯(PCTFE)];

② 聚四氟乙烯(PTFE);

③ 三聚氰胺(例如三聚氰胺甲醛);

④ 酚醛树脂;

⑤ 聚氯乙烯(PVC)(硬性或低塑性的,例如可用于制造管道和管道配件等);

⑥ 聚偏二氯乙烯(PVDC);

⑦ 聚氟乙烯(PVF);

⑧ 聚偏二氟乙烯(PVDF);

⑨ 尿素甲醛。

1.9 坡道

坡道,不管是内坡道还是外坡道,都应作为疏散设施的一部分,并且应符合NFPA-101标准中5.1节的基本要求和本节中的特殊要求。

坡道根据以下情形主要分为A级和B级(见表1.5):现有的坡度为10%~17%的B级坡道应得到主管部门的批准;所有现有和新建的坡度不超过6.67%(1/15)的A级坡道不需要提供楼梯平台。

表1.5　坡道分类标准

参 数	A级	B级
最小宽度/cm	112	76
最大坡度,%	10	12.5
楼梯平台间的最大高度/m	3.7	3.7

1.10 耐火性

这里所介绍的耐火性主要是指外墙的耐火性。

1.10.1　概述

每个建筑的外墙(除仓库的外墙)应根据与附近房屋距离最近边界之间的距离,符合表1.6中的关于不可燃和耐火的相关要求。

表1.6 建筑外墙不燃性和耐火性的要求

建筑外墙与附近房屋距离最近边界之间的距离/m		不燃性和耐火性的适当要求
不小于	小 于	
1		全部不可燃
1	1.5	外表面不可燃
1.5	3	无特殊要求
3		
6(或建筑高度的1/2，取二者最大)	12	外表面不可燃且耐火1h
12(或建筑高度)		外表面不可燃

1.10.2 大型仓储建筑

若全部或主要用来仓储的仓库类建筑物的容量超过7000m^3，或高度超过22m时，建筑的每个外墙应全部不可燃且耐火性达到3h。

1.11 消防的基本方法

1.11.1 窒息

空气中的氧浓度、燃料的气相同时或二者之一降低到可使燃烧停止的限度时，可使火焰窒息。二氧化碳是一种良好的灭火剂，但不可用于密闭的房间或空间，否则会导致房间内的人窒息，危及其生命安全。

抑制燃料和氧气的化学反应是由汽化液体灭火剂(例如溴氯二氟甲烷或其他替代品)来完成的。这些灭火剂专门用在C类火灾上。

1.11.2 冷却

水或者含大量水的溶液的淬火和冷却效果，对于A类火灾冷却灭火至关重要。如果需要强制完全灭火，那么水或者其他A类灭火剂是必不可少的。

1.11.3 切断

火源(支持燃烧的物质)的隔离应通过将未燃尽的物质转移或搬到某个安全的地方来实现。

1.12 消防原则

设计中应遵循的消防原应根据当地条件和要求制定，例如涉及到的潜在火灾危险程度、当地消防后援力量以及其他现场特性。

消防站应充分远离装置，以保证装置在发生事故时不会对消防站正常的运行造成损害。

工厂内的消防设施及其操作压力，应与发生重大火灾时参与灭火的外援消防队的设备兼容，尤其是接合器、软管和管件。

如果可以的话，可与邻近区域的其他公司签订互助协议，作为整体应急计划的一部分。

这种互助协议应扩展到其他方面，例如：便携式消防设施(需要或不需要人力)；自来水供应、消防泵送能力和泡沫存量的一体化；安全设备和可移动式动力装置。

1.13 灭火方法

可燃性液体火灾推荐的灭火方法在大多数情况下适用于不同类型的火灾。二氧化碳、干粉、泡沫和汽化液体型灭火剂均适用于一般的可燃性液体火灾，如浮顶罐或少量可燃性液体的沸溢。下面介绍适用于特定类型可燃液体火灾的扑灭或控制的其他灭火方法。

喷水(雾)对可燃性液体及闪点高于38℃的挥发性固体火灾尤为有效，当液体闪点高于100℃时可能发生起泡。自动喷淋装置在灭火效率上与水喷雾相似。然而，其主要用途是吸收热量并保持周围环境的冷却，直到可燃液体大火燃烧结束或被其他方法所熄灭。开式水箱的溢流排水设计可防止由洒水装置喷淋导致的燃烧液体溢流及火焰传播。对于车库、油漆车间和其他可燃性液体大量存储于容器中的储存区域，洒水装置可较好地控制火灾，并且洒水装置中的水可保持容器的冷却。

1.13.1 灭火方法的选择

在灭火过程中，应谨慎选择灭火方法，这是因为在每一个消防实际问题中，均会有一些因素影响灭火剂的选择和使用方法。流动的火灾通常较难熄灭，例如因架空管道泄露而导致液体在地面燃烧的火灾。根据预期火险的规模和类型，必须谨慎考虑灭火材料的使用数量、速度和方法；此外，还可能需要专门的工程评价，尤其对于大规模使用的情况。使用符合标准的设备也同样非常重要。

可燃物质的化学和物理特性可影响灭火方法的选择。例如，普通类型的泡沫不适用于扑灭涉及水溶性易燃液体的火灾。在编制灭火方案时，应将这些影响灭火的特性考虑在内。

1.13.2 利用相关参数确定灭火方法

① 对于扑灭闪点较低介质的火灾，水是无效的。这一建议主要适用于闪点低于38℃的物质。显而易见，闪点越低，水的有效性越小。但当水以喷雾的形式被用来吸收大量热量以防止暴露的物质被火灾破坏时，水才可用于扑灭低闪点液体火灾上。使用水喷雾特别是采用水带线的效果，取决于所采用的方法。当采用合适的水带线和匹配的喷嘴来熄灭液体表面的火焰时，即使面对一些汽油溢流火灾，也可将其扑灭。通过与可燃性液体冷却、稀释和混合等方式，水同样可用于扑灭水溶性可燃液体的火灾中。在蒸馏工业中，采用来自水带线的喷雾射流可以有效地控制

火灾和灭火。“水可能无效”的结论主要是指即使水可用于冷却或保护暴露物质，但水不可用于直接灭火，除非是在最佳条件下由经验丰富的消防员使用。

② 当可燃性液体闪点大于100℃或达到水的沸点时，水或泡沫可引起起泡(forthing)。这一观点只起提醒作用，并不是意味着水或者泡沫不应该或不能用于该类液体的灭火。起泡可能非常剧烈并危及消防员的生命安全，特别是当固体流体直接进入燃烧的热液体时。换言之，谨慎地使用喷水可以在表面起泡并形成覆盖层，从而达到熄灭火焰的目的。这种方法已成功用于该类火灾的灭火。这类液体不仅包括闪点高于100℃的液体，也包括黏性液体。例如，为保证流动性，在某种沥青中加入少量的低闪点溶剂，其黏度会降低，可引发起泡现象(Lakhapate 1998)。

③ 当可燃性液体相对密度(相对于水)为1.1或更高，并且不溶于水时，水可用于覆盖火焰并灭火。但是，水必须“轻轻地”覆盖在液体表面，因此水的使用方式至关重要。

④ 除作为覆盖层外，水可能是无效的。当液体闪点低于38℃时，用水“轻轻地”覆盖在液体表面来灭火可能是无效的，因此，水只适用于不溶于水且比水密度大的液体灭火。

⑤ 除了微溶于水的溶液外，抗溶泡沫常用于所有可溶于水或极性可燃液体。以下为常规的判断因素：普通泡沫可成功地用于微溶于水的液体火灾，特别是当常规泡沫的用量不断增加并高于推荐值时；相反的，对于某些可燃性液体(例如某些相对分子质量较高的醇类和胺类化合物)，即使抗溶泡沫用量非常高，它们也会破坏发泡。泡沫不适合用于扑灭水活性可燃液体火灾。目前，一些独立实验室开发了既可用于扑灭极性可燃液体也可用于扑灭非极性可燃液体抗溶泡沫。在石油工业中，蛋白泡沫(常规)通常用于扑灭易燃液体、涂料等火灾。氟蛋白泡沫是在普通泡沫中添加一种用于提高泡沫流动性和灭火性的表面活性剂制成的蛋白泡沫。这种类型的泡沫仅可用于预混料和集中使用。

⑥ 当泄漏的气体在燃烧时，阻止气体的流动而不是直接灭火通常是最佳步骤。由于气体与空气可形成爆炸性混合物，若引燃，可导致比初始火灾持续燃烧更大的危害，因此，直接灭火但气体持续流动是非常危险的。通过二氧化碳或干粉灭火可达到满意的效果，但必须迅速切断阀门供应。然而，在许多情况下，火焰会继续燃烧，应该通过洒水保持周围冷却，以防止其他可燃性物质着火。

1.14 建议的风险识别

推荐的风险识别系统应依据健康、可燃性和反应这三个类别进行物质危害性的识别，并根据严重程度分为5个级别。其中，以数字4表示最高限——最严重危害，以数字0表示最低限——无特殊危害。

这一系统在应用时原理简单，为了在具体场合准确评估，必须要求评估者具有丰富的经验，并且技术上能够胜任。此外，评价必须包括不同物质的固有风险，包括在火灾条件下可能预测到的“行为”变化。

1.14.1 健康危害

健康危害是指通过接触、吸入或摄取有害物质，能够直接或间接导致暂时或永久性人员伤害或残疾。本小节只考虑通过接触、吸入方式摄入有害物质所导致人员伤亡的危害性，以及因物质的固有特性或物质燃烧引起的此生危害，但是不包括由火的热量或爆炸冲击波导致的伤亡。

通常，在消防或其他紧急情况下的健康危害是持续时间1s~1h不等的一次暴露危害。消防或其他紧急情况下的强体力活动可能会加剧任何暴露危害的影响。

健康危害有两种来源：一种是物质的固有属性，另一种是毒性物质通过分解或燃烧产生的有害物质。危害程度应基于在火灾或其他紧急情况下存在的危害等级来确定。常规可燃性物质燃烧所造成的普通危害不包括在内。

对消防人员的危害程度应标明：只有佩戴专业的防护设备下才能安全工作；只有佩戴合适的呼吸防护设备才可工作；或者可在穿着普通衣服的区域安全工作。

根据本小节中对人员危害的可能严重程度来划分危害等级。

1.14.1.1 4级危害程度

4级危害程度涉及的物质主要是指即使给予迅速的医疗救治也能在很短时间的暴露下导致死亡或重大伤残的物质，也包括没有特殊防护设备时太危险而不能接近的物质。具体包括：

① 可穿透橡胶防护服的物质，例如氯化氢(HCl)；

② 在正常条件或火灾条件下释放可通过皮肤吸入、接触或吸收的剧毒气体(如有毒或腐蚀性)的物质(例如在热暴露下释放剧毒性碳酰氯的四氯化碳)。

1.14.1.2 3级危害程度

3级危害程度涉及的物质主要是指即使给予即使医疗救治也可能在短时间暴露导致临时严重伤残的物质，包括需要全身接触的防护。具体包括：

① 释放出剧毒的燃烧产物的物质，例如氰化氢(HCN)；

② 对活体组织有腐蚀性或毒性且可通过皮肤吸收的物质，例如汞盐和乙酸酐。

1.14.1.3 2级危害程度

2级危害涉及的物质主要是指在强烈或持续暴露下可导致短时间伤残的物

质，除非给予及时的医疗救治(包括需要使用独立空气供应的呼吸防护设备的情况)。具体包括：

① 释放毒性燃烧产物的物质，例如高氯酸铵(NH_4ClO_4)；

② 释放刺激性燃烧产物的物质，例如丙烯醛(CH_2CHCHO)；

③ 在正常条件或火灾条件下释放有毒蒸气且危害性并不减弱的物质，例如乙腈(CH_3CN)。

1.14.1.4 1级危害程度

1级危害程度涉及的物质主要是指即使不给予医疗救治，在暴露条件下只导致轻微刺激和伤害的物质(现场需要佩戴有滤毒罐的防毒面具)。具体包括：

① 在火灾条件下可释放刺激性燃烧产物的物质，例如无水乙酸[$(CH_3CO)_2O$]；

② 在皮肤上可导致刺激但不破坏人体组织的物质，例如次氯酸钙[$Ca(ClO)_2$]。

1.14.1.5 0级危害程度

0级危害程度涉及的物质主要是指暴露在火灾条件下不产生危害的普通可燃性物质。

1.14.2 可燃性危险

本小节主要讨论物质燃烧的敏感程度。在某一条件下可燃烧的某些物质，可能在其他条件下不会燃烧。物质的形态或状态及其固有属性都将影响其危害程度。

1.14.2.1 4级危害程度

4级危害程度涉及的物质主要是指在大气压及标准环境温度下快速并完全气化或者极易在空气中分散并极易燃烧的物质。具体包括：

① 气体；

② 低温物质；

③ 任何液体或在压力下为液体的气态物质，闪点低于23℃，沸点低于38℃(ⅠA级可燃性液体)；

④ 由于物质形态或环境条件可与空气形成爆炸性混合物并极易在空气中扩散的物质，例如可燃性固体的粉剂和易燃或可燃性液滴的气雾。

1.14.2.2 3级危害程度

3级危害程度涉及的物质主要是指可在大多数环境温度条件下引燃的液体和固体。这一危害程度的物质在大气压和几乎所有环境温度下都会形成危害，或者即使不受环境温度影响，也几乎在所有条件下极易被引燃。具体包括：

① 闪点低于23℃但沸点不低于38℃的液体，以及闪点不低于23℃但沸点低于

38℃的液体(ⅠB或ⅠC级可燃性液体)；

② 可快速燃烧但通常情况下不与空气形成爆炸环境的粗粉粒状固体物质；

③ 快速燃烧并形成闪火危害的纤维或粉碎状固体物质，例如棉花、剑麻和大麻；

④ 在自给自足的氧气下极速燃烧的物质(例如干硝化纤维和有机过氧化物)；

⑤ 当暴露在空气中时可发生自燃的物质。

1.14.2.3 2级危害程度

2级危害程度涉及的物质主要是指在着火之前必须通过适度加热或暴露在相对较高的环境温度下的物质。这种危害程度的物质不会在正常温度下与空气形成爆炸环境，但在高的环境温度或适度加热的情况下可能释放足够的蒸气，与空气形成爆炸环境。具体包括：

① 闪点高于38℃但不超过93℃的液体；

② 极易释放可燃性蒸气的固体或半固体。

1.14.2.4 1级危害程度

具有1级危害程度的物质在着火之前须预先加热。在所有环境温度条件下，这种危害程度的物质在着火和燃烧发生之前需要足够的预热。具体包括：

① 当暴露在815℃下且少于5min时可在空气中燃烧的物质，例如油性羊毛材料和苯酚(石炭酸)；

② 闪点高于93℃的液体、固体和半固态物质，包括大多数普通可燃性物质(例如2号燃料油)。

1.14.2.5 0级危害程度

0级危害程度涉及的物质主要是指不燃烧的物质，具体是指暴露在815℃下且持续时间在5min之上，在空气中不燃烧的所有物质。

1.14.3 反应性(不稳定性)危害

反应性物质是指可与其他稳定或不稳定的物质发生化学反应的物质。在本章中所指的其他物质即为水，并且主要是指放热反应。水和普通物质发生反应可释放剧烈的能量时，这种情况应作为个别案例考虑，并且超出了识别系统的适用范围。

不稳定性物质是指在纯态或在商业生产时会发生剧烈聚合、分解或凝结，或者可发生自发反应并经历其他剧烈的化学反应的物质。

稳定性物质是指即使暴露于空气和水之中以及遇到火灾紧急情况时的高温下，其化学成分不发生改变的物质。

本小节主要讨论释放能量的敏感性物质。一些物质在与其他物质组合时，通过自发反应或聚合，或者经过猛烈的喷发或爆炸反应，可自身迅速释放能量。

当物质反应或分解时，高温、高压、与其他特定物质混合并形成燃料–氧化剂混合物或与不相容的物质、敏化污染物或催化剂接触等，会增大反应的剧烈程度。

由于在火灾或其他紧急条件下的偶然组合可能会有很大的变化，这些外部的危害因素(除了水的影响)不能简单地等同于等比例放大。为了确定合适的安全因子，必须单独考虑这些外部因素，例如分离或隔离。在大量的物质如铝粉或镁粉将要储存或处理时，这类单独因素尤为重要。

危害程度应向消防人员提供以下信息：撤离区域；在灭火作业中可起到防护作用的位置；接近火灾时必要的警告和灭火剂方案；扑灭氯、胺、H_2S气体或液化石油气等火灾必须采用的标准物质。

本小节中的危害程度通过能量释放的难易程度、速率和释放量等来划分等级。

1.14.3.1 4级危害程度

4级危害程度是指物质在常温、常压条件下自身能够爆炸、爆炸性分解或发生爆炸反应。这一程度还应包括在常温、常压条件下对机械或局部热冲击敏感的物质，例如黑色粉末或炸药。

1.14.3.2 3级危害程度

3级危害程度包含自身能够爆炸、爆炸性分解或发生爆炸反应，但需要强大的点火源或在起始反应之前必须在密闭条件下加热的物质。这一程度还应包括在高温、高压条件下对热或机械冲击敏感，或在无加热或密闭时与水发生爆炸性反应的物质。

1.14.3.3 2级危害程度

2级危害程度包括自身不稳定且易发生剧烈化学变化但不爆炸的物质。这一程度应包括在常温、常压条件下经历化学变化并伴随能量快速释放的物质，或者在高温、高压条件下可发生剧烈化学变化的物质；同样，还应包括可与水发生剧烈反应或形成潜在爆炸性混合物的物质。

1.14.3.4 1级危害程度

1级危害程度的物质自身通常较为稳定，但在高温、高压条件下可变为不稳定物质；或与水反应可释放一些能量，但不剧烈。

1.14.3.5 0级危害程度

0级危害程度的物质无论自身，还是暴露在火灾条件下，都很稳定，且不与水发生反应。

1.14.4 特殊危险

本小节讨论物质的其他特性，这些特性可能导致特殊问题或需要采用专门的消防技术。

1.14.4.1 标志

可与水发生异常反应的物质应通过“字母W中间加一条横线”来识别。具有氧化性质的物质应通过“OX”来识别。具有放射性危害的物质应通过标准的放射性标志来识别。

1.14.4.2 标志的形状和特性

电离辐射或放射性物质的基础标志应如图1.11所示。

图1.11 电离辐射或放射性物质的基本标志

危险化学品的物性数据、可燃性、反应性和灭火方法等，均应参考NFPA手册第10卷86页的相关图表。

1.15 危险和可操作性研究

本质上，危险与可操作性分析(HAZOP)审查程序通过检查操作或工艺的每一环节，定性分析偏离正常操作是如何发生的，以及确定是否需要进一步的保护措施、变更操作程序或变更设计等。

HAZOP审查程序通过对工艺整体进行描述，包括管路及仪表布置图(P&ID)，或等效、系统地质疑P&ID的每一环节，以发现与设计意图的偏差是如何发生的，并确定这些偏差是否可上升为危害。

询问循序渐进地围绕一系列引导词进行，这些引导词来自方法研究。这些引导词确保询问的问题(用于检测每一环节的设计完整性)能够检测出所有造成与设计意图偏差的方式。

一些原因可能是不可能的，由此得到的后果可因其无意义而被否定；一些后果可能微不足道而不需要进一步考虑。然而，一些造成偏差的原因是可预见的且可导致严重的后果，因此可就此采取针对性的补救措施。当问题的快速解决方案不是显而易见时，则需要一个团队或专家进一步讨论，并记录所有已采用的决策。

可采用秘书软件协助记录HAZOP，但它不能替代有经验的主管和助理。这一技术的主要优势是可系统地分析、鉴定失败案例。这一方法可用于装置设计阶段、装置改扩建过程，或着可用于现有的设备。

1.15.1 审查程序

图1.12给出了实施HAZOP的常规步骤。应考虑的主要因素包括：目的、偏差、原因、后果(危害、操作困难)、保障措施、修正措施。

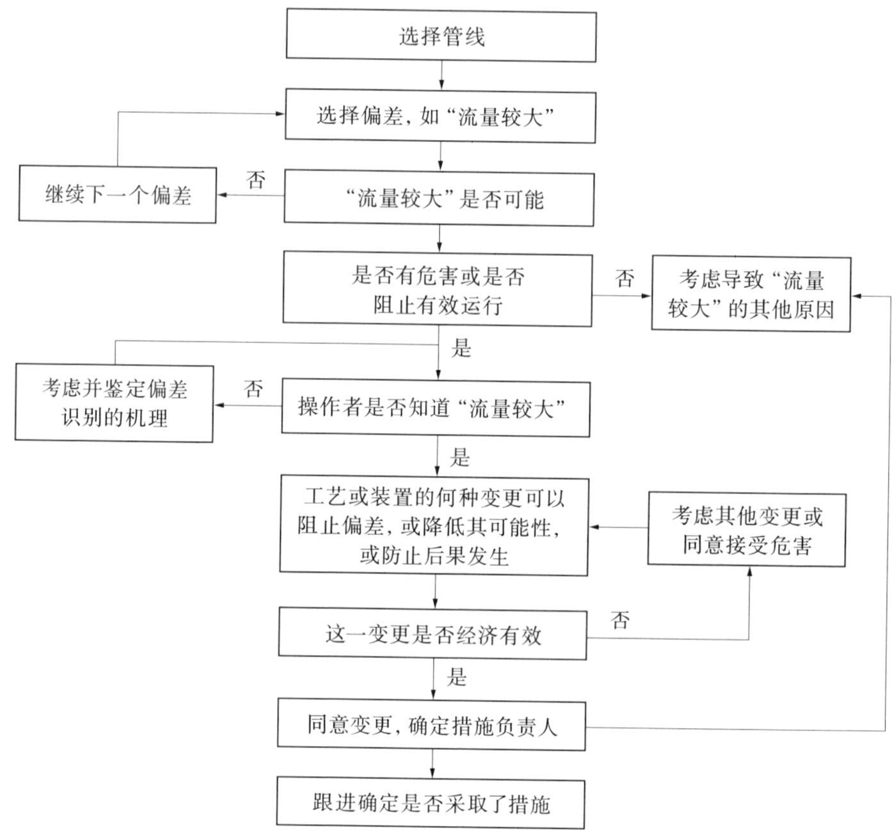

图1.12 实施HAZOP的逻辑顺序步骤

在一般情况下，团队的成员首先将概述所选工艺线路的目的以及按计划是如何运行的；然后，依次选择各种引导词(如“更多”)，并考虑是什么导致了偏差。其后，考虑偏差的结果，例如危险情况或操作困难的产生。当考虑的事件是可信的，并且有很大的影响，应评估现有的安全措施，并决定应采取何种措施来消除产生已识别问题的根源。此外，需要更详细可靠的分析(例如定量风险或后果分析)来确定事件的概率是否足够高或者后果是否足够严重，以决定是否进行重大设计变更。

1.15.2 详细的调研步骤

装置每一部分的调研通常包括以下步骤：

① 工艺设计师简要地概述接受调研的那部分设计的大概作用，并将P&ID图(或响应的资料)展示在易被所有团队人员审看的场所。

② 讨论关于适用范围和设计意图的问题。

③ 选择调研的第一条管线或相关部分，通常是装置中主物料流入的部分。管道在P&ID中应用浅色水彩笔以虚线明显标注出。

④ 工艺设计师详细说明设计目的、设计特点、操作条件、配件、仪表和保护系统等，以及管道上游或下游容器的细节。

⑤ 任何关于管道及其相关部分的问题应认真讨论。

⑥ 开始进行详细的逐线(line-by-line)研究。决策者带领团队根据实际情况和引导词选择正确的描述。每个引导词或提示可以识别与正常运行条件不符的偏差，例如“高流动”。

⑦ 应牢记会议的主要目的是发现需要解决方案的问题，而不是寻找实际解决方案。团队不应被试着解决问题而束缚，最好继续推进研究，将未解决的问题放在日后考虑。

⑧ 当某一引导词不再需要考虑时，负责人为团队指向下一个引导词。

⑨ 每个引导词的讨论局限于标注的部分或管道以及末端或任何设备之间(例如泵或换热器等设备之间)的容器。会议中达成一致的变更应立即标注，并且在P&ID恰当的地方标注，或用红笔标注。

⑩ 当完成了所有引导词的讨论，应标记该段管线以显示其评估已完成，然后选择下一条线。

⑪ 当完成装置内所有管线的评估时，应采用附加引导词概览PID图。

其中，①~⑥用来讨论流量过高的可能原因和影响。以研究团队的意见，如果事件的后果和发生的可能性足够严重致使必须采取行动，那么将这一事件认为是一个问题，并记录在案。如果现有的保障措施是有效的，则不需要进一步的措施。对于高风险区域，所需要的措施可通过技术的危害分析或可靠性分析进行定量评估。对于危害较小的风险，通常基于经验和判断来评估。此外，还需要任命专门负责确定纠正措施的人员。

1.15.3 HAZOP的有效性

HAZOP的有效性取决于以下几方面：

① 团队所需信息准确可靠(包括P&ID)，信息应为完整的且最新的。

② 团队成员的技能和见解。

③ 团队是否能够良好运用系统方法去识别偏差。

④ 在评估危害的严重程度和降低危害所需资源支出时，应有平衡意识。

⑤ 负责人有责任确保研究团队严格遵守可靠的程序。

HAZOP的关键要素包括：HAZOP团队、工艺的完整描述、相关的引导词、有益于集思广益的条件、会议记录和下一步计划。

1.15.4 HAZOP团队

执行HAZOP的团队一般由5～8名成员组成。团队成员所具有的整体技能应覆盖装置的各方面及其运行所涉及的专业领域；人员组成应包括工程技术人员、管理人员及装置运行人员。这将有助于避免由于缺乏专业知识和意识而导致事件被忽视的情况的发生。HAZOP通常由表1.7所描述的团队来执行。

表1.7 HAZOP团队及其分工

名称	可替代人选	分工
研究领导者	负责人	精通HAZOP但不直接参与设计，确保严格遵循该方法
记录人	秘书或抄写员	确保问题以及通过的建议得到存档、记录
设计者	(或工艺设计团队代表)	解释设计细节或提供更多的信息
用户	(或使用者代表)	考虑其应用并考察其可操作性和偏差的影响
专家	(或专家组)	具有相关技术知识的人
维护人员	(如果条件允许)	涉及工艺维护的人员

团队领导的HAZOP技术经验对项目至关重要，这可以保证整个团队正确遵循HAZOP程序而不走弯路。当需要HAZOP作为开发许可条件时，通常需要将负责人上报城市事务与规划负责人，用于备案。除负责人外，研究团队必须非常熟悉工厂P&ID所包含的信息或对工艺的描述。对于现有的装置，团队中应包括有经验的操作和维护人员。一个负责新化工厂项目的HAZOP团队包括以下成员：

① 负责人，一个对HAZOP技术有充分理论知识和经验的人，对所涉及装置设计的理解也非常有益。

② 设计工程师，通常为项目机械工程师，参与设计工作并负责项目成本审核。

③ 工艺工程师，通常负责工艺流程、简图及P&ID开发的化学工程师。

④ 电气工程师，通常为负责装置电气系统的工程师。

⑤ 仪表工程师，为装置设计和选择控制系统的工程师。

⑥ 运营经理，在调试和运行阶段管理装置的人员。

技术范围较窄的团队未必能较好地执行HAZOP，还需要其他技术支持。例如，如果装置采用一项新的化学工艺，则需要化学工程师。通常，团队中应包括有经验的管理员或操作者，特别是来自现有装置或类似已运行装置的人员。

团队中至少有一个人有足够的权限来作出影响设备设计或操作的决定，包括涉及大量额外成本的决定。

1.15.5 工艺过程完整的描述

必要的完整工艺描述对于HAZOP团队至关重要。至于传统的化学装置，应有详细、可用的P&ID图。至少有一名HAZOP团队成员熟悉P&ID上所标注的图形和所有仪表、仪器。若装置太复杂或太大，可划分为小型单元并在单独的HAZOP会议上进行分析。

除P&ID图外，HAZOP团队还可利用装置模型(实际的或电脑模拟的)或现有相似装置的照片。二者都有助于观察潜在的事件，特别是因人为失误导致的事件。在对现有装置执行HAZOP，或对新建但已有类似装置运行的装置执行HAZOP之前，对这些装置进行调研将非常必要。

在现有或拟建的装置上执行HAZOP，若已有类似的装置正在运行，在HAZOP执行过程中，也可考虑这些装置过去发生的事故。

在HAZOP中所需的关键信息同样应该为现成的。这可能包括：设计图、危险区图、安全数据表、相关的规范和标准、装置操作手册(对于现有装置)、操作程序大纲(对于新装置)。

当在没有现成的传统P&ID图的设备上执行HAZOP时，在HAZOP开始之前，应该衡量采用可视化或者图表哪一种方法会更好。

在间歇工艺中，由于其具有时变性，进行HAZOP分析会更加复杂。强烈推荐以参考文献作为指导，并且负责人有间歇HAZOP方面的经验。

1.15.6 相关的引导词

选择一组与要研究的运行装置相关的引导词，然后系统地将引导词应用到该装置的所有部分。这可能需要将引导词应用在P&ID图上的每条工艺路线上，或者从头至尾跟踪一套装置的每个阶段。其主要特点是根据设计意图选择适当的参数，例如“流量”、“温度”和“组分”。在上文中，我们可以看到这些参数的实例与设计参数有一些偏差。为了识别偏差，研究负责人系统、有序地将引导词应用到工艺每一环节的每个参数中。现有的标准引导词列于表1.8中。

值得注意的是，表1.8中的最后四个引导词可用于间歇或连续操作。因此，可进行诸如“无流量”，“较高温度”等引导词的组合。如果组合有意义，则视为潜在偏差。例如，“较少组分”意味着硫酸浓度小于96%，而“其他组分”则意味着会有其他组分(例如原油)。表1.9中给出常用的引导词–参数组合及其一般含义。

试车应包括新建装置和改造装置试车。此外，本分析还应当将人为的反应时间以及操作人员或管理人员采取不恰当的操作考虑在内。

表1.8 用于HAZOP研究的一些引导词

引导词	含 义
无或否	完全否定设计意图
较 多	定量增加
较 少	定量减少
同 样	定性的修改或增加
部 分	定性的修改或减小
相反的	设计意图的逻辑反面
其 他	完全的替代
早	与时钟时间相比
迟	与时钟时间相比
之 前	涉及顺序或序列
之 后	涉及顺序或序列

表1.9 常用的引导词-参数组合以及对它们的解释

参数/引导词	更 多	更 少	无	逆 向	和	部 分	此 外
流 量	高流量	低流量	无流量	逆 流	偏离浓度	污 染	偏离材料
压 力	高 压	低 压	真 空		$\delta - p$		爆 炸
温 度	高 温	低 温					
水平面	高水平面	低水平面	无水平面		不同水平面		
时 间	太长/太晚	太短/太快	序列步骤跳跃	向 后	缺失操作	额外操作	时间错误
扰 动	快 混	慢 混	无混合				
反 应	快速反应/失控	慢速反应	无反应				副反应
启动/停车	过 快	过 慢			缺少操作		操作错误
排水/排气	太 长	太 短	无		偏离压力	错误定时	
惰 化	高 压	低 压	无			污 染	材料错误
设备失效(仪表风功率)			失 效				
分布式控制系统失效			失 效				
维 护			无				
振 动	太 低	太 高	无				频率错误

1.15.7 有助于头脑风暴的条件

HAZOP应在有助于“头脑风暴(brain storming)”的条件下执行。团队执行HAZOP的办公区域应没有干扰并包含新媒体设备(可用于展示图表等)。此外，该区域还应设有白板及其他记录工具。在HAZOP执行期间，记录工作应恰当、清晰，最好不是由研究负责人进行记录。

1.15.8 会议记录

通常，有两种保存记录的方法：一种是记录关键的调查结果(异常报告)，另一种是记录所有的问题。经验显示，异常报告的记录可应用于大多数情况下，可减轻秘书的工作负荷，并能使其更关注需要注意的问题。

然而，即使没有进一步的行动，保障措施的记录被保留下来也是至关重要的。这份记录能够确保被HAZOP忽视的保障措施没有被移除。

通常，在经过一个延长期后，过程将变得很漫长。如果HAZOP有持续数天的趋势，应尽可能将会期缩短为半天时间。确保每个小组成员在学习中的最大参与度也是很重要的。在会议期间，连续出席者应该被给予较高优先权利，这是其应得的。此外，应该注意为成员提供一个较好的物质环境。来自于HAZOP的记录数据量也许非常巨大。如果是这种情况的话，报告中仅需记录可能发生的事故或者从可识别的风险中不易判断是否发生的事故。然而，由HAZOP产生的一系列的记录应该妥善保存，可为公司自身使用或者相关部门使用。

1.15.9 HAZOP计算机化

有关于电气、电子以及电子编程(E/E/PE)系统在安全相关软件中的应用正在逐渐增多。在当前化工装置以及相关工业装置上，这些应用主要体现在以计算机为基础的仪器设备、控制以及安全相关的功能应用上。由于系统失效导致的困难越来越多，尤其是在这种新的系统之下，会出现许多在以前的旧装置上没有遇到过的问题。现代电子控制与保护系统的“交界面”，在整个系统可靠性方面存在潜在的弱点。与装置操作功能相关的E/E/PE系统需要定期检测是否处于正常运行状态。然而，当与安全相关的系统偶尔被要求在事故或者危险的情境下运行时，情况与之前就会有所不同。

危险的情况可能由于以下的原因产生：

① 在设计初期未恰当地指定安全系统(硬件/软件)的功能需求；

② 对于软件/硬件的修改未被充分考虑；

③ 共因失效；

④ 人为错误；

⑤ 随机硬件失效；

⑥ 周围条件(电磁、温度、振动)的剧烈变化；

⑦ 供应系统的剧烈变化(比如电压或高或低、紧急停车带来的空气压力的减

小、恢复断电之后的电压脉冲)。

风险分析决定了安全功能是否能够提供充分的保护。功能安全是总体安全的一部分，而总体安全依赖于系统或设备依据输入内容正确运行。例如，一种使用压力传感器的过压保护系统就是一个功能安全的实例，该保护系统通过传感器，在高压到来之前开启了压力的释放装置。

为实现功能安全，两类需求是必要的：安全功能需求(功能是做什么的)和安全完整需求(安全功能被满意执行的可能性)。

安全功能的需求来源于风险分析，安全完整性需求来源于风险评价。HAZOP与HAZOP软件应该能够用于审查安全相关的系统，以确保其在发生安全事故或者在有潜在威胁导致危险失效的情形下也能够较好地运行。其目的就是确保安全功能的完整性，以充分保证不会有人员暴露在与危险事故相关的无法接受的危险中。

E/E/PE系统的重要性在近些年来逐渐得到了人们的重视，尤其是伴随着电脑控制以及软件逻辑互锁的产生。如果电脑和仪表化的系统对于设备来说太复杂，那么采用独立HAZOP(有时被称之为CHAZOP，字母C表示在控制和保护两个方面以计算机为基础)或者一个更综合的HAZOP中的单独部分来分析这个系统更实用些。

现代工厂几乎都将包含有E/E/PE系统。这些工厂的系统拥有的失效模式与传统HAZOP中遇到的失效模式的范畴有所不同。E/E/PE系统具有控制复杂操作的能力，而与传统控制系统相比，它的灵活性也会产生更多可能的问题，普通模式的失效可能性也随之增大。例如，单输入/输出卡的失效可能导致多个控制和信息通道的丢失。CHAZOP分析将能解决这些问题，可采用矫正性的解决方案，例如采用两个独立的系统或硬接线关键控制电路。

控制系统和安全系统的独立研究有特别的价值。其中，仪器的设计和安装可以打包由供应商来负责，同时可以让团队的其他成员对这个系统有所了解。把这一部分作为HAZOP的独立单元来处理，还可以检验操作员和计算机之间的交互性。不过，工厂的管理部门应知道，只有E/E/EP系统被CHAZOP或者是其他相同的设备检验过，工厂整体的HAZOP才能够完整。

这些方面也可以通过规范性的技术按照HAZOP进行审查。很明显，要让这些技术去适合于一个特殊的系统，它们需要得到适当的改造和优化。

1.15.10 失效模式及影响分析

失效模式及影响分析(FMEA)采用了与HAZOP相似的“假设(what if)”方法，

其目的是识别每一个设备的所有失效模式的影响。其结果是：FMEA识别了单独的失效模式，这些失效模式在单独事故中起到了显著的作用；然而，在识别复合型失效模式时，FMEA却不够有效。

即使在设备失效模式中经常包含操作错误的后果，在FMEA中通常不会特别考虑人为因素。在方法论上，FMEA与HAZOP很相似，但是采用了不同的方法。在采用HAZOP评估会导致超出设计范围的操作条件偏离(比如“更大的流量”或“低温失效模式”)的影响时，通常使用一个系统的方法来评价单一设备失效或人为失误对系统或设备带来的影响，对于整个系统或工厂也是采用同样方法。而在FMEA中，没有特别考虑设备失效的原因。这一点与HAZOP不同，HAZOP偏差的原因需要依靠经验和判断来进行假设和认同，这是因为HAZOP从一开始就是要强调失效的原因。FMEA的方法论假设，如果发生了失效，一定要调查原因，评价的结果要去探究在安全范围内能否容忍此失效，或者余下的在役设备是否能够安全地控制过程。

与HAZOP相同的是，为了有效执行，FMEA需要一个强大的具有很强领导力的团队，并且他们具有广泛的经验积累。在FMEA中，负责人的初步简报以及来自每个成员预期的贡献，与在HAZOP中也是相似的。

与HAZOP类似，分析的结果也要进行记录。整个车间的记录应该采用相同的格式，以便分析和查验相关维护记录。

在执行FMEA的过程中，首先要研究工艺流程图和P&ID图，以对整个车间操作有一个清晰、完整的了解。对工艺的某一部分进行研究也许是有必要的。此外，还应包括对分析区域之外的设备失效模式的及时分析，以及对车间和操作区失效影响的分析。

有众多的理由让我们相信，在适当修订引导词后，HAZOP可以应用到不是特别严格的工艺过程领域。

即使没有采用严格、规范的技术，原料处理、仓储，甚至是采矿技术的调查研究，都会从团队研究方法中获益。

参考文献

ASTM D681. Test Method for Concentration Limits of Flammability of Chemical.

ASTM D86. Standard Method of Test for Distillation of Petroleum Products.

ASTM E681-04. Standard Test Method for Concentration Limits of Flammability of Chemicals (Vapors and Gases).

Beck, V., Thomas, I., Ramsay, G.C., MacLennan, H., Lacey, R., Johnson, P. and Eaton, C. 1992. Risk assessment and the design of fire safety systems in buildings, ASTM Special Technical Publication 1150, pp. 209–223.

Berkowitz, Z., Horton, D.K. and Kaye, W.E. 2004. Hazardous substances releases causing fatalities and/or people transported to hospitals: Rural/agricultural vs. other areas. Prehospital and Disaster Medicine 19 (3), 213–220.

Chu, G. and Sun, J. 2008. Decision analysis on fire safety design based on evaluating building fire risk to life. Safety Science 46 (7), 1125–1136.

Dennis, N. 1998. Hazardous area classifications and system documentation. Australian Journal of Instrumentation and Control 13 (3), 18–20.

Ellicott, G. 2006. Shouldn't buildings critical to the community have extra levels of fire protection? Building Engineer 81 (8), 14–15.

Heinemann, J. and Hoef, J.V. 2008. Grounding and bonding practices for hazardous areas. Consulting-Specifying Engineer 44 (1), 49–52.

Hernandez, J.E., Bradley, B.A., Crooke, R.W., Faulkner, E.B., Lewis, W.M., Mai, V.Q., Messick, K.A. and Miles, J.K. 1995. One company's guideline for hazardous area classification, Record of Conference Papers—Annual Petroleum and Chemical Industry Conference 1995, pp. 243–265; Proceedings of the 1995 IEEE 42nd Petroleum and Chemical Industry Conference, Denver, CO, September 11–13, 1995, Code 44037.

Kantawong, S. 2012. Hazardous signs and fire exit signs classification using appropriate shape coding algorithm and BPN, JCSSE 2012—9th International Joint Conference on Computer Science and Software Engineering, article no. 6261919, pp. 23–27.

Lakhapate, P.J. 1998. Hazardous area classification. Chemical Engineering World 33 (3), 67–70.

Li, W. 2011. Research on countermeasures and methods of disposing incidents of hazardous chemicals reacting with water. Procedia Engineering 26, 2278–2286.

Megri, A.C. 2009. Integration of different fire protection/life safety elements into the building design process. Practice Periodical on Structural Design and Construction 14 (4), 181–189.

Mostia, W. 1997. New options in hazardous area classification, Control 10 (1), 4.

NFC (NFPA) (National Fire Codes) NFC 101, NFC 220, NFC 231.

Ramachandran, G. 1995. Probability-based building design for fire safety: Part 1. Fire Technology 31 (3), 265–275.

Schröder, V. and Molnarne, M. 2005. Flammability of gas mixtures: Part 1: Fire potential. Journal of Hazardous Materials 121 (1–3), 37–44.

Shen, T.-S., Tseng, W.-W., Hsu, W.-S., Chen, L.-T. and Huang, Y.-H. 2009. A study on the classification and design of fire protection systems for road tunnels in Taiwan. Journal of Applied Fire Science 19 (3), 231–246.

Tommasini, R. and Pons, E. 2011. Classification of hazardous areas produced by maintenance interventions on distribution networks and in presence of open surface of flammable liquid. 58th Annual IEEE Petroleum and Chemical Industry Conference, Toronto (Canada), September 19–21, 2011, pp. 1–10.

Yu, C.C., Chen, T.C., Lin, C.S. and Wang, S.C. 2013. Numerical simulation of the performance-based of the building fire protection safety evaluation. Key Engineering Materials 531–532, 668–672.

Zhang, H.-D. and Zheng, X.-P. 2012. Characteristics of hazardous chemical accidents in China: A statistical investigation. Journal of Loss Prevention in the Process Industries 25 (4), 686–693.

延伸阅读

Andow, P. 1991. Guidance on HAZOP procedures for computer-controlled plants. UK Health and Safety Executive Contract Research Report No. 26.

ASTM (American Society for Testing and Materials).

ASTM D5. Test Method for Penetration of Bituminous Materials.

Beck, V.R. 1987. A cost-effective, decision-making model for building fire safety and protection. Fire Safety Journal 12 (2), 121–138.

BSI (British Standard Institution). BS 5588 Pt. 2.

Bullock, B.C. The development application of quantitative risk criteria for chemical processes. Fifth Chemical Process Hazard Symposium, I. Chem E., Manchester, April 1974.

Dicken, A.N.A. 1974. The Quantitative Assessment of Chlorine Emission Hazards, Chlorine Bicentennial Symposium, Chlorine Institute, New York.

Farmer, R.R. 1971. I. Chem E. Symposium Series No. 34, Major Loss Prevention in the Process Industries, p. 82.

第2章 危险区域分类

2.1 引言

气体、蒸气、雾和灰尘都会通过与空气混合形成爆炸性的环境。危险区域分类就是用来识别这些区域。由于存在潜在的爆炸性气体环境，因此需要对火源采取特别的预防措施，以防止起火和爆炸。

危险区域分类的应用领域很广，尤其是化工和石油化工工业，需要大量防爆的设备。人们也由此制定和开发了很多技术规范和相关技术，以允许电力设备和控制设施可以在具有爆炸风险的环境中使用。不过，具有防爆功能的电力设备，不仅可应用于石油和天然气加工装置，还可以推广应用于诸如垃圾处理、填埋和沼气利用等新兴领域。

2.1.1 设备组和设备分类

通常，可将装置划分为以下两个设备组：

① 被划分为设备组Ⅰ的设备，主要用于矿山的地下设施和容易接触受沼气、可燃性灰尘的地面设施。设备组Ⅰ又可进一步被划分为M1和M2两类(见表2.1)。

② 被划分为设备组Ⅱ的设备，主要用于容易受到爆炸性气体环境威胁的其他场所。设备组Ⅱ又可进一步被细分为1、2和3类(见表2.1)。

2.1.2 CE标志

CE标志(原先的“EC标志”)是一项强制性合格标志。从1993年起，在欧洲经济区(European Economic Area，EEA)销售的产品中，必须有CE标志。CE标志是生产商对产品符合EC指令(EC directives)适用要求的声明。

CE标志表示该产品符合强加给制造商的(欧洲)共同体要求。产品上的CE标志是一项声明，即产品符合所有的(欧洲)共同体规范，并且已经完成了相应的合格评定程序。只有标有CE标志，可应用于危险区域的商品才会被允许投放市场和使用。

只有通过了合格评定程序，生产商才可以宣布产品符合EC指令的相关要求，并在他们的设备上标注CE标志。

零部件不需要标注CE标志。生产商或者其授权代表将会出具一个书面证明，以声明零部件符合相关指令的规定，并且还要说明该零部件的特点，以及它们以何种方式安装在设备中或纳入保护系统中，以符合适用于成品设备和保护系统的基本要求。

表2.1 设备选择

设备类别		保护级别	保护性能	操作条件
设备组Ⅰ(矿山)	M1	非常高	具有两种独立的保护或安全手段(甚至两种故障同时发生)	处于爆炸性气体环境下，设备通电并保持运行
	M2	高	适用于普通或严格的操作条件(包括频繁发生的干扰，或者是在正常考虑范围内的故障)	一旦检测到爆炸性气体环境，设备立即断电
设备组Ⅱ(地面)	1	非常高	具有两种独立的保护或安全手段(甚至两种故障同时发生)	设备在区域0、1、2(气体)或者区域20、21、22(灰尘D)中通电并保持运行
	2	高	适用于普通或严格的操作条件(包括频繁发生的干扰，或者是在正常考虑范围内的故障)	设备在区域1、2(气体)或者区域21、22(灰尘D)中通电并保持运行
	3	普通	适用于普通操作	设备在区域2(气体)或者区域22(灰尘D)中通电并保持运行

2.1.3 标注方式

所有的设备和保护系统的CE铭牌必须至少清晰地标注如下信息：

① 生产商的名称和地址；

② CE标志(包括序列号和标志符号主体)；

③ 系列或者类型的名称；

④ 序列号(如果有的话)；

⑤ 制造年份；

⑥ (欧洲)共同体标志T；

⑦ 设备组和分类；

⑧ 对于属于设备组Ⅱ的设备，需要标明字母G(适用于气体、蒸气或者烟雾所引起的爆炸性气体环境)和/或字母D(适用于粉尘引起的爆炸性气体环境)。

此外，在必要时，CE铭牌必须标注与安全使用相关的所有必要信息。这项附加的标志信息是“基本健康和安全要求(Essential Health and Safety Requirements)”这一统一标准的典型要求。

图2.1给出了一个典型CE铭牌的例子。

2.2 基本物理原理和定义

“爆炸”被定义为快速发生物理或化学变化的剧烈反应，同时伴随温度、压力或者两者同时急速上升。可能发生爆炸的场所主要包括化工厂、炼油厂、涂料商店、清洗设施、磨坊、粉料仓、储罐以及装载有可燃气体、液体和固体的设施。

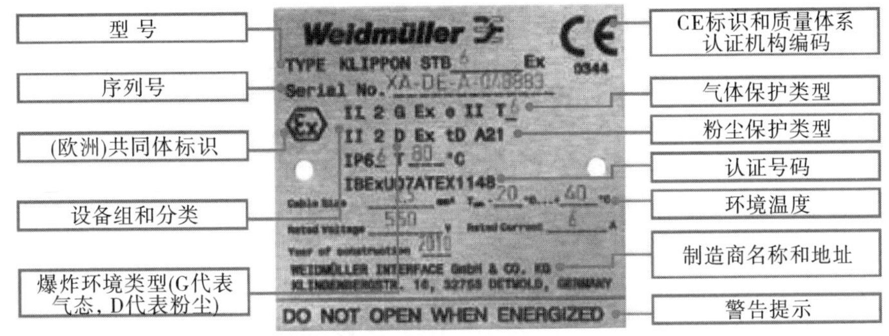

图2.1 一个典型CE铭牌

事实上，可燃物质在生产、加工、运输以及在化工厂或石油化工厂的存储过程中，会排放一定量的气体、蒸气和烟雾。此外，在矿物油(尤其是石油)、天然气生产以及采矿和许多其他工业生产中，也会存在此现象。在许多加工工业生产中，尤其是食品工业，也会产生易燃粉尘。

这些具有可燃性的气体、蒸气、烟雾和粉尘与空气中的氧气混合在一起，就形成了爆炸性气体环境。如果这样的爆炸性气体环境被点燃，就会发生爆炸，将会对人的生命安全和财产安全造成严重的伤害。为了避免爆炸的危险，大多数国家都制定了相关的法律、法规和标准，以确保达到高标准的安全水平。由于全球经济的联系日益密切，世界各国在防爆统一标准的制定上也取得了广泛的进步。

完全排除爆炸风险是不可能的，因此不存在绝对的安全。从点火三角(ignition triangle)中移除一个元素，可以提供防爆保护，以避免发生不想要的、不能控制的和经常性的灾难性爆炸。如果点火三角所包含的三个元素中有一个不存在，那么点火就不会发生。由于不能确保可燃物质与氧化剂时刻处于不接触的状态，因此禁止爆炸性气体环境被点燃，可以从源头上消除爆炸风险。

在选择电气设备和安装方式时，应该考虑将电气设备的风险降低到一个可以接受的水平上，即选择合适的保护措施和安装方式，以确保发生爆炸的可能性不会因为电气设备的存在而比之前没有电气设备时更大。

阻止爆炸最有效的方法，是无论何时都应尽可能地把电气设备安装在危险(分类)区域之外。如果做不到这一点，应采用合适的安装技术和附件，尽可能地满足在这些地区安装电气设备的要求。这些降低风险的方法在上文中前讨论过，主要是基于通过移除点火三角中的一个或多个元素来避免爆炸的发生。

2.2.1 爆炸性气体环境防护(一级防爆)

首要的防爆措施主要是指所有阻止危险爆炸性气体环境产生的防范措施。图2.2给出了综合防爆(integrated explosion protection)的三个步骤。

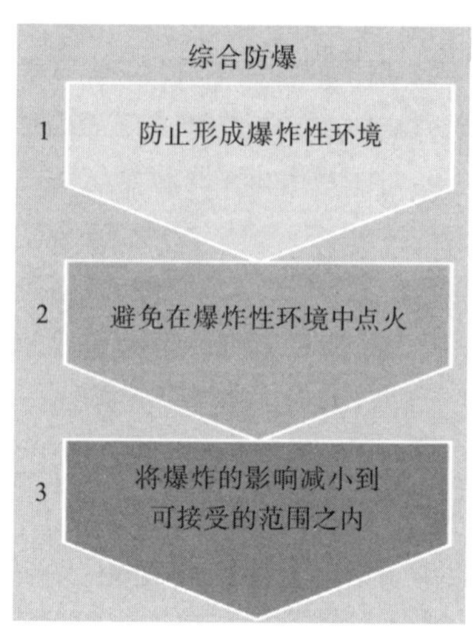

图2.2 防爆的基本原则

综合防爆可以通过如下方法来实现：

① 避免可燃物(置换技术)；

② 惰化(添加氮气、二氧化碳等)；

③ 通过自然或人工通风技术来减少气体聚集；

④ 避免点燃爆炸性气体环境。

如果爆炸的危险不能通过阻止危险爆炸性气体环境的形成而得到全部，哪怕是部分避免的话，那么就必须要采用那些避免点燃爆炸性气体环境的措施。

这些方法的安全级别取决于安装位置可能存在的潜在风险。根据爆炸性气体环境或者危险区域形成的机率，可将危险地区划分为各个区域，进一步又可划分为各个级别和各个类别。

对于以这种方法划分的区域，在这些地方可以使用的设备必须要满足相应的防爆要求。此外，证明这些防爆要求已经被满足也是必要的。

2.2.2 减轻爆炸带来的影响(结构性防爆)

如果危险的爆炸性气体环境无法安全地避免，而且无法完全排除点燃它们的可能性，那么就要采取必要的措施，将爆炸的影响降低到一个安全的级别上。例如，可通过采用抗爆炸压力的结构、爆炸释放装置和灭火器来抑制爆炸。综合防爆的原理需要按下面的防爆措施并以一定的顺序来施行。

2.2.3 着火源

下列的着火源就是在一些在适当场合可以引起爆炸的例子：热表面、机械产生的火花、电气设备、均衡电流、静电、闪电、电磁场、光学辐射、电离辐射、超声波、开放式火焰、热气。此外，着火源还包括在一定氧气浓度和温度下能够自发进行的化学反应或生物过程：

① 强烈的电磁辐射；

② 绝热压缩和冲击波；

③ 静电；

④ 电气设备或在架线中产生的火花或电弧。

2.2.4 气体或蒸气的特性

物质与安全相关的不同特性可以通过试验获得。基本上来讲，几乎所有的气体或蒸气都需要氧气来将它们点燃。含有太多氧气或太少氧气的混合物不会被点燃。混合物的性质给出了关于物质燃烧行为的信息。这部分细节已经在第1章中讨论过了，一些相关的性质也进行了解释。

2.2.4.1 闪点

闪点通常与液体有关，而一些物质在固态时也可以通过升华变为气体。可燃物的闪点指的是物质释放一定量的气体并与空气混合形成混合物时点燃的最低温度。可燃气体或蒸气在点火源的“帮助”下随时会点燃。图2.3展示了一些化学物质的闪点。闪点越低，则液体发生燃烧就会变得更危险和更容易。

2.2.4.2 着火点温度

可燃物质的着火点温度主要是指物质被点燃并能维持燃烧的最低温度。着火点温度也可简写为AIT(见表1.3)。

2.2.4.3 爆炸极限

如果充分扩散的可燃物在空气中的浓度超过了一个最小值(LEL)，爆炸就可能发生；而如果可燃物浓度超过了一个最大值(UEL)，爆炸就不会发生。

除了大气的因素外，爆炸极限会随着一些条件的变化而发生变化。例如，爆炸极限的浓度范围基本上都会随着混合物的压力和温度升高而变宽。爆炸性气体环境可以在可燃液体的表面形成，但这仅仅发生在液体温度超过一个最低值的情况下。图2.4展示了一个爆炸极限的简图。

如果可燃物的浓度过高(富混合物)或过低(稀混合物)，就不会产生爆炸；相反情况下，就会产生一个稳定的燃烧反应，或一点反应也没有。仅仅当气体组分在爆炸上限和下限之间的范围内时，混合气体才会点燃并发生爆炸反应。爆炸极限取决于周围环境的压力和氧气在空气中的含量。表2.2展示了一些气体和蒸气的爆炸极限。图2.5展示了一些化学物质成分的爆炸下限。爆炸下限越低，该物质危险性就越大。

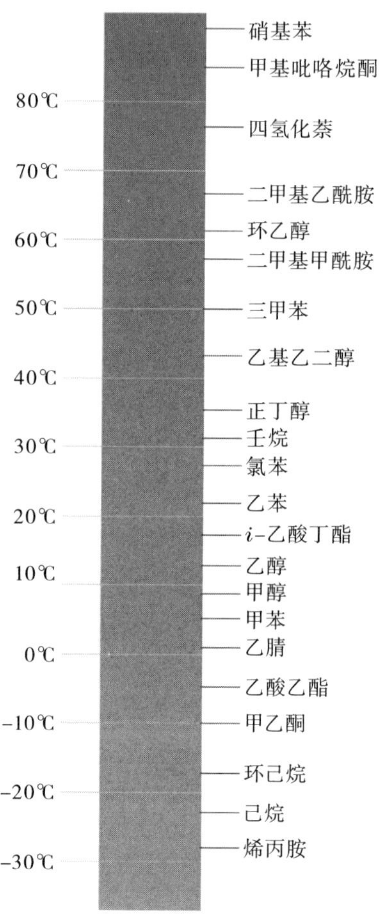

图2.3 一些化学物质的闪点

2.2.4.4 最大氧气浓度

在可燃物与空气(包括其中不会产生爆炸的惰性气体)形成的混合中，氧气的最大浓度取决于规定的测试条件。限制浓度最安全的方式，就是将可燃气体或蒸气从加工过程中移除，当然这通常不容易实现。在使用可燃气体或蒸气的场所，通常使用气体检测仪器来限制浓度。在加工过程停止时，可燃气体或蒸气的浓度可以超过爆炸下限，此时只要将氧气的浓度保持足够低(惰化)，就可以控制爆炸的风险。

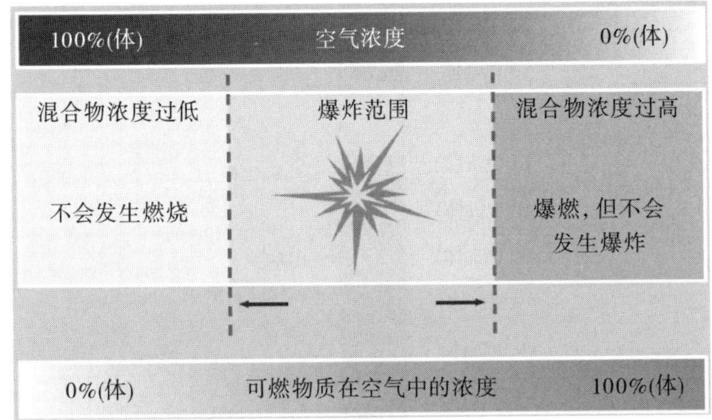

图2.4 爆炸极限示意图

表2.2 部分气体物质或蒸气的爆炸极限

物质名称	爆炸下限，%(体)	爆炸上限，%(体)
乙 炔	2.3	100(自身分解！)
乙 烯	2.4	32.6
汽 油	约0.6	约8
苯	1.2	8
导热油/柴油	约0.6	约6.5
甲 烷	4.4	17
丙 烷	1.7	10.8
二硫化碳	0.6	60
氢 气	4	77

2.2.4.5 蒸气密度

蒸气浓度是相对于空气而言的。许多气体比空气轻。任何蒸气在释放过程中上升并快速稀释。当在室内时，这些气体将会聚集在屋顶附近的空间范围内。如果这些气体比空气“重”，它们就会流动到室内最低点，并填充地面上的坑、沟和洼地。这些气体会在释放结束后长期存留在那里，并会继续带来危险。

相对蒸气密度(RVD)定义为同体积的气体或蒸气的质量与空气的质量的比值。如果气体的RVD数值小于1，那么说明它比空气“轻”，就会在空气中上升。气体越轻，就会上升得越快。如果气体的RVD数值大于1，那么说明它比空气“重”，就会在空气中下沉。

下面这个简单的公式可以用来计算气体的RVD值：

RVD=(气体的相对分子质量)/(空气的相对分子质量)=(气体的相对分子质量)/29

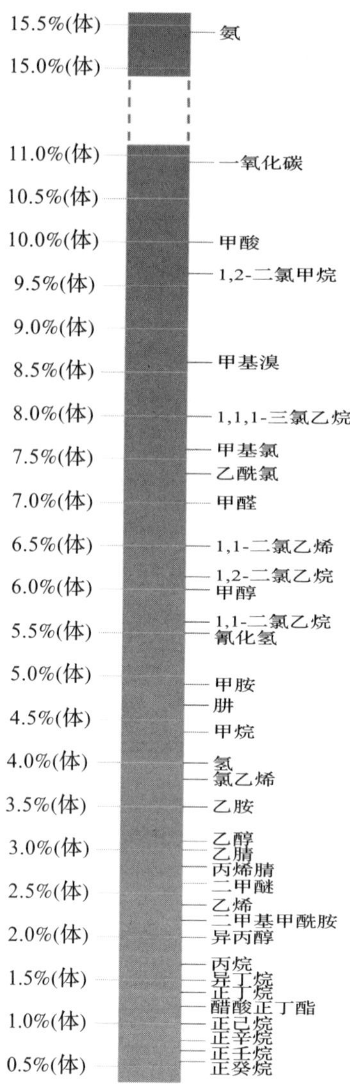

图2.5 部分化学物质的爆炸下限

2.2.5 最大试验安全间隙和最小点燃电流比

本小节介绍基于化学品使用的区域分组和分类。

为了测试和核准电气设备是否适合所在区域，同时也是为了对所在区域进行分类，非富氧空气混合物可被划分为三种类型。

在特定区域应用上述三组分类，是以最大试验安全间隙(MESG)和最小点燃电流(MIC)比中的一个参数或两个参数为基础的。

2.2.5.1 MIC比

MIC比是以甲烷气体作为参照对象的，即某一气体的MIC相对于甲烷的MIC的比值。在热表面上点火，混合物中的大部分参与了反应；而火花点火是从一个体积相对较小的部分开始并逐渐蔓延。电容器放电或预定义电阻/电感电路中断，可以用来区分气体、蒸气和粉尘，该方法的原理是依据这些物质的混合物在微小体积下点燃的难易程度不同。

评估气体和蒸气是否在电路中点燃，通常采用IEC(International Electrotechnical Commission，国际电工技术委员会)60079-11标准中的装置来测定。测定过程是在标准电路中完成的，所得数值是以甲烷作为参照对象的比值。该比值就是MIC比。利用MIC比值，可将属于爆炸组Ⅱ的气体和蒸气进一步细分为ⅡA、ⅡB和ⅡC子组。

2.2.5.2 MESG

爆炸性气体环境被点燃后的“表现行为”与设备的设计相关，而设备可以限制爆炸带来的破坏。为了介绍爆炸组(explosion groups)，在这里引入了相关参数，即MESG。试验箱内的气体被点燃，热的燃烧气体被迫穿过盖子与试验箱之间的一个宽度为25mm的缝隙。如果逃逸掉的气体点燃了周围的气体，那么就需要换用一个更小的缝隙来重新进行试验，直至阻止点燃周围气体，此时的缝隙就是MESG。

根据气体或蒸气种类以及保护技术类别，这些群组分类又可细分为组ⅡC、ⅡB和ⅡA。

组ⅡC是指乙炔、氢气、可燃气体、可燃液体产生的蒸气(包括低闪点和高闪点液体)与空气形成混合物的气体环境，这种气体环境在点燃时会发生燃烧或爆炸。这类群组的MESG值小于或等于0.5mm，或者MIC比值小于或等于0.45。

组ⅡB是指乙醛、乙烯、可燃气体、可燃液体产生的蒸气(包括低闪点和高闪点液体)与空气形成混合物的气体环境，这种气体环境在点燃时会发生燃烧或爆炸。这类群组的MESG值大于0.5mm且小于或等于0.9mm，或者MIC比值大于0.45且小于或等于0.8。

组ⅡA是指丙酮、氨气、乙醇、汽油、甲烷、丙烷、可燃气体、可燃液体产生的蒸气(包括低闪点和高闪点液体)与空气形成混合物的气体环境，这种气体环境在点燃时会发生燃烧或爆炸。这类群组的MESG值大于0.9mm，或者MIC比值大于0.8。

对于特定的气体、蒸气、混合气体、混合蒸气以及气体或蒸气的混合物，都有对应的设备列表。据此就可以依据具体的预期用途来设计、测试和登记具体的电气设备。例如，属于组ⅡB的电气设备通常是在乙烯类化合物的气体环境中进行了测试，而且也在氢气类化合物的气体环境中进行了测试。这让标记有组ⅡB标志的设备不必进行更多的针对乙炔气体的严格测试。如果需要进行乙炔气体环境测试，那么则需要一台属于组ⅡC的设备。

2.2.6 爆炸分类

含有气体、蒸气和粉尘的空气混合物的爆炸特性，会由于涉及到的具体物质的不同而发生变化。依据点燃温度和爆炸压力可将各种物质划分成不同类别。根据EN50014标准，可将处于爆炸性气体环境中的电气设备划分成以下两个组别：

① 组Ⅰ，处于矿井甲烷气体环境中的电气设备(地下使用)；

② 组Ⅱ，处于除甲烷气体环境以外的其他矿井爆炸性气体环境中的电气设备。

根据具体的爆炸性气体环境，属于组Ⅱ的电气设备可以进一步细分为ⅡA、ⅡB和ⅡC子组，这在一些欧洲标准中都有所要求(见表2.3)。

表2.3 防爆等级

防爆等级	可燃物(气体或蒸气)	MESG①/mm	MIC比①
ⅡA	丙烷	>0.9	>0.8
	丙酮		
	苯		
	丁烷		
	天然气		
	己烷		
	油漆溶剂		
ⅡB	乙烯	0.5~0.9	0.45~0.8
	环氧丙烷		
	环氧乙烷		
	丁二烯		
	环丙烷		
	乙醚		
ⅡC	氢气	<0.5	<0.45
	乙炔		
	二硫化碳		

① IEC 60079-12给出了依据MESG和MIC比的分类概况。

一台标记有组ⅡC标志的设备可以在组ⅡA和组ⅡB规定的气体环境中应用；一台标记有组ⅡB标志的设备可以在组ⅡA规定的气体环境中应用，但不能在组ⅡC规定的气体环境中应用；而一台标记有组ⅡA标志的设备只能在ⅡA组规定的气体环境中应用。

2.2.7 温度分类

点燃温度会受各种条件的影响，例如大小、形状、类别和表面组成。点燃温度是在大气压下火花或火焰点火时需要的最小温度，并且可以不依靠持续加热或热源而持续燃烧。电气设备或机械设备的最大表面温度，必须总是低于周围爆炸性气体环境的点燃温度。不同气体环境的点燃温度变化很大。

空气与氢气的混合气体在560℃才会被点燃，而空气与乙醚的混合气体在170℃就会被点燃。为了便于设备生产商设计和制造，通常将设备的温度分类分成从85℃(T6)到450℃(T1)的6个温度段(见表2.4)。

表2.4 组Ⅱ电气设备的最大表面温度

温度等级	设备最大表面温度/℃	可燃物的点燃温度(T)/℃
T1	450	$450<T$
T2	300	$300<T\leqslant 450$
T3	200	$200<T\leqslant 300$
T4	135	$135<T\leqslant 200$
T5	100	$100<T\leqslant 135$
T6	85	$85<T\leqslant 100$

设备上任何可能与燃烧气体相接触的相关部位，都将会根据最大表面温度进行标记。对于防火承压设备，其最大表面温度应标记在外壳部分，但是为了提高安全性，其最热点应在内部。这种类型的组Ⅱ电气设备的温度分类将会根据以下情况来具体确定：

① 表2.4给出的温度分类；

② 实际的最大表面温度；

③ 它具体是为哪一种气体环境设计的。

一台符合T3温度级别的设备，也可以在T1和T2温度级别下使用。电气设备通常应该在-20～40℃下的环境温度中使用。当设备需要在不同的温度范围中使用时，生产商必须在设备说明书中注明使用的环境温度。此外，说明书中还应包含有特殊的使用温度范围(比如35℃≤T_a≤+55℃)，或者用字母“X”进行标记。部分气体的温度等级见表2.5，部分化合物的安全等级(例如点燃温度、温度级别和防爆等级)见表2.6。

如果存在危险源的话，那么装置中的在役设备就必须给予适当的温度分类，以确保其完整性。比如说，如果危险源是氢气，那么所有的设备就必须满足T6温度等级的要求。这就意味着所有在役设备的表面温度禁止超过85℃。任何表面温度超过85℃的设备都禁止使用，这是因为该设备可能会点燃氢气，增大了爆炸的可能性。

表2.5 部分气体的温度等级分类

项 目	T1	T2	T3	T4	T5	T6
Ⅰ	甲 烷					
ⅡA	乙 酸	丁 烷	航空燃料	乙 醛		
	丙 酮	环己烷				
	氨	乙 醇	环己烷			
	苯	正丁烷	柴 油			
	一氧化碳	正丁醇	燃料油			
	乙 烷	丙 醇	庚 烷			
	甲 醇					
	丙 烷		煤 油			
	甲 苯					
			正己烷			
			石 油			
			松节油			
			戊 烷			
ⅡB	煤 气	乙 烯	乙二醇	甲乙醚		
		环氧乙烷	硫化氢			
		甲乙酮	四氢呋喃			
		丙 醇				
ⅡC	氢 气	乙 炔				二硫化碳

表2.6 部分化合物的安全等级(点燃温度、温度级别和防爆等级)

化合物	点燃温度/℃	温度级别	防爆等级
1，2-二氯乙烷	440	T2	ⅡA
乙 醛	155	T4	ⅡA
乙 酸	485	T1	ⅡA
乙酸酐	330	T2	ⅡA
丙 酮	535	T1	ⅡA
乙 炔	305	T2	ⅡC(ⅡB+C_2H_2)
铵	630	T1	ⅡA
苯	555	T1	ⅡA
二硫化碳	95	T6	ⅡC(ⅡB+CS_2)
一氧化碳	605	T1	ⅡA
环已酮	430	T2	ⅡA

续表

化合物	点燃温度/℃	温度级别	防爆等级
乙 醚	175	T4	ⅡB
柴 油	220	T3	ⅡA
乙 烷	515	T1	ⅡA
乙 醇	400	T2	ⅡB
乙 烯	440	T2	ⅡB
氯乙烷	510	T1	ⅡA
乙酸乙酯	470	T1	ⅡA
乙二醇	235	T3	ⅡB
环氧乙烷	435(自分解)	T2	ⅡB
燃料油(EL、L、M、S)	220~300	T3	ⅡA
氢 气	560	T1	ⅡC(ⅡB+H_2)
硫化氢	270	T3	ⅡB
乙酸异戊酯	380	T2	ⅡA
甲 烷	595	T1	ⅡA
甲 醇	440	T2	ⅡA
一氯甲烷	625	T1	ⅡA
萘	540	T1	ⅡA
正丁烷	365	T2	ⅡA
正丁醇	325	T2	ⅡB
正己烷	230	T3	ⅡA
正丙醇	385	T2	ⅡB(该种物质的防爆等级还未确定)
汽油燃料	220~300	T3	ⅡA
苯 酚	595	T1	ⅡA
丙 烷	470	T1	ⅡA
甲 苯	535	T1	ⅡA

2.3 区域分类

区域分类是对可能存在有爆炸性气体环境的区域进行分析和分类的一种方法，该方法可以为在该区域安装电气设备提供参考。制定该分类方法的目的，主要是为了确保电气设备能在爆炸性气体环境中安全地运行。

涉及可燃物质生产、操作和储藏的装置应进行妥善的设计、操作和维护，将可燃物质的释放和危险区域的面积控制在最小范围内。

对于存在有爆炸性气体环境的场所，需要采取下列安全措施：尽可能地降低爆炸性气体环境在点火源周围存在的可能性，或者尽可能地减少点火源；将爆炸火焰和爆炸压力限制在一个充分安全的级别下。

无法做到上述要求的场所，则需要选择和采用合适的保护性措施、生产设备、系统和操作规程。首先，降低起火环境存在的可能性更为合适，可以采用以下方法：

① 用不可燃烧的物质替代或提高物质的燃点，以超过加工温度(例如加水)；

② 降低加工温度(例如冷却)；

③ 降低物质浓度，以使其低于爆炸极限(例如稀释、通风或惰化)；

④ 防爆设计(密闭)。

然而，事实上，很难确保爆炸性气体环境不再产生。在这种情况下，设备需要采用特别的保护措施。区域一经分类，理解设备的安全要求和相关的布线方法便几乎没有困难了，这是因为这些相关的知识都可以从相关出版物上获得确定的答案。因此，在爆炸性气体环境存在的可能性很高的情况下，必须使用很少产生点火源的电气设备；相反，在爆炸性气体环境存在的可能性很低的情况下，可以使用较易产生点火源的电气设备。

2.3.1 分类定义

危险区域由以下三个主要的标准来定义：

① 危险种类(组)；

② 危险物质的AIT(温度或T等级)；

③ 存在于可燃浓度(区域)范围内的危险概率。

危险源的分类如下：

危险源将会以气体、蒸气、粉尘或者纤维的形式存在。根据作业场所的不同(是地下采矿业，还是位于地面上的工业装置)，可将在这些危险源下使用的电气设备划分为两大类(见表2.7)。

① 组Ⅰ，在采矿业和地下装置中使用的电气设备，而组Ⅱ和组Ⅲ含有地面装置所使用的电气设备。

② 组Ⅱ和组Ⅲ可根据危险源作进一步的划分。组Ⅱ主要针对气体危险源，其划分依据是点燃最具爆炸性的气体与空气的混合物所需要的能量大小。组Ⅲ主要针对粉尘危险源，其划分依据是粉尘的具体类型。

在NFPA 70国家电气规范(National Electrical Code，NEC)中，定义了危险源的类别，那就是在空气中大量存在并形成爆炸性或可点燃的混合物。

其中，等级Ⅰ的场所是可燃气体或蒸气可能存在的场所，等级Ⅱ的场所是可燃灰尘可能存在的场所。

表2.7 危险源分类

采矿业	位于地面上的工业装置			
组Ⅰ	组Ⅱ		组Ⅲ	
处于容易形成采矿甲烷气体环境的电气设备	处于爆炸性气体环境中的电气设备		处于爆炸性粉尘环境中的电气设备	
	子 组	点火能量	子 组	爆炸性气体环境
	ⅡA	260μJ	ⅢA	燃烧的飞物
	ⅡB	95μJ	ⅢB	不导电灰尘
	ⅡC	18μJ	ⅢC	导电灰尘

区域标准可将现有的可燃物划分为以下类别：

① 区域0、区域1和区域2是危险气体或蒸气存在的区域；

② 区域20、区域21和区域22是危险粉尘或纤维存在的区域。

为了应用这一方法，首先要依据区域0、区域1和区域2的定义来评估爆炸性气体环境发生爆炸的可能性。

2.3.2 区域的定义

危险区域是根据爆炸性环境带来的不同危险来定义的。这样就能根据成本和安全因素来选择相应的保护措施。

危险区域是指爆炸性气体环境可能大量存在(这也被称之为危险爆炸性气体环境)的场所，因此需要采取特别的预防措施来保护工人免受爆炸危险的伤害。作为确定保护措施范围的基础，任何存在危险的区域都需要根据气体环境发生爆炸的可能性来进行区域分类。表2.8～表2.10给出了区域分类的具体规定，而区域和分类名称之间没有确切的相关联系。

表2.8 不同区域可燃混合物年存在小时数

区 域	可燃混合物年存在小时数(H)/(h/a)
0	$H\geqslant1000$
1	$10<H<1000$
2	$1<H<10$
未归类	$H<1$

① 区域0：连续或者长期频繁存在由空气与可燃物气体、蒸气、烟雾形成的混合物所组成的爆炸性气体环境。在这一区域中，可燃气体环境连续或者长期存在。适合于区域0的设备可以在区域0、区域1或区域2中使用。

② 区域1：在常规操作条件下偶尔存在由空气与可燃物气体、蒸气、烟雾形成的混合物所组成的爆炸性气体环境。在这一区域中，可燃气体环境有可能在常规操作条件下存在。适合于区域1的设备可以在区域1或区域2中使用。

③ 区域2：在常规操作条件下也不可能形成由空气与可燃物气体、蒸气、烟雾形成的混合物所组成的爆炸性气体环境，但如果确实发生了，那么仅会在短期内存在。在这一区域中，在常规操作条件下可燃气体环境不可能存在，但如果发生了，也仅仅存在片刻。适合于区域2的设备仅在区域2中使用。

表2.9 区域的定义

区域	定义(NEC Article 505-9、CEC Section 18、EN60079-10、IEC60079-10)
0	在这个区域中，可燃气体或蒸气的点燃浓度： ① 连续存在； ② 长期存在
1	在这个区域中，可燃气体或蒸气的点燃浓度： ① 在常规操作条件下可能存在； ② 由于修理、维护和泄漏可能频繁存在
2	在这个区域中，可燃气体或蒸气的点燃浓度： ① 在常规操作条件下不可能存在； ② 仅在短期内存在； ③ 仅在发生事故或在异常操作条件下变得危险

表2.10 针对气体和粉尘的区域分类

气体	粉尘	危险区域特点
区域0	区域20	很有可能存在危险气体环境，并且可能长期存在(每年大于1000h)，甚至是连续存在
区域1	区域21	可能存在危险气体环境，但不会长期存在(每年大于10h、小于1000h)
区域2	区域22	可能存在危险气体环境，但不会长期存在(每年大于10h、小于1000h)

建议对处理、存储和加工可燃物的工厂和装置进行精密设计，这样可以将危险区域的危险程度降低到最小，尤其是区域0和区域1在数量和程度上都要降低到最小。换言之，危险区域要以区域2为主。

在一些场合，如果可燃物排放不可避免，那么工厂应该限制设备排放量并将其降低到次一级上。如果做不到这一点(有些场所主要的或连续的排放源不可避免)，那么排放源向大气环境中排放的量和速度应该有一个限值。在进行区域分类时，这些原则是首要考虑的原则。在必要的场所中，加工装置的设计、操作和位置应该进行适当修改，以满足这些要求。

同理，加工设备的设计与操作也要加以考虑，为的是确保即使在操作出现异常的情况下，释放到环境中的可燃物的数量也会减少，从而降低该区域(区域2)发生危险的危害程度。

一旦工厂决定进行区域划分并且作好了必要的记录，那么在进行区域划分之前，就不能对设备和操作步骤进行修改。在区域分类绘制完成之前，测定工作可能需要来自多个学科的技术力量参与。

值得注意的是，在区域分类的过程中，密闭操作系统(例如更换过滤器、批量灌装)可能开启的部位也应该考虑为释放源。

有四个准则可以确保电气设备不会成为点火源(见表2.11)。其中，最基本的一点是要确保潜在爆炸性气体环境容易接触到的设备部位不会变得很热，避免点燃爆炸混合物。

表2.11 避免电气设备成为点火源的准则和保护方法

序号	准则	保护方法
1	当爆炸混合物可以渗透进电气设备中，继而被点燃时，应采取措施确保爆炸不会传播到周围的环境	限制爆炸： ① 防爆式外壳； ② 粉末填充式外壳
2	设备应装有外壳，以阻止潜在爆炸混合物的进入，以及阻止潜在爆炸混合物与设备运转过程中产生的点火源相接触	隔离危险源： ① 密闭式外壳； ② 充油式外壳； ③ 灌装式外壳
3	当潜在的爆炸混合物可以穿透外壳，但禁止被点燃时，能够引起点燃的火花和温度必须被禁止	提高安全性
4	当潜在的爆炸混合物可以穿透外壳，但禁止被点燃时，火花和升高的温度必须在一定的限制下才可发生	限制能量，提高本质安全性

危险区工厂的操作者应确保他们自己知道何时可能发生爆炸以及如何去阻止爆炸，这一点很重要。防爆电气设备的生产商以及工业装置的建造者和操作者的共同努力，可以确保电气设备在危险区域内的安全操作。

2.3.3 区域识别的例子

爆炸性气体环境存在的可能性和区域的类型，主要取决于释放源的等级。在一些情况下，通风设备和其他因素也会影响区域的类型。

图2.6展示了一个可燃液体储罐的例子。该储罐安装在户外，设有固定的顶盖，但是没有内浮顶。该例子提供一些典型的划分区域的参数数值：a为通气口附近区域半径，3m；b为顶盖附近区域的纵向距离，3m；c顶盖附近区域的横向距离，3m。

图2.7展示了一个拱顶储罐的例子，图2.8展示了一个针对氢气实验室的典型的

危险区域划分，图2.9展示了一个浮顶储罐的例子。

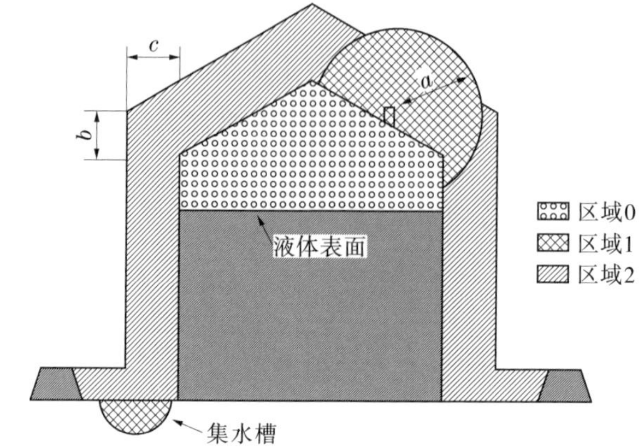

图2.6 可燃液体储罐危险区域分类

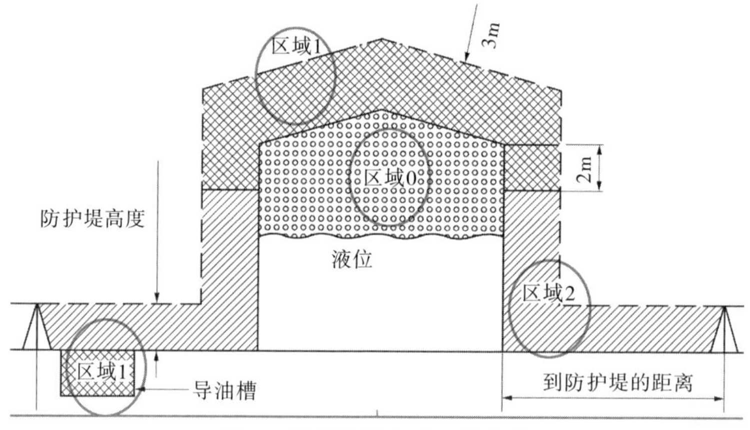

图2.7 拱顶储罐危险区域分类

2.3.4 释放源

建立危险区域分类的基本要素就是识别释放源和确定释放的级别。每一个工艺设备(例如储罐、泵、管道、容器)都会被认为是潜在的释放源。而含有可燃物质却不会将其释放到环境中的设备(比如全焊管道)，不认为其是释放源。图2.10展示了一个典型的释放源。

图2.11展示了一个典型的点火源。

每一个工艺设备(例如储罐、泵、管道、容器)应该被认为是一个潜在的可燃物释放源。如果某一设备中不含有可燃物质，那么它就不会在其周边产生一个危险区域。如果某一设备含有可燃物质但是不能将其释放到环境中，那么它也不是一个释放源(例如，一个全焊接管道就不是一个释放源)。

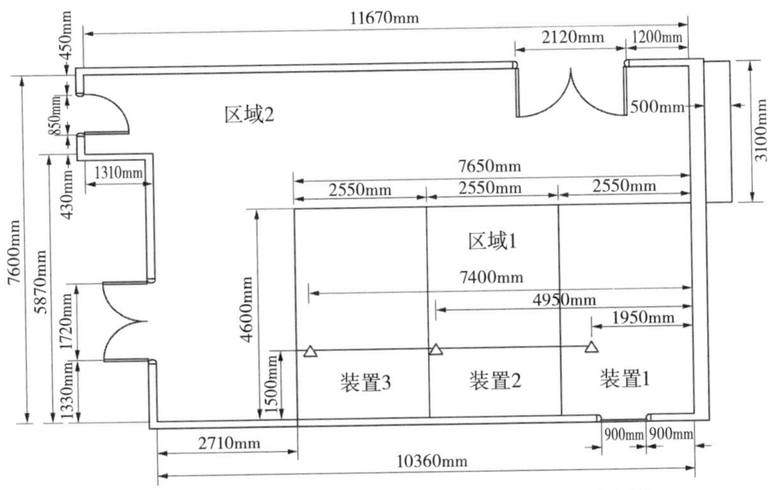

图2.8 一个针对氢气实验室的典型的危险区域划分

(资料来源：Karri, V.et al., International Journal of Hydrogen Energy 33, pp.2857-2867)

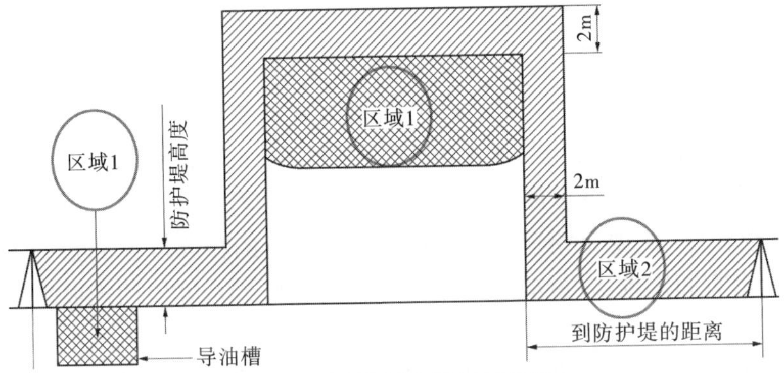

图2.9 浮顶储罐危险区域分类

图2.10 典型的释放源

图2.11 典型的点火源

当某一释放源设备安装完毕并开始运行时，它就会向周围环境释放可燃物质(大多数设备都属于这种情况)。此时，依据可燃物质可能的释放频率和持续时间来评定释放源的等级，很有必要性。每一个释放源的等级将会划分为连续、初级、次级和多级。

释放源等级的评估应该考虑对于环境的操作开放性以及在工厂运行、安装过程和加工过程中的所有(常规与异常)操作条件下释放的可能性。

释放过程主要有以下几种类型：

① 连续释放，主要是指连续或有可能长期进行的释放过程。连续释放级别的例子包括：带有固定顶盖的储罐中的可燃液体表面；开口容器的表面(例如油–水分离器)。

② 初级释放，主要是指在常规操作过程中周期性发生或偶尔发生的释放过程。初级释放级别的例子包括：泵、压缩机或阀门的浇封有可能释放可燃物质，尤其在开车过程中；装有可燃液体的容器上的排水点；分析样品的采样点；在常规操作过程中有可能释放可燃物的安全阀、排风阀和其他的开口处。

③ 次级释放，主要是指在常规操作过程中不会发生释放。即使发生释放，也是偶尔发生且短期发生的释放过程。次级释放级别的例子包括：泵、压缩机和阀门的浇封在常规操作过程中不会释放可燃物质；法兰、连接和管件在常规操作过程中不存在可燃物质；一般安全阀、排风阀和其他的开口在正常操作过程中不会释放可燃物质。

在通常情况下，连续释放等级形成区域0，初级释放等级形成区域1，次级释放等级形成区域2。

2.3.5 区域范围

影响区域范围的因素有很多。如果气体比空气轻，那么气体在释放过程中会上升，并在顶部附近的空间中聚集；如果气体比空气重，那么气体在释放过程中会下降，并在地面上扩散。这就会对设备安装位置的选择产生影响，是将其置于高处，还是置于低处呢？区域范围主要取决于以下一些参数：

① 可燃物的释放速度。危险区域的范围随着可燃物释放速度的增大而有可能增大。

② 扩散速度。由于释放的可燃气体、蒸气和/或烟雾在空气中不断被稀释，危险区域的范围有可能缩小；如果可燃物保持一个不变的释放速度，那么扩散速度的增大会导致产生湍流。

③ 可燃气体、蒸气和/或烟雾在释放气体中的浓度。危险区域的范围有可能随着释放源浓度的增大而增大。

④ 通风。随着通风速率的增大，危险区域的范围有可能减小。危险区域的范围也有可能由于通风系统数量的增加而减小。

⑤ 障碍物。障碍物有可能阻碍通风，因此可能会增大危险区域的范围。另一方面，像堤坝或者墙壁一样的障碍物会限制爆炸气体的扩散，这在一定程度上会缩小危险区域的范围。

⑥ 可燃液体的沸点(混合液体的初始沸点)。对于可燃液体而言，其释放出蒸气的浓度与其在最高温度下的蒸气压有关。初始沸点越低，可燃液体在给定温度下的蒸气压就越高，因此危险区域的范围就越大。

⑦ 爆炸下限(LEL)。LEL值越低，危险区域的范围就可能越大。

⑧ 闪点。如果闪点明显高于可燃液体的最高温度，那么爆炸性气体环境就不会存在。闪点越低，危险区域的范围就可能越大。一些液体(如一些卤代烃)不具有闪点，尽管它们可以产生爆炸性气体环境。在这种情况下，应该对饱和浓度下处于气液平衡时的液体温度和液体最高温度进行比较。注意：在一些特殊的情况下，可燃液体可能会在低于闪点的温度下释放出烟雾，因此也会产生爆炸性气体环境。

⑨ 相对密度。危险区域的水平范围会随着可燃气体、蒸气和/或烟雾的相对密度的增大而增大。当可燃气体、蒸气和/或烟雾的相对密度低于环境整体时，危险区域的垂直范围会随着可燃气体、蒸气和/或烟雾的相对密度的减小而增大。

⑩ 液体温度。当加工液体温度超过液体的闪点时，危险区域的范围会随着加工温度的升高而增大。值的注意的是，在发生释放之后，液体或蒸气的温度会由于受周围的温度或其他因素(比如热表面)的影响而相应地增大或减小。

排放源扩散至毗邻区域可以被下列因素阻止：物理障碍、与危险区域毗邻区域的静态超压和用强空气流吹扫该区域。

在确定释放源的等级之后，有必要进一步确定相应设备的释放速率以及影响危险区域类型和范围的其他必要因素。

通过粗略检查工厂情况或者工厂的具体设计来决定工厂的哪些部分能够与三个区域(区域0、区域1和区域2)的定义相匹配，几乎是不可能的。因此，需要一个更加客观的评价方法，包括对爆炸性气体环境产生的基本可能性的分析。由于爆炸性气体环境仅仅是指由可燃气体、蒸汽、烟雾与空气形成的混合物存在的情况，因此有必要来确定这些可燃物质是否会在相关的区域存在。通常来说，这样的物质(也包括可以产生这些物质的可燃液体或固体)存在于加工设备中，设备可能会，也可能不会提供一个完全封闭容器。为了去探究爆炸性气体环境存在于某个区域的起因，有必要去弄清楚含有可燃物质的加工设备是怎样将这些可燃物质释放到环境中去的。

一旦排放可能的频率和持续性，可燃物的释放速度、浓度、扩散速度、通风设备以及其他能够影响危险区域分类和范围的因素确定下来，那么就为在周围区域中确定可能存在的爆炸性气体环境奠定了一个坚实的基础。因此，这个方法需要对每一个含有可燃物质并有可能成为释放源的加工设备给予详细的考虑。在一些情况下，可能会因为一些其他方面的考虑(例如间接损害)而需要一个不同的分类，但是这些考虑因素超出了本书的讨论范围。

2.4 通风

释放到环境中的气体或蒸气，可以通过在空气中弥散和扩散而得到“稀释”，直至其浓度低于爆炸下限。通风(也就是空气流动)会促进扩散。通风率(例如每小时的换气次数)会影响到区域的类型及范围。

为了获得危险区域中最优的通风条件，根据释放源进行通风设计是很重要的。考虑到对通风效果的影响，气体或蒸气的相对密度也是很重要的因素，并且应该在通风设计中给予特别的考虑。

众所周知的通风方式有三种：自然通风、全面机械通风和局部机械通风。值得注意的是，上述术语都是与通风类型有关，而与通风率无关，因此很有必要去了解另外一种分类，即不通风(no ventilation)。

2.4.1 自然通风

自然通风是通过由自然风或温度梯度产生的空气移动来实现的。自然通风的例子包括：

① 露天场所。典型的露天场所包括化工厂和石油化工厂的露天建筑、管廊、给水泵区等类似建筑和区域。

② 开放式建筑。此类建筑是根据所涉及到的气体或蒸气的相对密度，在墙壁和/或顶棚适当的高度和位置上设有开口进行通风。从区域分类考虑，开放式建筑也可以看作是与露天场所相同的。

③ 不属于开放式建筑的建筑物，但却有自然通风(通风量通常小于开放式建筑)，具备用来通风的永久性开口。

2.4.2 全面机械通风

机械通风主要是指采用机械方法(例如排风扇和抽提机)进行通风。采用机械通风具有以下优势：

① 缩小危险区域；

② 缩短爆炸性气体环境的持续时间；

③ 阻止产生爆炸性气体环境。

机械通风的例子包括：在建筑物墙壁和/或顶棚上安装排风扇，以提高建筑物的整体通风性；在露天场所安装一定数量的排风扇，以提高该区域的整体通风性。

2.4.3 局部机械通风

局部机械通风的例子包括：

① 应用于连续或周期性释放可燃蒸气的工艺过程机械或容器的空气/蒸气抽提系统；

② 应用于局部或小型无充分通风区域的强制性抽提通风系统。在该区域中，如果不进行通风，就有可能发生爆炸。

2.4.4 无通风

一个没有永久性开口的围护结构或房间，就是一个无通风区域的典型例子。注意：在一个大型建筑物内，与释放源周围的危险区域相比，其内部容积是非常大的，该区域不一定被认为是无通风。

2.4.5 通风的等级

① 高速通风(VH)，主要是指可以在瞬间降低释放源气体的浓度，使其低于爆炸下限。这一区域的范围可以忽略不计。

② 中等速度通风(VM)，主要用来控制释放源气体浓度，在气体释放过程中形成稳定的区域范围。在气体释放结束后，爆炸性气体环境不会长时间存在。区域的范围和种类取决于设计参数。

③ 低速通风(VL)，主要是指不能在释放过程中控制好释放源气体浓度，也不

能在释放结束后阻止可燃环境的持续存在。

2.4.6 通风的效果

通风效果通常可以分为三种，即良好、一般和差。

① 通风效果良好是指通风实际上是连续存在的。对于自然通风(通常在室外)，当风速大于0.5m/s(大约1.1mile/h)时，被认为是通风良好。

② 通风效果一般是指在正常操作过程中，通风是存在的。通风中断也是可以接受的，只要中断发生不频繁并且是在短期内发生的。

③ 通风效果差是指不满足一般标准的通风，或者通风效果较差，但不会发生长时间中断。更差的通风效果在此忽略。

表2.12展示了各种区域对通风的影响。

表2.12 各种区域对通风的影响

释放级别		连续的	初级的	次级的(区域2是由次级释放产生的，次级释放等级超过了初级和连续的释放等级，需要采用更远的距离)
高速通风①	良好②	(0区NE)无害的(0区NE是指理论上可以将范围忽略不计的区域)	(1区NE)无害的(1区NE是指理论上可以将范围忽略不计的区域)	(2区NE)无害的(2区NE是指理论上可以将范围忽略不计的区域)
	一般②	(0区NE)2区(0区NE是指理论上可以将范围忽略不计的区域)	(1区NE)2区(1区NE是指理论上可以将范围忽略不计的区域)	(2区NE)无害的(2区NE是指理论上可以将范围忽略不计的区域)
	差②	(0区NE)1区(0区NE是指理论上可以将范围忽略不计的区域)	(1区 NE)2区(1区NE是指理论上可以将范围忽略不计的区域)	2区
中等速度通风①	良好②	0区	1区	2区
	一般②	0区(被2区包围)	1区(被2区包围)	2区
	差②	0区(被1区包围)	1区(被2区包围)	2区
低速通风①	良好，一般，差②	0区	1区或0区(如果通风弱，按照这个程度释放，爆炸性气体环境连续存在，形成0区)	1区甚至是0区(如果通风弱，按照这个程度释放，爆炸性气体环境连续存在，形成0区)

① 通风等级。

② 通风效果。

2.4.7 释放源等级、通风以及危险区域类别和范围之间的关系

2.4.7.1 天然通风和全面机械通风

一个连续等级的释放源会产生0区，初级的释放源产生1区，次级的释放源产

生2区。然而，在一些情况下，通风效果很好，危险区域的范围很小，以至于可以忽略不计。此时，危险区域的编号会变得更大，在限制范围内会变成无害的。相反，如果通风效果很差，则危险区域范围就会变得更大，其编号会变得更小。无论在何种情况下，风向的作用也是不可忽视的。

2.4.7.2 局部机械通风

在稀释爆炸气体与空气的混合物时，局部机械通风通常比天然通风和全面机械通风更为有效。其结果是：危险区域的范围会被缩小，在一些情况下会小到可以忽略不计。此时，危险区域的编号可能升高，可能变成无害区。

2.4.7.3 无通风

在一个无通风的释放源区域，连续级别的释放会产生0区，初级级别的释放可能会产生0区，次级级别的释放会产生1区。如果存在特殊因素(例如排放量很少和/或对释放进行监测)，会产生更高编号的区域。

2.4.7.4 被障碍物限制的通风

一些障碍物的存在会妨碍通风的进行，此时，在该区域需要一个更大的范围和/或一个更小的区域编号。考虑到障碍物的影响，尤其是存在坑洼的区域，其中有一些可能会“倒转”过来，这时需要特别注意气体和蒸气的相对密度。

2.4.7.5 机械通风失效带来的影响

区域分类是建立在通风措施处于正常运行中的假设之上，因为这是正常操作条件。而对于通风失效的风险，也应加以考虑。如果通风失效风险是可以忽略的(例如安装了独立自动备份系统)，那么由通风运行决定的区域分类将不需要进行修正。然而，通常会存在机械通风失效的风险，此时应将通风失效可能出现的频率和持续时间与爆炸性气体环境传播的范围一同考虑。这个传播范围应该比已经由通风系统确立的区域分类范围更大。在考虑到通风失效的情况下，整个区域的区域编号取决于通风失效的频率和持续时间以及通风开启时决定的区域分类。

在通风很少失效或失效持续时间短的情况下，由于通风失效产生的附加区域的编号不低于2。

如果有规章规定在通风失效时采取措施阻止可燃物质的排放(例如自动关闭加工过程)，那么由通风操作决定的区域分类就不需要进行修正。

以下情况必须要注意：

① 如果有规章规定在通风失效时必须关闭附加区域内的电气设备，那么这一类电气设备就不适用于该区域。

② 关于通风条件变化涉及到的更多细节(这些通风条件涉及针对不同分类区

域的通风检查，而这些关于开放式受保护或封闭的区域的分类，是基于重于或轻于空气的气体或蒸气排放制定的)，请参见《IP Model Code of Safe Practice Part 15(1990)》第六章。

③ 当评价通风条件时，应该考虑非常规的地形和具体气象条件，例如孔洞、不平整的地形、倾斜的地面。在这些地方，比空气重的气体、蒸气或冷凝蒸气可能发生聚集。

④ 自然通风的风速不应低于0.5m/s，通常在2m/s以上。

⑤ 稳定状态下每小时新鲜空气的换气次数为12次，便可认为是充分的换气。

2.5 设备保护级别

由于原有的防爆设备验收风险评估方法缺乏灵活性，人们已经制定了新方法，新方法将设备和区域有机地联系了在一起。为此，人们制定出了设备保护级别(equipment protection levels，EPL)系统。该系统清楚地给出了设备固有的点火风险，而不论使用了何种保护方法。

EPL是一种适用于设备的保护级别，主要基于设备成为点火源的可能性以及爆炸性气体环境、爆炸粉尘环境和矿井中容易受到沼气影响的爆炸性气体环境的差异。

① EPL Ga。该级别的设备在爆炸性气体环境中具有非常高的保护级别。该设备在正常操作环境下、可预测的失效情况下或罕见的失效情况下，都不是一个着火源。

② EPL Gb。该级别的设备在爆炸性气体环境中具有比较高的保护级别。该设备在正常操作环境下和可预测的失效情况下，都不是一个着火源。

③ EPL Gc。该级别的设备在爆炸性气体环境中属于增强级的保护级别。该设备在正常操作环境下不是一个着火源。此外，该设备可能需要一些额外保护，以确保在一些常规事故(例如灯出现失效)发生时，它作为着火源保持不活跃的状态。

危险区域被划分成各个分区。划分分区不考虑爆炸的潜在影响。在EPL与各个分区之间的关系中，分区仅仅在区域分类文档中识别，应该遵从EPL与各个分区之间的关系(见表2.13)。

表2.13 已经被分配EPL的分区

分 区	EPL分类
0	Ga
1	Ga 或 Gb
2	Ga、Gb或Gc

2.6 电气设备的气体防爆概念

2.6.1 分区的使用

为了保护工人不受爆炸危险的伤害，所有可能存在爆炸性气体环境的区域内的设备和保护系统都必须按照分类进行选择。如果在一份防爆风险评价文件中没有提到某个分类，那么就要依照当地的法规进行选择。

特别需要指出的是，下面的设备分类必须要在指定的分区中使用。假设它们根据具体情况适用于气体、蒸汽(或雾)及粉尘的环境中。在0区，使用类型1的设备；在1区，使用类型1或类型2的设备；在2区，使用类型1、类型2或类型3的设备。

可以采用一些方法来使电气设备在爆炸性气体环境中安全使用。表2.14和表2.15给出了这些方法的基本概念和使用原则。

表2.14 适用于气体、蒸气、烟雾(G)环境的电气设备

保护类别	符号	类型	适合分区	基本原理
增安型	e	2	1, 2	
无火花	nA	3	2	没有电弧、火花和热表面
防火的	d	2	1, 2	含有点火源，阻止火焰传播
封闭式突破	nC	3	2	
充砂型	q	2	1, 2	
本质安全型	ia	1	0, 1, 2	限制火花能量和表面温度
本质安全型	ib	2	1, 2	
本质安全型	ic	3	2	
限能型	nL	3	2	
正压型	p	2	1, 2	把可燃气体阻止在外面
限制排气	nR	3	2	
简易正压型	nP	3	1, 2	
浇封型	ma	1	0, 1, 2	
浇封型	mb	2	1, 2	
浇封型	mc	3	2	
油浸型	o	2	1, 2	
1G分类		1	0, 1, 2	两种独立的保护方法

表2.15 保护的基本原理及简要描述

保护方法的类别	设备代码	描述	适用分区
用于阻止潜在的点火出现	Ex e	增安型：对设备采取防范措施，以确保其针对可能发生的电气设备超温和产生火花的安全性；通常条件下能够产生火花的设备不允许在该种保护方法下使用	1, 2

续表

保护方法的类别	设备代码	描 述	适用分区
用于阻止潜在的点火出现	Ex nA	n-型保护：一种保护的类型，采取预防措施确保有可能产生电弧的电气设备不能够点燃周围的爆炸性气体环境，可以按如下方法进一步分类： ① Ex nA，应用在建筑中的部件，不产生火花； ② Ex nC，应用在建筑中的部件，不易燃烧； ③ Ex nR，使用的部件严格封闭，限制通风并阻止燃烧； ④ Ex nL，应用在建筑中的部件，没有足够的能量引发燃烧	2
用于限制设备的点火能量	Ex ia	本质安全型ia是这样的一种保护概念，设备中的电能被限制在一个能够引起点燃的级别之下，或者限制对设备表面进行加热；Ex i保护有两种主要的子类型——ia和ib，ia保护类型允许在操作过程出现两次失效，ib保护类型允许在操作过程出现一次失效	0，1，2
	Ex ib	本质安全型ib是这样的一种保护概念，设备中的电能被限制在一个能够引起点燃的级别之下，或者限制对设备表面进行加热；Ex i保护有两种主要的子类型——ia和ib，ia保护类型允许在操作过程出现两次失效，ib保护类型允许在操作过程出现一次失效	1，2
	Ex ic	本质安全型ic是这样的一种保护概念，设备中的电能被限制在一个能够引起点燃的级别之下，或者限制对设备表面进行加热；Ex i保护有两种主要的子类型——ia和ib，ia保护类型允许在操作过程出现两次失效，ib保护类型允许在操作过程出现一次失效	2
	Ex nL	n-型保护：一种保护的类型，采取预防措施确保有可能产生电弧的电气设备不能够点燃周围的爆炸性气体环境，可以按如下方法进一步分类： ① Ex nA，应用在建筑中的部件，不产生火花； ② Ex nC，应用在建筑中的部件，不易燃烧； ③ Ex nR，使用的部件严格封闭，限制通风并阻止燃烧； ④ Ex nL，应用在建筑中的部件，没有足够的能量引发燃烧	2
用于阻止爆炸性气体环境接触点火源	Ex p	清洗/正压保护：一个过程可以确保密闭空间的压力充足，以阻止可燃气体、蒸气、粉尘、纤维的进入并阻止可能存在的燃烧；另一个过程维持一个稳定的空气流(或惰性气体)，去稀释并带走任何潜在的爆炸性气体环境	1，2
	Ex px	清洗/正压保护px：一个过程可以确保密闭空间的压力充足，以阻止可燃气体、蒸气、粉尘、纤维的进入并阻止可能存在的燃烧；另一个过程维持一个稳定的空气流(或惰性气体)，去稀释并带走任何潜在的爆炸性气体环境	1，2
	Ex py	清洗/正压保护py：一个过程可以确保密闭空间的压力充足，以阻止可燃气体、蒸气、粉尘、纤维的进入并阻止可能存在的燃烧；另一个过程维持一个稳定的空气流(或惰性气体)，去稀释并带走任何潜在的爆炸性气体环境	1，2

续表

保护方法的类别	设备代码	描 述	适用分区
用于阻止爆炸性气体环境接触点火源	Ex pz	清洗/正压保护pz：一个过程可以确保密闭空间的压力充足，以阻止可燃气体、蒸气、粉尘、纤维的进入并阻止可能存在的燃烧；另一个过程维持一个稳定的空气流(或惰性气体)，去稀释并带走任何潜在的爆炸性气体环境	2
	Exm	浇封：一种保护的概念，即用化合物或树脂对有可能引起火灾的设备进行浇封，以阻止其与爆炸性气体环境接触；这个概念也限制了在正常操作条件下设备的表面温度	1，2
	Exma	浇封：一种保护的概念，即用化合物或树脂对有可能引起火灾的设备进行浇封，以阻止其与爆炸性气体环境接触；这个概念也限制了在正常操作条件下设备的表面温度	0，1，2
	Exmb	浇封：一种保护的概念，即用化合物或树脂对有可能引起火灾的设备进行浇封，以阻止其与爆炸性气体环境接触；这个概念也限制了在正常操作条件下设备的表面温度	1，2
	Ex o	油浸：所有可能产生电弧或引发燃烧的设备浸渍在具有保护性的液体或油中；油保证隔绝，以阻止燃烧	1，2
	Ex nR	n-型保护：一种保护的类型，采取预防措施确保有可能产生电弧的电气设备不能够点燃周围的爆炸性气体环境，可以按如下方法进一步分类： ① Ex nA，应用在建筑中的部件，不产生火花； ② Ex nC，应用在建筑中的部件，不易燃烧； ③ Ex nR，使用的部件严格封闭，限制通风并阻止燃烧； ④ Ex nL，应用在建筑中的部件，没有足够的能量引发燃烧	2
用于阻止燃烧逃逸到设备之外	Ex d	防火保护：可能会引起爆炸的设备被安放在一个密闭空间中，该空间可以阻挡爆炸产生的冲击力并阻止向外部危险环境传播；这种保护方法也能阻止危险环境进入到这个密闭空间中与设备接触	1，2
	Ex q	砂/粉(石英)填充：所有能够产生电弧的设备都被放置在一个被石英或玻璃粉颗粒填充的密闭空间中；该种粉末填充阻止了点燃的可能性	1，2
	Ex nC	n-型保护：一种保护的类型，采取预防措施确保有可能产生电弧的电气设备不能够点燃周围的爆炸性气体环境，可以按如下方法进一步分类： ① Ex nA，应用在建筑中的部件，不产生火花； ② Ex nC，应用在建筑中的部件，不易燃烧； ③ Ex nR，使用的部件严格封闭，限制通风并阻止燃烧； ④ Ex nL，应用在建筑中的部件，没有足够的能量引发燃烧	2
特殊的	Ex s	特殊保护(Ex s：该种保护方法正如它的名字所描述的那样，没有特别的参数和建造规则；本质上来说，它是能够提供预先安全级别来确保没有点燃可能的任何方法；这样它既不属于任何具体的保护方法，而实际上是不止一种方法的结合)	0，1，2

从本质来说，保护方法主要有表2.15中所介绍的四个主要方法。这些方法在表2.15中有详细的描述，在一些概念的下面还有一段简要描述。

2.6.2 保护概念

在这些分区中，有各种类型的设备可以使用，以确保发生爆炸的可能性被彻底消除或大幅度降低。

在保护概念中，设备的设计和制造必须与特定建筑参数相符。

2.6.2.1 增安型e

增安型(IEC 60079-7标准中规定的增安型标志“EEx e”与EN 50014和EN 50019标准中规定的一致)是针对在正常或出现失效的条件下不会产生电弧或火花的设备而设计的。相关部件的表面温度要控制在激发值以下。在保证电气设备正常运行的前提下，通过减小额定电流值，增大绝缘值、蠕变和间隙距离等参数值来增强电气设备的安全性。对于防护概念而言，最大的电压值为11kV。

采取额外的措施可以获得更高的安全性。例如，当电气设备面对难以承受的高温、火花或电弧时，为电气设备的内、外部分提供可靠性保护，而该电气设备在通常的操作条件下不接触到这些危险因素。

该保护概念提供了高安全级别，使得它适用于类型2的设备和气体分类Ⅱ。典型的设备包括接线盒、灯具、异步电动机、变压器和加热装置。增安型的关键设计主要包括以下几方面：

① 必须建造外壳。外壳必须经受机械冲击试验测试，并可以提供一定具体程度的入口保护。

② 非金属材料必须符合耐热性、耐冷性、耐光性、绝缘性、热指数(TI)等指标的要求。

③ 端子必须对目标连接进行宽大的尺寸标记，以确保导体安全连接，避免自松动的可能。

④ 裸露导电部件之间的间隙禁止小于额定电压的规定值。

⑤ 蠕动距离禁止小于额定电压的规定值和绝缘材料的相对漏电起痕指数(comparative tracking index, CTI)。

⑥ 电绝缘材料必须要在超过最大工作温度至少20K以上的温度下具有机械稳定性。

⑦ 为了不超过影响到材料热稳定性和设备温度类别的温度值，设备各个部分的温度要加以限制。

⑧ 非绝缘的带电组件需要受到特别的保护。空气和爬电距离要比在工厂通常

情况下的规定值宽。特别的工作条件适用于IP防护等级的保护。

⑨ 更加严格的要求包括高温下绕组的机械强度、绝缘性和电阻大小。被绕组线、线圈浸渍和加固以及热监控设备都规定了最小横截面积。

⑩ 典型的应用包括：总配线箱和接线盒的安装材料，以及加热系统、电池、变压器、镇流器和鼠笼电动机的终端隔间。

2.6.2.2 防爆d

防爆外壳(IEC 60079-1标准中规定的防爆外壳标记“EEx d”与EN 50014和EN 50018标准中规定的一致)是为可产生电弧、火花和热表面的设备而设计的，而这些因素可能会在正常的操作条件下引起燃烧。另外，一些工业部件如果不采用防爆外壳，将不适合在危险区域内使用。

周围的爆炸性气体环境可以进入到外壳内部，在设备处于使用期间时可能发生内部爆炸。因此，外壳强度需要足够大，在压力产生时不能破裂，也不能扭曲。外壳任何的结构连接都要标记上尺寸，这样它们就不会将爆炸从内向周围环境传播，从而避免造成危害。这被称为火焰通道(flame paths)。

典型的应用对象包括电动机、制动器、灯具、扬声器和开关设备。防爆外壳的关键设计主要包括以下几方面：

① 外壳必须具有足够的强度，以经受内部爆炸的冲击。

② 连接处和缝隙处要有严格的尺寸规定。

③ 如果外壳含有储能或温度可能超过温度分类规定要求的部分，外壳表面必须有警示标识。

④ 扣件必须符合尺寸和强度的要求。

⑤ 外壳材料，特别是非金属材料，必须标注清楚材质构成及相应的热指数(TI)。

⑥ 电缆和导管的入口必须满足建筑的需求，使其达到防爆要求。

⑦ 防爆接头必须采取防护措施，避免腐蚀。通常的做法是对防爆接头进行喷涂。垫片的使用必须符合相关规章文件中具体的使用限制。非沉淀油脂或者防腐剂可以使用。非硬化油脂轴承编织带也可以依据下面的规定在接头外部使用：当外壳处于ⅡA组气体环境中，法兰连接处的周围所有部分只允许使用很短的重叠铺盖的一层带子，新带子必须要在现有带子受到破坏时使用；当外壳处于ⅡB组气体环境中，不论法兰的宽度，连接表面之间的间隙不能超过0.1mm(法兰连接处的周围所有部分只允许使用很短的重叠铺盖一层带子，新带子必须要在现有带子受到破坏时使用)；当外壳处于ⅡC组气体环境中，禁止使用带子。

在防爆外壳这种防爆类型中，能够点燃爆炸性气体环境的部件安装在一个外壳中。而这个外壳不仅具有抗爆炸压力的能力，而且能阻止外壳之外的可燃气体的燃烧。

从技术上来说，外壳上不可避免地存在裂纹。而这些裂纹很小且长度有限，因此通过裂纹释放的热气体没法点燃外壳外部的可燃气体。如果在生产过程中需要避免这些裂纹的影响，那么可以用胶或垫片对它们进行浇封。

2.6.2.2.1 重要的设计参数

外壳需要具有承受与规定安全系数相对应的爆炸压力的机械强度。以下是一些具体规定：

① 如果在一个球体中产生大约0.8MPa(8bar)的压力，而这个球体被归为EEx d外壳一类，则它要承受1.2MPa(12bar)的压力。

② 外壳两部分之间的缝隙要足够小且长度要受到限制，这样，任何通过缝隙释放出来的热气体都不会点燃危险分区中潜在的爆炸性气体环境。

③ 火花点火间隙参数(长和宽)在爆炸危险的子群ⅡA、ⅡB、ⅡC中是不同的，最严格的条件要适用于子群ⅡC中的外壳。

2.6.2.2.2 应用

通常，涉及火花、电弧及热表面的设备主要包括：开关设备、滑环、集电极、变阻器、保险丝、灯或加热筒。

2.6.2.2.3 火焰通道、缺口、法兰和螺纹接头

火焰通道是指内部爆炸的热气可能通过防爆外壳内任何小的接头或间隙释放。当热气在间隙中流动时，可充分被冷却，从而不会点燃壳外的爆炸性气体环境。标准中规定的法兰、龙头和其他类型接头的最大允许间隙，是基于实测数据。

表2.16给出了与体积、气体种类和接头类型有关的数据。其中，圆柱形螺纹必须有至少5个全螺纹参与。事实上，常常提供了6个螺纹。如果螺纹有倒钩，那么就需要安装一个不可拆卸和压缩的垫圈，以确保螺纹正确啮合。

2.6.2.2.4 电缆引入装置

关于电缆入口的设计，必须保证热气体不能点燃周围的爆炸性气体环境，避免通过电缆密封套管或者电缆引发内部爆炸。电缆密封套管也必须遵循螺纹接头的要求。螺纹的啮合扣数至少需要5个，通常提供6个。

电缆可以通过密封套管直接带入防爆外壳，这就是所谓的“直接引入”。所有电缆入口孔都需要有螺纹。如果气体是ⅡC类型或者电缆没有进行合理填充，则套管中必须填充密封化合物。

表2.16 标准法兰间隙及接头

接头形式	接头的最大长度 L/mm	最大间隙/mm											
		体积小于100cm³			体积在100~500cm³之间			体积在500~2000cm³之间			体积大于2000cm³		
		Ⅰ	ⅡA	ⅡB	Ⅰ	ⅡA	ⅡB	Ⅰ	ⅡA	ⅡB	Ⅰ	ⅡA	ⅡB
带法兰的圆柱形或套管接头	6	0.3	0.3	0.2									
	9.5	0.35	0.3	0.2	0.35	0.3	0.2						
	12.5	0.4	0.3	0.2	0.4	0.3	0.2	0.4	0.3	0.2	0.4	0.2	0.15
	25	0.5	0.4	0.2	0.5	0.4	0.2	0.5	0.4	0.2	0.5	0.4	0.2
用于旋转电机轴封的圆柱形接头(滑动轴承)	6	0.3	0.3	0.2									
	9.5	0.35	0.3	0.2	0.35	0.3	0.2						
	12.5	0.4	0.35	0.25	0.4	0.3	0.2	0.4	0.3	0.2	0.4	0.2	
	25	0.5	0.4	0.3	0.5	0.4	0.25	0.5	0.4	0.25	0.5	0.4	0.2
	40	0.6	0.5	0.4	0.6	0.5	0.3	0.6	0.5	0.3	0.6	0.5	0.25
用于旋转电机轴封的圆柱形接头(滚动轴承)	6	0.45	0.45	0.3									
	9.5	0.5	0.45	0.35	0.5	0.4	0.25						
	12.5	0.6	0.5	0.4	0.6	0.45	0.3	0.6	0.45	0.3	0.6	0.3	0.2
	25	0.75	0.6	0.45	0.75	0.6	0.4	0.75	0.6	0.4	0.75	0.6	0.3
	40	0.8	0.75	0.6	0.8	0.75	0.45	0.8	0.75	0.45	0.8	0.75	0.4

或者厂商也可以提供一个接线盒空腔，防爆型主体空腔与接线盒空腔是隔开的，两者之间通过防爆型绝缘套管进行电气连接，这叫做“间接引入”。接线盒通常是增安型的。对于直接引入方案，电缆引入系统需要满足以下规定：

① 电缆引入装置需要满足IEC 60079-1标准的要求，并且作为特定型号设备的一部分通过电缆测试。

② 致密和圆形的热塑性、热固性或弹性电缆，具有挤压成型的衬层(如需要，应采用防水材料)，并按照图2.12选择对应的密封圈。如果电缆密封压盖满足IEC 60079-1标准，并且已经通过特定电缆的外壳内部可燃气体重复点火实验测试，外壳外部未出现火花，则不必通过图2.12进行筛选。

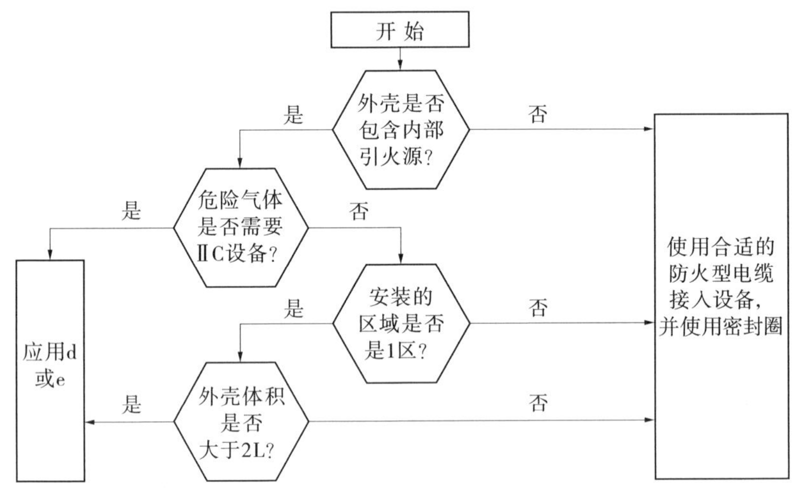

图2.12 防爆外壳选择符合b项条款规定的电缆引入装置的筛选图(内部点火源包括正常操作过程中出现的火花或者能够引起点燃的仪器过热；只包括终端或者间接引入的外壳不会成为点火源；“volume”这个词在IEC 60079-1标准中有定义)

③ 具有矿物绝缘和金属护套的电缆，并配有合适的防爆电缆密封压盖，有或者没有塑料外包装，都符合IEC 60079-1标准。

④ 设备文档中规定的或者满足IEC 60079-1标准，并且使用了合适的电缆密封压盖的防爆密封装置(例如密封腔)，应该包含密封化学品或者其他密封物，以保证停止周围独立核心。该密封装置应该适合于仪器的电缆引入点。

⑤ 设备文档中规定的或者满足IEC 60079-1标准，并且包含填料密封或者弹性橡胶密封的防爆电缆压盖，通常用来密封周围的独立核心或者类似的密封要求。

2.6.2.3 本质安全型i

本质安全型(IEC 60079-1标准中规定的本质安全标志“EEx i”与EN 50014和EN 50020标准中规定的一致)适用于那些电流或者储存的电能较小的设备，即使在失效状态下，也不足以点燃周围的易爆气体。

鉴于本质安全的实现方法，必须保证暴露于潜在爆炸性气体环境中的电气设备及其内部关联设备都要合理进行安装。

这种设备适用于爆炸性气体组Ⅱ的1(ia)、2(ib)或者3(ic)类。

适用的典型区域是低电压、低电流的控制电路和仪表电路。

根据设计和用途，这种设备又细分为两类：本质安全设备是指所有电路都本质安全的设备；关联电气设备含有限能电路和非限能电路，其结构使得非限能电路不能对限能电路产生不利影响。关联电气设备又可以分为两种类型：一种是采用防爆保护，可在爆炸性气体环境中使用的电气设备；另一种是未采用防爆保护，不能在爆炸性气体环境中使用的电气设备。

本质安全型设备只能包含符合本质安全电路规定的电路。在潜在爆炸性气体环境子群ⅡA、ⅡB或ⅡC测试条件下，本质安全型电路不允许出现火花或者热效应。

2.6.2.3.1 重要设计参数

使用特定的电气元件或电子电路元件。与普通工业元件相比，这种元件允许负载更低(例如与电压有关的电气强度和与电流有关的发热量)。

保持很低的电流和电压(包括安全边界)，以保证不会出现超温。在发生开路或短路的情况下出现的火花、电弧能量很小，不足以点燃潜在的爆炸性气体环境。

应用领域主要包括以下几方面：

① 仪表和控制；

② 物理、化学或者机械原理的传感器；

③ 光学、声学或者机械原理的制动器。

不同小类的限制点火曲线一般通过火花测试来确定。图2.13给出了电阻电路的曲线。电路中储存的能量也需要考虑(比如电容和电感)。电路发生短路时，除了来自关联设备的能量，电路中储存的能量会释放掉。

2.6.2.3.2 保护等级

本质安全设备和关联设备的本质安全部分，都置于ia、ib或ic等级的保护下。在确定ia、ib或ic保护等级时，需要考虑元件、连接和导电部件之间隔离的故障。

2.6.2.3.3 保护等级ia

保护等级ia类的电气设备中的本质安全电路，在正常运行过程中出现以下错误时不能引起打火：

① 正常工作和施加最不利条件下的非计数故障；

② 正常工作以及施加一个计数故障和加上最不利条件下的非计数故障；

③ 正常工作以及施加两个计数故障和加上最不利条件下的非计数故障。

电路在进行火花点燃试验和评定时，要求施加以下安全系数：对于上述①和②两种情况，应用系数1.5；对于上述③的情况，应用系数1.0。

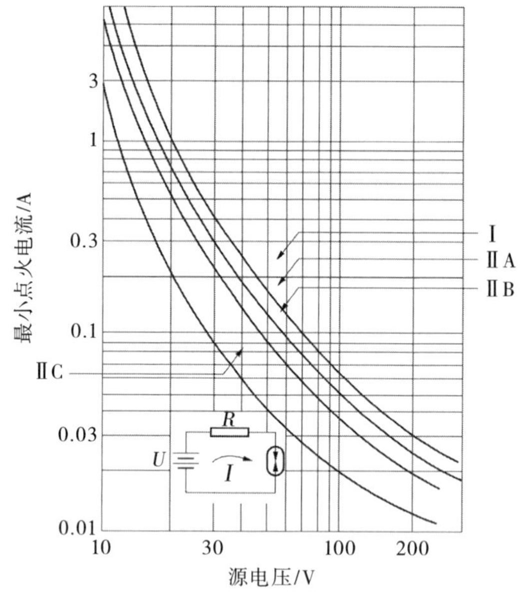

图2.13 阻抗电流曲线

2.6.2.3.4 保护等级ib

保护等级ib类的电气设备中的本质安全电路，在以下任何情况下都不能引起打火：正常工作和施加最不利条件下的故障；正常工作以及施加一个计数故障和加上最不利条件下的故障。对电路进行火花点燃试验和评定时，施加1. 5倍安全系数。

2.6.2.3.5 保护等级ic

保护等级ic类的电气设备中的本质安全电路，在正常运行过程中不能引起打火。当间距影响安全时，间距需要符合IEC 60079-11标准中的相关要求。

2.6.2.3.6 接口类型

接口主要有有两种类型，分别是二极管安全栅(diode safety barrier)和隔离式安全栅(galvanic isolator)。

① 二极管安全栅。这种接口已经出现了很久。该元件包括并联二极管或者串

联二极管(包括稳压二极管)。这些二极管由快速熔断器、电阻及其组合进行保护。其中,快速熔断器限制电能,电阻限制电压,稳压二极管限制电流。

② 隔离式安全栅(见图2.14)。该隔离器的实际限能部分包括了二极管安全栅的所有元素。能量供给通过变压器提供,而反馈信号可以通过光耦合器、变压器或继电器提供。危险区域电路能有效地从安全区域电路中隔离出来。

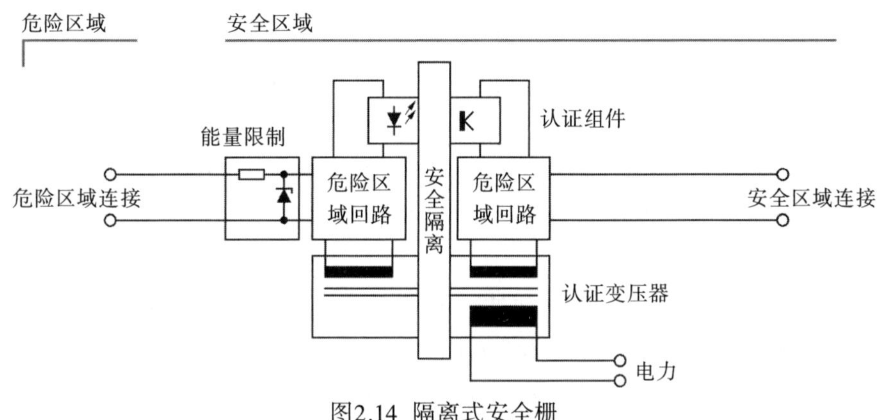

图2.14 隔离式安全栅

关于两种安全栅优、缺点的讨论一直在进行。二极管安全栅必须有非常可靠的接地系统,而隔离式安全栅则不需要。关联设备的本质安全电路和非本质安全电路之间,优先选用隔离式安全栅。表2.17列出了上述两种安全栅的各自特点。

表2.17 二极管安全栅和隔离式安全栅的各自特点

二极管安全栅	隔离式安全栅
简 单	复 杂
多功能	专 用
低功耗	高功耗
严格控制电源	电源范围广
堆积密度高	堆积密度低
必须接地	不需接地
危险区的现场仪表必须是隔离型(500V)	危险区的现场仪表无须是隔离型
精度和线性度为0.1%	精度和线性度为0.25%
成本低	成本高
频率响应好	频率响应较差
易受闪电等的影响	不易受闪电等的影响
不可维修	可以维修

2.6.2.3.7 简单电气设备及其组成

简单电气设备和元件，诸如热电偶、光电池、开关、接线盒、插头、插座、电阻和发光二极管等，只要它们在正常和错误的本质安全系统中产生的电压不超过1.5V，电流不超过100mA，功率不超过 25mW，就可以在没有认证的情况下用于本质安全电路。

简单电气设备和元件需要符合EN 60079-11标准的所有相关规定。用于长期或持续存在爆炸性气体区域(区域 0)的简单设备，需要特定保护措施。对于该类设备，EN 60079-26和EN 1127-1标准可以作为EN 60079-0和60079-11标准的补充。这两个标准对分隔墙、设备安装和一些特殊要求(比如静电和塑料材料)进行了规定。根据EN 1127-1标准，温度不应超过限制温度等级的80%。

然而，在环境温度为40℃的情况下，接线盒和开关的允许最高温度仅为85℃，这是因为它们本身没有散热元件。

简单设备外壳可以使用多种联通或断开方式。在测试和校准时断开端子而不需要将导体移开，在运行状态下非常有用。

对于相同的本质安全电路，外部端子连接中的裸露金属部分的间隙至少要保持3mm；而对于不同的本质安全电路，外部端子连接中裸露金属部分的间隙至少要保持6mm。一些用户更加倾向在本质电路中使用Ex ia认证的外壳。

2.6.2.3.8 本质安全型电气系统

一个本质安全系统包括一个或多个安全栅(二极管式或者隔离式)，以及一套或多套现场设备和互联配线。对于本质安全系统，用于爆炸性气体存在区域的所有电路都必须是是本质安全电路。

EN 60079-25标准列出了对本质安全系统的要求；EN 60079-27标准列出了本质安全的定义和现场总线的技术要求。

2.6.2.3.9 独立系统

如果使用者或者安装者分别购买元件，并且自行组装系统，那么他们需要保证安全栅与危险区域设备连接时的安全(见图2.15)。系统设计工程师需要将电路及其接口、现场设备和电缆的参数存档。根据ATEX 95认证体系，这种装配类型被定义为一种安装，并且这样的安装不需要CE标识。

如果现场设备只包括简单设备，那么组建安全系统所需的信息则包含在安全栅的认证中。如果现场设备是认证过的设备，比如温度传感器或者电磁阀，则需要额外的测试。

现场设备的认证包括它的最大输入参数，指定U_i、I_i或者P_i中的一个或多个。

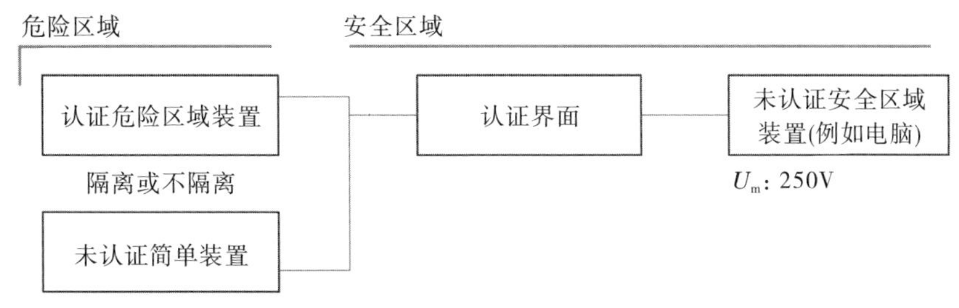

图2.15 独立系统

2.6.2.3.10 电缆引入装置

只包含本质安全电路且保护类型为e或n的接线盒电缆引入装置不需要认证，而且外壳不需要满足e或者n的保护类型。

如果一个外壳里既包括e型电路，又包括n型电路，则电缆引入装置需要满足更高的安全等级。本质安全电路与非本质安全电路之间的距离需要大于50mm。

2.6.2.4 正压型设备p

压力设备(根据EN 50014和EN 50016标准，压力设备标记为“EEx p”)主要是利用空气或者惰性气体吹扫设备内部并保持一定压力，以防止易爆气体进入，从而实现点火源和易爆气体的分离。正压的失效意味着发生了警报操作或者有点火能力的组分断开。外壳内充满了正压气体(空气、惰性气体或者其他合适的气体)，以防止周围气体的进入。可以使用，也可不使用流动保护气来维持外壳内部的压力。

典型的设备有电动机、控制柜和气体分析仪等。压力设备主要有以下三种正压类型：

① 静态正压。静态正压是将设备在非危险区域充满保护气并仅仅通过外壳密封，在危险区域不供应保护气。当附加压力下降至低于设定值时，警报响起或者一起断电。设备只能在非危险区域内重新充气。

② 连续保护气体正压。连续保护气体正压包含一个初始吹扫循环系统，随后连续流动的保护气流过外壳；与此同时，要保证气流具有一定的正压力。该体系可以用于降温或者需要稀释内部气体的区域。

③ 补偿泄漏正压。补偿泄漏正压是指保护气首先通过外壳进行初始高压吹扫，随后出口密封并持续提供保护气，以补充外壳泄漏的气体。在启动前，气体最少置换5次。正压空气来自没有易爆气体的区域。如果无法将净化空气从净化设备输送到安全地带，那么空气输送管道的出口需要安装阻火器。

2.6.2.5 设备保护等级为Ga/区域0的设备

EN 60079-26标准规定了设备保护等级(EPL)为Ga的电气设备在结构、测试和标志等方面的特殊要求：在生产商规定的运行参数范围内，当设备出现罕见故障或者两个相互独立的故障时，保证电气设备有非常高的保护水平。

本部分内容也适用于安装在跨越两个分区之间，并对保护级别有不同要求的电气设备；也适用于安装在保护级别要求较低场所的设备，但这些设备与Ga级保护级别的设备相连(关联设备)。

为了消除电路点燃的危险，通常通过以下方式实现高级别保护：

① 单种防爆型式，可以在出现两个相互独立故障时保证安全。

② 两种独立的保护措施。当一种保护措施失效时，提供第二种独立的保护措施。

适用于保护等级Ga或者种类1的定义为：设备符合EN 60079-11标准中本质安全“ia”的要求；浇封型设备应符合EN 60079-18标准中浇封型“ma”的要求。

2.6.2.5.1 采用两种独立EPL Gb级防爆型式保护的措施

电气设备应符合EPL Gb级别和两种相互独立的防护的要求。如果有一种防护措施失效，另一种防护措施则继续起作用。相互独立的防护措施不应该有共同的失效模式，本章有特殊规定的除外。应用案例包括：

① 具有Ex d外壳、Ex e外壳和Ex ib电路的手电筒；

② 既符合EN 60079-1标准中的防爆等级Ex d，又符合EN 60079-7标准中的增安型Ex e的电动机；

③ 带有Ex d外壳的本质安全型ib等级的测量传感器；

④ 带增安型外壳Ex e的正压设备Ex px。

2.6.2.5.2 跨边界墙安装的设备

如果设备跨边界墙安装，并且不是本质安全型ia，那么设备应安装有机械隔离部件并符合保护方式。表2.18给出了各独立元素与各种保护措施可能的组合。

2.6.2.6 设备保护等级为Gc/区域2的设备

根据ATEX认证体系，EPL Gc的设备是为了满足分区3G而设计的，具有一般的保护级别，适用于正常运行设备。EPL Ga或者Gb的设备可以用于要求EPL Gc设备的分区(区域2)。EPL Gc的要求可以通过使用EN 60079-15标准中的温和的保护类型n来满足。EPL Gc设备不需要通过除ATEX以外的其他认证机构的测试，比如Baseefa、PTB(德国认证机构)或者KEMA(欧洲认证机构)，但是生产商必须提供证据来证明该产品安全。控制箱也许要求部件具有EC测试证书，但不需要整体的证书。

生产商必须确定最高表面温度并提供必要文献。标准Ex n通常用来区分那些不产生电弧、火花或者高温表面无火花的设备和那些产生电弧、火花或者正常操作高温表面有火花的设备。

表2.18 各独立元素与各种保护措施可能的组合

结构形式	不同隔板厚度“t”的要求(t≥3mm无附加要求)		
	1mm≤t<3mm	0.2mm≤t<1mm (要求“X”标志)	t<0.2mm (要求“X”标志)
隔板 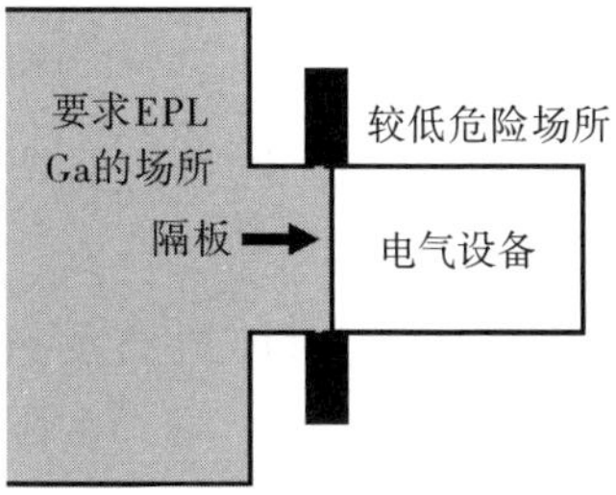 要求EPL Ga的场所 隔板 较低危险场所 电气设备	EPL Gb级的防爆型式和正常运行时无点燃源(例如无裸露触点)	本质安全型“ib”等级	不允许
隔板+接合面 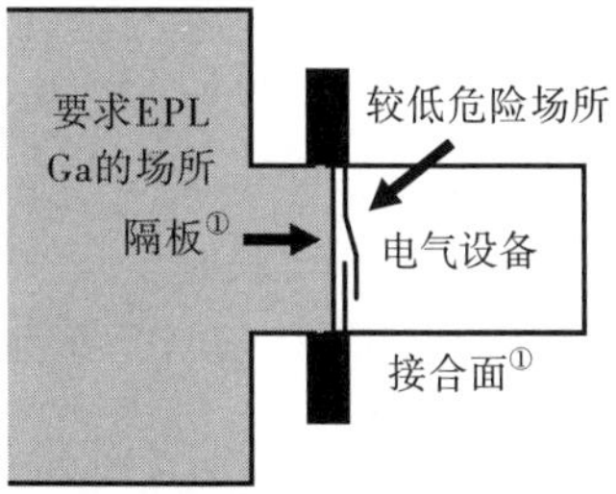 要求EPL Ga的场所 隔板① 较低危险场所 电气设备 接合面①	EPL Gb级的防爆型式		EPL Gb级的防爆型式和正常运行时无点燃源(例如无裸露触点)
隔板+通风气隙 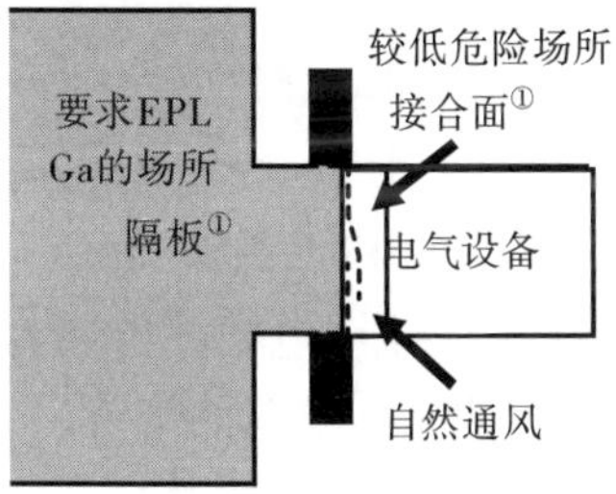 要求EPL Ga的场所 隔板① 较低危险场所 接合面① 电气设备 自然通风	EPL Gb级的防爆型式	EPL Gb级的防爆型式和防爆接合面(虚线处)	

① 防爆隔板+接合面的安装顺序可以调换。

2.6.2.6.1 无火花设备

通过适当的安装方式可将在正常操作情况下出现电弧、火花或者高温表面的可能性降到最低。这种设备标记为“nA”。这种设备的例子包括发动机、灯具、接线盒、控制箱等。即使超过负载，保险丝端也不能产生火花。保险丝必须是不可重新接驳线的。在安装外壳并建立保护类型Ex nA时，生产商必须保证内表面或者外表面温度在T类范围内。

2.6.2.6.2 火花设备

在本案例中，在正常操作时会出现电弧、火花或者热表面。下列对火花设备防护的定义为：

① 允许设备具有保护关系nC。这些设备包括封闭破碎设备、非易燃元件、气密设备和密封设备。注意：目前对于浇封设备的要求在EN 60079-18标准中进行了规定，即作为mc并在过渡时期运行。

② 限制呼吸外壳nR。限制呼吸的设备需要被限制释放的能量，这样外壳测量的温度才不会超过最高表面温度的限制。

这些保护类型可以应用于有火花的外壳，但要限制释放的能量，外壳测量的温度不得超过外部环境温度20K以上。当应用于没有火花的外壳时，唯一的限制就是外部温度。该温度不能超过标记的温度等级。

2.6.2.7 充砂型q

充砂型(IEC 60079-5标准中规定的充砂型外壳标记“EEx q”与EN 50014和EN 50017标准中规定的一致)将可能点燃爆炸性气体的导电部件固定在适当位置上，并且完全埋入填充材料中，以阻隔外部爆炸性气体环境。

不允许有火焰或者外壳表面温度过高所导致的点燃情况的发生。填充物通常是石英或者玻璃颗粒。填充物应适用于特定的规定和外壳的设计。外壳内的填充物无论在正常运行情况下，还是在产生电弧或者其他情况下，都不能泄漏到外壳外面。

通过将可能点燃爆炸性气体的导电部件固定在适当位置上，并且完全埋入填充材料(通常是石英)中，以实现保护。电弧在点燃周围气体之前被冷却，而电流限制在安全水平上。该设备适用于要求设备保护等级为Gb的区域和设备种类2G。

充砂型q的主要应用领域包括用于处于危险区域内的电容器、电气部件或者传感器，以及种类繁多并在运行中有火花或者高温表面但不被充砂阻碍的部件。

2.6.2.8 油浸型o

油浸型(IEC 60079-6标准中规定的油浸型外壳标记“EEx o”与EN 50014和EN 50015标准中规定的一致)是将电气设备或电气设备的部件整个浸在保护液中，使设备不能够点燃液面之上或外壳之外的爆炸性气体。

在一定程度上将可能点燃潜在爆炸性气体的部件浸在油或者其他不可燃的绝缘液体中，这样液面之上或外壳之外的爆炸性气体不会被液面以下的电弧、火星、高温部件(比如电阻)或者来自开关操作的高温残余气体点燃。

这种设备适用于对设备安全等级要求为Gb或者设备种类为2G的区域。

2.6.2.8.1 重要设计参数

① 规定的绝缘液体(例如油);

② 确保液体的杂质含量和黏度等指标保持在良好的状态上;

③ 安全液的检查:加热、冷却过程检测和泄漏检测;

④ 非便携设备的固定。

2.6.2.8.2 应用

油浸型的应用领域包括大型变压器、开关设备、起始电阻器和完整的起始控制器。

2.6.2.9 浇封型m

浇封型(IEC 60079标准中规定的浇封型外壳标记"EEx m"与EN 50014和EN 50028标准中规定的一致)是将可能产生火花或者过热的部分封入复合物中,防止爆炸气体点燃并且冷却元件产生的热量。这种设备适用于对设备安全等级要求为Ga(ma)、Gb(mb)或者Gc(mc),以及设备种类为1G、2G或3G的分区。通过将元件浸入到一种能够隔绝物理影响(特别是电、热和机械等形式的物理影响)和化学影响的化合物中,以防止火花或者过热部件点燃爆炸性气体。

2.6.2.9.1 重要设计参数

① 浇封(损坏强度;低吸水性;对多种影响的阻隔;密封周围必须达到规定厚度;在有限程度上允许空隙;封装只能被电缆穿入)。

② 限制或减少元件的负载。

③ 提高带电部件之间的清洁度。

2.6.2.9.2 应用

浇封型的应用领域主要包括镇流器的静态线圈、电磁阀、发动机、继电器以及其他限能的控制齿轮和有电路的完整印制电路板。

2.6.3 爆炸性气体环境电气设备保护类型总结

有些区域虽然已经采取了防护措施,但仍有可能存在爆炸性气体,只有防爆设备才能应用于这些区域。根据相关标准的规定,防爆电气设备有多种保护类型。生产商选用的保护类型主要依据设备的类型和功能。有些保护类型有多种保护等级,与设备种类相符。表2.19和表2.20介绍了主要的标准保护类型并描述了基本原理和常见用途。

2.6.4 设备的选择

为了在危险区域选出合适的电气设备,需要获得以下信息:

① 危险区域类型(包括适用的设备保护等级);

② 与电气设备的组群或子群相关的气体蒸气或粉尘的类别；

③ 涉及的气体或蒸气的温度等级和点燃温度；

④ 可燃尘云的最小点燃温度、可燃粉尘层的最小点燃温度和可燃尘云的最小点燃能量。

表2.19 防爆电气设备的主要保护类型

保护类型(根据EN、IEC、UL、FM和NFPA等标准)	图 示	基本原理	主要应用
增安型e (EN 60079-7; UL 60079-7; IEC 60079-7; FM 3600)		对在正常运行条件下不会产生电弧或火花的电气设备采取进一步的保护措施，降低设备外壳内部或者暴露部分产生危险温度、电弧和火花的可能性	端子、接线盒、安装了Ex元件的控制箱(该元件具有不同的保护类型)、鼠笼式电动机和灯具
防爆外壳d (EN 60079-1; UL 60079-1; IEC 60079-1; FM 3600)		能点燃爆炸性气体的部分被包裹在一个外壳里，该外壳能够承受通过外壳任何接合面或结构间隙渗透到外壳内部的可燃性混合物在内部爆炸而不损坏，并且不会点燃外部由一种或多种气体或蒸气形成的爆炸性环境	开关、控制器、显示装置、控制系统、发动机、变压器、加热设备和灯具
正压外壳p (EN 60079-2; NFPA 496; IEC 60079-2; FM 3620)		通过设备内部保护气体保持一定正压力(相对于外界环境)来防止易爆气体进入，必要时内部通入连续保护气，以稀释任何可能的可燃混合物	开关、控制箱、分析仪和大型发动机；其中，px用于区域1、区域2，py用于区域1、区域2，pz用于区域2
本质安全型i (EN60079-11; UL60079-11; IEC 60079-11; FM 3600)		用于在爆炸性气体环境中只包含本质安全型电路的设备；在专门的测试条件(包括正常运行和特定错误情况)下不产生火花或热影响的电路被称为本质安全型电路；这种设备不会点燃爆炸性气体环境	测量和控制技术、通信技术、传感器、制动器；其中，ia用于区域0、区域1、区域2，ib用于区域1、区域2，[Ex ib]用于安装在安全区域内的关联设备

续表

保护类型(根据EN、IEC、UL、FM和NFPA等标准)	图示	基本原理	主要应用
油浸型o (EN 60079-6; UL 60079-6; IEC 60079-6; FM 3600)		电气设备的部分或整体浸入保护流体(比如油)中，这样液面之上或者设备之外的可燃气体就不会被点燃	变压器、起始电阻器
充砂型q (EN 60079-5; UL 60079-5; IEC 60079-5; FM 3600)		在电气设备盒内充入规整的颗粒材料，使得在一定情况下产生的电弧和火花不可能点燃设备周围的可燃性气体；点燃不能来自火焰，也不能来自设备盒表面高温	传感器、显示装置、镇流器、发射机
浇封型m (EN 60079-18; UL60079-18; IEC 60079-18; FM 3600)		将产生可能点燃爆炸性气体的火花或者过热的部分封入复合物中，防止点燃爆炸气体	断路容量小的开关、控制器、信号装置、显示装置、传感器；其中，ma用于区域0、区域1、区域2，mb用于区域1、区域2
保护类型n (EN 60079-15; UL60079-15; IEC 60079-15; FM 3600)		不能点燃周围爆炸性气体的电气设备(正常情况或者定义的不正常情况)	区域2的所有电气设备；其中，nA为无火花设备，nC为火花设备(但连接保护得当)，nL为限能设备，nR为吹扫或者正压设备，nZ为吹扫正压设备
光辐射“op_” (EN 60079-28; IEC 60079-28)		防止爆炸性气体被光辐射点燃的措施	有三种不同的方法： ① Ex op is是指本质安全光辐射； ② Ex op pr是指保护的光辐射； ③ Ex op sh是指封阻光辐射

表2.20 用于可燃粉尘爆炸性气体环境中的非电气设备的保护类型

保护类型 (根据EN或IEC标准)	图示	基本原理	主要应用
构造安全“c” (EN 13463-5)		采用已验证的技术原理，在正常操作条件下不会产生任何点燃源，这样可以最大限度地降低机械失效的危险性，避免产生可导致点燃的高温或者火花	离合器、泵、齿轮、链条传动装置、输送带
防爆外壳d (EN 13463-3)		能点燃爆炸性气体的部分被包裹在一个外壳里，该外壳能够承受通过外壳任何接合面或结构间隙渗透到外壳内部的可燃性混合物在内部爆炸而不损坏，并且不会引起外部由一种、多种气体或蒸气形成的爆炸性环境的点燃	刹车系统、离合器
正压外壳p (EN 13463-7)		通过设备内部保护气体保持一定正压力(相对于外界环境)来防止易爆气体进入，必要时内部通入连续保护气，以稀释任何可能的可燃混合物	泵
点燃源监控b (EN 13463-6)		该种设备安装了传感器来监测危险状态，在可能的点燃源起作用前破坏它们；该措施可以通过传感器和点燃保护系统的直接连接而自动实施或者向设备的操作者发出警告信号	泵、传送带
液体浸入型k (EN 13463-8)		通过将点燃源浸入流体，或者用流动流体弄湿而使其失活	潜水泵、齿轮、浸液装置

续表

保护类型 (根据EN或IEC标准)	图 示	基本原理	主要应用
限制渗透型fr (EN 13463-2)		有效的密封可以一定程度上减少爆炸气体的渗透，使其内部不能形成爆炸性气体环境；需要考虑内、外气压的不同；应用仅限于设备种类 3	仅限于区域2或者区域22的设备

2.6.5 检查和维护

危险区域内的电气设备通常进行了特别设计，以使其适用于爆炸性气体环境。ATEX 137(ATEX 1999/92/EC)标准中规定，操作者有责任确保电气设备做到以下几点：

① 正确安装和操作；

② 定期进行监控；

③ 适当进行安全维护。

为爆炸性气体环境专门设计的电气设备在危险区域(除了矿井)使用时，必须进行定期检查和维护。对于不同的国家和行业(比如海上钻井平台或加油站)，则需要遵守所在国家和行业的附加标准。

2.6.6 通用技术要求

防爆电气设备的通用使用温度范围为-20～40℃。温度范围的允许扩展或限制，通常会明确给出。

电气设备的标志规则统一由相关的通用技术标准来确定。电气设备的标志牌必须注明以下事项：

① 将电气设备产品投放到市场的生产商必须能识别设备；

② 电气设备产品必须符合一种或多种保护类型；

③ 电气设备产品适用的温度等级；

④ 适用于电气设备产品的危险区域分类；

⑤ 出具检测证书的机构；

⑥ 需要观察的任何特定情形；

⑦ 适用于电气设备产品的标准或修订标准。

表2.21给出了不同国家和地区对电气设备标志的要求。

表2.21 不同国家和地区对电气设备标志的要求

项 目	美 国	加拿大	国际电工委员会(IEC)	欧 洲
等 级	等级Ⅰ	等级Ⅰ(可选)		
分 区	区域0、区域1或区域2	区域0、区域1或区域2(可选)	区域0、区域1或区域2	区域0、区域1或区域2
防爆标志	AEx	Ex	Ex	EEx
防爆措施符号	例如d表示防爆外壳	例如d表示防爆外壳	例如d表示防爆外壳	例如d表示防爆外壳
气体分类	ⅡA、ⅡB或ⅡC	ⅡA、ⅡB或ⅡC	ⅡA、ⅡB或ⅡC	ⅡA、ⅡB或ⅡC
温度等级	T1~T6	T1~T6	T1~T6	T1~T6

本书探讨的区域分类标准不仅仅是适用于危险区域的唯一标准，还有另外一种叫做“等级/分类(Class/Division)”的标准，主要应用于北美地区。

这两种体系很难比较，而且两种体系都得到了很好的发展。

这两种体系都有各自的优点。使用哪种体系取决于使用者的偏好、区域的区分方式和厂区的布线系统。目前，区域分类体系在全球化工和石油化工领域应用更为广泛。

由NEC/CEC制定的“等级/分类”体系主要应用于北美地区。这种方法非常直接，但对于分类和设备能否适用的注解很少。

另一方面，区域分类对于特定应用给出了更多选择，使其看起来更加复杂。这是因为“分类体系”是根据适用的区域进行标记的，而在区域分类体系中，电气设备是根据保护类型来标记的。

使用者需要为每个区域采用的保护方式负责。然而，在新标准(Directive 94/9/EC)中，要求有附加标识，以明确产品类别和使用区域。只要使用者正确使用，两种方法都适用于油品处理、污水处理、喷漆、加油站等各个应用场合。

为了确保危险区域的电气系统安全，遍布世界的多个组织制定了不同的电气安装标准。在欧洲，欧洲电工标准化委员会(CENELEC)提出了EN标准，适用于很多欧洲国家。其他国家或者遵守国际电工委员会(IEC)制定的国际标准，或者接受北美或欧洲的认证体系。

关于NEC(等级/分类)标准与IEC(分区)的比较，以及NEC(等级/分区)、加拿大电气法典(Canadian Electrical Code，CEC)第18章中分区标准的详情，请参考附录A。

2.6.7 参考资料

必须有以下条款的最新信息：

① EPL要求的危险分区现场图概述；

② 对于气体，需要设备组别(ⅡA、ⅡB或ⅡC)和温度等级；

③ 对于粉尘，需要设备组别(ⅢA、ⅢB或ⅢC)和最大表面温度；

④ 相关温度、保护类型、IP等级、抗腐蚀性等设备特性；

⑤ 完备的记录，以保证根据防爆设备的保护类型进行维护；

⑥ 之前检查记录的副本。

2.6.8 员工资格

装置的检查维护必须由有经验的员工负责。该员工需要完成以下培训：不同保护类型和安装的注意事项；相关规定和规章制度；分区的通用原则。此外，该员工还需要进行定期的续展培训，必须持有具有相关经验或培训经历的资质。

2.6.9 作业许可体系

作业许可体系是一种书面的正式系统，用于控制某些作业所具有的潜在危险。作业许可证是一份文件，用以证明准许作业实施并采取了预防措施。作业许可审查检查单是检查维护的安全保障系统的必要组成部分。只有明确了所有的安全流程，并且所提供的记录清楚地表明已考虑了所有可预见的危险，才会准许作业实施。

当必须降低安全防范才能进行检查维护作业，或者作业会引入新的危险时，比如进入容器、在高温下作业和管道发生损坏，则需要该作业许可。精确的作业许可表单随作业场合的不同而不同。

2.6.10 检查

在一座工厂首次运行之前，需要进行初始检查。这项工作可以由操作者实施，也可以由外部公司(第三方)实施。为了确保装置处于在良好的运行状态，有必要进行定期检查，或者由经验丰富的人员进行连续监控；在必须的时候，必须进行维护。无论任何时候，如果分类区域发生变化，或者任何设备从一个地方搬运到另一个地方，必须进行检查，以确定保护类型、设备组别和温度等级等是否适合新的作业环境。

2.6.10.1 检查类型

① 初始检查。初始检查是用来检查选择的保护类型是否适合装置。附录B中给出了相关检查清单实例。

② 定期检查是在常规基础上进行的。定期检查可以是可见的或封闭的，但可能会导致进一步的详细检查。通常，操作人员根据设备的类型、生产商的说明书、设备的磨损情况、使用区域和(或)安装区域的设备保护等级要求以及之前的检查结果，来确定检查等级和检查周期间隔时间。在无专家建议或者不使用扩展检查数据时，定期检查的间隔时间通常不能超过3年。可移动的电气设备特别容易损坏

或者被错误使用，所以其定期检查间隔时间需要根据具体情况来确定。

③ 检查样本可以是可见、封闭或细节的。所有样本的大小和组成，取决于检查的目的。

④ 连续监控主要是指对电气设备运行频率、检查、服务的监测以及维护，通常由技术娴熟、对环境熟悉和有特定装置经验的员工来实施，以使装置的防爆特性保持良好的状态。如果装置无法进行连续监控，则应采用定期检查的方式。

2.6.10.2 检查等级

① 可见的检查(没有接入设备或者工具)主要来确定螺栓缺失等那些肉眼可见的故障和事故。

② 封闭检查包括可见的检查部分，另外还包括检查螺栓是否松懈等必须接入设备(如有必要)和借助工具才能观察到的故障和事故。封闭检查一般不需要打开设备外壳或者断电。

③ 细节检查包括封闭检查的部分，另外还包括检查端子是否松懈等必须打开外壳和(或)借助一定仪器、工具才能发现的故障和事故。

2.6.11 定期检查

确定准确而合适的检查间隔并不容易，但通常要考虑设备的预期老化情况。影响设备老化的主要因素主要有：腐蚀、与化学品或溶剂接触、灰尘或污垢积累的影响、水流冲刷、暴露于高于环境温度的温度下、机械损坏、不适当的振动、员工的培训和经验不足以及非正常维护(比如不按照生产商的建议进行维护)。

一旦决定设定检查间隔时间，可以对设备进行临时检查，以确定或者修改拟定的间隔时间或检查等级。凡是检查等级和检查间隔时间已经确定了的类似设备、装置和环境，这方面的经验可以用来确定检查策略。

2.6.12 熟练员工的连续监控

连续监控的目标是观测早期形成的故障并进行修正。这个过程要求工作人员将装置现场作为他们平时工作的一部分(比如设立工作目标、改进、检查、维护、检查错误、清洁、控制操作、功能测试和测量)。

因此，这样可以省去规律性的定期检查，并让熟练员工更多地出现在现场，以保证设备运行的完整性。

有执行力的科技人员需要为设备及其技术人员负责，他们将评估内容概念的可行性，并确定设备连续监控的范围。

此外，他们还将确定检查的频率和等级以及报告的内容，以确保对仪器性能进行意义的分析。

2.6.13 维护

根据检查情况报告，可有针对性对采取适当的补救措施。必须小心维护，以保证设备保护类型的完整性，这可能需要与生产商进行协商。

必要时，在工作开始前，应确认工作区域不含气体。

维护比初始安装需要更多的细节知识。发生故障的部分只能更换由厂家授权的零件，采取的改进措施不可以使证书或其他文件失效。

对于根据ATEX95标准生产并认证的设备，在设备每个部分提供的操作指示中，可以看到相关的维护要求(包括特殊工具)。

下面列出了一些维护措施。

防爆型法兰不应该发生没有理由的断裂。在重新组装防爆外壳时，所有接头应彻底清洗，轻轻涂抹油脂，以防止腐蚀并加强防水性。只有非金属刮刀和非腐蚀性流体才能用来清洁法兰。应检查增安型外壳上垫片的损坏情况，必要时应进行更换。此外，端子可能需要进行紧固。

任何颜色变化都可能表明温度的上升和潜在危险的发展。电缆压盖和停止插头需要检查密封性。当更换灯具中的灯泡时，应使用正确的型号和额定参数，否则可能导致温度过高。如果出于维护目的需要撤走设备，裸露导体必须最终连接在在合适的外壳(例如Ex e)上，或切断电源并绝缘或接地。

2.6.14 维修

在理想情况下，防爆电气设备的维修工作应该由制造商进行。在这种情况下，制造商需对设备进行测试。

修复产品是指产品失效后，经过维修恢复产品功能，而不增加新的功能或其他任何改进的产品。由于这种情况发生在产品上市之后，该产品是不能作为一个新的产品进行销售。这并不排除各个国家对工作环境条件的规定可能需要评估修复的产品。

典型的维修操作是更换备件。零部件生产商通常不需要遵守Directive 94/9/EC的规定，除非零部件是该指令定义的设备或部件。如果是这样的话，该指令中的所有规定都必须履行。

如果由于技术进步、旧部件停产等原因，零部件制造商提供了一个新的不同配件用于原产品，并将其用于修复，则修复后的产品(只要修复产品没有发生大幅修改)不需要遵守Directive 94/9/EC的规定，因为修复产品不再投放市场和使用。修理者应当意识到相关国家规定中某些可以控制维修和翻修操作的特定条款和规定。

2.7 可燃性粉尘

处理、生产或密封可燃性粉尘的设备应该进行良好的设计、操作、维护，以使得任何可燃的灰尘释放和由此导致的分类区范围保持在最低限度。

在爆炸性粉尘/空气混合物的爆炸性气体环境中，应采取以下措施：消除爆炸性粉尘/空气混合物和可燃性粉尘层的存在，或者避免任何可能性的点火源。

如果不能做到上述这一点，应采取措施，以避免两者同时存在。如果不能够同时消除爆炸性粉尘/空气混合物的产生几率和点火源，则应考虑防爆系统，以阻止突然爆炸或减轻其影响(例如粉尘爆炸泄放系统)。

然而，为了避免不必要且成本昂贵的工厂停工，仍然需要采取措施，以尽量减少点火发生的可能性。

可燃性粉尘区域分类的概念与易燃气体和蒸气相似。然而，与可燃性气体和蒸气不同的是，在释放停止后，可燃性粉尘不一定能通过通风进行稀释或清除。可燃性粉尘即使非常稀释，也会形成非爆炸性的粉尘云或者形成厚厚的粉尘层。

粉尘层的存在，可导致以下三种危险：

① 建筑物内的一次爆炸可能将尘埃层升级为尘埃云，造成二次爆炸，比原事故更具破坏性。应始终控制粉尘层，以减少这种风险。

② 尘埃层可以由其停留的设备之上的热通量点燃。其风险是火灾而非爆炸，这可能是一个缓慢的过程。

③ 尘埃层可以升级为尘埃云，在热的表面上点燃，并引起爆炸。在实际过程中，尘埃云的点燃温度往往远高于尘埃层的点燃温度。

尘埃层引起火灾的可能性，可以通过正确选择设备和有效的清理来控制。

2.7.1 粉尘特性

作为爆炸危险评估的一部分，在处理粉尘时，应回答三个基本问题：它可燃吗，它被点燃的难易程度，爆炸会有多猛烈。

一些粉尘接触热源时会发光、发热，但热源消除后立即熄灭；另一些粉尘会激烈燃烧和维持火势，进而点燃一个尘埃云。如果一个产品的燃烧需要高温环境，样品应在预期的高温下(例如干燥温度)进行测试；有时，在燃烧过程中会有很大的不同。

粉尘云和粉尘层点燃的难易程度可以通过测量其最低点燃温度和最低点燃能量来表征。

粉尘层的点燃温度是指特定厚度的粉尘层被点燃时其所在设备表面的最低温度。

当可燃粉尘沉积为堆或层时，可以在一定情况下发生内部燃烧或产生高温。这通常发生在灰尘堆或灰尘层附着在能够触发其自动点火所需的热量的高温表面时。这样的表面包括过热轴承、运行中的加热器、灯泡和烘干机外壳。如果被空气爆炸或机械作用扰乱和分散，燃烧的粉尘与粉尘云有接触的话，会很容易引发粉尘爆炸。有时，尚未燃烧的沉积灰尘会形成粉尘云。

粉尘云的点燃温度是指粉尘层被点燃时其所在火炉内壁的最低温度。

在许多情况下，工业装置的热表面能够点燃尘埃，比如加热炉、燃烧器、烘干机或过热轴承。对于给定的粉尘云，最小点火温度不是一个常数，而是取决于热表面的几何形状和粉尘云的动态特征。

如果粉尘云在高温下保持一段很长的时间(例如在流化床中)，能在温度低于实验所确定的最低着火温度时点燃。

2.7.2 常见可燃粉尘的设备组别和温度等级：Ⅲ组

在存在粉尘点火爆炸隐患时，设备使用的分类与可燃气体的分类相似。在给定条件下，设备的表面温度大于点火温度时，不应安装设备。表2.22给出了一些常见的粉尘危害及其最小点火温度。

表2.22 常见可燃粉尘和纤维的点燃温度

材 料	点燃温度/℃	
	云	层
煤 灰	380	225
聚乙烯	420	(熔化)
甲基纤维素	420	320
淀 粉	460	435
面 粉	490	340
糖	490	460
谷物扬尘	513	300
酚醛树脂	530	>450
铝	590	>450
聚氯乙烯	700	>450
煤 烟	810	570

粉尘云的最小点火能量是指在室温和常压下，高压电容器放电点燃可燃性粉尘/空气混合物所需的最低能量值。粉尘具有相当广泛的点燃灵敏度，并且绝大多数需要能量充足的点火源。在处理粉末和溶剂的工厂中，风险评估通常集中在溶剂特性上。

爆炸的强度是由爆炸的压力特性决定的。最大爆炸压力、最大压力上升速率和爆炸下限是在容积为20L的设备中进行标准测试确定的。

由20L球体测得的最大压力上升速率$(dp/dt)_{max}$，用于得到K_{st}值。

最大爆炸压力和K_{st}值可以描述爆炸性粉尘在封闭系统中的爆炸行为。表2.23给出了粉尘爆炸的一些特性。

表2.23 粉尘特性

等级	K_{st}/[(MPa·m)/s]	特性	举例
St0	0	无爆炸	
St1	0~20	弱/温和爆炸	煤灰、面粉
St2	20~30	强爆炸	环氧树脂
St3	>30	超强爆炸	铝

工艺设备通常太脆弱，甚至承受不了部分发生的有限的粉尘爆炸所带来的压力增长。因此，爆炸发生后的主要目标是防止形成破坏性超压。此时，可以采用防爆系统，例如排气、抑制和隔离。

爆炸极限描述了爆炸可能发生时空气中的粉尘浓度范围。一般只确定爆炸下限。

影响粉尘可燃性的其他因素主要有颗粒大小、水分含量、温度和溶剂。

获得了有关工艺、工厂的相关信息和材料特性之后，下一步是找到易燃气体和识别任何潜在的点火源。

2.7.3 区域分类

2.7.3.1 分区的定义

分区的概念基于可能存在可燃性粉尘的区域的分类。粉尘是可燃性粉尘层或可燃性粉尘云与空气的混合物。有可能存在可燃性粉尘的区域，根据尘埃释放和存在的几率可分为三个分区。

2.7.3.2 20区

2.7.3.2.1 20区的定义

20区是可燃性粉尘云持续、长期或经常在空气中形成爆炸性气体环境的区域。

2.7.3.2.2 典型的20区位置举例

一般来说，这种情况只发生在集装箱、泵和容器等的内部(例如通常只在工厂内部)。

① 料斗、筒仓等的内部；

② 旋风分离器或过滤器的内部；

③ 除传送带和传送链以外的粉尘传送系统内部；

④ 搅拌机、粉碎机、干燥机和装袋设备等；

⑤ 打扫不及时，使得灰尘层无限度积累的地方，通常出现在箱体外部。

2.7.3.3 21区

2.7.3.3.1 21区的定义

21区是在正常情况下可燃性粉尘云偶然会形成爆炸性气体环境的区域。图2.16显示了一个有防爆插头、插座和接线盒的粉尘Ex 21区的例子。

图2.16 一个有防爆插头、插座和接线盒的粉尘Ex 21区的例子

2.7.3.3.2 典型的21区位置举例

举例来说，21区一般是粉末填充或倾倒处临近的区域。

① 当内部有爆炸性粉尘/空气混合物存在时，在粉尘密封器外部临近由于操作而频繁清除或打开的接入门的位置。

② 位于粉尘密封器外部，临近填充倾倒点、原料带、采样点、卡车倾倒站、传送带倾倒点等没有采取措施防止爆炸性粉尘/空气混合物形成的地方。

③ 位于粉尘密封器外部，粉尘累积并且由于操作原因粉尘层可能被扰乱而形成爆炸性粉尘/空气混合物的地带。

④ 位于粉尘密封器内部，爆炸性粉尘云可能出现(但不连续、非长期、不频繁)的地带，比如筒仓(如果偶尔填充或倾倒)、清理间隔较长的过滤器有污垢的一侧等。

2.7.3.4 22区

2.7.3.4.1 22区的定义

22区是在正常情况下可燃性粉尘云不会形成爆炸性气体环境的区域，即使形成，持续时间也很短。

2.7.3.4.2 典型的22区位置举例

如果粉尘能够通过裂缝泄漏并沉积达到危险量，22区的位置就在存有粉尘的工厂附近。

① 布袋过滤器出口，因为发生故障的时候会排出爆炸性粉尘/空气混合物。

② 不经常打开的设备或者根据经验容易出现裂缝的设备附近。这些地方由于压力高于环境压力，粉尘会吹出(例如气动设备、会毁坏的活动连接等等)。

③ 袋装粉尘产品仓库。在处理过程中，袋子破裂会引发粉尘泄漏。

④ 当采取措施(包括排气、通风)防止爆炸性粉尘/空气混合物形成时，本属于21区的区域将提升至22区。这些措施实施区域包括(袋)填充倾倒点、给料皮带、采样点、卡车倾倒站、传送带倾倒点等等的附近区域。

⑤ 粉尘层形成可控并有可能发展成爆炸性粉尘/空气混合物的地区。只有在爆炸性粉尘/空气混合物形成之前粉尘层被清除，该区域可以被定为无分类区。

图2.17是可燃性粉尘区域分类的例子。

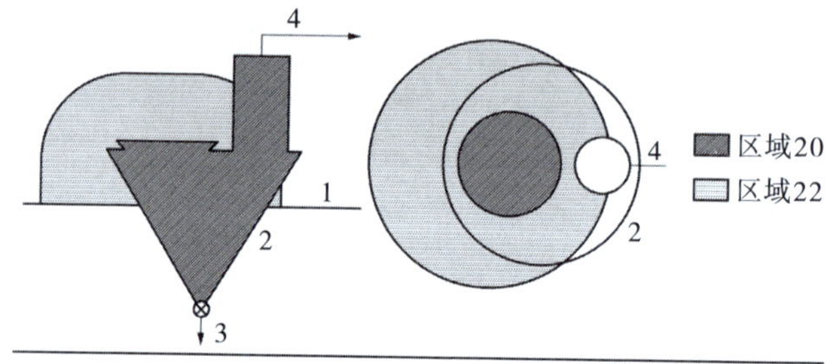

图2.17 可燃性粉尘区域分类示例

1—地板；2—卸料斗；3—去工艺区；4—去提纯区

2.7.4 排放等级、区域范围和清扫

2.7.4.1 排放等级

需要确定可以形成爆炸性粉尘/空气混合物或可燃性粉尘层的设备、工艺步骤或预知的其他操作条件。有必要对灰尘密封器的内、外部分分别考虑。

在尘埃密封区内部，尘埃不会释放到大气中，但随着工艺过程的持续进行，可能形成连续的尘埃云。基于操作周期，这个情况可能连续存在，也可能会持续很长时间，也可能频繁、短时间内存在。

在尘埃密封区内部，影响区域分类的因素很多。在灰尘容器内压力高于大气压力的区域，灰尘可以很容易地被吹出而泄漏在设备外部。在灰尘密封器为负压力的情况下，在设备以外形成灰尘区的可能性是非常低的。尘埃颗粒大小、水分含量、装置位置、运输速度、除尘率、下降高度等，都能影响释放速率。

有三种排放等级：

① 粉尘云连续存在。粉尘云连续、长时间或者频繁短时间存在，例如筒仓、搅拌机和磨坊等引入或形成粉尘的设备的内表面。

② 初级排放。可以预计会在企业内定期或者偶尔出现的排放，例如开袋装填或倾倒点的附近。

③ 二级排放。预计不会出现在企业内的排放，但如果出现了，也只是短时间内存在。例如，需要偶尔且短期打开的人孔，或者有粉尘存储的粉尘处理厂。

基于潜在爆炸性粉尘/空气混合物出现的可能性，根据表2.24进行了划分。

表2.24 根据可燃性粉尘的出现情况确定分区

粉尘的出现情况	分区结果
粉尘云连续存在型	20
初级排放	21
二级排放	22

2.7.4.2 区域范围

爆炸性粉尘环境的区域范围定义为在任何方向上从灰尘的释放源边界到该区域不再存在危险的点之间的距离。

还应该考虑到的是，建筑物内灰尘可以被空气运移，从释放源带到建筑物上部。释放源形成的区域范围还依赖于几个粉尘参数，例如灰尘量、流速、颗粒大小、产品的水分含量等等。在建筑物外部(开放的空气)的情况下，由于天气的影响(如风、雨等等)，该区域的边界会弱化。

2.7.4.3 清扫

处理或加工粉末的粉尘封闭设备内部，由于是操作过程不可或缺的一部分，所以很难控制粉尘层厚度。

原则上，设备外的粉尘层的厚度是有限的。通过清扫、除灰来限制其厚度。考虑到工厂是释放源，因此清扫操作是必要的。单纯从清扫的频率上不足以判断灰尘层包含的灰分量以及能否控制这些风险。灰尘的沉积速率有一定影响。举例来说，二级释放与高沉积速率可以形成一个危险的粉尘层，远比初级释放与低沉积速率结合更迅速。因此，清扫的效果比频率更重要。有三个层次的清扫分别是：

① 良好。无论释放级别，灰尘层厚度都可认为不存在或是可以忽略不计。在这种情况下，就可以消除由于粉尘层产生爆炸性粉尘云和火灾的风险。

② 一般。尘埃层是不可忽略的，但是短暂存在的(例如不到1个轮班)。根据设备的热稳定性和设备的表面温度，可以在任何火灾开始前清除灰尘。

③ 较差。尘埃层是不可忽略的，并且持续时间超过1个轮班，存在重大火灾风险。当无法维持计划水平的清扫时，会有额外的火灾和爆炸风险。一些设备可能不再适合使用。

2.7.4.4 积灰清理

通过定期清理操作，可以避免危险灰尘的沉积。一种行之有效的方法是制定清洁计划，规定清理的性质、程度和频率以及有关的责任。这些指令可以针对特定的情况。应特别注意难于检查或达到的表面(例如高架)，随着时间延续，可能会有大量的灰尘沉积。

操作故障(例如损坏或破裂的容器发生泄漏)可能产生数量可观的灰尘，应采取额外的步骤尽早消除灰尘沉积。湿式清洗和排尘(使用中央萃取系统或不含火源的移动式工业吸尘器)已证明是安全的。应避免灰尘被提起而悬浮的清洗过程。

需要牢记的是，湿清洗可能产生需要处理的额外问题。收集了轻金属粉尘的湿式除尘器中可以形成氢气。应避免吹气除尘的做法。

可将清洗安排在使用易燃物质的操作说明书中列出。请注意，只有不含火源的真空吸尘器才可用于清除可燃性粉尘。

2.7.5 爆炸性粉尘的保护措施

爆炸性粉尘可以被几种类型的点火源点燃，比如：

① 高温表面；

② 火焰和高温气体；

③ 机械火花；

④ 电气设备；

⑤ 杂散电流、阴极保护；

⑥ 静态电流；

⑦ 闪电；

⑧ 频率为9kHz~300GHz的电磁场；

⑨ 频率为300~3×10^6GHz或者波长为0.1~1000μm(光谱)的电磁辐射；

⑩ 电离辐射；

⑪ 超声波；

⑫ 绝热压缩、冲击波和气体流动；

⑬ 化学反应；

为了避免有效点火源或者降低其影响，可以采取大量的防爆措施。

2.7.5.1 保护系统

防爆措施主要包括以下几种措施：

① 防止爆炸性气体环境的形成；

② 避免爆炸性气体环境点燃；

③ 减轻爆炸的影响，以保护工作人员的健康和安全。

2.7.5.1.1 阻爆(密封)

阻爆设计保证了爆炸是发生在容器内部。这也意味着关联设备和隔绝设备也要达到相同的要求。有两种阻爆设计类型：防爆压力容器或装置，能够承受预期的爆炸压力而不产生永久变形；爆炸压力、耐冲击的容器或装置，能承受预期的爆炸压力而不破坏，但可能永久变形。

2.7.5.1.2 排气系统

爆炸孔是一种泄放装置，可以在预定的压力下发生断裂，使火球和爆炸压力泄入安全区。它适用于容器的孔壁，并可以有各种各样的尺寸、配置和材料，以确保在爆炸发生时快速、可靠运行。通在常情况下，通风孔与隔离系统一同安装。

2.7.5.1.3 抑制系统

在几毫秒的时间内，爆炸抑制系统就可以检测到爆炸压力的产生，并在破坏性压力产生之前向密闭空间排放抑爆剂。

抑爆剂通过以下两种方式起作用：

① 化学性的。干扰爆炸反应。

② 热学的。从燃烧的火焰前除去热量，从而实现降温并使温度低于支持燃烧所需要的温度。

抑爆剂也能造成可燃颗粒之间的“障碍”，以防止热量进一步转移。

2.7.5.2 防爆外壳保护t

“防爆外壳”是使用防尘密封或防尘罩，以限制外壳最高表面温度并限制灰尘进入。外壳内的设备可以产生火花或者在高于表面温度的温度下运行。只有当气体和尘埃同时出现时，“防爆外壳”的类型和/或内含设备才会被限制。“外壳”这个词可以指箱子、电机外壳和灯具外壳等等。

“防爆外壳”可根据粉尘保护程度分为两种：

① 粉尘紧固外壳。这种外壳是指防止可观察到的所有粉尘颗粒(IP 6X)进入

的外壳，适用于20区(1D类)、21区(2D类)，甚至22区(导电性粉尘存在)(3D类)。

② 粉尘保护外壳。这种外壳不完全阻止粉尘进入，但粉尘在绝大多数情况下不会影响设备的正常运行。粉尘不应在外壳内部和能够产生点火危险的22区(非导电粉尘存在)(IP 5X)(3D类)积累。就增强型安全外壳来说，对1D、2D外壳和密封垫材料的要求，基本上是相同的。

如果塑料材料有TI值，那么就意味着至少比外壳最热部位的温度高10K，则对3D类电气设备是足够的。然而考虑到静电，对非金属材料的要求更为苛刻，必须避免传播刷型放电。这可以通过使用一种或多种具有以下特性的塑料材料来实现：绝缘电阻≤109Ω；击穿电压≤4kV；金属部分的外部绝缘层厚度≥8mm。

标识牌通常要包括以下信息：生产商的名称和地址(商标)、类型标识、序列号(如需要)、生产年份、Ex标识、设备组别“Ⅱ”、粉尘标记“D”、1类(2类或3类)、认证号(如需要)、最大表面温度、IP率、相关电气信息、CE标记。

图2.18中给出了一个标识的例子。从中可以看出，设备已经经过认证，既适用于爆炸性气体环境，也适用于爆炸性粉尘环境。然而，当爆炸性气体和粉尘同时存在时，在设备使用前必须有附加的预防措施。

2.7.5.3 正压型保护pD

正压保护概念与爆炸性气体环境的正压保护概念基本相同。需要特别注意的是，在外壳的打开和关闭时会存在灰尘。

在外壳内部加压前，在关闭阶段由于外部通风而沉积的灰尘需要清除干净。这种保护类型可用于21区(2D类)和22区(22类)。

该单元的温度分类是取决于以下温度中较高的那个温度：

① 外壳外表面的最高温度；

② 当供应的加压保护气被清除或者出错时，受保护并保持启动状态的内部部件的最大表面温度。

2.7.5.4 浇封型保护mD

浇封型保护的概念与气体浇封型保护的概念基本相同。在这种保护类型中，将电气设备可能产生火花或过热的部分封装在注塑化合物中(带或不带填料的热固性塑料或热塑性塑料)，使其免于接触外部爆炸性粉尘环境。

2.7.5.5 本质安全型保护iD

本质安全型保护的概念与气体本质安全型保护的概念基本相同。它规定了用于爆炸性粉尘云或粉尘层环境中的本质安全型设备，以及用于与本质安全型电路连接的关联设备的安装测试要求。

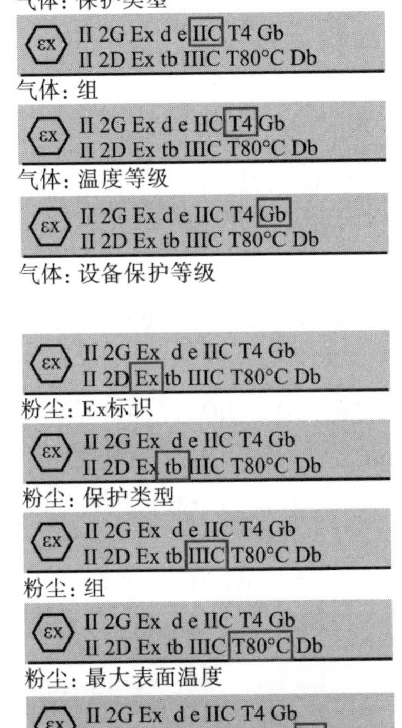

图2.18 针对爆炸性气体和粉尘环境的标识的例子

2.7.6 设备选择

在选择粉尘环境的设备时，需要知道以下信息：设备使用分区和粉尘的性质(比如5mm粉尘层的点燃温度和粉尘云的点燃温度)。

根据表2.25可以筛选出适合该分区的设备种类。

表2.25 粉尘类型和分区

粉尘类型	20区	21区	22区
导 电	1D类，过多且不可控的粉尘层，模拟工作条件下测试	1D或2D类	1D或2D类
不导电	1D类，过多且不可控的粉尘层，模拟工作条件下测试	1D或2D类	1D、2D或3D类

在所有分区中，设备操作的最大表面温度是通过从尘埃云和5mm尘埃层的最低点火温度扣除安全余量计算得到的。

粉尘云存在时的最大允许表面温度T_{max}为：

$$T_{max}=2/3T_{cloud}$$

式中：T_{cloud}为粉尘云的点燃温度。

粉尘层(≤5mm)存在时的最大允许表面温度为：

$$T_{max}=T_{5mm}-75K$$

式中：T_{5mm}是指5mm粉尘层的点燃温度。

例如，奶粉制造工艺中的脱脂喷雾干燥操作，T_{5mm}=340℃，T_{cloud}=540℃；T_{max}(1)=2/3×540℃=360℃，T_{max}(2)=340℃−75K=265℃。

据此，该设备的最大表面温度不得超过265℃，如果装置顶部的过量粉尘层厚度达到5～50mm，允许的最高表面温度应根据图2.19所示的曲线相应降低。在上述例子中，5mm层的点火温度在320～400℃，因此应使用中间曲线(320℃)。对于某一粉尘层，假设厚度为20mm，通过图2.19可得到的最大表面温度为：

$$T_{max}=160℃$$

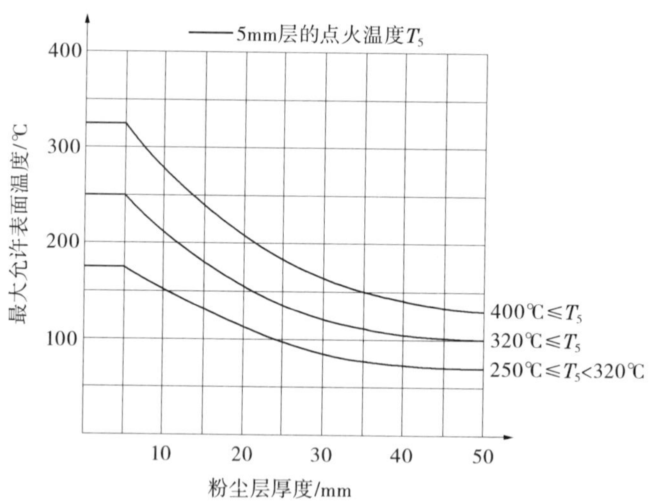

图2.19 最大允许表面温度与粉尘层厚度的关系

如果不能避免装置顶部或周围的过量粉尘层厚度达到50mm以上，或者设备完全埋在粉尘中(典型的20区)，则需要更低的表面温度。这需要模拟工作条件进行研究。

20区这种特殊要求可以通过带有或者不带有温度控制的功率限制系统来满

足。电力工程设备(例如汽车、灯具、插头和插座)应尽可能放置20区以外的区域，如果正在使用中，则需要提交专项测试报告。

表2.26给出了可燃性粉尘存在时的标准化保护类型，同时介绍了其基本原理和常见应用。

表2.26 可燃性粉尘存在时的标准化保护类型

保护类型 (根据EN或IEC标准)	图 示	基本原理	主要应用
防爆外壳保护型tD (EN 61241-1; IEC 61241-1)		外壳的密封性保证了安全度，灰尘不能进入到装置中或者进入量很有限，因此易燃装置可以安装在外壳内；外壳的表面温度不能点燃周围的爆炸性气体环境	开关、控制机构、控制器、连接设备、接线盒、电机、灯具： ① td A21用于21区(根据A方法)； ② td B21用于21区(根据B方法)；
正压型保护pD (EN 61241-11; IEC 61241-11)		保护气体相对于周围环境保持正压力，预防潜在的爆炸性环境的形成；必要时，通过提供恒定的保护气流，以稀释任何可燃混合物	开关、控制箱和发动机
本质安全型iD (EN 61241-11; IEC 61241-11)	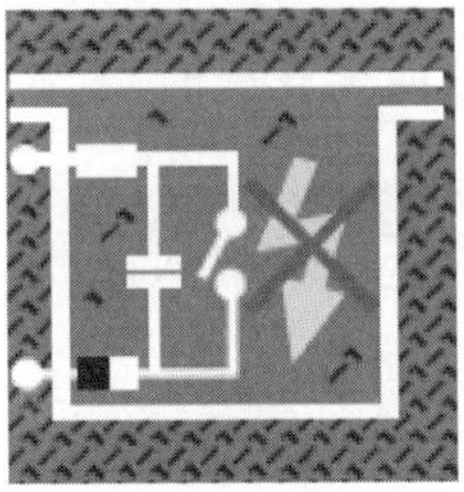	在一个潜在爆炸区域中只使用本质安全型电路的设备；在规定的测试条件下(包括正常操作和特定故障条件)，没有火花或热效应的电路是本质安全电路；本质安全电路不会点燃爆炸性气体	测量设备、控制技术、通信技术、传感器和制动器： ① iaD用于20区、21区、22区； ② ibD用于21区、22区； ③ [Ex ibD]用于安装在安全区域的关联设备
浇封型mD (EN 61241-18; IEC 61241-18)		将能够产生火花或高热的部分浸入到化合物中，以避免粉尘层或粉尘云点燃	小容量开关、控制和信令单元、显示装置和传感器： ①maD用于20区、21区、22区； ② mbD用于21区、22区

2.7.6.1 安装

安装要求类似于那些无可燃性粉尘的区域。在粉尘环境中安装设备时，要注意有方便的清洗入口。

2.7.6.2 电缆类型

如果电缆是拧紧、整体拉制或者有缝焊接管道的话，那么所有常见类型的电缆均可使用。也可以使用本质保护型电缆，以防止机械损坏和受灰尘影响：

① 电缆材质是热塑性或弹性绝缘的，有屏蔽层，或者有聚氯乙烯、PCP护套包裹以及类似的鞘管；

② 有或没有外壳，并带有无缝铝护套的电缆；

③ 带金属护套的矿物绝缘电缆；

④ 如果电缆外表有保护或没有机械损伤的危险，则可以采用热塑性绝缘，或者采用PVC、PCP绝缘以及类似的鞘管。

需要注意的是，电缆内电流大小需要限制，以限制表面温度。

2.7.6.3 电缆安装

① 应该妥善布置电缆线路，使其不受由于灰尘通过所带来的摩擦和静电电荷的影响。

② 电缆应尽可能布置在沉积灰尘最少和易于清洗的范围内。在任何情况下，危险区域不允许通过无关电缆。

③ 如果在电缆上形成一层灰尘，阻碍空气的自由流通，则应考虑减少电缆的载流能力，特别是在点火温度较低的情况下。

④ 当电缆穿过形成防尘屏障的地板、隔板或天花板时，应提供良好的孔道，以防止可燃性粉尘的积累。

⑤ 当使用金属管道时，应注意确保连接点不能发生损害，确保关联设备的防灰层完好，并确保电位均衡。

⑥ 如果电缆不在爆炸性粉尘区域内连接，则其不应通过这些区域。

2.7.6.4 电缆接入装置

1D类和2D类粉尘防爆设备的接入条件，与增强型安全要求相同。唯一的区别是IP等级：是针对20和21区的IP 6X，而不是针对1区和2区的IP 54。

2.7.7 检查和维护

2.7.7.1 检查

检查标准仍在进行广泛修订。检查流程与在爆炸性气体环境下相似，但需要特别考虑以下内容：

① 应该注意并记录设备外部灰尘的沉积。过多的灰尘会导致设备的过载，从而导致过早失效。

② 在进行详细检查时，在设备和机柜内的任何灰尘都要注意记录。

2.7.7.2 维护

维护过程与在爆炸性气体环境下非常相似。原则上要求确保没有过多的灰尘积聚在电气设备上，或是引起机械设备的摩擦。

明显的尘埃层积累并长期停留，会导致设备的严重老化。在有扰乱存在时，尘埃层会形成爆炸性气体环境。

2.7.7.3 维修

维修过程遵循在爆炸性气体环境下的维修过程。

2.8 "分级/分类"方案

著名的"分级/分类(Class-Division)"方案——北美地区使用的危险区域电气设备安装要求，与国际电工委员会(IEC)的分区方案有着历史性的不同。

然而，北美地区目前使用IEC设备的趋势，导致引入了一个"平行"的危险区域分类条例，该条例允许使用IEC认证的保护技术和布线方法，其结果是得到了更易于维护和改进的简单且低成本的电气设备。

分级方案的选择不是简单地将一个地区命名为一个区域，而不是命名为一个分类；相反，每一个方案都有一套整体设计和执行方案——一种包含了技术、布线方法，甚至美学的哲学。

此外，由于北美，尤其是美国的装置不止执行一种方案，甚至可能不同方案出现在同一设备上，这就要求必须提供一种混合方案。

例如，他们必须回答如下问题：一个分类可以接触一个分区吗?标记为一个类别的设备允许出现在一个分区吗，或者情况完全相反?

在美国，电气设备必须符合NEC标准的规定。NEC本身只是一个标准，而不是法律，管理机构(联邦政府或者州政府)一般会参考采纳，并根据当地情况进行修改。NEC每三年更新一次，最新的版本是2008版。任何管辖区域生效的版本都会留下一定的自由裁量权，而且版本并非总是最新的。由于没有单一的权力机构具有国家强制监督权，因此在司法管辖区之间没有严格进行统一。

在加拿大，电气设备必须符合CEC标准的规定。CEC的更新周期也是三年，最新的版本是2009版。

与欧洲的规定相比，NEC和CEC标准对危险区域的规定有很多不同点，尤其是危险区域的分类方案和允许的保护类型。

在传统的北美分类方案中，有两种分类等级：①Ⅰ级或Ⅱ级；②Ⅲ级。分类等级用来确定遇到的危险物质的类型、类别或分区的名称、危险等级。IEC提供了单一的区域名称。其中，0、1或2代表气体，20、21或22代表粉尘。这种命名方式同时说明了物质类型和危险等级。

NEC和CEC之间也有区别。举例来说，NEC对Ⅰ级的"分级/分类"和"分级/分区"都承认。对于新的Ⅰ级装置，CEC只承认"分级/分区"，但对已存在的"分级/分类"装置仍允许继续使用。在另外一个例子中，NEC承认可用分区命名20、21和22代替Ⅰ级和Ⅱ级，但CEC不予承认。

由于北美的分区方案及相应的设备要求与IEC相同，这一部分就不再重点讨论了。然而，本小节将提出两个新的主题：北美使用的传统的"分级/分类"方案(美国的Ⅰ级和加拿大的Ⅱ级)；承认并协调了两种现存方案的混合要求。

2.8.1 美国的NEC标准

NEC根据分级/分类方案或分级/分区方案划分了危险区域的类别，以及在单一设备中使用两种方案的危险区域类别。在美国，NEC有7项条款是关于危险区域的规定(见表2.27)。

表2.27 NEC关于危险区域的规定

条款500	危险(分级)区域；Ⅰ级、Ⅱ级或Ⅲ级；1类、2类
条款501	Ⅰ级区域
条款502	Ⅱ级区域
条款503	Ⅲ级区域
条款504	本质安全系统
条款505	Ⅰ级；0区、1区、2区
条款506	针对可燃性灰尘或纤维的20区、21区、22区

作为表2.27所列条款的补充，条款510和条款516包含了对特殊设备的规定，例如商业车库、服务站、大型储存工厂、喷涂施工场所和飞机库等。

2.8.2 加拿大的CEC标准

CEC标准根据分级/分区划分Ⅰ级区域，同时根据分级/分类划分Ⅱ级和Ⅲ级区域。Ⅰ级区域的分级/分类方法同样保留在历史上应用该方法的设施的附录中。有趣的是，与IEC和NEC标准不同，CEC标准没有规定两位数的分区，即含尘气体环境。在加拿大，CEC标准的第18章有许多关于常见危险区域的规定(见表2.28)。另外，CEC标准的第20章包含了对特殊类型设备的规定，例如商业车库、服务站、大型储存工厂、喷涂施工场所和飞机库等。

表2.28 CEC关于危险区域的规定

条款18-000	危险区域划分
条款18-090	Ⅰ级；0区位置
条款18-100	Ⅰ级；1区和2区位置
条款18-200	Ⅱ级；1类和2类位置
条款18-300	Ⅲ级；1类和2类位置

2.8.3 Ⅰ级、Ⅱ级和Ⅲ级危险区域

根据可能存在的蒸气、液体、气体、粉尘或纤维/扬尘的性质，以及易燃物或可燃物可能存在的浓度或数量对区域进行分类。

2.8.3.1 Ⅰ级位置

Ⅰ级位置是指可燃气体和可燃或易燃液体蒸气都可能在空气中大量存在，并产生爆炸性混合物或可燃混合物的地方。

2.8.3.1.1 Ⅰ级1类位置

Ⅰ级1类位置主要是指：

① 在正常操作时，存在具有易燃浓度的可燃气体和可燃或易燃液体蒸气；

② 由于维修、维护工作或者发生泄漏，导致具有易燃浓度的气体和温度高于闪点的蒸气频繁存在；

③ 在电气设备发生毁坏或加工过程出现误操作时，可能释放出具有易燃浓度的气体或蒸气，并可能导致电气设备出现故障，成为点火源。

2.8.3.1.2 Ⅰ级2类位置

Ⅰ级2类位置主要是指；

① 挥发性的可燃气体和可燃或易燃液体蒸气在处理、加工或使用时，通常被限制在容器或封闭系统中。只有当容器或封闭系统破裂、损坏或者仪器误操作时，这些挥发性的可燃气体和可燃或易燃液体蒸气才可能泄漏。

② 通常，采用机械通风措施来防止具有易燃浓度的气体和蒸气的出现。当相邻的Ⅰ级1类设备损坏或误操作时，该区域可能会变成危险区域。在该区域内，除非采取清洁空气正压通风的措施或者及时恢复通风系统的功能，具有易燃浓度的气体和温度高于闪点的蒸气将频繁存在。

2.8.3.2 Ⅱ级位置

Ⅱ级位置是指那些存在可燃性粉尘的危险区域。

2.8.3.2.1 Ⅱ级1类位置

Ⅱ级1类位置主要是指：

① 空气中的可燃性粉尘的浓度在正常操作条件下足以产生爆炸性混合物或可燃性混合物。

② 机械故障或设备误操作都可能导致产生爆炸性混合物或可燃性混合物；同时，由于保护装置误操作或其他原因造成电气设备发生故障，将有可能产生点火源。

③ E组可燃粉尘浓度足够大，则可能带来风险。

2.8.3.2.2 Ⅱ级2类位置

Ⅱ级2类位置主要是指：

① 由于设备误操作，空气中的可燃性粉尘浓度足够大，能够产生爆炸性混合物或可燃性混合物。

② 可燃性粉尘存在，但通常浓度不足以妨碍电气设备或其他装置的正常运行。可燃性粉尘可能会由于操作或设备发生故障而悬浮在空气中。

③ 可燃性粉尘在电气设备表面、内部或附近积累，以至于妨碍电气设备产生的热量安全耗散，或者由于电气设备的误操作或故障发生起火。

2.8.3.3 Ⅲ级位置

Ⅲ级位置主要是指：易燃性纤维或材料在处理、生产或使用过程中产生可燃飘浮物的危险，但是这种可燃飘浮物在空气中悬浮的数量不足以产生可燃性混合物。

2.8.3.3.1 Ⅲ级1类位置

Ⅲ级1类位置主要是指处理、生产或使用易燃性纤维/漂浮物的地方。

2.8.3.3.2 Ⅲ级2类位置

Ⅲ级2类位置主要是指除制造过程以外的存储或处理易燃性纤维/漂浮物的地方。

2.8.3.3.3 防护技术

大部分在分区方案中可用的防护技术也可应用于分类方案中，但并不意味着一种分区防护技术在一种分类方案中具有同样的适用性。

带有通用外壳的设备可能安装在2区区域中，其在正常操作条件下不会构成火源。典型的案例：4X型外壳适用于载于铁轨上的UL系列终端，该设备可能安装在2区区域。

表2.29列出了分级/分类中的防护技术。

2.8.3.4 IP命名的外壳类型

表2.30列出了通用外壳类型[有时被称为美国电气制造商协会(National Electrical Manufacturers Association, NEMA)类型]及其对应的IP命名。

表2.29 分级/分类中的防护技术

项 目	I级	Ⅱ级	Ⅲ级
1区	防 爆	粉尘防爆	尘 密
	本质安全	本质安全	本质安全
	净化/加压(X型或Y型)	净化/加压	全密封
			净化/加压
2区	全密封	尘 密	不易燃电路
	不易燃电路	全密封	不易燃部件
	不易燃部件	不易燃电路	不易燃设备
	不易燃设备	不易燃部件	无火花设备
	无火花设备	不易燃设备	任何Ⅲ级1区方法
	油 浸	无火花设备	
	净化/加压(Z型)	任何Ⅱ级1区方法	
	任何Ⅰ级1区方法		
	任何Ⅰ级0区、1区、2区方法		

表2.30 通用外壳类型及IP命名

类 型	含 义	IP命名	备 注
1	一般用途	IP10	外壳类型主要包括设备制造材料、制造方法和相应功能等信息；IP命名仅仅指示了侵入防护等级，并没有提及物质、方法或环境适应性，因此不可能直接从IP命名向外壳类型进行转换；注意：7型和9型防爆外壳没有对应的IP命名
3R	防 雨	IP14	
4和4X	防 水	IP56	
6P	可潜水	IP67	
7	Ⅰ级防爆		
9	Ⅱ级防爆		
12	尘 密	IP52	
13	油 封	IP54	

2.8.4 依据NEMA标准的防护等级

表2.31列出了依据NEMA标准的外壳防护等级(Publication No. 250，额定电压1000V的电气设备的外壳)。

2.8.4.1 设备

设备的适用性取决于以下几点(NEC 500.8)：

① 设备清单或标签；

② 由具有资质的测试实验室或与产品评价相关的检验机关出具的设备评估证明；

③ 具有管辖权的机构认可的证明，例如制造商的自我评估或者业主的工程

评价等。

适用性证明可能包括设备符合标准的证书，能够给出特殊的使用条件和其他相关信息。

表2.31 依据NEMA标准的外壳防护等级

型 号	防护等级	用 途
1型	防止与封闭设备的意外接触	室 内
2型	对有限的雨水和灰尘的防护	室 内
3型	防止由雨水、冻雨、扬尘和外部结冰造成的损害	室 外
3R型	防止由雨水、冻雨和外部结冰造成的损害	室 外
3S型	对雨水、冻雨、扬尘和结冰条件下的操作的防护	室 外
4型	防止由雨水、溅水、软管流出的水和外部结冰造成的损害	室内或室外
4X型	防止由雨水、溅水、软管流出的水和外部结冰造成的损害；对室内或室外的腐蚀防护	室内或室外
5型	对沉淀的悬浮尘埃、下落的灰尘和滴落的非腐蚀性液体的防护	室 内
6型	防止由软管流出的水、偶然发生的有限深度浸没过程中的水渗透和外部结冰造成的损害	室内或室外
6P型	防止由软管流出的水、持续时间较长的有限深度浸没过程中的水渗透和外部结冰造成的损害	室内或室外
7型	NEC定义的分类区域：Ⅰ级A组、B组、C组或D组	室 内
8型	NEC定义的分类区域：Ⅰ级A组、B组、C组或D组	室内或室外
9型	NEC定义的分类区域：Ⅱ级，E组、F组或G组	室 内
10型	编制符合矿业安全健康管理的适用要求	采矿业
11型	对油浸时液体和气体的腐蚀作用的防护	室 内
12型、12K型	对循环的尘埃、下落的尘土、滴落的非腐蚀性液体的防护	室 内
13型	对尘土、溅水、油和非腐蚀性液体的防护	室 内

2.8.4.2 分级/分类的物质分组

不同于欧洲系统的分组，在NEC标准中，物质分组用字母代码来标识。表2.32给出了NEC物质分组，并给出了各分组典型的物质。其中，Ⅲ级没有物质分组。此外，NEC允许设备仅适用于那些明确标识的组(IEC物质分组指的是对不太严格组的适用性)。

2.8.4.3 分级/分类温度等级

标记为Ⅰ级和Ⅱ级的设备不允许有运转温度高于危险物质燃点的任何裸露面。设备被标记的T代码，表明了其最高允许的表面温度(见表2.33)。较低的最高表面温度和更高的T代码表明了更严格的要求。

表2.32 分级/分类的物质分组(括号中为典型的物质)

Ⅰ级	Ⅱ级	Ⅲ级
D(丙烷)	E(金属粉尘)	没有物质分组
C(乙烯)	F(煤尘)	
B(氢气)	G(颗粒粉尘)	
A(乙炔)		

表2.33 分级/分类的温度等级

最高表面温度	温度等级
450℃(842℉)	T1
300℃(572℉)	T2
280℃(536℉)	T2A
260℃(500℉)	T2B
230℃(446℉)	T2C
215℃(419℉)	T2D
200℃(392℉)	T3
180℃(356℉)	T3A
165℃(329℉)	T3B
160℃(320℉)	T3C
135℃(275℉)	T4
120℃(248℉)	T4A
100℃(212℉)	T5
85℃(185℉)	T6

Ⅲ级没有T代码。对于Ⅲ级，设备未超出负荷时，运转条件下的最高表面温度不应超过165℃(329℉)；对于可能超出负荷的设备(如发动机或电力变压器)，其最高表面温度不应超过120℃(248℉)。

2.8.4.4 设备标记

依据所安装地点的分级/分类或分级/分区的应用适用性对设备进行标记。此外，划分的设备也可标记在分区中的应用。标记的要求与在ATEX指令之前的现存要求类似。

2.8.4.5 分级/分类设备标记

必须对设备进行标记，以显示分级、分组和运转温度或温度等级(参考40℃的室温)等信息。适用于环境温度超过40℃的电气设备，必须标有环境温度以及环境温度下的工作温度和温度等级。表2.34给出了设备标记的例子。不生热型的设备，例如接线盒、导管和配件，不需要对其运转温度或温度等级进行标记。在美国和加拿大，编码是相同的。

表2.34 设备标记例子(Ⅰ级，1区，A和B组，T4)

标 记	含 义
Ⅰ级	易燃气体或易燃蒸气环境
1区	爆炸性气体环境在正常操作条件下存在
A组和B组	A指乙炔，B指氢气
T4	在指定条件下表面温度不超过135℃(275℉)

2.8.4.6 分级/分区设备标记

由于并非所有的1类设备都适用于0区，当将以分类为基础标记的设备应用到以分区为基础标记的区域时，需要特别注意。在美国和加拿大，标记是相同的。

与特定的Ⅰ级1类要求相对应的IS产品，可能被标记为满足0区的要求，见表2.35。

表2.35 被允许作为Ⅰ级1类的0区(zone 0)组标记

被标记为Ⅰ级1类的本质安全设备	也可被标记为Ⅰ级0区
A组和B组	ⅡC组
B组	ⅡB+H2组
C组	ⅡB组
D组	ⅡA组

一般来说，与Ⅰ级1类相对应的产品可能标记为可在1区应用(见表2.36)，而与Ⅰ级2类区域相对应的产品，可能标记为可在2区应用(见表2.37)。

表2.36 被允许作为Ⅰ级1类的1区(zone 1)组标记

被标记为Ⅰ级1类的设备	也可被标记为Ⅰ级1区
A和B组	ⅡC组
B组	ⅡB+H2组
C组	ⅡB组
D组	ⅡA组

表2.37 被允许作为Ⅰ级2类的2区(zone 2)组标记

被标记为Ⅰ级2类的设备	也可被标记为Ⅰ级2区
A和B组	ⅡC组
B组	ⅡB+H2组
C组	ⅡB组
D组	ⅡA组

表2.38给出了以分类为基础的区域认证标记的例子，而表2.39给出了以IEC为基础的区域认证标记的例子。美国与加拿大的标记是不同的。加拿大的标记与IEC的标记是一致的(见表2.39和表2.40)。

表2.38 标记举例：Ⅰ级，1类，ⅡB+H2组，T6

标记	含义
Ⅰ级	设备适用于含有易燃气体或蒸气的环境
1区	设备适用于在正常操作条件下可能存在爆炸性气体环境
ⅡB+H2组	设备适用于含有乙烯和/或氢气的环境
T6	设备的表面温度不会超过85℃(185℉)

表2.39 标记举例(加拿大)：EX ia ⅡC T4

标记	含义
EX	加拿大标准认可
ia	本质安全
ⅡC	含有乙烯和氢气的环境
T4	最高表面温度为135℃

表2.40 标记举例(美国)：Ⅰ级，0区，AEX ia ⅡC T4

标记	含义
Ⅰ级	易燃气体或蒸气
0区	爆炸性气体环境一直存在
AEx	美国标准认可
ia	本质安全
ⅡC	乙炔和氢气
T4	最高表面温度为135℃

分级/分类方案的危险区域分类见表2.41。

表2.41 分级/分类方案的危险区域分类

气体、蒸气或雾(Ⅰ级分类)	粉尘		纤维和飞灰
NEC 500-5; CEC J18-004	NEC 505-7; CEC 18-006	NEC 500-6; CEC 18-008	纤维和飞尘 (Ⅲ级分类)
1类：正常操作条件下、泄漏情况下以及由于维修或维护操作，具有可燃浓度的易燃气体或蒸气能够经常存在的区域	0区：具有可燃浓度的易燃气体或蒸气长时间持续存在的区域	1类：正常操作条件下具有可燃浓度的易燃粉尘存在的区域	1类：易燃性纤维或材料在处理、生产或使用过程中产生可燃飘浮物的区域
	1区：正常操作条件下、泄漏情况下以及由于维修或维护操作，具有可燃浓度的易燃气体或蒸气能够经常存在的区域		

续表

气体、蒸气或雾 (Ⅰ级分类)	粉尘		纤维和飞灰
2类：异常操作条件下具有可燃浓度的易燃气体或蒸气存在的区域	2区：正常操作条件下具有可燃浓度的易燃气体或蒸气不太可能出现的区域(即使出现，也只存在较短时间)	2类：异常操作条件下具有可燃浓度的易燃粉尘存在的区域	2类：除制造过程以外的存储或处理易燃性纤维/漂浮物的区域
Ⅰ级分组 NEC 500-3; CEC J18-050	Ⅱ级分组 NEC 505-7; CEC J18-050	Ⅱ级分组 NEC 500-3; CEC J18-050	Ⅲ级
1类和2类： ① A(乙炔); ② B(氢气); ③ C(乙烯); ④ D(丙烷)	0区、1区和2区： ① ⅡC(乙炔+氢气); ② ⅡB(乙烯); ③ ⅡA(丙烷)	1类和2类： ① E(金属); ② F(煤); ③ G(颗粒)	1类和2类：无
Ⅰ级温度等级，1类和2类： ① T1[≤450℃(842℉)]; ② T2[≤300℃(572℉)]; ③ T2A, T2B, T2C, T2D [≤280℃(536℉), ≤260℃(500℉), ≤230℃(446℉), ≤215℃(419℉)]; ④ T3[≤200℃(392℉)]; ⑤ T3A, T3B, T3C [≤180℃(356℉), ≤165℃(329℉), ≤160℃(320℉)]; ⑥ T4[≤135℃(275℉)]; ⑦ T4A[≤120℃(248℉)]; ⑧ T5[≤100℃(212℉)]; ⑨ T6[≤85℃(185℉)]	0区、1区和2区： ① T1(≤450℃); ② T2(≤300℃); ③ T3(≤200℃); ④ T4(≤135℃); ⑤ T5(≤100℃); ⑥T6(≤85℃);	Ⅰ级温度等级，1类和2类： ① T1[≤450℃(842℉)]; ② T2[≤300℃(572℉)]; ③ T2A, T2B, T2C, T2D [≤280℃(536℉), ≤260℃(500℉), ≤230℃(446℉), ≤215℃(419℉)]; ④ T3[≤200℃(392℉)]; ⑤ T3A, T3B, T3C [≤180℃(356℉), ≤165℃(329℉), ≤160℃(320℉)]; ⑥ T4[≤135℃(275℉)]; ⑦ T4A[≤120℃(248℉)]; ⑧ T5[≤100℃(212℉)]; ⑨ T6[≤85℃(185℉)]	

参考文献

Directive 94/9/EU of the European Parliament and the Council of 23 March 1994 on the approximation of the laws of the member states concerning equipment and protective systems intended for use in potentially explosive atmospheres. Official Journal of the European Communities, No. L 100/1.

Directive 99/92/EC on theminimum requirements for improving the health and safety protection of the worker at risk from explosive atmospheres 16/12/1999. Official Journal of the European Communities, L23/57-64.

EN 50014:1999 Electrical apparatus for potentially explosive atmospheres - General requirements, Amendment A1, European Union.

IEC 60079 or EN 60079 series, Electrical Apparatus for Explosive Gas Atmospheres, 2004, VDE-Verlag GmbH, Berlin.

IEC 61241 and EN 61241 series, Electrical Apparatus for Use in the Presence of Combustible Dust, 2004, VDE-Verlag, GmbH, Berlin.

The Equipment and Protective Systems for Use in Potentially Explosive Atmospheres Regulations, 1996 (EPS), ATEX 95 (UK).

延伸阅读

Babiarz, P. 1998. How will you classify your hazardous areas? InTech 45 (2), 34–36.

Babiarz, P.S., Liggett, D.P. and Wellman, C.M. 1998. Adapting to the dual hazardous area classification system. IEEE Industry Applications Magazine 4 (2), 16–24.

Danen, G.W.A. 1988. Electrical safety of process instrumentation in areas with potentially explosive gas atmospheres. IEE Conference Publication (296), 67–69.

Dust explosions ISSA Prevention Series No. 2044 (G) The basics of dust explosion protection R. Stahl Schaltgeräte GmbH.

EN 60529 Specification for degrees of protection provided by enclosures (IP code) EN 13463 Part 1–Part 8.

Ennis, T. 2006. Experiences and issues in ATEX and DSEAR compliance. Institution of Chemical Engineers Symposium Series (151), 309–321.

Garside, R.H. 1994. Area classification—An alternative approach. IEE Conference Publication (390), 16–21.

Glynn, K.J. 1999. Risk based approach to hazardous area classification. IEE Conference Publication (469), 17–23.

Hartwell, F.P. 1996. Be aware of zone system equipment markings. EC and M: Electrical Construction and Maintenance 95 (8), 3.

Hattwig, M. and Steen, H. 2004. Handbook of Explosion Prevention and Protection, Wiley VCH, Weinheim, Germany.

Herres, D. 2011. Wiring methods for hazardous locations. EC and M: Electrical Construction and Maintenance 110 (8).

LeBlanc, J.A. and Lawrence Jr., W.G. 2000. Benefit from the three-zone National Electrical Code. Chemical Engineering Progress 96 (12), 75–82.

Lionetto, P.F., Ostano, P. and Testa, A. 1988. Italian experience on hazardous area classification and selection of electrical installations and apparatus in industrial plants. IEE Conference Publication (296), 9–12.

Moodie, T.W. 1971. Measurement comes to hazardous dust area classification. ISA Transactions 10 (3), 224–230.

Nieuwmeyer, H. 1997. Hazardous area classification, whose job is it? Rules and regulations are nothing but the scar tissue of past mistakes. Elektron 14 (7), 87–89.

Niu, Y. 2002. Hazard analyses of fire and explosion with the electrical equipment in CNG motor-repair-shop. Process in Safety Science and Technology Part B 3, 933–936.

Patel, M. 2007. Hazardous area classification of flammable dust operations. Chemical Engineering World 42 (5), 63–65.

The Dangerous Substances and Explosive Atmospheres Regulations 2002, Statutory Instrument 2002 No. 2776 (UK).

Thurnherr, P. and Schwarz, G. 2009. Selection of electrical equipment for hazardous areas. IEEE Industry Applications Magazine 15 (1), 50–55.

Tommasini, R., Pons, E. and Toja, S. 2005. The Italian approach to the classification of areas where combustible dusts may be present, Series on Energy and Power Systems, No. 468-180, 512–517.

Toney, M.K., Griffith, T., Hyde, W., Schram, P.J. and Soffrin, D.E. 2000. History of electrical area classification in the United States, Record of Conference Papers— Annual Petroleum and Chemical Industry Conference, 273–280.

第3章 布局和间距

3.1 引言

生产装置的设备可按不同方式进行布置。装置中每一台设备的定位，都要考虑其安全性、经济性、可操作性和维护的简易性。设备之间充足的间距有助于将火灾蔓延的可能性最小化。此外消防的可接近性也要考虑。本章介绍的规范涵盖了石油和天然气加工厂以及石油化工厂、化工厂中有关车间布局和间距的基本要求，以期达到保证安全性、防火以及运行和维护的简易性的目的。

烃加工和处理工厂具有固有的危险性。在当今工厂日益大型化和复杂化的趋势下，这些工厂存在大量潜在的风险。有时，工厂需要进行改造，以期获得更高的加工能力或运行效率，因此需要更大的存储需求。基于上述原因，在原有的场所上计划实施新建或增建工程时，不仅需要仔细进行分析，而且还要考虑不同设备的空间分配。

3.2 石油、天然气和化工装置的布局

在进行布局设计前，需要收集以下几方面的信息：

① 生产装置、对公用工程设施的要求、储罐、液化石油气(LPG)储罐和其他压力储罐；

② 产品调度和运输方式(铁路、公路和管道)；

③ 仓库、固体产品(如石油焦、石蜡、硫磺、沥青等)存储区域、露天开放存储区域(如废料场和垃圾场)；

④ 普通化学品和有毒化学品的存储，以及危险废弃物存储、废弃处理；

⑤ 火炬；

⑥ 服务性建筑、消防站、消防训练场地；

⑦ 厂区地形(包括海拔高度、斜坡和排水系统)；

⑧ 气象资料；

⑨ 位于沿海地区装置的测深数据(高潮位、涌波高度等)；

⑩ 地震资料；

⑪ 当地的最高洪水位、地下水位、天然河流/运河；

⑫ 通往主要厂房区域的道路；

⑬ 航空方面的考虑；

⑭ 带给相邻装置或来自相邻装置的风险；

⑮ 环境方面的考虑；

⑯ 法定义务。

3.2.1 石油产品的一般分类

石油产品通常依据其闭口闪点来进行分类：

① 甲类石油产品是指闪点低于23℃的液体；

② 乙类石油产品是指闪点等于或高于23℃但低于65℃的液体；

③ 丙类石油产品是指闪点等于或高于65℃但低于93℃的液体；

④ 其他石油产品是指闪点等于或高于93℃的液体。

包括LPG在内的液化气体没有归入此分类中，但构成了一个单独的分类。

以上分类不适用于以下两种场所，而这些场所需要采取特殊的防范措施：室温或操作温度高于产品闪点的地方；产品加工所需要的人工加热温度高于产品闪点的地方。

如下区域被认为是具有危险性的：

① 闪点低于65℃或含易燃气体的石油产品，或者达到燃烧浓度的蒸气可能存在的区域；

② 闪点高于65℃的石油产品或任何易燃液体，可能在高于其闪点条件下进行炼制、混合或存储的区域。

危险区域分类及范围的详情请参考本书第2章的相关内容。

3.2.2 地形

首先，需要考虑物理环境。不能想当然地认为必须要将地面弄平整。不论什么样的斜坡，有些工艺过程可能会有利用的方法。

对于地形而言，在一般情况下需要评估是否有足够的空间。如果没有足够的空间，那么就需要精巧的设计来满足需求，例如对火炬的设计。可用空间是车间管理的重要考虑因素：车间是处于一层，或者占据多个仓库。物理环境也必须根据原材料、产品、废弃物和供应链的运输要求来进行考虑。

应尽可能采取区块布局。车间布置需要遵循一般的工艺路线：从原材料到工艺装置及中间所需要的桶槽，再到随后的存储和调度设施。整个区域需要被进一步分成区块。

3.2.3 安全和环境

多年来，石油石化行业已经从全世界的火灾和爆炸事故中汲取了大量经验教训，并且一直在更新工厂的安全标准(包括设备相互间的距离及其相对位置)。在当前环境背景下，需要对工厂中许多年前的建议最小安全距离进行重新审核。

在对项目前期研究下结论前，熟悉相关的环境法规(包括当地的、国家的和国际的环境法规)以及它们的演变过程，是非常有必要的。

需要注意相关的安全法规，包括健康和福利需求。危险和易燃物品需要特殊处理，但这会占据布局空间。

如果加工的液体的毒性很大，那么关闭化学排水管的要求和其他保护措施会影响布局。当车间生产高价值产品时，更高的安全要求会需要特殊的布局设计。

如果工厂选址受到特殊建筑、管道系统、水管设施、电气设施和其他规范的影响，那么这些因素也都会影响到工厂的布局。关于工厂选址的类似管理标准和法规，同样也会影响到对布局的考量。

3.2.4 生产能力

不仅要了解工厂的初始产能，而且还要对未来扩大规模的程度和工艺技术现代化改进的可能性有很好的把握，这些都非常重要。这些因素会指明需要给附加设备预留多少空间。

工厂中常常需要并联的加工生产线。两条生产线可以是完全相同布置，也可以采用镜像布置。前一种布置方法成本较低，但由于布局的一些原因，镜像布置方法有时更好：

① 便于操作员通过中心通道接近装置；

② 两条生产线的设备(例如泵)出口侧互相面对，便于并入公用管线。

3.3 基本思路

① 只有完全掌握工艺流程顺序和操作规程，配置图中的设备布置方案才可能做到是实用、有效。为了实现最佳的管道输送以及操作和维护的简易性，设备需要按照物流流动的顺序来进行布置。设备之间的空间应足够大，以便进行维护作业。

② 管廊单元需要置于中心位置，从而将单元装置划分为两个或多个设备区域。泵可布置成两行，靠近管廊的任意一边。换热器和压力容器应进行汇总，在管廊两侧形成齿条状排列。

③ 换热器应垂直放置于管廊外侧，以便于利用移动吊车或采用其他方法吊装管束。管壳式换热器的纵向间隙加上可移动管束的长度应该至少为1m。

④ 翅片管空气冷却器应安装在管廊(或技术结构、独立结构)的上方。

⑤ 具有较大容量的容器应安装在较低的高度上，并且最好在同一平面上。在该类容器周围应有充足的排水管道。如果工艺要求它们必须按照高于一般等级进

行安装，那么这些容器应该坐落在开阔场地上。

⑥ 为了便于无障碍安装和对同一平面内部构件进行维护，塔或塔器应沿着管廊并朝着开阔场地进行布置。在更高的水平高度上，需要时常注意操作的高塔应坐落在可以提供一般连接平台的地方。

⑦ 热虹吸再沸器最好布置在与其相关的塔的附近。

⑧ 容器、塔以及含内部构件和/或催化剂、化学品的反应器，应预留一定面积的区域，用来拆卸或安装内部构件以及装载或卸载催化剂和化学品。

⑨ 加热器应位于装置一角且逆风的地方。应该为加热器管束的拆卸、清理和吊车进入提供空间。加热器周围的区域应进行分级，以远离加工设备可能的泄露。鼓风机应安装在远离加工设备的地方，主要是因为它们可能会吸入烃类蒸气。

⑩ 含易燃物的沟渠或深坑都不应延伸到炉子下方，并且与地下排水系统的连接处应在远离炉壁超过15m的地方进行密封。

⑪ 只有控制吹灰器和烟气分析仪的现场控制盘设置在工艺加热器的附近，其余的控制装置应安装在操控室。

⑫ 气体压缩机应位于加热器的下风方向，这样泄露的气体才不会飘向加热器。气体压缩机应有顶盖，并且在侧面应有开口，以避免较“重”的蒸气/气体在压缩机房地板上累积。压缩机房应布置在设备区附近，以便于进行维护和操作。应该为维护提供预留区域。

⑬ 除了日用油箱/工艺化学品储罐，其他桶槽不应在任何工艺装置的设备区提供。

⑭ 工艺化学品储罐应有高度不低于300mm的侧墙。烃类日用油箱应含有该标准第7.0部分规定的堤坝。

⑮ 冷箱应坐落在显眼的地方或布置成独立的高架结构。为了便于操作和维护，冷箱周围应该有足够的空间。

⑯ 工艺装置火炬的气液分离罐应位于装置的设备区内。

⑰ 排气设施或埋地的储罐应位于工厂中远离炉子或任何明火设备的背风方向上。排气设施的出口的高度应比排泄烟道周围15m范围内的最高设备至少高6m。

⑱ 操作人员的操作间可位于装置单元中，并且应位于装置非危险区的逆风侧，远离排水/取样设施。在不妨碍操作人员正常移动的前提下，操作间的面积应尽量小。

⑲ 主要入口应有楼梯。

⑳ 容器、管道、电缆架等下的最小净空高度应为2.1m。

㉑ 设备应按规定的距离隔开，以利于移动设备、电动工具或检修和维护设备

在检修时段的正常使用。

㉒ 工厂布局应着眼于安全的最大化、防止火灾蔓延、操作方便、与节约型设计相符的维护和工厂的长远发展。

图3.1展示了一个具有代表性的工厂中的设备布局。

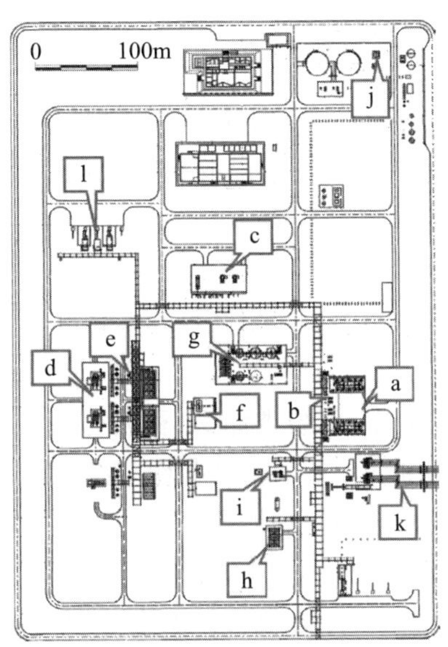

图3.1 工厂中的典型设备布局(转载自Journal of Hazardousmaterials, 191, A. Di Padova et al., Identification of fireproofing zones in oil and gas facilities by a risk-based procedure, 83－93, 由Elsevier授权许可)

a—三相分离器; b—增压泵; c—泵; d—压缩机; e—脱水单元; f—三甘醇(TEG)再生器; g—水分离器; h—蒸气回收单元; i—排水单元; j—柴油罐; k—入口; l—出口

3.3.1 封闭

考虑到厂区中装置运转所伴随的危险，厂区应该是封闭的。所有封闭的区域应通过划分通道和/或边界线，尽可能地形成正方形。

3.3.2 位置和天气

工厂布局应考虑该地点附近的地理位置和天气情况。

盛行风(prevailing wind)明确的地方，管理和服务设施以及消防设备等应位于工艺装置、储罐等的上风面。

3.3.3 布局指示

当制定管道和设备布局时，布局图中应至少注明以下标识：

① 所有设备、梯子、结构、吊柱和吊重梁都应进行标识；

② 所有仪器都应进行布置和标识；

③ 所有阀门的手轮方向都应进行标识；

④ 地下排水的漏斗位置都应进行标识；

⑤ 所有电子开关装置和照明控制板都应进行标识；

⑥ 所有采样系统都应进行标识。

3.4 工厂布局

在对不同装置/区块进行布局时，需要考虑以下几方面：

① 装置/区块的布局应遵循工艺流程的相继次序。

② 加工单元、油库、起重机架、固体产品仓库、公共设施、废水处理车间和引道应位于较高的地势上，以避开洪水。

③ 如果生产装置以集成方式运行，并且同时停车，那么这些装置可被认为是一个区块。

④ 操控室应位于工艺装置(或烃类储罐)和装卸设备逆风侧的非危险区域。其所处位置应高于周围车间和油库，万一发生爆炸，避免倒压的建筑物危及操控室。

⑤ 公共设施区块最好位于装置单元附近。

⑥ 同样为工艺过程提供蒸气的发电设施应位于工艺单元区块附近。当外部电力网与工厂发电设施相互连接时，要么发电厂位于边界墙的一边，要么外部输电线路从地下一直通到交互连接的输电网。

⑦ 高架输电线路不能越过装置(包括停车场)。高压变电站应靠近主要的载荷中心。

⑧ 低压变电站应靠近配电变压器与最远电机距离最小的载荷中心。

⑨ 冷却塔应位于工艺设备和变电站的顺风侧，以便有雾时不会导致腐蚀或视觉障碍和短路。

⑩ 储罐应根据产品分类进行分组。在地形起伏较大的区域，储罐应位于较低的高度上。

⑪ 卡车装载/卸载设施应位于产品运转门附近，并且应该为入口和出口的单向交通模式。

⑫ 铁路装载设施沿着装置的外围进行安装。

⑬ 硫磺回收装置和硫磺装载区域应位于产品运转门附近，并且远离工艺装置、危险区域和居住区。吸气的设备(如空气压缩机或鼓风机)应远离硫磺回收装置或硫磺处理设施。建议硫磺仓库或处理设施与任何设施或边界墙的最小间隔距离为50m。

⑭ 石油焦仓库和处理设施应尽可能远离工艺装置、空气分离装置、居民区和

危险区域。

⑮ 针对不同工艺装置产生的不同类型的废物(如油污水、苛性钠、酸性废水、残渣等),应设有单独的收集系统。污水处理厂(ETP)应远离工艺装置区域至少一个街区。考虑到气味和挥发性有机物的排放,其应在工艺装置和重要区域的顺风侧,应更靠近于边界旁边的处理点,并处于更低的位置,以利于污水的重力流动。

⑯ 火炬应位于工艺装置的逆风侧,并且火炬周围区域应铺平。主管廊或管廊不应有经过工艺装置的路线,应为车行道和铁路车辆提供净空高度。

⑰ 道路应该是对称的,可为进入到所有加工区域的操作、维护和消防提供交通便利。这些道路应环绕工艺区或工艺装置。

⑱ 石油石化行业不应提供吸烟室。然而,如果需要,吸烟室应位于离任何烃类来源至少60m距离的地点。

⑲ 消防站、消防给水库和消防给水泵房应位于远离危险区域的安全地点。消防站应位于工艺装置和烃类储罐区域的逆风侧,并且要求能直接进入工艺装置或其他重要区域。

3.4.1 区域布置

分类区块,例如加工区、存储区、工具区、管理区、服务区和其他区域,应按如下原则进行布置:

① 为了便于操作工艺装置,加工区应位于最便捷的地方。

② 存储区应尽可能远离有人使用的建筑物,但应位于加工区附近,以便于原料和产品成品的使用和操作。

③ 工具区应位于加工区附近,以便于工具的快速供应。

④ 对于内陆交通,装卸区域应位于能直接连接公共道路的地点的一角。对于海上运输,该区域应位于厂址靠近海边或河边的地点。

⑤ 为了保护人员免受危险的伤害,管理区和服务区应位于该地点的安全区域,最好位于工厂正门附近和主干道旁边的地方。

⑥ 火炬和燃烧坑应位于该地点的尽头位置,应有充足的距离来保护人员免受危险的伤害。

⑦ 污水处理单元应位于靠近该地点最低点的地方,以便于收集来自工艺装置的全部外排污水。

⑧ 首先负责加工原料的工艺装置应位于原料罐的一侧,以使供料管线的长度最小化。

⑨ 产出最终产品的工艺装置应位于产品罐的一侧,以使成品线路的长度最

小化。

⑩ 消耗大量工具的工艺装置最好位于靠近工具区的一侧。

3.4.2 公路

① 在施工、维护、灭火以及火灾情况下紧急逃离的过程中，公路和进、出通道应为移动设备提供便利的交通。

② 通道的道路边缘应距离工艺装置至少3m以上，以防止车辆碰撞。

3.4.3 管廊和管墩

一般来说，工艺装置的管廊和厂区外设施的管墩被认为是管道的主要支撑物。空中运行的管线应以系统方式汇集到管廊。

朝向相同方向运行的管廊应处于相同的海拔高度上。与这些朝向相反运行的管廊应处于其他的海拔高度上，以避免管廊连接处出现十字交叉线和交叉点支线。

单层管廊是首选。如果需要不止一层，朝向相同方向的不同层之间的距离应充足(不应小于1.25m)，以便于维护。管廊的最大宽度应为10m。如果宽度需要大于10m，管廊应设计为两段式。实际宽度应为所需宽度的110%，或所需宽度加1m。在翅片管空气冷却器放置在管廊的情况下，管廊宽度应根据空气冷却器的长度来进行调整。

应防止平面翻转。当改变方向时，需要改变海拔高度。仪器线和电缆规定的路线应允许有足够的空间，应为临近的未来所需的仪器线和电缆提供25%的额外空间。

应在管廊上为未来增设的管道提供20%的额外空间。在管廊的整个长度上和每一层上，这部分空间应是连续和开阔的。宽度分配可拆分为不超过两部分。

在工艺装置中的主要管廊下，允许有4m高、4m宽连续的开阔区域，以作为维护的进、出通道。

对于炼油装置或其他装置，在加工区外面的管廊应有以下最小的空中间隙：主干道路为5m；通道为4.5m；铁路为6.7m。

依据所包含的工艺装置数量和工艺复杂性，一个针对工艺装置的典型管廊布局如图3.2~图3.5所示。参考说明如下：

① 单廊型布局适合于由2~3个工艺装置组成的小规模复合工艺。单廊型布局不需要任何大面积区域，较为经济(见图3.2)。

② 图3.3所示的梳型布局，推荐用于由3个或更多个工艺装置组成的复合工艺。在这种情况下，单廊型并不适用。这主要是因为公共设施和火炬线位于同一个廊中，在正常运行下不易进行单独维护和对公共设施进行管理。

③ 双梳型布局是梳型布局的扩展，推荐用于由5~10个工艺装置组成的大规模复合工艺(见图3.4)。

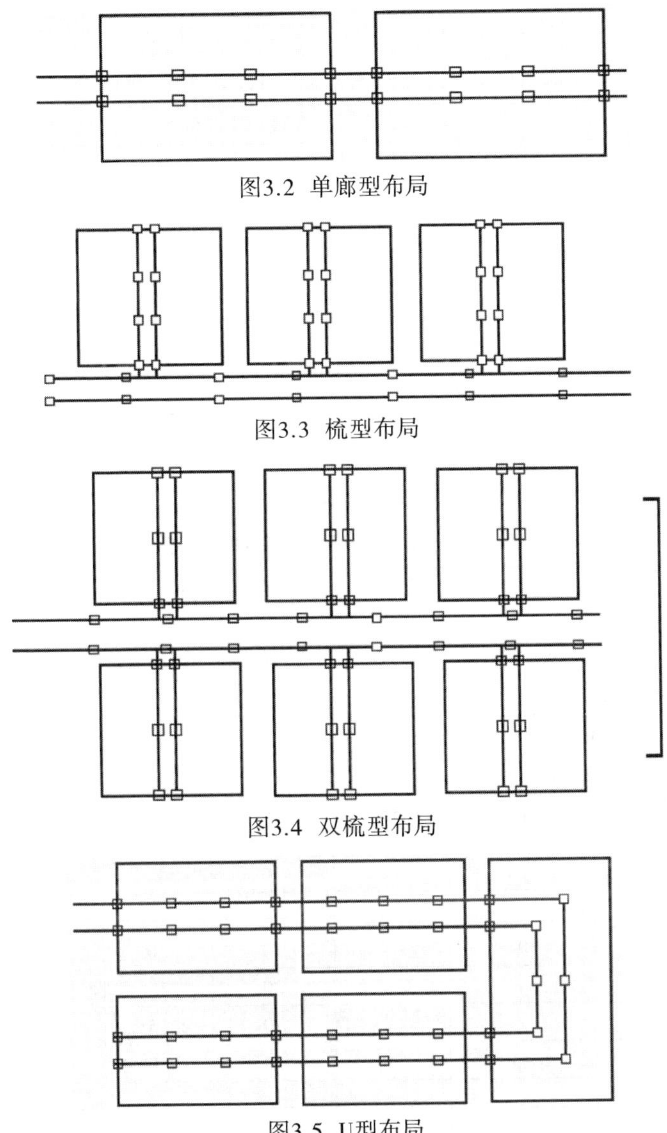

图3.2　单廊型布局

图3.3　梳型布局

图3.4　双梳型布局

图3.5　U型布局

④ 图3.5所示的U型布局，推荐用于复合工艺中工艺装置的维护不能单独进行的情况。这种类型可被认为是单廊型的扩展，这种复合工艺也可被看作是规划布局中的一个加工单位。

一般来说，管廊的位置应与配置图相一致。

3.5 操控室和变电站

对于位于炼油厂、石油化工厂、公用工程设施、泵站的操控室和变电站，一般推荐的间距应参照石油保险协会(Oil Insurance Association，OIA)的规定(见表3.1～表3.8)。

表3.1 OIA推荐的在炼油厂、化工厂中的间距

项 目	最小距离/m					
	防火建筑与不燃物	不燃建筑与不燃物	普通建筑、IC、SIC与不燃物	防火建筑与可燃物	不燃建筑与可燃物	普通建筑与可燃物
防火建筑与不燃物	无	9	9	9	9	12
不燃建筑与不燃物	9	无	9	9	12	15
普通建筑、IC、SIC与不燃物	9	9	无	12	15	18
防火建筑与可燃物	9	9	12	无	12	15
不燃建筑与可燃物	9	12	15	12	无	15
普通建筑与可燃物	12	15	18	15	15	无

表3.2 OIA一般推荐的炼油厂中的间距(第1部分)

项 目	最小距离/m					
	服务性建筑	工艺装置	锅炉、公用工程设施和发电设备等	火焰加热器	工艺容器、精馏装置等	气体压缩机房
服务性建筑	10(见建筑图表)					
工艺装置	30	15～30				
锅炉、公用工程设施和发电设备等	30	30				
火焰加热器	30	15	30	8		
工艺容器、精馏装置等	30		30	15		
气体压缩机房	30		30	30	9	
大型油泵房	30		30	30	6	9
操控室			30	15	15	15
冷却塔	15～30	30	30	30	30	15～30
压差控制、蒸汽鼻吸和喷水控制				15	15	15
排污罐和火炬塔	60～90	60～90	60～90	60～90	60～90	60～90
产品储存罐	60	75	75	75	75	75
成品罐	30	60	60	60	60	60
混合罐	60	60	60	60	60	60
危化品装卸设施(包括码头)	60	60	60	60	60	60
消防泵	15～30	75		75	75	30

表3.3 OIA一般推荐的炼油厂中的间距(第2部分)

项目	最小距离/m						
	大型油泵房	操控室	冷却塔	压差控制、蒸汽鼻吸和喷水控制	排污罐和火炬塔	产品储存罐	成品罐
服务性建筑							
工艺装置							
锅炉、公用工程设施和发电设备等							
火焰加热器							
工艺容器、精馏装置等							
气体压缩机房							
大型油泵房							
操控室	9						
冷却塔	15~30	15~30	8~15				
压差控制、蒸汽鼻吸和喷水控制	6		15				
排污罐和火炬塔	60~90	60~90	60~90	60~90			
产品储存罐	75	75	75	75	60~90		
成品罐	60	60	60	60	60~90		
混合罐	60	60	60	60	60~90		
危化品装卸设施(包括码头)	60	60	60	60	60~90	75	75
消防泵	30				90	90	90

表3.4 OIA一般推荐的炼油厂中的间距(第3部分)

项目	最小距离/m					
	混合罐	危化品装卸设施(包括码头)	消防泵	炮塔喷嘴	消防栓	消防设备房
服务性建筑				15	15~75	15~75
工艺装置				15~30	15~75	30
锅炉、公用工程设施和发电设备等				15~30	15~75	30
火焰加热器				15~30	15~75	30
工艺容器、精馏装置等				15~30	15~75	30
气体压缩机房				15	15~75	30
大型油泵房				15	15~75	30
操控室				15	15~75	30

续表

项 目	最小距离/m					
	混合罐	危险的装卸设施，包括码头	消防泵	炮塔喷嘴	消防栓	消防设备房
冷却塔				1530	15~75	30~60
压差控制、蒸汽鼻吸和喷水控制						
排污罐和火炬塔				30	30	75
产品储存罐				15~30	15~75	90
成品罐				15~30	15~75	90
混合罐				15~30	15~75	75
危化品装卸设施(包括码头)	75	15~75		15~30	15~75	75
消防泵	90	90				

表3.5 OIA一般推荐的石油化工厂中的间距(第1部分)

项 目	最小距离/m						
	工艺装置(高危险性)	工艺装置(低危险性)	储罐架(高危险性)	储罐架(低危险性)	工艺仓库(低危险性)	装运和收货(高危险性)	装运和收货(低危险性)
工艺装置(高危险性)	60						
工艺装置(低危险性)	30	15					
储罐架(高危险性)	75	75	1.5(更大直径)				
储罐架(低危险性)	60	30	更大直径	0.5(更大直径)			
工艺仓库(低危险性)	45	45	75	30	15		
装运和收货(高危险性)	60	60	45	30	45	15	
装运和收货(低危险性)	45	30	30	15	6	15	
服务性建筑	60	30	60	30	30	45	30
锅炉区	60	45	60	45	30	60	30

表3.6 OIA一般推荐的石油化工厂中的间距(第2部分)

项 目	最小距离/m							
	服务性建筑	消防泵	紧急控制	喷水控制	未来喷嘴	中试工厂	大型冷却塔	火焰加热器
工艺装置(高危险性)		75	30	15	离目标中心15~30	60	45	15~30

续表

项 目	最小距离/m							
	服务性建筑	消防泵	紧急控制	喷水控制	未来喷嘴	中试工厂	大型冷却塔	火焰加热器
工艺装置(低危险性)		45	15		离目标中心15~30	60	30	15
储罐架(高危险性)		75		30	离目标中心15~30	75	75	60
储罐架(低危险性)		60			离目标中心15~30	60	60	60
工艺仓库(低危险性)		60			离目标中心15~30	60	45	30
装运和收货(高危险性)		45	30	15	离目标中心15~30	60	60	60
装运和收货(低危险性)		30	15		离目标中心15~30	45	45	30
服务性建筑		30			离目标中心15~30	60	30	30
锅炉区	30				离目标中心15~30	60	30	30

表3.7 OIA一般推荐的天然气加工厂中的间距(第1部分)

项 目	最小距离/m							
	服务性建筑	气体压缩机房	大型油泵房	蒸馏和分馏	公共工程设施	压力罐	常压罐	灌油桥台
服务性建筑								
气体压缩机房	30							
大型油泵房	30	15						
蒸馏和分馏	30	15	9					
公共工程设施	15	30	30	30				
压力罐	45	60	60	60	45			
常压罐	30	60	60	60	30	15		
灌油桥台	30	60	60	60	30	30	30	15~30
火焰加热器	30	30	30	30	15	45~60	30	30
冷却塔	15~30	15~30	15~30	30	30	75	60	60
包装厂防滑装置	30	15	15	12	30	30	30	60

表3.8 OIA一般推荐的天然气加工厂中的间距(第2部分)

项 目	最小距离/m								
	主要气体控制阀	消防泵	明 火	普通电器	炮塔喷嘴	消防设备房	蒸汽鼻烟和/或排污控制	水龙头	贫油泵
服务性建筑	15	30				15		15~30	
气体压缩机房	75~150	60	30	15		15	15	15~30	15
大型油泵房	75~150	60	30		15	15	15	15~30	
蒸馏和分馏	75~150	60	30		15	15	15	15~30	15
公共工程设施	75~150					15		15~30	30
压力罐	30	75	30		15	30		15~30	60
常压罐	30	75	30		15	30		15~30	60
灌油桥台	30	45	30		15	30		15~30	60
火焰加热器	30	45				15	15	15~30	30
冷却塔	30		30	30	15~30	15~30		15~30	15~30
包装厂防滑装置	75~150	45	30		15	30			15

当设计操控室的布局时，以下基本要求也应满足：

① 操控室和变电站应尽可能地靠近工厂的工艺装置。从噪音和安全要求方面考虑，应维持最小的距离。

② 操控室和变电站与最近的工艺装置之间的距离至少为15m。

③ 操控室和变电站的位置应考虑日常操作的便利性。

④ 操控室和变电站的位置应从经济性的角度考虑，应考虑将电器和仪器的进、出电缆的长度最小化。

⑤ 操控室应位于操作员能够对其所控制系统有完整视野的地方。不应将大型建筑或设备置于操控室的前方。

3.6 消防要求

每个单独的工艺装置周围应留有充足的空地，以便于消防车能够进入并在那里进行作业。通道宽度应不小于6m。

包含大型危险物质储罐的工艺装置，其理想的位置应位于复杂地点的外围区域。

图3.6展示了一个防火区布局和所占空间的例子。其中，内部区域为冲击区，外部区域为热辐射区。

3.7 建筑物要求

服务性建筑包括办公室、操控室、实验室、住宅、商店、仓库、车库、餐厅和医院。这些建筑物和区域需要保护人员免受可能来自主要工艺装置发生火灾和爆炸所带来的危害，并且需要与高风险设施保持额外的间距。

服务性建筑应位于工厂入口附近，并且应易于进入公共道路和高速公路。

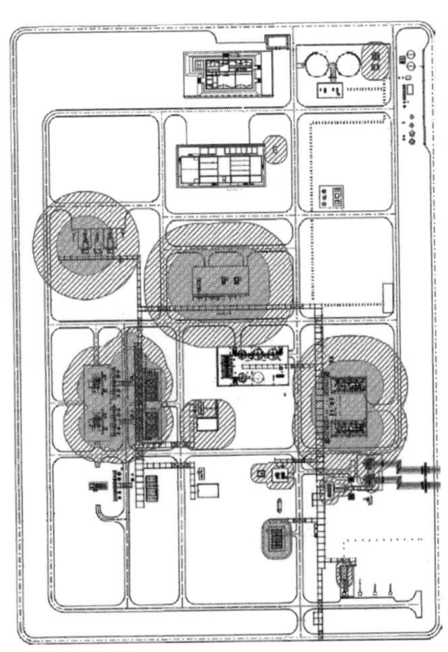

图3.6 防火区布局和所占空间的例子(内部区域为冲击区，外部区域为热辐射区)
(转载自Journal of Hazardousmaterials，191，A. Di Padova et al.，Identification of fireproofing zones in oil and gas facilities by a risk-based procedure，83-93，由Elsevier授权许可)

3.8 工艺装置的布局

一些工艺装置有靠重力落差运行的工艺流体，在该情况下必须要考虑抬高的布局。除非存在诸如室内安排和受限区域等因素的限制，设备应置于同一水平面上，由于任何原因明确需要重力流动的情况除外。

由于原料进料、产品出厂和设备供应的方向由全厂总体规划决定，因此应首先确定装置管廊的方向。

在安排设备时，应考虑使管路(特别是大型管道和合金管)尽可能短。为了方便操作员进入，在设备周围应设有宽度不小于0.6m的畅通通道。

含易燃、易爆液体的大容量储罐的位置应尽可能远，并设于外围区域。

应允许有一定的空间，以满足后续备用设备的使用，同时也应考虑后续装置的扩建。

3.8.1 工艺要求

设备应沿着工艺流程图中的流程进行布局。需要强调的是，分馏塔及其再沸器、冷凝器和空中的接收器应集中布置。

重力流动线的布局应考虑相关的高度，以便使其长度变得最小。在线路中，液体在温度接近其沸点的情况下流动，相关设备应靠近彼此，以便于不用抬高线路。

被大型管道或合金管连接的设备部件应靠近彼此。

对空气冷却器应进行合理布局，以便于没有加热的空气进行再循环。

3.8.2 安全要求

所有工艺设备应远离火焰加热器，距离至少为15m。也有例外情况：对于设备的特定部件，加热器加热该设备的工艺流程是有问题的，以及设备的任何泄露可能会立即燃烧，从而不产生其他火灾隐患的地方。这样的例外是被允许的，例如安放铂重整装置的反应器。每个例外情况都必须要单独研究其潜在的危险，并且不得违反《石油和天然气生产商(OGP)工厂和管理规范》的任何工艺操作规定。

将火焰加热器安置在工艺装置盛行风吹拂的一侧。这样做是为了将气体从加热器吹走，而不是吹向加热器。有明火的设备不应位于有危险区域分类的地方。

一般来说，有明火的设备应位于距离任何危险源(例如热油泵、轻馏分泵、压缩机等)超过15m的地方。

如果特定工艺需要，紧急喷淋应尽可能靠近危险处，并且应指示配置图。

必须要考虑有充足和方便的进口和出口，不仅基于安全考虑，而且也为了满足操作和维护的要求。

操控室和其道路不应位于在工程规范中被划分为危险区域的地方。通常，它们与最近的设备之间的距离超过15m。

高压气体压缩机应位于处于下风方向的地方。

大容量危险物质储罐的位置应尽可能远，并位于外围区域。

用于处理易燃物质(归类于危险区域分类)的泵，应按表3.9所介绍的方法进行布置。

火焰加热器的烟囱应位于所排放的热烟道气不会对空气冷却器的性能和塔顶操作员产生不利影响的地方；在考虑烟筒的位置时，应考虑盛行风的方向。如果这个问题在设备布局过程中不能解决，应增大加热器烟筒的高度或提供一个普通的烟筒。

布局设计应满足安全和消防要求，同时基于NFPA准则、标准和建议等方面的考量，强烈推荐将以下要求一并考虑：

① 存在加热器的装置应集中位于工艺装置的上风侧。如果不可行，下风侧的加热器应与上风侧装置之间的距离在15m以上。

② 处理有毒气体的工艺装置应位于下风侧。

③ 在理想情况下，处理高压气体的工艺装置应位于下风侧。

图3.7给出了一家工厂的典型布置图。

表3.9 处理易燃物质的泵的位置依据

泵用途	在管廊下	在空冷换热器下
冷油泵	可接受	可接受
热油泵(热油是指操作温度高于自燃点的油)	不可接受(热油泵应距离管廊至少3m；只有当安装火灾探测器、喷水系统等防火设备时，热油泵才可放置于管廊下)	不可接受
轻馏分泵(轻馏分是指沸点为110~120℃的部分馏分油，由苯、甲苯、二甲苯、吡啶、酚、甲酚等的混合物组成)	可接受	不可接受(轻油泵不应位于空冷换热器之下，除非如图3.5所示，混凝土桥面位于空冷换热器的下方；当安装适当的防火设备时，轻油泵可位于无混凝土桥面的空冷换热器下方)

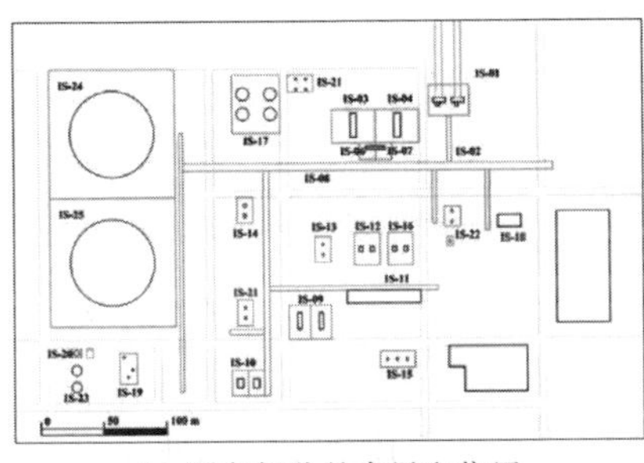

(a) 隔离部分的布局和位置

(c) 常压容器(AV)范围的防火区

(b) 结构要素的防火区：内部区域、外部区域

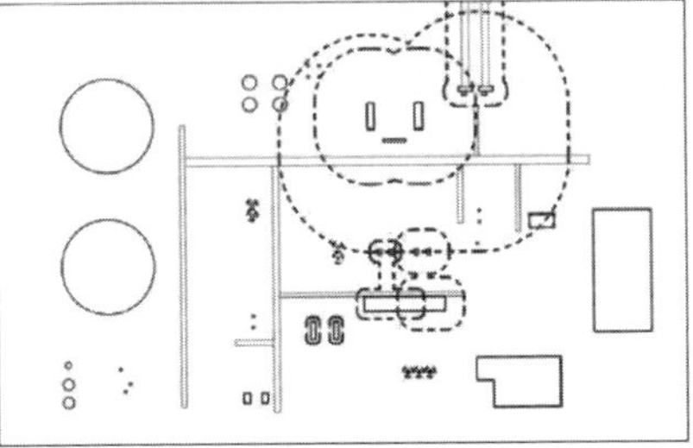

(d) 压力容器(PV)范围的防火区

图3.7 一家工厂防火区所占空间的典型布局(转载自A. Tugnoli et al., Reliability Engineering and System Safety 105, 25-35. 2012)

3.8.3 基本设计注意事项

这里提出的设备间隔距离是对最低要求的一般性建议，并且考虑了以下原则：

① 确保消防操作通过；

② 确保进行正常操作和维护；

③ 确保在火情下紧急停车的正常操作；

④ 确保关键的应急设施不会遭受火灾的破坏；

⑤ 可将连续点火源与可能释放易燃物质的释放源隔开；

⑥ 在工厂的使用寿命周期中，确保临时增添附加设备的空间；

⑦ 考虑在NFPA准则、标准和规范中关于安全和消防的建议。

当间距大大低于所建议的距离时，通常有必要通过安装额外的安全设备(如紧急停车设施、防火设施、喷水等)来抵消增加的风险程度。缩小所建议的间距应需获得运营公司的批准。

火焰加热器、热交换器、塔、容器、桶、泵和压缩机等设备的位置应与配置图相一致。

如果需要，设备周围应为诸如管架、控制阀箱和消火栓箱等设备预留空间。

以下因素也会影响间距和布局：可用地点的物理限制、特别危险的区域、后续扩建的灵活空间要求、地形、盛行风、环境、地点情况、与邻近产业类型的关联度。因此，考虑到上述因素，实际情况与基本要求有偏差也是正常的。

3.8.4 建造和维护要求

在给定工艺中，设备每个部分的特别维护要求都应有所考虑。例如，主要由搅拌机构构成的大部分机械，需要有除去叶轮轴的空间。在维护过程中，大型压缩机和粉碎机需要地面或支撑面来放置部件。

由大型装置组成的工艺装置应位于复杂地点的外围区域，以便于有充足的空间进行运输和安装。

在每个单独的装置周围，应提供足够的通道区域，以便于移动式起重机的操作。需要独立于其他装置进行维护的工艺装置，其与最近装置之间的最小距离应为6m。

维护通道的间距要求应符合表3.10中所给出的相关准则、标准和规范的要求。表3.11列出了冷藏罐与边界和其他设施的临近距离。

为了便于运输和安装，大型设备(如主要的塔器、反应器、焦炭室)周围应提供充足的通道空间。在使用抱杆的情况下，需要有足够的空间来拖曳设备，并安装和拆卸抱杆来提供拉线桩。关于这些通道空间的具体设计，还应咨询建筑工程师。

表3.10 影响维护要求的规范和标准

容 器	机械设备
美国机械工程师协会(ASME)的《锅炉和压力容器规范》:第Ⅰ部分, 电站锅炉; 第Ⅷ部分, 压力容器	API、美国职业安全与健康管理局(OSHA)、美国环保署(EPA)
美国石油学会(API): 标准620, 用于大型焊接的低压储存罐; 标准650, 用于储存石油的焊接钢罐	国家火灾规范(National Fire Code)
管壳式换热器制造商协会标准(Tubular Exchanger Manufacturers Association Standards)	NFPA
美国土木工程师协会(American Society of Civil Engineers):《结构的最小设计载荷(Minimum Design Loads for Structures)》	美国起重机制造商协会(Crane Manufacturers Association of America)
国际官方建筑师会议(International Conference of Building Officials):《统一建筑规范(Uniform Building Code)》	单轨制造商协会(Monorail Manufacturer' s Association)
	输送设备制造商协会(Conveyer Equipment Manufacturers Association)
	液压研究所(Hydraulic Institute)
	NEC

表3.11 冷藏罐与边界和其他设施的临近距离

边界线或其他设施	拱顶油罐的最小间距	球形或球体储罐的最小间距
与依赖于高速公路和主干铁路进行开发或建设的土地邻近的地界线	60m(任何地点的边界线或设施与储存罐周围的外围堤防墙中心线之间的距离不应少于30m)	60m(任何地点的边界线或设施与储存罐周围的外围堤防墙中心线之间的距离不应少于30m)
公用设施、高使用率的建筑(办公室、商店、实验室、仓库等)	容器直径的1.5倍, 但不小于45m, 不超过60m(任何地点的边界线或设施与储存罐周围的外围堤防墙中心线之间的距离不应少于30m)	60m(任何地点的边界线或设施与储存罐周围的外围堤防墙中心线之间的距离不应少于30m)
工艺设备(或者严格的布局不可用的情况下的最近工艺设备)	容器直径, 但不小于45m, 不超过60m(任何地点的边界线或设施与储存罐周围的外围堤防墙中心线之间的距离不应少于30m)	60m(任何地点的边界线或设施与储存罐周围的外围堤防墙中心线之间的距离不应少于30m)
非冷冻压力储存设施	容器直径, 但不小于30m, 不超过60m	容器直径的3/4, 但不小于30m, 不超过60m
常压储罐(存储闭口闪点低于55℃的物质)	容器直径, 但不小于30m, 不超过60m	容器直径, 但不小于30m, 不超过60m
常压储罐(存储闭口闪点为55℃或更高的物质)	容器直径的1/2, 但不小于30m, 不超过45m	容器直径的1/2, 但不小于30m, 不超过45m

为了便于吊车通过, 在设备的一侧应提供一块开放空间区域。在空气冷却器位于管廊的情况下, 如果设备安装在空气冷却器的两侧, 那么进、出通道(最小宽度应为5m)应与空气冷却器的一侧保持合适的间距。如果不能提供这样的通道, 应

在空气冷却器上方安装吊重梁，以用来捆绑维修。

在塔顶吊柱下方应提供一块开放空间区域，作为塔器内部维护区域。此外，还应为催化剂装填和卸载提供工作区域。壳管式热交换器应尽可能远地集中位于某处，在该处应提供管束拉伸区域(管束长度+最小2m)。

对于水平线圈布置的加热器(点燃的)，需要有一处用来进行机械清理和管拉伸的区域。

一般来说，泵应集中位于管廊下方。但是，如果与工艺性能相关的吸入管线长度需要最小化，那么这样的泵不必按此要求布置。

大容量压缩机应进行遮蔽，除非有另外的要求。如果必要的话，应为压缩机提供永久性的门式起重机，同时应在掩蔽处提供一处开放空间。图3.8展示了一个对防火区所占空间进行布局的案例。

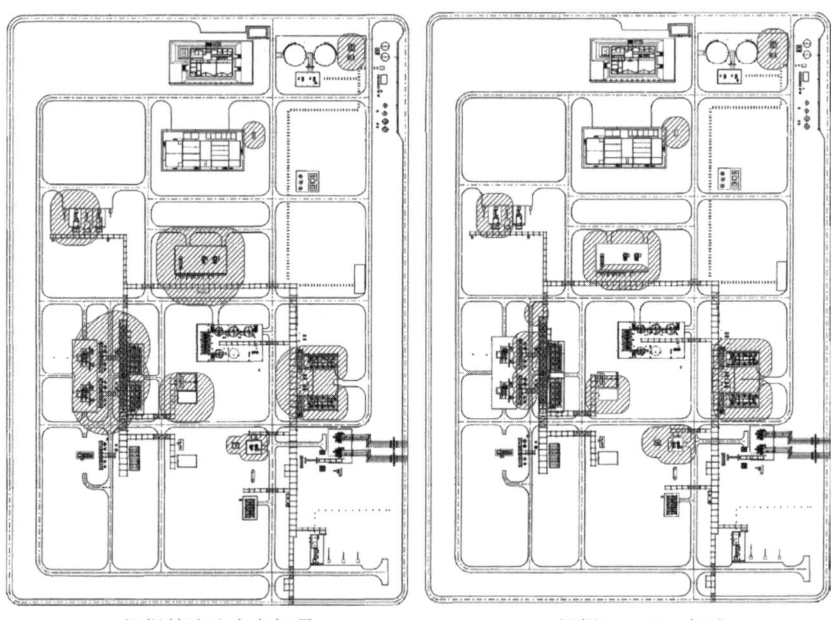

(a) 根据储液池火灾场景　　(b) 根据API 2218标准

图3.8 对防火区所占空间进行布局的案例(转载自Journal of Hazardousmaterials, 191, A. Di Padova et al., Identification of fireproofing zones in oil and gas facilities by a risk-based procedure, 83–93, Copyright 2011, 由Elsevier授权许可)

3.8.5 操作要求

① 在设备每个独立部分的周围应提供畅通的通道(最小宽度为0.6m)，以作为操作人员的通道。管道系统、仪器或者辅助设备不应存在于进、出通道中。

② 楼梯的入口应位于靠近操控室的一侧。

③ 巡查人员经常经过的台阶和平台应设有楼梯。

④ 在准备配置图时应考虑巡查路线。

3.8.6 经济性要求

为了达到降低成本的目的，还应考虑的因素主要有：管道长度最小化、管廊长度最小化、公用管道长度最小化、电缆长度最小化。

3.9 储罐的距离/间隙要求

3.9.1 防护墙

① 石油储罐应位于防护墙内，围墙周围应设有道路。通常，在一个防护墙内的油罐总容量有一定限制：一组有固定顶的油罐不应超过60000m^3；一组有浮顶的油罐不应超过120000m^3。固定容积的浮顶罐应视为固定顶罐。但是，如果这些油罐在外壳设有窗口，并且这些窗口不会被堵塞，那么这些油罐可被视为浮顶罐。如果一组油罐同时含有固定顶罐和浮顶罐，那么可视其为一组固定顶罐。

② 如果发生紧急情况，防护墙内的容积应能够容纳最大油罐所储存的所有物质。在估算围墙内的容积时，应首先扣除油罐的容积(除了最大的油罐)和堤坝内油罐座上方到围墙高度水平的体积。在确定堤坝高度时，还应在所计算的液位以上留有0.2m的出水高。

③ 油罐围墙堤坝的高度(包括出水高)应至少为1.0m，并且不应高于内部平均水平面2.0m。应设计由泥土、混凝土或实心砖石构成的堤坝墙，以抵抗静液压力。为了确保堤坝墙的稳定性，土制堤坝的顶部宽度应不小于0.6m。

④ 当有外泄油时，防护墙的容量应以围堵溢出石油为主，而非围堵油罐破裂泄出的油品。在有外泄油时，堤坝墙的最小高度应为0.6m。

⑤ 不同堤坝中两个最近油罐之间的间距，应不低于两个油罐中较大油罐的直径或30m，一般取其较大者。

⑥ 工艺设备不应位于堤坝内。泵站和管道网应位于堤坝区域外侧的路边。

⑦ 位于空中的油罐应满足安全距离，并且也要设有由滚筒压实的混凝土构造的防护墙，同时要为防护墙提供高效的排水系统。

3.9.2 分组

① 石油产品储存分组应根据产品的分类进行。甲类和/或乙类石油产品应存储于相同的防护墙内。丙类石油产品最好应存储于单独的防护墙内。但是，如果丙类石油产品与甲类和/或乙类石油产品一起储存于普通堤坝内，那么将执行所有适用于甲类和/乙类石油产品的安全规定。

② 外泄油应储存在单独防护墙内，不应同甲类、乙类或丙类石油产品一同储存。

③ 油罐最多布置成两排，以便于从围墙周边的道路接近每个油罐。此项规定不必应用于储存有外泄油的油罐。

④ 对于50000m^{3}及以上容量的油罐，应布置成单独的一排。

3.9.3 防火堤

① 在含有不止一个油罐的防护墙内，应设有高度不小于0.6m的防火堤，以防止一个油罐中的溢出物危及同一个围墙内的其他油罐。

② 每个直径不超过9m且总容量不超过5000m^{3}的一组小型油罐，按照防火堤的相关规定，应视为一个油罐的情况来处理。

③ 外泄石油产品的储存通常有一定限制：油罐的数量为10个或油罐组的总容量为5000m^3，通常取较低者。此外，防火堤的高度不应低于0.3m。

3.9.4 油罐和场外设施的间距

以下的规定适用于在地表上储存石油的油罐：

① 对于较大规模的装置，最小的间距应按表3.12和表3.13所列出的规定进行布置。上述两个表所列出的规定可适用于甲类和乙类石油产品总储存容量超过5000m^3，或者甲类和乙类产品罐直径超过9m的情况。

表3.12 常压储油罐与边界和其他设施的邻近距离

边界线或其他设施	最小距离			
	储存低闪点或原油原料的浮顶罐	储存低闪点原料的固定顶罐	储存原油原料的固定顶罐	储存高闪点原料的任何油罐
与依赖于高速公路、主干铁路和海边集合管进行开发或建设的土地邻近的地界线	60m	60m	60m	60m
公用设施、高使用率的建筑(办公室、商店、实验室、仓库等)	油罐直径的1/2，但不小于45m，不超过60m	油罐直径的1.5倍，但不小于45m，不超过60m	60m	油罐直径，但不小于30m，不超过45m
最近的工艺设备或公共设施(或者严格的布局不可用的情况下的最近工艺设备)	45m	45m	60m	油罐直径，但不小于30m，不超过45m

② 对于较小规模的装置，最小的间距应按表3.14所列出的规定进行布置。表3.14可适用甲类和乙类石油产品总储存容量不超过5000m^3，或者甲类和乙类产品罐直径超过9m的情况。表3.14也可适用于只储存丙类石油产品的装置。

③ 外泄石油应视为丙类石油产品，间距可遵照表3.14所列出的规定执行。

表3.13 常压储油罐之间的邻近距离

原料和油罐类型	最小间距[①]		
	单个或成对油罐	分组油罐	不同组相邻的油罐(高闪点和低闪点油罐组间的间距应取决于低闪点标准)
储存低闪点原料的浮顶罐	油罐直径的3/4，不超过60m	油罐直径的1/2，不超过60m	油罐直径的3/4，不小于25m，不超过60m
储存低闪点原料的固定顶罐	油罐直径	油罐直径的1/2	油罐直径，不小于30m
储存原油原料的浮顶罐	油罐直径的3/4，不超过60m	不允许	
储存原油原料的固定顶罐	油罐直径的1.5倍(不允许配对)	不允许	
储存高闪点原料的任何油罐	油罐直径的1/2，不超过60m	油罐直径的1/2，不超过60m；如果满足以下所有要求，则闭口闪点高于93℃的成品库存应以最小间距2m隔开： ① 原料在常温下储存，如果需要加热，则温度不高于93℃且距离其闪点在10℃以内； ② 不是直接从工艺装置获得的原料，苛刻的条件会降低其闪点，使得低于第①项中的极限值； ③ 在同一组中没有储存低闪点原料的油罐 油罐直径的1/2，不超过60m；如果满足以下所有要求，则闭口闪点为55℃或更高温度但低于93℃的成品库存，应以油罐直径的1/6的距离隔开(一个油罐直径小于相邻油罐1/2直径的情况除外，两个油罐之间的距离不应小于较小油罐直径的1/2)： ① 油罐之间的最小间距为2m； ② 原料加热温度不高于93℃且距离原料闪点在10℃以内； ③ 企业的总储存容量不超过15900m^3(100000 bbl)，并且没有油罐； ④ 不是直接从工艺装置获得的原料，苛刻的条件会降低其闪点，使得低于第②项中的极限值	油罐直径的1/2，不小于15m，不超过60m

① 高闪点和低闪点油罐组间的间距应取决于低闪点标准。油罐壳体与外围堤坝或矮墙之间的最小间距应为3m。

表3.14 无冷却压力储存容器/桶与其他设施边界的邻近距离

边界线和其他设施	球形或球体储罐和桶的最小间距
与依赖于高速公路、主干铁路和海边集合管进行开发或建设的土地邻近的地界线	60m(任何地点的边界线或设施与储存罐周围的外围堤防墙中心线之间的距离不应少于30m)
高使用率的建筑(办公室、商店、实验室、仓库等)	60m(任何地点的边界线或设施与储存罐周围的外围堤防墙中心线之间的距离不应少于30m)
最近的工艺设备或公共设施(或者严格的布局不可用的情况下的最近工艺设备)	60m(任何地点的边界线或设施与储存罐周围的外围堤防墙中心线之间的距离不应少于30m)
冷藏设施	油罐直径的3/4，不小于30m，不超过60m
常压储罐(原料闭口闪点为55℃或低于55℃)	油罐直径，不小于30m，不超过60m
常压储罐(原料闭口闪点高于55℃)	油罐直径的1/2，不小于30m，不超过45m

3.10 LPG设施布局

以下规范适用于地上LPG储存设施的布局：

① 容器应按组进行安排，每组最多6个容器。每组的容量应限制在15000m^3以内。每组应设有一个侧墙。

② 一组中的任意一个容器应距离另一组中的任意容器最少30m。

③ 球形和卧式容器应作为单独的一组，两组之间应有30m的间隔距离。

④ 卧式容器的纵轴线不应指向其他容器、重要的工艺装置和操控室。

⑤ 储存容器应位于工艺装置、重要建筑物和设施的下风侧。

⑥ LPG储罐不应位于有其他液态烃储存的同一个堤坝中。

⑦ 对于球形和卧式储存容器，应以单排布局。不应将一个储罐堆叠到另一个储罐之上。

⑧ 泄漏收集浅水池应位于油池火的火焰不会影响容器的地方。

⑨ 储罐的侧墙最小高度应为0.3m，但在浅水池的地方不应超过0.6m，否则泄漏的LPG的蒸发会受到影响。

3.10.1 LPG灌装设备

① LPG灌装设备应与其他设施保持安全距离，设有货车运输的最小入口，并在下风侧储存。

② 在周围区域不应有任何深沟，以防止LPG沉积。

③ 在堆放区中，空的和装满的储罐应单独放置。储罐应直立堆放。灌装机和试验设备应放置在单独的一个区域并严格地以顺序方式放置。

④ 装满LPG的储罐不应安放在含有其他气体或危险物质的储罐附近。

⑤ 货车运输应流畅，以避免装卸罐时发生阻塞/障碍。

3.10.2 散装搬运设施

LPG卡车装载/卸载起重机架应位于单独的一块区域内，并且不应与其他石油产品分为一组。一组中的LPG油罐车托架的最大数量应限制在8个。托架应以驾驶室朝向出口方向且无障碍的方式设计。

LPG铁路装载/卸载起重机架应位于单独的铁路岔口，并且不应与其他石油产品分为一组。

LPG铁路装载/卸载最大应限制为半角。全角装载/卸载应采用最小距离为50m的两个单独的铁路起重机架进行操作。

图3.9给出了一个LPG储罐布局和防火区所占空间的例子，同时也展示了API 2218和API 2510标准的相关规定。

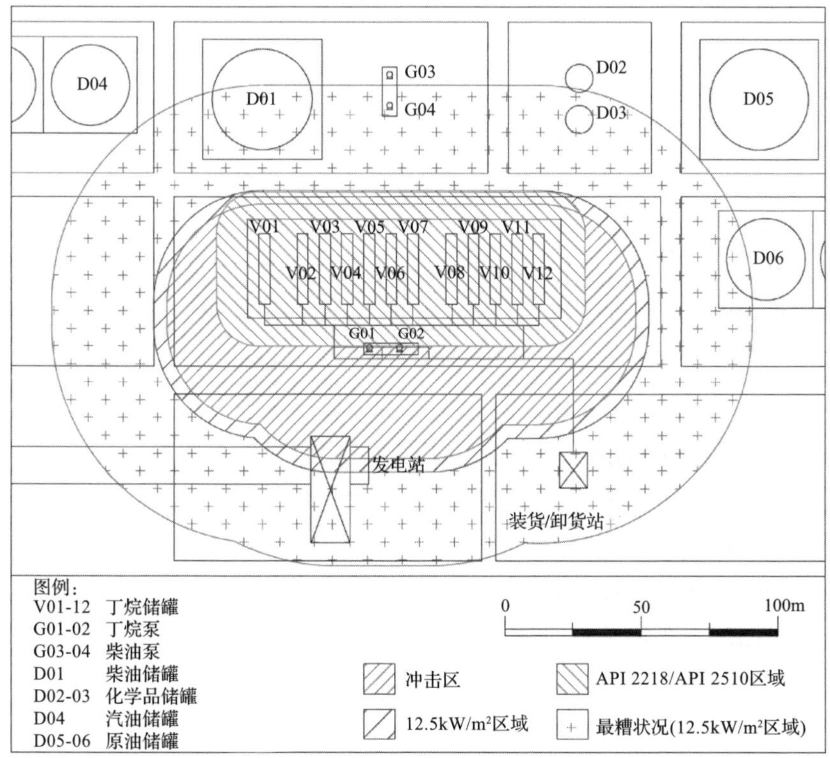

图3.9 一个LPG储罐布局和防火区所占空间的例子

(转载自Journal of Hazardousmaterials, 191, A. Di Padova et al., Identification of fireproofing zones in oil and gas facilities by a risk-based procedure, 83–93, Copyright 2011, 由Elsevier授权许可)

以下数据展示了设备表面间的典型距离，以及在详细规划阶段中以管道布局为基础所必须进行调整的间隙：

3.10.2.1 单个设备之间的距离

① 排与排，3m。

② 桶与桶，2m。

③ 交换器外壳与交换器外壳，1m。

④ 泵与泵(地基)，对于3.7kW及功率稍大的小型泵，在一般地基上拥有合适的中心距；对于22.5 kW及功率稍小的中型泵，1m；对于高于22.5 kW的大型泵，1.5m。

3.10.2.2 设备与其他边界和设施的距离

① 交换器与其他设备之间应保持最小1m的畅通通道。

② 管廊与设备，6m(除了易燃材料泵)。

③ 管廊与建筑物，5m。

④ 泵的驱动端与卡车之间应保持3m通道(如果需要)。

3.11 设备布局和间距

以上所述不同区块/设施之间的最小间隔距离应依据表3.15的规定。需要注意的是，应结合所给附注阅读该表。

工艺装置中不同设备间的最小间隔距离见表3.16。需要注意的是，其中所推荐的距离应遵循可行的原则。在工艺装置中，设备间距可能会略有出入，以满足许可方或工程顾问所规定的要求，但是应满足表3.16附注中所规定的距离。

表3.17给出了大型装置中罐与场外设施之间的间隔距离。表3.18给出了堤坝内储罐之间的间隔距离。表3.19给出了小型装置中罐与场外设施之间的间隔距离。表3.20给出了LPG设施的间隔距离。表3.21给出了LPG储罐与边界线/建筑群(与LPG设施不相关)之间的间隔距离。

3.11.1 反应器

应为处理和储存催化剂(新鲜剂和待生剂)、化学药品、氢气、氮气等提供充足的空间(其中包括卡车通道)。通常，为了运输和处理这些货物，应充分利用各种移动设备。

3.11.2 塔

与工艺设备密切相关的塔(如架空冷凝器、架空接收器或再沸器)应相互临近放置。

塔的定位研究应考虑运输路线和安装程序。

应为装配和拆卸塔内部构件(如托盘除雾器)提供空间。

表3.15 区块/设施之间的间隔距离[1]

m

序号	来自或去到	1	2	3	4	5	6	7	8	9	10	11	12	13	14	15	16
1	工艺装置	酌情确定[2]	酌情确定[4]	30	30	30	60	90	45	45	60	45	30	60	60	30	90
2	工艺操控室[3]	酌情确定[4]	x	酌情确定[5]	酌情确定[6]	30	60	90	45	45	30	酌情确定[4]	x	30	15	30	30
3	储存罐，A级	30	酌情确定[5]	酌情确定[7]	酌情确定[7]	酌情确定[7]	30	90	30	30	60	(90)	30	T3	60	30	50
4	储存罐，B级	30	酌情确定[6]	酌情确定[7]	酌情确定[7]	酌情确定[7]	30	90	30	30	60	(90)	30	T3	30	30	50
5	储存罐，C级	30	30	酌情确定[7]	酌情确定[7]	酌情确定[7]	30	90	30	30	60	(90)	30	T3	30	30	50
6	加压储存：LPG/C_4、更轻的烃和H_2	60	60	30	30	30	T7	90	30	T6	90	(90)	30	T7	45	30	60
7	火炬[8]	90	90	90	90	90	90	90	90	90	90	90	90	90	90	90	90
8	批量装载石油、油品和润滑油(POL)(铁路/公路)	45	45	30	30	30	30	90	酌情确定[9]	酌情确定[10]	60	30	酌情确定[11]	T3	60	30	50
9	批量装载LPG(铁路/公路)	45	45	30	30	30	T6	90	酌情确定[10]	T6	90	(90)	T6	T6	60	30	50
10	消防站/急救中心	60	30	60	60	60	90	90	60	90	x	30	30	12	12	30	90
11	锅炉房/工艺装置加热器[12]	45	酌情确定[4]	(90)	(90)	(90)	(90)	90	30	(90)	30	x	15	50	30	30	酌情确定[13]
12	铁路岔道	30	x	30	30	30	30	90	酌情确定[11]	T6	30	15	x	30	6	15	50
13	装置边界墙	60	30	T3	T3	T3	T7	90	T3	T6	12	50	30	x	6	30	50
14	服务性建筑	60	15	60	30	30	45	90	60	60	12	30	6	6	x	30	50

续表

序号	来自或去到	1	2	3	4	5	6	7	8	9	10	11	12	13	14	15	16
15	冷却塔	30	30	30	30	30	30	90	30	30	30	30	15	30	30	x	15
16	API分离器/油泥坑	90	30	50	50	50	60	90	50	50	90	酌情确定⑬	50	50	50	15	x

① T表示所参考的表号，x表示构造或操作便利性的任意合适距离。所有距离都应从每个设备周边的最近点测量，除了在油罐车装载/卸载区域，间距应从最近的装卸区域的中心算起；括号中的数据是指从加热器(或锅炉、火炉、蒸馏装置)的外壳算起的距离。

② 考虑到6m宽的马路穿过中央，这里应为36m。马路边缘与装置边缘之间的距离不少于15m。

③ 建设类型应得到当地主管部门的允许。

④ 工艺操控室到工艺装置、锅炉室、加热器的最小间隔距离应为30m。对于附加到单个工艺装置、锅炉或加热器的操控室，最小的间隔距离应为16m。对于气体工艺装置，不论是一个或多个装置，最小间隔距离应为30m。

⑤ 无爆炸建筑应为60m，抗爆建筑应为30m。

⑥ 无爆炸建筑应为45m，抗爆建筑应为30m。

⑦ 位于两个堤坝中相距最近的两个油罐之间的间隔距离，应为较大油罐的直径或30m，通常取较大值。对于堤坝内的距离，应参考表3.17和表3.18。

⑧ 所指定的距离是针对架起的火炬。对于地面上的火炬，该距离应为150m。对于油气勘探和开发装置，应符合相关规程。

⑨ 油罐卡车起重机架与龙门起重机之间的间隔距离应为50m。

⑩ 间隔距离应为50m。但是，LPG罐卡车批量装载台与润滑油罐卡车批量装载台之间的间隔距离应为30m。

⑪ 油罐卡车起重机架与铁路岔口之间的间隔距离应为50m。

⑫ 仅仅考虑周边的块区/设施时，工艺装置的锅炉室或加热器应视为一个单独的部分。但是，如果加热器在一个工艺装置中是一个相对完整的工艺单元的话，那么在这种情况下，设备间的距离应与表3.16的要求一致。

⑬ 集中(普通)的API分离器、波纹板拦截器(CPI)\油分离器应在相同的风险下分类，并且应与加热器/锅炉保持90m的距离。但是，如果这些设备顶部有苫盖，并且安全区域有充足的通风，最小的间隔距离可缩小到30m。

表3.16 工艺装置中不同设备间的最小间隔距离①

m

序号	来自或去到	1	2	3	4	5	6	7	8	9	10	11	12	13	14	15	16
1	火焰加热器/任意消防器材	x	15	15	15	22	15	15	20	15	15	15	x	18	6	30	15
2	反应器	15	2	2	6	8	7	15	7	7	4	3	15	3	3	15	3
3	蒸馏塔	15	2	3	4	7	5	15	5	5	2	3	15	3	3	15	3
4	蒸气储存器(烃介质)	15	6	4	2	8	5	15	4	4	2	3	15	3	3	15	3
5	压缩机(烃介质)	22	8	7	8	3	7	15	7	7	7	7	15	4	3	20	7
6	热油泵	15	7	5	7	7	1	7	1	1	2	2	15	3	x	15	x
7	燃料油/烃日供应罐	15	15	15	15	15	7	T–5	15	15	15	15	15	15	x	15	15
8	A类和超过燃点的泵	20	7	4	7	7	1	15	1	1	2	2	15	3	x	15	x
9	其他烃的泵	15	7	5	4	7	1	15	1	1	2	2	15	3	x	15	x
10	热交换器	15	4	2	2	7	2	15	2	2	2	2	15	2	2	15	x
11	翅片管冷凝器(烃介质)	15	3	3	3	7	2	15	2	2	2	x	15	2	x	15	2
12	火焰加热器/本地控制盘	x	15	15	15	15	15	15	15	15	15	15	x	10	x	15	5
13	压力容器/烃储罐	18	5	3	3	3	3	3	3	3	2	2	10	2	3	15	2
14	主管道架	6	3	3	3	3	x	x	x	x	2	x	x	3	x	15	x
15	排污设施、桶、泵、通风竖管	30	15	15	15	15	15	15	15	15	15	15	15	15	15	x	15
16	主体建筑/技术平台	15	3	3	3	3	x	x	x	x	x	x	5	2	x	15	x

① x表示根据良好的工程实践，可满足施工、操作和维护要求的适当距离。此表中指定的距离是推荐的行业通行的最短距离。这些距离可以适当修改，以适应空间约束和满足相关的工程要求(以下情况除外：排污设施(露天型)或油捕集器与加热炉或任何用火设备之间的距离不小于30m)。如果排污罐位于地下，油捕集器有苫盖并排泄到安全的位置，最小间距必须达到15m；除非是换热器、泵这些与燃油系统直接连接的设备，燃料油日间储存罐与设备之间的距离不小于15m。消火栓/监测仪表与被保护的设备之间应至少保持15m的距离。水喷雾雨淋阀与烃处理装置之间应至少保持15m的距离。燃料气的气–液分离罐与加热器之间应至少保持15m的距离。在其他标准或本书中其他地方(非此表)所规定的距离也推荐遵照执行。

表3.17 储罐与厂区外设施(大型装置)之间的距离[①]

m

序 号	罐和装置	1	2	3	4	5	6	7	8	9
1	A类/B类石油储罐	T4	T4	15	15	15	15	8	15	0.5D(最小20m)
2	C类石油储罐	T4	x	15	x	8	x	x	x	0.5D(最小20m)
3	A类/B类石油储存/灌装棚	15	15	x	8	15	15	8	15	15
4	C类石油储存/灌装棚	15	x	8	x	8	x	x	x	10
5	A类/B类石油灌装/卸载车	15	15	15	8	x	x	8	15	20
6	C类石油灌装/卸载车	15	x	15	x	x	x	x	x	10
7	防爆电动机	8	x	8	x	8	x	x	x	x
8	无防爆电动机	15	x	15	x	15	x	8	8	x
9	边界墙	0.5D(最小20m)	0.5D(最小20m)	15	10	20	10	x	x	x

① x表示根据良好的工程实践，可满足施工、操作和维护要求的适当距离。D、d分别代表较大储罐和较小储罐的直径。给出的距离是指同一排内外壳与外壳之间的距离。测量的距离应该是两个装置外侧边界最近两点之间的距离(除了油罐车辆装卸区，是以每个设施的中心点为测量点来测量距离)。对于不同组合的储罐，考虑到应用方式的严格要求，应考虑最小间隔距离。对边界墙到储罐的距离有要求的场合主要有：有防接触保护的浮顶油罐；带有脆性顶连接并包含泡沫或惰化系统的储罐(罐直径不超过50m)。此表中没有提及的有关设施，请参阅表3.15。

表3.18 建筑防护内的储罐的间距[①]

m

序 号	项 目	浮顶罐(A类和B类)	固定顶罐(A类和B类)	C类石油储罐
1	直径不大于50m的罐	$(D+d)/4$(最小10m)	$(D+d)/4$(最小10m)	$(D+d)/6$(最小6m)
2	直径超过50m的罐	$(D+d)/4$	$(D+d)/3$	$(D+d)/4$

① x表示根据良好的工程实践，可满足施工、操作和维护要求的适当距离。D、d分别代表较大储罐和较小储罐的直径。给出的距离指同一排内外壳与外壳之间的距离。对于不同组合的储罐，考虑到应用方式的严格要求，应考虑最小间隔距离。对边界墙到储罐的距离有要求的场合主要有：有防接触保护的浮顶油罐；带有脆性顶连接并包含泡沫或惰化系统的储罐(罐直径不超过50m)。

表3.19 油罐同厂外设施的距离(小型安装)①

m

序号	装置	1	2	3	4	5	6	7	8	9	10	11	12	13
1	A类石油储罐	0.5*D*	0.5*D*	0.5*D*/6	9	9	9	15	15	15	3	15	15	15
2	B类石油储罐	0.5*D*	0.5*D*	0.5*D*/6	9	0.5*D*	0.5*D*	9	4.5	4.5	3	4.5	*D*(最小4.5m)	D(最小4.5m)
3	C类石油储罐	0.5*D*/6	0.5*D*/6	x	9	0.5*D*	x	9	4.5	x	x	x	0.5*D*(最小3.0m)	0.5*D*(最小3.0m)
4	A类石油储存/灌装棚	9	9	9	x	4.5	6	9	9	9	3	9	9	9
5	B类石油储存/灌装棚	9	0.5*D*	0.5*D*	4.5	x	1.5	9	4.5	4.5	1.5	4.5	4.5	4.5
6	C类石油储存/灌装棚	9	0.5*D*	x	6	1.5	x	9	4.5	x	x	x	3	3
7	A类石油灌装/卸载车	15	9	9	9	9	9	x	9	9	3	9	9	9
8	B类石油灌装/卸载车	15	4.5	4.5	9	4.5	4.5	9	x	4.5	1.5	4.5	4.5	4.5
9	C类石油灌装/卸载车	15	4.5	x	9	4.5	x	9	4.5	x	x	x	3	3
10	防爆电动机	3	3	x	3	1.5	x	3	1.5	x	x	3	x	x
11	无防爆电动机	15	4.5	x	9	4.5	x	9	4.5	x	3	x	x	x
12	办公楼、储仓库、便利设施	15	*D*(最小4.5m)	0.5*D*(最小3.0m)	9	4.5	3	9	4.5	3	x	x	x	x
13	边界墙	15	*D*(最小4.5m)	0.5*D*(最小3.0m)	9	4.5	3	9	4.5	3	x	x	x	x

① 表中指定了最低要求。x表示根据良好的工程实践，可满足施工、操作和维护要求的适当距离。*D*表示较大储罐的直径。给出的距离是指同一排内外壳与外壳之间的距离。在指定备用距离(例如0.5*D*/6m)的地方，应使用其最小值。测量的距离应该是两个装置外侧边界最近两点之间的距离(除了油罐车辆装卸区，是以每个设施的中心点为测量点来测量距离)。液态烃处理管道设施的清管器发送筒/接收器应距边界至少5m。

表3.20 液化石油气设施的间隔距离[①]

m

		1	2	3	4	5	6	7	8
1	液化石油气储存罐	酌情确定[②]	T7	30	30	50	30	15	60
2	边界墙	T7	x	30	30	50	30	30	x
3	与液化石油气车间不相关的建筑群	30	30	15	30	50	30	15	60
4	油罐车的装卸平台	30	30	30	30	50	50	30	60
5	拖罐车平台	50	50	50	50	50	50	30	60
6	铁路岔道	30	30	30	50	50	50	30	60
7	液化石油气泵/压缩机房	15	30	15	30	30	30	x	60
8	消防水泵房	60	x	60	60	60	60	60	x

① 适用于总存储超过100t的装置。x表示根据良好的工程实践，可满足施工、操作和维护要求的适当距离。T7表示表3.21规定的值。停车线的距离应以铁路标准为准。

② 2m、邻近管道总长度的1/4、两条相邻管道中直径较大的那个管道的直径的一半，取三者中较大的数值。

表3.21 液化石油气储罐与边界墙或与液化石油气车间不相关的建筑群的间距[①]

储罐容积/(m^3水)	10~20	21~40	41~350	351~450	451~750	751~3800
距离/m	15	20	30	40	60	90

① 停车线的距离应以铁路标准为准。

在安装了两座或更多座塔的地方，除了那些可能会分组和对齐垂直于管架的小直径塔以外，其他塔的中心线应与管架平行对齐。

塔和罐应根据中心线排列。

处理量超过30L/d的独立的塔，可能需要安装支持结构。因此，关于这种塔，主管设备设计的工程师在开始设计之前应向业主进行确认。

3.11.3 燃烧设备

燃烧炉和锅炉应位于工厂的迎风侧，以避免接触到可能泄漏的可燃气体(轻烃)。

基于实用、经济方面考虑，单独的燃烧设备最好组合在一起，并且应采用常见的烟囱。独立的气流调节器或适当的栅栏应单独布置在烟囱附近。

加热器应靠近工艺区域边缘，而不是位于区域的中心。这为维护提供了更多可利用的空间，并有助于使它们与其他设备隔离。在很多地方必须设有较高的烟囱。而基于高成本和最小尺寸考虑，所有加热器可共用一个高大的烟囱，并且必须位于一块区域或至少处在一个集群中。这是影响布局的主要因素，必须优先考虑。

管道区域不应与任何主要道路或其他工艺装置冲突。

好的排水系统应设在燃烧器周围和下方，以便任何液体泄漏可以安全排泄。

燃烧器可置于危险源周围15m的范围内，这取决于工艺设计要求。

3.11.4 换热器

换热器应靠近相关的容器或设备，而诸如底部冷却器等设备可远离容器放置。

基于便于相连的考虑，换热器外壳之间、换热器与主要设备之间在任何方向上的水平间距最低为1.0m。

对于装有很多换热器的地方，作为一项规则，它们的通道喷嘴中心线应对齐。

换热器周围的管道、高温高压的相关设备应具有充分的弹性来应对热应力。

换热器周围间隙应足以允许进行安全安装和拆卸螺栓，并且能拉出换热管束。

在广泛应用空气散热片的地方，它们实际上可能决定装置的长度。空气散热片不应靠近加热器。

当空冷式换热器安装在管架或结构上时，必须留出足够的空间用于维护。

应注意防止从高温设备出来的高温空气被吸入到空冷器中，这是因为空冷器是基于环境温度进行设计的。

同一装置的空冷器都应该位于同一高度上，空冷器之间的距离较大，相互之间就不会产生影响。

热虹吸管再沸器应位于相关的容器旁。

3.11.5 容器和罐

原则上，容器和罐应该与主要的相关设备尽量靠近。

当水平罐靠近管廊时，罐的中心线与管廊应呈一个正确的角度。

对于毗邻垂直设备的垂直罐，其中心线应与垂直装置的中心线对齐。

关于罐间距的规定请参阅图3.6和表3.8。

3.11.6 泵

在可行的情况下，泵应尽量坐落在一起，以便于操作和维护。泵应位于吸油管路很短的位置上。

泵一般应排列为一行或多行，并位于管架之下或毗邻管架。电动机应该面对管架的中心。

有些泵，诸如减压塔底泵可能靠近它们吸取的设备，并不符合9.5.6.3小节的规定。

泵组之间的过道最少保证3m宽(无杂物)。

对于泵基底间距离要求0.5~1.0m的情况，泵中心之间的距离要求为2m(1.5~3.0m范围是可以接受的)。

小化工泵以及内联和注射泵的位置遵照上述最低要求。

在可行的情况下，泵房间距应依据石油、天然气加工厂的具体情况，遵照表3.3~表3.9的相关规定。

3.11.7 压缩机

当有几个大型压缩机在一个单元装置时，如果将其置于一个区域中，那么运行和维护较为经济。

对于压缩机定位，应考虑与其相关的周边设备发生主要机械故障的可能性。

对于消防通道建设，必须至少可从两边到达建筑。

关联的中间冷却器、分离罐等可以位于压缩机区域，前提是它们不会妨碍消防和维护的通道。

主要设备及压缩机等大型资产投资应免受涉及其他设备火灾的影响。

压缩机应毗邻易于维护的通道。

应该在同一平面上为压缩机周围的各种管道和压缩机辅助设备(如吸鼓和中间冷却器的压缩机)提供空间。

压缩机应位于能使吸入端压力降最小的地方。

压缩机应尽量靠近控制室和变电所，这是因为压缩机需要配备大量的电气元件和仪表布线。

压缩机周围应提供足够的空间，以便于维护。

3.11.8 存储容器/储罐

存储容器/储罐的位置、布局和间距应遵照下列强制性要求：

容器应该位于允许通过空气的自由流通达到蒸气最大耗散的地方。应考虑到地面的轮廓和其他障碍对其空气流通的影响。

容器应该以行的方式布置且不超过两行。每个容器应与公路或进、出通道相邻。

必须提供消防用水系统，否则实行更严格的要求。

容器与边界或容器与其他设施之间的最小间距遵照表3.11中的相关规定和(或)最新版本的《NFPA 30 Flammable and Combustible Code》的规定。

应通过堤防设施来控制漏油事件，其间距规定为：圆顶罐为一倍容器直径；球罐或类球罐为容器直径的3/4；圆顶罐和球罐或类球罐为一倍容器直径。

设计压力为 20kPa或含少量易燃和可燃液体的常压储罐应遵照下列要求：

① 储存原油或低闪点油品的储罐应该远离生产装置、界址线和其他人员活动频繁的地区。

② 在适用的情况下，常压储罐与边界或常压储罐与其他设施的最小间距应遵照表3.12和/或表3.15~表3.17的规定。

③ 储存原油或低闪点油品的储罐应该按行布置且不超过两行。每个储罐应该相邻一条道路或通道。

④ 高闪点油品储罐应该按行布置且不超过三行。所有的储罐与道路和通道的距离不应超过一行的距离。

⑤ 在适用的情况下，常压储罐的最小间距应遵照表3.13和/或表3.14~表3.18的相关规定。

应设有堤防附属设施，以应对设计压力为20kPa或含有较多易燃液体和液化压缩气体的无冷却压力储罐的泄漏控制。

容器应该位于允许通过空气的自由流通达到蒸气最大耗散的地方。应考虑到地面的轮廓和其他障碍对其空气流通的影响。

球罐和类球罐应该按行布置且不超过两行。每个容器至少有一侧应相邻一条道路或通道。

容器之间或容器与边界之间的最小间距应遵照表3.10的规定，前提条件是不与表3.15~表3.18的规定冲突。

低压(LP)气体压力储罐可不必提供溢堤。然而，每个容器之间必须有0.6m高的分隔墙。这种分隔墙不能完全封闭。LP气体储罐的位置应遵照最新版本的《NFPA 59 Liquefied Petroleum Gases at Utility Gas Plant》的规定。

压力存储容器之间的间距应遵照下列要求：任何两个球罐和类球罐之间不小于容器直径的3/4；任何两个罐的外壳之间不小于一个外壳直径。

3.12 管道布局

在布局图中，所有的设备和管道都应标明或说明。布局应按规定比例完成。

管道应根据管道和仪表图以及设计规范选择路径。

管道路径应考虑便利、易于架设和维护，并且要求外观一致。这些要求应考虑到经济性。

管道布局应分组并尽可能高架。消防水和下水道系统应该埋在地下。应合理安排所有管道，避免或尽量减少气体和液体沉积，除了管道和仪表图上已注明的情况。

管道布局应允许正常弯曲和偏移量来应对热膨胀。如果做不到，应提供膨胀环或其他手段来适应热膨胀。除非指定要求，否则不使用壕沟。

仪器空气、蒸汽和冷却水供给集管外的所有支管线，应从集管的顶部出去。

通道区域上方的架空间隙应在2.2m以上。地下管道之间的明显间隙至少为300mm。地面以上空隙是正常法兰到裸露管(或绝缘)的距离再加25mm。

对于运行的排水渠而言，从排水阀排水应该是可见的。

未保温的管道应直接假设在支架上。绝热管应设置100mm(约4in)“T型”杆支撑。如果绝缘层厚度大于100mm，那么应调整支撑杆的高度。

3.13 综合性布局和间隔

综合性区域应设在工艺区附近。综合性区域应方便进入，并为所有设备提供足够大的工作区域，以便于维护。

冷却水塔应位于尽可能少限制空气自由流动和远离受风或雾影响可能产生问题的地区。

供应工艺加热器和锅炉的循环式燃油系统(包括储罐和循环泵)通常位于综合性区域一角。储罐应该被围起来。

所有锅炉应都组合在一起，至少预留一个新设锅炉所占的空间。所有锅炉辅助设备，诸如除氧器、给水泵、冲刷罐和化学物料系统应该位于锅炉周围。必须考虑每个锅炉的单一堆栈或一个共同堆栈。

工厂和仪表用的空气压缩机(包括烘干机)应位于综合性区域。电气系统的开关设备应放置在一个封闭的建筑内，并应位于综合性区域内。石油、天然气加工厂(OGP)附属的变电站和场外设施通常应位于工艺区域。

应提供设有仪表控制台的公用设施控制室，用于控制公用设施的运行。

原水存储和消防泵应毗邻锅炉或冷却水塔，通常取更经济的布置方式。

为工厂的主要装置提供蒸汽和电力的关键设施，应免受加工烃类产品的设备可能发生火灾或爆炸的危险。

3.14 厂区外设施

包括储存设施和装卸设施的大量设施，应位于工厂外的地区。

3.14.1 油罐区

罐区应该与工艺区和生产区相邻。产品储罐应位于背风面，最好是处于车间尾部的下坡。

产品储罐应位于同一水平面上，以便其纵向上不与建筑物和工厂设备在一平面。应尽量减少使储罐暴露于潜在的火灾源。

地面以上存储包含高度危险、易燃、可燃液体的储存容器/罐与其他设施边界的最小距离，应符合通用标准的规定要求。

液化石油气储存通常不需要堤坝，应分级设置通向安全地区的沟渠。

堤坝区域周围应为消防、维护和所需的管路提供充足的区域。堤坝内储罐数量、堤坝内的空间及堤坝容积应符合石油保险协会(OIA)标准的要求(见表3.7~表3.10)。

输送泵应分组设在一个或多个地点，位于堤坝的外部，并且要求提供最小限度的苫盖。泵位置的数量应尽可能少。在一般情况下，罐区内的管道应在道路和罐区堤坝之间的枕木上运行。

图3.10展示了典型的原油储罐的布置图。

图3.10 原油储油罐排列布局

3.14.2 装卸设备

罐车和铁路罐车的主要装卸架应合并在一起，并尽可能地靠近厂区和大门，以便尽可能地减少厂区内的交通量，避免高风险地区的出现。

应为装货设施提供足够的空间和道路，以便于卡车安全操作和停车。铁路装载和卸载区域必须允许油罐车的停车和分流。

在发生火灾时，应允许蒸气逸散和液体外溢，以尽量减小火灾对其他设备的损害。装载易燃和可燃液体的卡车和铁路的装卸架，应与工艺装置和其他设施保持至少30m的距离，以避免工艺区域附近有运输工具通过。

LP天然气卡车和铁路的装卸架应与工艺装置、他类型的卡车装载架以及常压或压力储罐保持至少75m、30m和60m的距离。

处理易燃液体的码头应与工艺装置保持至少60m的距离，与火焰加热器或其他连续暴露的点火源至少保持75m的距离。

在卡车通行道路外，应为等待装载的卡车提供充足的停车区域。如果需要设置称量卡车的电子磅秤，那么电子磅秤应靠近入口，以便卡车在进入或者离开厂区时进行称量。

3.14.3 火炬系统

如果需要设置用来燃烧工艺装置可燃副产品(气体或蒸气)的火炬，那么火炬与最近的相邻设备之间需要预留足够的空间，以使辐射热通量低于允许的限度。

火炬塔架应远离厂区和工艺设施进行设置，最好位于要求有连续操作岗位的区域的下风向。

火炬塔架应与其他设施至少保持90m的距离。

火炬塔架周围应该有完全空旷的区域。这个区域的面积大小主要取决于热辐射强度，而热辐射强度取决于火焰高度和释放热量。

火焰分离泵、抽汽泵和火炬点火系统应该位于空地区域外围。

从工艺设备到火炬的间距取决于火炬塔架的高度、处理量[lb/h(1lb≈0.454kg，下同)]和在设备位置上允许接受的热辐射强度。火炬所处位置的海拔高度应该比工艺区域低，应限制烃类物质残留量，并且应与含有烃类的设备至少保持60m的距离。此外，必须考虑可能有人员出现和公众能够自由出入的地方。

3.15 废物处理设施

废物处理区的首选位置应该位于炼油装置或其他装置的低点处，以确保来自所有区域废物能重力流动。

废物处理区应远离工艺和公用设施区域，并且允许在未来进行扩建。

该地区的布局必须便于车辆进入，以便进行维护。

处理烃类的污水分离器应距离处理易燃液体的工艺装置至少30m，并且距离加热器或其他连续的点火源至少60m。污水分离器应优先位于工艺设备和储罐的下坡地。

3.16 应急停止系统

3.16.1 气体和生产线控制阀

在紧急情况下，如果没有设置关闭阀来确保工艺区内的管道可以与主气线隔离和减压，则高压气体管路不应穿过工艺区域，或在重要建筑物和设备周围30m的范围内穿过。然而，可能不需要广泛使用关闭阀，因为如果要避免不必要的停车，系统复杂性会增大，会要求提供更高程度的预防性维护。关闭阀，有时被称为隔离阀，应在进、出工厂的所有气体和产品管道上安装。在工厂入口与排放线之间可能需要设置一个装有普通关闭阀的旁路管线。

所有的隔离阀和旁路阀与工厂生产设备的任何部分之间的最小距离应不小于75m，但不超过150m。应注意这些阀门的安装位置，以便保护它们不会被厂区设备或车辆交通损坏。

3.16.2 紧急停车站

应提供至少两个远程紧急停车站，相距至少75m的距离。启动点应距离压缩机房和高压气体线路至少30m。根据工厂的规模和复杂性，可能需要两个以上的停车站。至少有一个启动站应位于控制室。它应该鲜明标记并配备标志，并说明在紧急情况下启动的方法。

3.17 排污桶

排污桶用于紧急情况下的液体收集。当提供有合适的卸压系统和火炬时，通常不会设置排污桶。在使用排污桶时，排污桶应与工艺装置界区至少保持30m的距离，与储罐和其他炼厂设施至少保持60m的距离。

3.18 消防训练区

消防培训区在使用时是点火源。由于产生烟气，它们也可能会对炼油厂及周边设施产生干扰。消防培训区应与工艺装置界区、主控制室、消防泵、冷却塔和所有类型的储罐至少保持60m的距离。它们也应该与民宅、行政建筑、商用建筑物和主变电站至少保持75m的距离。

3.19 四乙基铅混合厂

四乙基铅(TEL)调合厂应与处理易燃液体的工艺设备至少保持30m的距离，与火加热器或其他连续暴露的点火源至少保持45m的距离。此外，还应注意减少任何易燃液体在四乙基铅调合厂的排放。

参考文献

API (American Petroleum Institute) RP-500, A Recommended Practice for Classification of Location for Electrical Installation in Petroleum Refineries, Fourth Edition, January 1982. API Std. 620, On Large, Welded, Low Pressure Storage Tanks; API Std. 650: On Welded Steel Tanks for Oil Storage.

ASCE (American Society of Civil Engineers)minimum Design Loads for Structures.

ASME (American Society of Mechanical Engineers) Boilers and Pressure Vessel Codes: Section I, Power Boilers; Section VIII, Pressure Vessels.

Di Padova, A., Tugnoli, A., Cozzani, V. and Barbaresit, T.F. 2011. Identification of fireproofing zones in oil and gas facilities by a risk-based procedure, Journal of Hazardous Materials 191, 83–93.

NFPA 30. 2000. Flammable and Combustible Liquids Code, National Fire Protection Association, Quincy, MA.

Tugnoli, A., Cozzani, V., Di Padova, A., Barbaresi, T. and Tallone, F. 2012. Mitigation of fire damage and escalation by fireproofing: A risk-based strategy, Reliability Engineering and System Safety 105, 25–35.

延伸阅读

American Insurance Association. 1968. Hazard Survey of the Chemical and Allied Industries, Technical Survey No. 3, 1968, New York.

API RP 521. 1982. Guide for Pressure-Relieving and Depressurizing Systems, American Petroleum Institute, Washington, DC.

API RP 752. 1995. Management of Hazards Associated with Location of Process Plant Buildings, American Petroleum Institute, Washington, DC.

Chiu, C.-H. 2007. Design considerations for offshore liquefaction process facility, 2007 AIChE Spring National Meeting. Houston, TX, April 22–27, 2007.

Dreux, M.S. 2004. Defending OSHA facility siting citations, Center for Chemical Process Safety, 19th Annual International Conference—Emergency Planning Preparedness, Prevention and Response, pp. 385–388.

Elgamel, M.A. and Bayoumi, M.A. 2003. An efficientminimum area spacing algorithm for noise reduction, Proceedings of the IEEE International Conference on Electronics, Circuits, and Systems 2, No. 301923, pp. 862–865.

House, F.F. 1969. An Engineer's Guide To Process-Plant Layout, Chemical Engineering, McGraw Hill, New York.

Jalnapurkar, K.M. and Amale, P.D. 2001. Plant layout doing it economically, Chemical Engineering World 36 (9), 39–41.

NFPA 58. 2001. Liquefied Natural Gas, National Fire Protection Association, Quincy, MA.

NFPA 496. 1998. Purged and Pressurized Enclosures for Electrical Equipment in Hazardous (Classified) Locations, National Fire Protection Association, Quincy, MA.

Onodera, H., Sakamoto, M., Kurihara, T. and Tamaru, K. 1989. Step by step placement strategies for building block layout, Proceedings—IEEE International Symposium on Circuits and Systems 2, pp. 921–926.

Simon, A., Pret, J.-C. and Johnson, A.P. 1997. A fast algorithm for bottom-up document layout analysis, IEEE Transactions on Pattern Analysis and Machine Intelligence 19 (3), 273–277.

Taylor, D.W. 2007. The role of consequence modeling in LNG facility siting, Journal of Hazardous Materials 142 (3), 776–785.

Yamakoshi, K., Watanabe, T., Takei, Y. and Sawada, H. 1997. Layout technique, NTT R and D 46 (10), 1071–1077.

第4章 火灾报警系统和自动检测器

4.1 引言

消防中的一个关键方面是及时确定发展中的火灾紧急情况，并及时通知建筑物的使用者和消防部门。这是消防和报警系统的作用。

根据预期的火灾场景、建筑的利用类型、居住者数量、居住者构成以及内容和任务的重要程度，这些系统可以提供以下几项主要功能。

首先，它们通过手动或自动的方法来确定一场发展中的火灾；其次，它们会向大楼内的人员发出消防情况的警报和通知是否需要疏散。

另一个常见功能是向消防部门或其他应急响应组织传递报警通知信号。它们也能关闭电器和空气处理设备或特殊过程的操作，并启动自动灭火系统。这一章将描述火灾探测和报警系统的基本原理和应用。

对发展中的火灾的早期检测以及对操作人员和消防人员的早期预警，在火灾防护的基本概念中已经形成一个重要的共识。当需要立即采取行动时(例如产品在处理时泄漏到大气中可能引起自燃)，自动检测是至关重要的。

典型的例子主要包括燃气涡轮机的密闭隔间、内浮顶储罐的密闭区域、计算机房、控制室和材料储存室。本章提供了适用于石油、天然气和化工装置的火灾和气体检测的设计和工程的一般准则。

4.2 一般原则

装置中的火灾和气体检测系统(FGDS)能够检测到逃逸的烃类气体，以及在尽可能早的阶段发现任何火灾，以便在局势失控前可以采取保护措施。

该系统包括一个连接到中央面板的战略定位传感器。集中式的报警和控制系统应安装在产品运输过程中的特定区域、码头的控制室、建筑入口等指定的控制中心。从属显示器应安装在其他可以知道火灾发生的位置，例如一般控制中心、消防站或炼油装置和其他装置的入口处。

从属显示器应该安装在全天24h有人的地方。

显示系统应该包括所有的可燃气体、火、烟的报警检测和消防系统。

应安装报警警笛，按动按钮和火灾检测系统能自动激活其声音。警笛声应在静止的空气中至少有1.5km的传播范围。

所有位于室外和封闭危险区域的气体探测器和检测系统等设备，应至少满足第2章中区域Ⅱ(Division Ⅱ)的要求。

在天然气发电厂和离岸设施中，火灾和气体探测系统作为紧急支持系统的一部分，应满足第2章中区域Ⅱ的要求。

检测系统也应该接入应急电源系统，以便在失去主电源的24h内可以正常运行。

如果提供住宿和服务的建筑经常有人员活动，那么火灾报警和控制系统应设在消防站，否则应设在主控制中心。

4.3 工厂设备的警报和状态提示

虽然FGDS相关的安全措施都设计为全自动，但是向中央控制室(CCR)中人员展示系统状态是非常重要的。操作员能立即意识到检测也是至关重要的。如果在系统中出现故障，其应该能被检测到在系统中发生的具体位置。状态指示应借助于一种“模拟(mimic)”技术，即一种简化的装置指示设计，例如检测(火或气体)和各个不同区域的故障。在检测时，CCR中的指示也能使操作人员监督一连串事件发生的正确性。这可以用功能矩阵来实现，为每个区域指示不同的检测和人工呼叫以及不同安全措施的操作。CCR应该也可以通过手动方式激活这些安全措施。

火灾报警系统应由以下装置启动：

① 厂区、路旁、码头、装载站、油库等重要地点的手动开关(调用点)。

② 自动开关(例如自动喷水灭火系统以及建筑物中的烟和火灾探测器)。

4.4 建筑物、仓库的火灾探测和控制面板

包括仓库、住宿空间和服务空间在内的所有建筑物，应该设有火灾探测和报警系统。如果在工厂中没有设置消防站，那么在消防局或永久有人的位置应设有报警面板。系统应包括适当定位的手动报警装置以及与多区域报警面板结合的火和烟雾探测器。

4.4.1 手动火灾探测

手动火灾检测是最古老的检测方法。最简单的形式，即通过大声喊叫通知火灾危险警告。在建筑物中，一个人的声音不可能传遍整个结构区域，为此需要安装手动报警装置。一般的设计理念是将手动报警装置安放于沿逃生路径中伸手可及的地点。基于这个原因，通常可以在走廊和房间出口附近发现它们。

手动报警装置主要优点是在发现火灾时，它们能给居住者提供易于识别的方式，以激活建筑火灾报警系统。报警系统可以代替大声喊叫的人的声音。它们同时又是简单的设备，当大厦有人时，它们是高度可靠的。手动报警装置的主要缺点是

在没有人时，它们不会工作。它们也可能被恶意报警激活。尽管如此，它们仍然是任何火灾报警系统的重要组成部分。

手动报警装置应位于出口路线、楼梯口、通向户外的出口，以及取决于建筑布局的其他区域。一个人到达报警装置的距离不应超过30m。建筑的布局显然可以使这个距离很小。手动呼叫装置的标准高度应距地面1.4m。在一般情况下，安装方式应便于发现。如果它们是半埋式的，必须具有清晰可见的侧面。

4.4.2 热探测器

高温或热探测器通常被认为是最古老的自动检测装置。这种探测器起源于19世纪中叶，有几种类型在今天仍在生产。其中，最常见的是固定温度的装置，当房间达到预定的温度(通常在57~74℃范围内)时开始运转。第二种最常见的热传感器是温升速率探测器，用于识别短时间内温度快速上升的异常情况。这些仪器都是点式探测器，这意味着它们定期固定在天花板或墙上。第三种探测器类型是固定温度线型探测器，由两条电缆和受热时会断裂的热绝缘的护套组成。与点式检测相比，线式检测的优势是能以更低的成本增大热传感密度。

热探测器是高度可靠的，并且对于不友好的操作具有良好的抵抗能力。它们的维护也是非常容易和廉价的。另一方面，直到房间温度达到一定温度时它们才会起作用，而此时火灾正在发生，损害程度呈指数级增长。因此，热能探测器通常不允许应用在保障生命安全的场合中。它们也不推荐安装在那些只有出现大量火焰才能发现火灾的地方，例如存放有高价值、热敏感物品的室内。

室内热探测器应用的最高上限高度应为7.5m。单个检测器的最大覆盖面积不应超过50m^2。在热探测器布局的设计中，应该考虑《BS 5839 Part 1》(1988年)的相关规定。

4.4.3 烟雾探测器

烟雾探测器是较新的技术，在1970年代和1980年代的住宅和生活安全应用中，获得了广泛的使用。顾名思义，这些设备的设计是为了识别只产生烟雾或火焰刚开始燃烧的起火状况，类似人类的嗅觉。最常见的烟雾探测器是沿着天花板或墙上较高位置放置的点式装置，类似于点式热感仪器。

它们的工作原理一般是基于电离效应或光电效应，每种原理类型在不同的应用场合中具有不同优势。对于开放空间画廊和门廊等场所，常用的烟雾探测器是光线投射装置。这种探测器由光发射机和接收器两部分组成，分别安装在相距达100m的地方。当烟雾穿过这两部分的中间时，传输的光束受到阻碍，接收器不能接收到完整的光束强度，此时会启动报警并将报警激活信号传送到火灾报警面板。

第三种类型的烟雾探测器是空气抽吸系统，已经广泛应用于极其敏感的场所。该装置包括两个主要组成部分：包含检测室、吸风机和操作电路的控制单元；采样管或管路网络。沿着管路方向的是一系列旨在允许空气进入的管道，传输到探测器的端口。在正常情况下，探测器不断通过管道网络吸取空气样品进入检测室。在检测室中，分析样品中是否存在烟雾成分，并将样品返回大气。如果样品中含有烟雾成分，它首先被检测到，探测器会将报警信号传输到主火灾报警控制台。

空气抽吸探测器是极其敏感的，通常是响应最快的自动检测方法。许多高科技组织(如电话公司)已经将抽吸系统标准化了。在文化领域中，空气抽吸探测器通常用于收藏品存储库和极具价值的房间等领域。空气抽吸探测器也经常用在对外观比较注重的地方，因为与其他检测方法相比，空气抽吸探测器的组件容易隐藏。

烟雾探测器的关键优势是它们具有能够在初期阶段识别火灾的能力。因此，在严重损害发生前，它们为应急人员提供了更多应对和控制发展中的火灾的机会。

在生命安全和高附加值的应用中，烟雾探测器通常是首选的检测方法。与热传感器相比，烟雾探测器的缺点是它们安装成本通常比较昂贵。然而，当合理选择和设计时，它们可以具有高度可靠性，并且具有非常低的假警报概率。

烟雾探测器的最高上限高度应为10.5m。单一的烟雾探测器的最大覆盖面积不应超过约100m^2。在准备探测器布局时，应考虑《BS-5839》(1988年)的相关规定。

视频烟雾检测是类似于火焰检测的检测方法，都是查看开阔区域发生火灾迹象的方法。对于视频烟雾探测器，其系统检测火灾的能力主要基于可视化数据的计算机分析。处理器可以查找出特定运动模式的烟和火(忽略其他屏幕上的运动模式)。对于较大开阔区域，例如天花板较高的建筑物、空气流动迅速的地区，传统的烟雾探测可能不能实现监测或效率低下。图4.1显示了一个典型视频烟雾探测系统。

4.4.4 声光报警器

当考虑声光报警器的选址和选择时，应注意以下几点：

① 在有人睡眠的住宿地方，门关闭时的音量的最低限度应该为75dB(A)，声级最大值不应超过100dB(A)。

② 在系统上应当至少有两个音响发声器。应考虑为每个区域至少设置一个音响发声器，以提供高于周围噪音至少5dB的声级。

③ 主音响发声器通常应设在即时性控制/指示的设备。音响发声器的数量、位置和类型应该从背景和其他噪声级中很容易区分，同时也应该在整个房屋中能够清晰听见。对多区域面板的指定，应考虑以下几个因素：

a.大厦楼层数；

b.楼层的区域化；

c.放置计算机等高价值设备的房间需要额外的保护(如固定灭火系统)，在某些情况下可以设有单独连接到中央火灾报警面板的单独检测系统；

d.在多层建筑中，楼梯应视为一个单独的分区；

e.报警面板上的单个区域覆盖面积不应超过2000m^2。

在工厂中，由于噪声级别不允许音响发声器应用的地方，应考虑视觉信号报警。当清洗系统出现故障时，视觉信号报警系统应向分析器室发出警报。该警钟应该也由火灾报警面板激活，来指明火灾危险状况。

对于不同类型的灾害(如有毒、可燃气体浓度超过限值或发生火灾)，在厂区适当的位置应安装具有不同颜色的信标并用作指示。

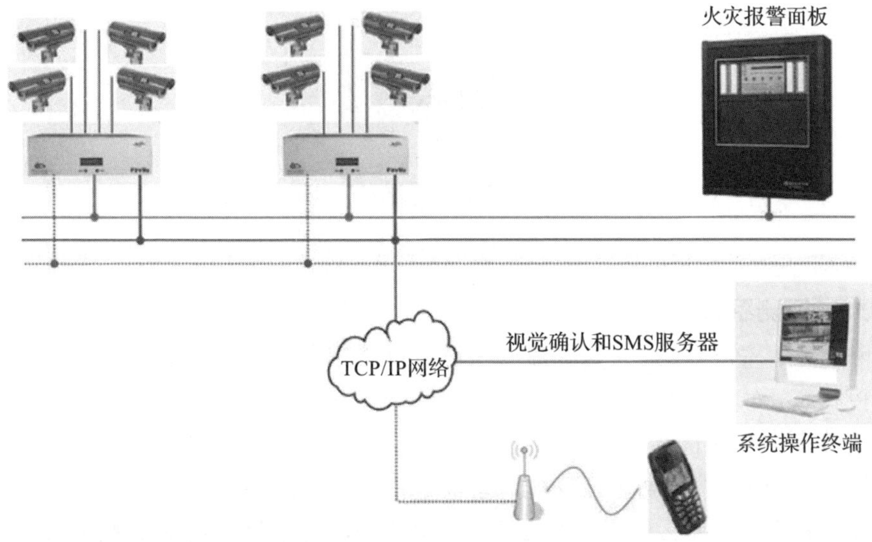

图4.1 视频烟雾探测系统(由Henan Inte Electrical Equipment Co.授权许可)

4.4.5 紫外/红外火焰探测器

火焰检测器是第三种主要的自动检测方法。此方法是模仿人类的视觉感官。它们是在红外线(IR)、紫外线(UV)或二者组合下运行的视觉设备。当辐射能量在近似于400~770nm范围内发生时，传感设备通常将其识别为火灾信号，并将信号发送到火灾报警面板。

火焰检测的优点是在恶劣环境中非常可靠。火焰探测器通常应用在高价值的能源开发和运输过程，或者其他探测器会受干扰的场合。火焰探测器常见的用途包括汽车维修设施、飞机维修设施、炼油厂、燃料装载平台和矿山等。

火焰探测器一个缺点是它们非常昂贵，并且需要耗费人力进行维护。火焰探测器必须直接面向火源，而不像热和烟雾探测器可以确定移动的火灾信号。它们在文化领域的应用是极其有限的。

UV火焰探测器或IR-UV火焰探测器主要用于通过火焰检测识别火灾的一般场合，例如室外空旷区域、烃类加工区域和燃料储存区域。

IR火焰探测器可在热探测器和烟雾探测器使用受限制的封闭区域使用。火焰探测器的数量和位置应基于它们的覆盖模式，以覆盖未检测的盲区角落。

图4.2展示了UV火焰探测器的尖端科技。该火焰探测器能感应紫外光谱范围内的辐射能量。燃烧火焰的热辐射会被报警探测器检测到它们的存在。

图4.2 UV火焰探测器(由Haider授权许可)

4.5 火灾探测系统

除了易熔塞以外，火灾探测器可以进行重置，以在便激活它们后可以恢复正常的监控状态，而不用更新任何组件。

连接在循环中的火灾探测器应进一步有可视化的指示，以显示它们是否启动过。指示应该连续，直到循环已被手动重置。如果从中央控制室可以识别被启动的循环连接探测器，那么就没有必要识别探测器本身。电气互连应监测为故障(例如报警应在短路电流、接地故障和开路的情况下启动)。

几个启动设备可以连接到一起形成一个报警组，以便于其中任何一台设备的报警(例如一组油罐的按钮站)。

只有第一个传入报警组中的报警信号应发出声音报警，而同一组中的后续报警信号应该被忽略，直到报警已被重置。来自在其他组中的报警信号应被认为是第一次传入报警信号，并且应发出声音报警。

报警系统应该有输入内存，以便在手动确认前瞬间报警信号会持续响应。

传入的报警信号应自动操作报警面板上的指示灯，启动位于消防站、控制中心和在项目中指定的任何其他位置的喇叭、警笛和消防水泵(如果有必要)。

4.5.1 探测器的选择

装置不同区域中探测器的选择应该基于对主要火灾征兆和环境条件的评价。

装置或井口区域的火灾发展过程，有可能与易燃液体相关，并且发展快速。在该区域，火灾的主要标志是火焰和高热量输出。

发生在开关柜或控制室的火灾通常由电气元件的绝缘层过热引起，发展非常缓慢，最初以无形的燃烧产物为特征。对于一个区域中火灾探测器的选择，必须能反映发展中火灾预期的主要特征。

应考虑的另一个因素是不同区域中探测器操作的环境条件。这将涉及对自然环境条件的评估，例如风、温度、太阳辐射、盐度、湿度和工业条件(有灰尘的气体环境、油性的气体环境和振动)。

这些条件将限制探测器的选择和效果，以及操作和维修要求。

表4.1列出了一些常用的检测器类型及其主要特点、应用和环境适应性。

表4.1 火警探测器的主要参数和应用

探测器类型	优点	缺点	应用	环境适应性
紫外火焰探测器	① 快速响应； ② 覆盖面大； ③不受风影响； ④ 不受烟雾吸收红外辐射的影响	① 需要较直的视线； ② 来自太阳的辐射和热振动； ③ 机械装置可能会引起误报警； ④ 浓烟吸收紫外线辐射	① 火焰作为火灾主要标志之一的一般区域； ② 含烃和燃料的区域； ③ 空旷的户外区域	① 很好； ② 不受风、雨等的影响； ③ 如果灵敏度低于2800℃，则有太阳盲区
热检测器	可靠	响应相对慢	① 环境条件对于烟雾检测器太苛刻的一般区域； ② 在高危险区域作为火焰检测的补充	好(尽管受风的影响，使它们不适用于空旷户外区域)
烟雾检测器	① 灵敏度高； ② 检测早期阴燃火焰	需要相对清洁的气体环境	① 与易燃物控制室无关的一般清洁区域； ② 开关室； ③ 假地板和天花板后面的空隙空间； ④ 宿舍	不适宜空旷的户外或自然通风的地方

4.5.2 探测器布置

当决定不同的区域需要哪些类型的探测器时，下一个任务应该是确定每个探测器的位置。在设备、管道、通风管道等等安装之后，应现场决定最后的定位。探测器的数量和它们的布局应在设计阶段决定。

热和烟雾探测器的性能应分别符合欧洲标准EN54-5和EN54-7。表4.2～表4.4是关于探测器空间布局的一些规定。

表4.2　点型热探测器在空旷的自然通风区域的选址限制

一个探测器覆盖最大的面积/m²	两个检测器中心之间的最大距离/m	任一隔板之间的最大距离/m①	天花板高度上限/m②
25	7	3.5	4～7

① 探测器不应安装在距外墙或划分分区小于0.5m的地方。这应该申请安装在临近隔板的探测器。

② 对于快速响应的探测器，天花板的高度限制最大为7m。对于响应较慢的探测器，天花板的高度限制最大为4m。

表4.3　点型热探测器在机械通气封闭区域的选址限制

一个探测器覆盖最大的面积/m²	两个检测器中心之间的最大距离/m	任一隔板之间的最大距离/m①	天花板高度上限/m②
37	9	4.5	5.5～8.5

① 探测器不应安装在距外墙或划分分区小于0.5m的地方。这应该申请安装在临近隔板的探测器。

② 对于快速响应的探测器，天花板的高度限制最大为8.5m。对于响应较慢的探测器，天花板的高度限制最大为5.5m。

表4.4　点型烟雾探测器在封闭区域的选址限制

一个探测器覆盖的最大面积/m²	两个检测器中心之间的最大距离/m	任一隔板之间的最大距离/m①	天花板高度上限/m②
50	10	5	7.5

① 探测器不应安装在距外墙或划分分区小于0.5m的地方。这应该申请安装在临近隔板的探测器。

② 对于快速响应的探测器，天花板的高度限制最大为8.5m。对于响应较慢的探测器，天花板的高度限制最大为5.5m。

在工艺区域应用的所有探测器都应被认为是对于Ⅰ级、1区，A组、B组、C组和D组防爆的。

选址还应考虑通风的强度和方式，以确保处于发展中火灾的火灾信号能准确到达探测器。探测器应位于没有横梁和其他可能遮蔽探测器特征的地方。在试车阶段，应进行设备和通风设备运转的烟雾试验，以确认适当的位置。

火灾探测器应免受区域中正常生产活动的物理破坏。探测器周围应有足够的空间易于进行维护。

探测器通常位于面板后面、假天花板/地板、空洞或其他看不见的地方时，展示探测器运行的远程火灾指示系统应设置在通常有人的临近区域(即走廊、大厅、一般区域)。

4.5.3 系统配置

某些安全措施基于火灾探测来启动。应记住火灾探测器不响应火本身，而是通常响应与火相关的某些特征(即烟、热、辐射)。然而，不可避免地有一些传感器令人厌烦地被激活。这是因为上述特征在正常操作条件下也存在，由于火灾以外的事件而具有不同的频率和强度。

为避免虚假信号启动安全措施，在启动之前通常需要两个火灾探测器运行(例如“2-out-of-3”，这意味着三个探测器为一组时，从任何两个探测器发出的信号将启动安全功能)。在火灾发展到危险级别之前，系统内所涉及的探测器能充分感应火灾的发展，并能快速启动安全措施，是非常重要的。不应考虑“2-out-of-2”系统，因为这样降低了可用性。

要启动的安全措施取决于需要检测区域的类型。应该启动的适用于特定区域的典型措施主要有:

① 在中央控制室和受火灾影响区域激活火灾报警;

② 探测器关闭烃类流入、流出区域;

③ 对于探测到火情的区域，机械通气和防火阀关闭;

④ 固定的灭火系统被激活;

⑤ 着火装置的燃料供应(除应急设备的主动力)被关闭。

4.5.4 报警面板

控制面板是火灾探测和报警系统的“大脑”。它负责监测各种报警信号的输入设备(如手动和自动检测装置)，然后激活报警输出设备(如喇叭、铃声、警示灯、紧急电话拨号器和建筑控制装置)。

控制面板所涵盖的范围从简单的单个输入和输出装置，到监控整个厂区多个建筑物的复杂计算机驱动系统。通常有两种主控板类型，即常规的主控板和可寻址的主控板，这将在下文讨论。

常规的或点火灾探测和报警系统是多年来提供紧急信号的标准方法。在常规系统中，受保护的空间或建筑物会设置一个或多个线路，而每一个线路上会设有一个或多个检测设备。遴选和安装这些探测器取决于多种因素，包括自动或手动启动方式、环境温度、环境条件、预期的火灾类型和所需的反应速度。每一个线路上会设有一个或多个检测设备，主要是用来满足广泛的需求。

火灾发生时，一个或多个探测器将会启动并关闭电路，使消防控制面板处于紧急状态。然后，控制面板将激活一个或多个信号电路，使建筑物警报声响起，并召唤紧急求助。控制面板也可向另一个报警面板发送信号，以便在远程进行监控。

为了帮助确保系统正常工作，这些系统通过发送一个小电流流过线路来监视每个线路的情况。如果出现故障(例如线路断裂)，这种电流无法正常通过，并显示为“故障”情况。该提示将会沿着各自线路指出需要维修的具体位置。

在常规的报警系统中，报警启动和发送信号都是通过系统硬件来实现的，其中包括多套集线、各种二极管以及各种结束和开始继电器。因此，这些系统实际上是监测和控制电路，而不是单个设备。

报警面板应该有如下指示灯：单个报警器、组报警器、“打开”电源、系统故障(如供电故障、过载电流、低电池电压和系统失效)。

面板应具有以下操作控制功能：开/关(每个组)、测试(模拟报警条件)、取消声音报警、重置系统(清除输入内存)。

当报警和控制面板位于消防站时，需要考虑使用典型的商业火灾报警系统。控制面板的大小和外观应与报警面板匹配。完整的报警及相关控制系统、逻辑电路和电力供应，最好一起被放置在一个隔间或橱柜中。

当报警和控制面板位于控制室时，在控制室内应提供匹配其他报警/控制系统的相关设计。逻辑电路和电力供应应该设置在辅助房间中。

4.5.5 电力供应

在控制室安装控制系统和报警系统时，电力供应应该由整流器、最小电压为24V的直流电和续航时间最少24h的电池提供，以适用于±10%的电压变化。这个电力供应也应该作为灯具、电喇叭等的电源，应该完全独立于其他系统(包括那些进程维护、无线电通讯等)。

警笛应该连接到主交流电源。

4.6 气体检测系统

固定离岸设施和天然气加工厂的气体检测的主要用途，通常是催化燃烧。在设计和安装系统时，应考虑这一原则特定的优点和缺点。此测量原理的优点是通过传感元件的放热氧化进行直接测量，即通过传感头将氧化热换算转化为成比例的LEL百分比(LEL是指爆炸下限，%LEL)来直接测定气体的易燃性。此测量的原理并不易引起误报，因为只有可燃气体存在于传感器上，通常才会导致探测器被激活。此测量原理的一个缺点是固有的非故障安全模式(即敏感性的丧失，对于这些探测器来说，这是最常见和很可能发生的故障，通常无报警给出)。显示令人满意性能的仅有方法，是将这种传感器暴露在一定浓度的气体(如50%LEL)中并读出响应值。

火灾检测系统的电气连接应被监测(即故障报警应在开路、短路和接地故障的情况下启动)。

至少应该有两个可调的报警级别(例如，设置为20%LEL和60%LEL)提供单独的无电压接触输出。此外，通过简单的方式可以利用控制单元(例如局部的微型开关)测试报警级别。

图4.3显示了典型的气体检测与控制系统。

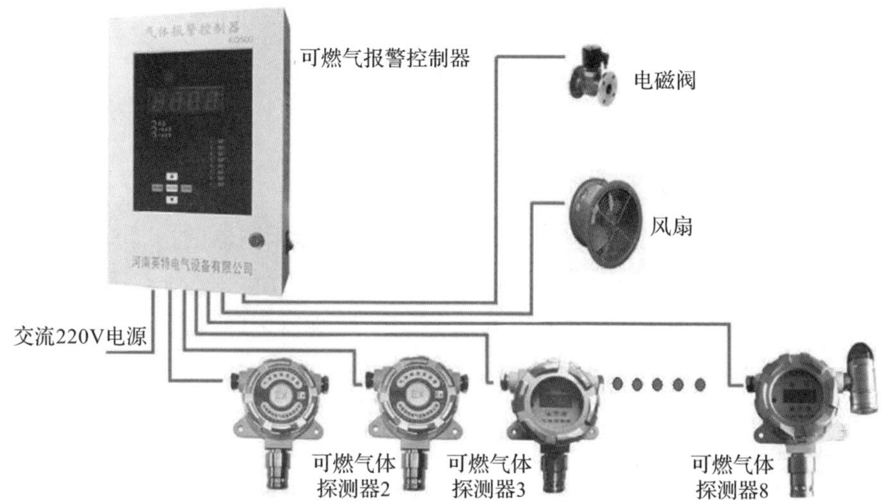

图 4.3 典型的气体检测与控制系统(由Henan Inte Electrical Equipment Co.授权许可)

4.6.1 探测器布置

探测器布置反映了两项设计原则的结合。第一，应检测可能泄漏源附近的气体，这意味着气体探测器应安装在危险区域和通风出口处。第二，应检测可能有点火源和任何气体可侵入的区域。这些区域通常是诸如无爆炸防护的电气设备或内燃机所在的位置。这意味着气体探测器应设在通风设备入口到非危险区和燃烧空气入口之间。

在主要设备、管道和通风管道安装前，气体探测器的布局不应该精确确定。应事先了解通风模式的全面影响和不同地点的正常环境条件。

在整个工艺过程中的不同部分，应考虑到混合气体的相对分子质量，以及在泄漏的情况下，是会导致比空气轻的气体泄漏，还是会导致比空气重的气体泄漏。

应根据制造商建议的区域采用气象防护罩。应考虑由配件引起的对响应时间影响的评价。维护通道对气体探测器特别重要，因为这些仪器系统经常需要进行检测和维护。

4.6.2 催化气体检测器中毒

要意识到催化气体检测系统的一个问题是催化剂中毒这种现象。这意味着在少量某些化学物质存在的气体环境中，传感元件变迟钝了。含硅树脂或重金属(如铅、铜和锌)化合物，一般会引起催化气体检测系统灵敏度的永久丧失。

为避免中毒情况的发生，应注意以下事项：

① 通过咨询制造商获悉有哪些会造成催化剂中毒的化合物，并设法使用无毒的替代品；

② 在不可避免含有有毒气体的区域，应该采用过滤器(例如碳过滤器或陶瓷过滤器)进行防护。

4.6.3 系统配置

由于气体探测器具有非故障安全模式，对于气体探测器的选择应认真评估。如果使用“2-out-of-3”模式，应确保在同一组内的所有探测器都能感应相同的气体泄漏。通常情况下，同时工作的任何两个探测器之间的距离不应超过3m。“2-out-of-3”模式应避免。在某一个区域中进行气体检测需要启动以下安全措施：应该阻止所有从实际使用区域流入和流出的碳氢化合物的流动；应消除该区域中所有潜在的点火源。

对于在通风设备进气口检测到50%LEL(最大值)的情况，应该采取以下措施：应该立即关闭通风风扇、防火阀、加热元件，并且应立即消除通风空间内所有的点火源。

对于在燃烧进气口检测到50%LEL(最大值)的情况，应该立即关闭一切机械装置(消防泵主动力装置除外)。

对于涡轮机而言，应在燃烧空气进气口检测到相当低的气体浓度的情况下关机，通常建议在气体浓度为15%LEL～25%LEL下关机。具体设置应向涡轮机制造厂商咨询。表4.5列出了一些火、烟气和易燃气体检测的典型应用。

表4.5 火、烟和易燃气体检测的典型应用

应用区域	检测类型						备注
	火焰	线状热	点状热	点状烟	大面积烟	气体	
浮顶油罐边缘区		√	√				热敏性油管/quart-zoid灯泡
烃类泵		√					热敏性油管
选定的区域或含有烃类的设备		√					热敏性油管
分析室						√	

续表

应用区域	检测类型						备 注
	火 焰	线状热	点状热	点状烟	大面积烟	气 体	
具有外壳的燃气轮机/气体压缩机	√		√			√	升温速率检测
工厂实验室			√(点状烟雾探测器属于整体热检测类型)	√			
主实验室			√(点状烟雾探测器属于整体热检测类型)	√			
仪表辅助室、机柜、地板腔、电缆路线					√		结合HCl雾检测
计算机辅助室					√		结合HCl雾检测
计算机操作室			√(点状烟雾探测器属于整体热检测类型)	√			
电池室			√				
液化石油气灌装室			√			√	工厂/地区
普通车间			√(点状烟雾探测器属于整体热检测类型)	√			
车间过程分析仪				√		√	
普通仓库			√(点状烟雾探测器属于整体热检测类型)	√			
液化石油气存储仓库			√			√	
烃类产品仓库		√					
行政办公楼			√(点状烟雾探测器属于整体热检测类型)	√			
电话交换室/广播室			√(点状烟雾探测器属于整体热检测类型)	√			
食 堂				√			
厨房区域			√				
训练中心				√			
消防站			√(点状烟雾探测器属于整体热检测类型)	√			
车 库			√(点状烟雾探测器属于整体热检测类型)	√			
液化石油气区域						√	需要低温检测

4.7 气体探测器：材料

本节给出了施工、安全性能以及手提式和便携式气体检测仪器检测要求的详细信息。这些仪器可以用于检测可燃气体、有毒气体以及氧气缺乏和过量。

这些仪器主要用来检测可燃、有毒的气体和蒸汽的浓度。其中，有毒气体浓度用μL/L计量；爆炸性气体和蒸气用LEL表征。这些仪器主要有以下几种类型：

① 监测系统，主要提供可燃或有毒气体初始积累的早期预警。气体监测系统采用多通道气体检测，并通过远程安装的传感器提供自动报警和进行控制。监测系统还可以提供氧气缺乏或过剩的检测。

② 移动式和/或便携式气体检测仪，主要用于查找可燃、危险气体的泄漏或连续检测区域的维护工作(如高温作业)。

③ 化学传感检测管，主要用于检测大气污染物。便携式气体检测仪器也可用于保护在工艺装置、储存容器、下水道系统以及加工石油、天然气和化学品的工厂等危险地点工作的员工。在这里会涉及一个评价指标，即职业危害接触限值(Occupational Exposure Limit，OEL)。

本节介绍了材料和设备的最低要求，同时也介绍了用于检测常见可燃、有毒气体和蒸气浓度的三种类型的便携式或可运输的气体检测仪器，而并不包括实验室中用于分析测量或进行连续气体监测的气体检测仪器。

本节也给出了以下仪器和附件的使用、护理和维护指南：能指示可燃气体、潜在爆炸性气体混合物和蒸气(含有空气)的存在，并由蓄电池供电的可移动或便携式装置，利用从气体传感器产生的电信号激活预设报警器的视觉或听觉警报；便携式组合气体(氢化硫或烃类气体中氧气缺乏或过量)；利用化学传感管的有毒气体检测仪。

用于检测区域中气体或蒸气存在的气体检测仪器，应适用于在1区危险区使用。专门用于检测腐蚀环境下的蒸气或气体的气体检测仪器，由于催化氧化作用或其他化学过程可能会产生腐蚀性副产品，因此应采用耐腐蚀的材料制造。所有仪器应定期检查精度。

电气组件和部件应符合结构和测试等方面的相关要求。此外，可燃气体检测仪的所有部件都应采用适用于环境温度范围内连续运行的材料和结构，或者符合以下规定的要求：

① 防爆外壳应符合BS 5501标准第5部分或BS4683标准第1部分、第2部分的要求；

② 本质安全和相关器具必须符合BS 5501标准第7部分的要求；

③ 增安型电气设备应符合BS 5501标准第6部分或BS 4683标准第1部分、第4部分的要求。

对于可燃气体检测仪的设计而言，所有结构和电气、电子零部件的制造材料，都应符合制造商的评级标准或他们指定的要求范围。

在某各位置上或毗邻仪表和其他指示器的仪器，应展示它已校正的气体。掌上点读(便携式)设备的质量不应超过1kg，并且应有表明仪器启动的指示。如果安装独特的指示灯，它们应按如下规则进行着色：报警指示存在潜在危险浓度气体的指示灯应染为红色；设备故障指示灯应染为黄色；电源供应指示灯应染为绿色。除了颜色要求，指示灯还应采用标签注明它们的功能。

当能读取到100%LEL的便携式气体检测仪作为报警装置的一部分时，应只设定在气体浓度不高于60%LEL的情况下操作。

多组分气体检测仪的报警等级应设置为20%LEL、19%的氧气、24%的氧气、10μL/L硫化氢和50μL/L一氧化碳。

在仪器电源出现故障、任何气体检测系统连续性失效、一条或更多条线路短路的情况下，便携式气体检测仪器应提供故障信号。这种故障信号应该有别于任何其他报警。完全用电池提供电源的仪器应该提供低电池状态指示，并且在说明书中应该明确解释该指示的性质和目的。

4.7.1 电池

① 便携式连续使用仪器。该仪器在安装新电池或充满电的电池后，在不更换再充满电的电池的情况下，应该能连续、无警报地工作至少10h。

② 便携式现场读取仪器。该仪器在安装新电池或充满电的电池后，在不更换电池或再充电的情况下，应该能连续以10min运行、10min停止的工作周期运转8h(总累积运行时间为4h)。

4.7.2 便携包

每台便携仪器应配备一个便携包。便携包不仅可以保护便携仪器免受严重震动的影响，并且在不使用时可以存放探测仪。

4.7.3 面板

面板应具有以下控件：

① 调零装置；

② 报警设置电位器和“开-关”电池检查范围开关。

4.7.4 应用场合选择

可移动仪器通常用于监测工作区域(如高温作业)和易燃液体、蒸气或气体存在的工艺装置区域。

便携式仪器通常用于泄漏检查、核查气体释放的条件、安全检查及类似的应用。

在选择便携式或可移动设备时，需要考虑的因素包括大小、质量、稳定性、供电要求、指示类型要求和报警的可视性或可听性。

便携式和可运输的气体检测仪器可在短时间内应用于几乎任何环境(包括户外或室内)，但它们的检测精度会受到污染、灰尘、风、雨和操作方法的影响。

在仪器的选择上，应考虑稳定性和抗天气干扰。如果仪器受温度快速变化和空气快速流动的影响，特别是在准确性要求非常高的地方，在测量时应特别天气条件。气体检测仪器应达到IP65的密封标准，以确保电子系统免受腐蚀、尘粒、意外跌落到坚硬表面所带来的损害。

4.7.5 标签和说明

4.7.5.1 识别

每台仪器应附有标签，以说明制造商的名称、仪器类型、序列号、符合的相关标准的代码。

“警告(caution)”一词应该用至少3mm高的大写字母书写于标签上，其他信息应该用2.5mm高的大写英文字母书写。

标签应该清晰、可见，并永久地附着在每个便携式或可运输的气体检测仪器的表面上。当使用仪器时，标签应该显而易见。

4.7.5.2 校准气体

便携式和可运输的仪器应携带指示该仪器制造商校准所用气体的标签。此标签可能在表盘上，或在仪器的其他表面上(仪表周围)。

4.7.5.3 使用手册

每个气体检测仪器或仪器组应提供适当的使用手册。使用手册应包含仪器安全以及正确操作和维修的完整、清晰、准确的说明。它应包括以下信息：

① 初次启动操作的方法。

② 操作说明和调整。

③ 在常规基础上的检查和(或)校准说明。

④ 详细的操作限制和适用的情况，包括仪器所适用的气体范围、环境温度限制、湿度范围、电池寿命、样品速度限制、最大和最小存储温度限制。

⑤ 存在污染气体或污染物质，或者富氧或缺氧的大气环境对仪器性能产生不利影响的相关信息；在富氧的情况下，仪器中电器元件的安全性。

⑥ 对于吸气类型的仪器，应注明最小和(或)最大流速的范围、压力，以及适当操作时的管子类型和大小。

⑦ 明确声明所有警报和故障信号的性质和意义、持续时间(如果它们是有时限的或可自我恢复的)以及任何可能使报警和信号停止或重置的措施。

⑧ 任何测定失灵的可能原因和任何纠正程序方法的细节。

⑨ 在适用的情况下,报警装置、输出、触点是非闭锁式的声明。

⑩ 对于设有整体流量指示的吸气型的便携式持续工作仪器,检测教程应提供给用户一种或多种来确保样品线完好无损且顺畅流动的方法。

⑪ 对于电池供电的仪器,需要安装和维护电池的说明。

⑫ 建议的更换部件列表。

⑬ 关键备件的储存寿命和推荐的贮存条件。

⑭ 对于仪器的特殊性能,应提供附加说明和/或特殊说明的相关信息。

⑮ 相关接受标准和任何特殊服务条款的详细说明。

4.7.6 测试要求

制造商应提供每台售出仪器的测试认证。接受测试的仪器不包括所有的可选部件或配套部件,其应接受适用于该类型仪器的BS EN 50059标准或者制造商认可的任何测试方法的全部测试。

4.8 气体检测管

为评价浓度在职业危害接触限值(OEL)范围内的大气污染物,本节给出了短期检测管和在正常大气压力、温度下所用的抽吸泵的相关要求,涵盖了染色管和色彩搭配管(其设计目的是为了在短时间内给出浓度的指示)。

4.8.1 性能要求

检测管的抽液泵的准确性应由制造商认证。泵应吸入由制造商规定的体积±5%以内的空气。此外,还应提供指示完成每次送气的手段。注意:在每次使用前,抽吸泵应该按照制造商的建议检查泄漏,并且至少每三个月检查准确性。泵还应按照制造商的指示进行维护,如果其准确性在标准容量的10%以外,则不应该使用。

着色长度短期气体检测管性能要求如下:

4.8.1.1 分度

检测管也应该按每单位体积空气的体积或重量分级,或在同一个单元附有校准图。检测管的分级应允许0.5倍和2倍于OEL浓度的测量。

4.8.1.2 结束点的长度

在OEL浓度范围内,检测管在吸入规定体积的被检测混合气体后,结束点的长度不应小于15mm。

当所检测气体的最大浓度长度达到0.5倍OEL浓度和更高浓度时，在染色和未染色的指标层之间的接口管沿圆周方向的染色长度的最大变化范围，不应超过染色长度的20%。

4.8.1.3 边界之间的指标层和包装层

对于指标层与惰性填料或清洁层之间的边界有如下规定：管子圆周附近最长和最短的包装层或清洗层之间的差异不超过1mm。

4.8.1.4 气流方向

检测管应进行标记来指示气体流的方向。

4.8.2 配色短期气体检测管

4.8.2.1 精度

应按照制造商的说明，针对标准大气对检测管进行校准。在参考制造商说明时，浓度低于和高于OEL值20%所产生的颜色应该有鲜明的差别。

检测管应满足温度在5~35℃之间的上述这些要求(请注意：由于颜色比较存在主观上的差别，因此色彩搭配管与着色长度管进行比较通常不太准确)。

4.8.2.2 结果评估

检测管应附有彩色图表、表格和评价每单位体积空气中体积或质量浓度的数学公式。检测管的分级应允许0.5倍和2倍于OEL浓度的测量。

4.8.3 检测管的寿命

如果根据制造商建议的存储温度进行存储，短期气体检测管自批量检验之日起的使用寿命不超过两年。

4.8.4 建议使用

在阅读本节内容时，应参阅国际公认的OEL标准。

应特别注意在公开出版标准中关于控制限度和推荐极限的定义。这些标准为许多物质的两个极限设置了限制：一个与8h时间加权暴露有关，另一个与10min短期暴露有关。

气体检测管可用于多种用途。当短期检测管用于测定OEL值时，在评估平均加权的有效时间的相关时期内，确保掌握充分的可用信息是非常重要的。这可能需要整个暴露期间的顺序测试。OEL值涉及人员的暴露和测试，应在呼吸区域离嘴或鼻子0.3m的范围内进行测试。

4.8.5 说明

4.8.5.1 抽吸泵

每个抽吸泵应有制造商提供的说明，包括以下信息：

① 应有警告指出，因为由不同制造商生产的泵可能在不同的速率下运行，即使当它们体积相同时，它们也不应互换使用。

② 每次使用前的泄漏试验说明。

③ 维护说明书。

4.8.5.2 短期检测管

制造商在检测管每个包装盒上应附有说明，应包括以下信息：

① 抽吸泵在每次使用前应进行泄漏测试的有关说明。

② 系统中涉及一般反应的信息，以及有可能致使检测精度低于要求水平的其他气体和蒸气(包括水蒸气)的浓度。

③ 管内有危险物质的地方，应该有警告该影响和处置指示的相关说明。

④ 对照明的特殊要求，以确保颜色匹配读取、着色长度管及此类要求细节的可靠性。

⑤ 对于色彩搭配管，应有评估颜色改变的说明。

⑥ 完成一次吸气所需的时间及其时间限制。

⑦ 有关重新利用限制的声明。

4.9 标记

4.9.1 包装盒

每个短期检测管的包装盒应标记以下信息：

① 制造商的名称、商标或其他识别；

② 编号和使用的标准日期；

③ 短期检测管可能使用的气体或蒸气的名称和浓度范围；

④ 制造商的批号和批量测试日期；

⑤ 有效期；

⑥ 建议的贮存温度。

4.9.2 检测管

每个检测管应标有以下信息：

① 制造商的名称、商标或其他识别；

② 检测管用于检测气体和蒸气的指示。

4.10 安装手册

为了安全和有效地使用，每个气体检测仪应提供包含完整、清晰和准确信息的使用手册。使用手册应包括以下信息：

① 运行指令和调整方法。

② 检查和(或)校准说明。

③ 运行限制的细节：

a.仪器适用的气体范围；

b.环境温度限制；

c.湿度范围；

d.电池寿命；

e.最大和最小存储温度限制；

f.样品速度限制；

g.存在污染气体或污染物质，或者富氧或缺氧的大气环境对仪器性能产生不利影响的相关信息。

4.11 工作原理和可燃气体探测器

4.11.1 催化传感器

催化传感器的工作原理取决于电加热催化元件(即灯丝或珠子)表面可燃气体的氧化作用。根据检测气体的浓度，这种氧化作用会引起传感元件的温度变化。电阻的变化取决于桥式电路，而仪器被校准用来提供气体浓度和报警指示。

由于氧化取决于氧的存在，使用这种类型传感器的检测仪器应仅用于浓度达到LEL要求的气体/空气。

由于其本身的性质，催化传感器将明确检测任何可燃气体混合物的存在。其他类型的传感器通过关联对气体检测的响应和检测仪器的校准来推断可燃气体的存在。

催化传感器是使用最广泛的气体检测仪类型。在任何一种扩散模式或抽吸空气采样系统中，都催化传感器的身影。

4.11.2 热导率传感器

热导率传感器的工作原理取决于由电加热的电阻元件(即丝或珠子，处于固定速度气体样品流中)传导的热损失。

由此产生的电阻变化与位于参比室的类似感应原件相比较，两个电气元件形成部分电桥或其他测量电路，并且仪器在任何合适的按等级排列到100%气体中校准，以提供气体浓度和警报的指示。

这种类型的传感器最好用于浓度高于LEL，并且与空气相比具有相对较高的热导率的指定单个气体(氢气、甲烷等)。

由于其本身的性质，热导率探测器通常有某种形式的取样系统，并不会通过扩散取样。

4.11.3 红外传感器

红外传感器的工作原理取决于对被检测气体对一束红外辐射的吸收率。含红外传感器的检测仪器可以有各种形式，但可能被归类为以下某种类型：

① 含采样系统的特定改装的分析仪；

② 单点、独立的红外探测装置，适用于安装在具有潜在爆炸性的环境中；

③ 开放路径检测仪器，通过所监测区域沿一条开放路径保护红外光束。

在第一种和第二种的情况下，对气体红外辐射的吸收由光电手段检测，并产生电子信号提供气体浓度和警报的指示。

在第三种情况下，对开放路径任意位置气体红外辐射的吸收由光电手段检测，并产生电子信号提供报警和沿路径气体聚集浓度的指示。

开放路径红外探测仪与提到的其他类型探测仪的区别，在于它并不衡量在特定点的气体浓度，而是沿测定光线测定气体路径浓度积分。因此，在更广阔的区域，开放路径红外探测仪比其他类型检探测仪更能检测到气体的存在。然而，它不能从本质上区分开放路径中占有短路径的高浓度气体和占有长路径的低浓度的气体。

热导率传感器、红外传感器主要用于检测在任何指定浓度到100%气体浓度范围内的可燃气体。

4.11.4 半导体传感器

半导体传感器的工作原理是：当被加热的半导体传感元件暴露于空气时，发生化学吸附的电导率变化，然后在适当的电路中确定传导的变化，并在任何合适的范围内校准仪器，以提供气体浓度和警报的指示。

这种类型的传感器通常是只用于各种浓度的指定气体的检测。

半导体传感器可用于任何一种扩散模式或取样系统。

4.11.5 仪器的预期用途

4.11.5.1 可移动仪器

可移动仪器通常用于监测临时工作区(如高温作业)和可能有可燃液体、蒸气或气体转移的区域。

4.11.5.2 便携式仪器

便携式仪器通常用来检查泄漏、核查气体释放的条件、进行安全检查和类似用途。

便携式仪器通常用于扩散模式中，但用于泄露查找或在使用者不能到达的密闭空间进行气体探测时，则需要有一个静态样品探头或手动式、机械式吸气样品探头。

便携式仪器时不时可能暴露于气体浓度大于LEL的地方，应注意选择适合该目的的仪器。

4.11.5.3 仪器的便携性

选择便携式或可移动仪器的重要因素包括大小、重量、稳定性、电源供应要求、指示要求的类型以及任何警报的可视性或可听性。

4.12 便携式和移动式可燃气体探设备的使用

不同类型的便携式和移动式气体探测设备可以根据其特定的设计和规范用于不同的用途。

小型的手持设备可用于泄漏检测和抽查，而一些具有可视化和/或声音警报的大型可移动设备可根据用户的需要设计成多用途模式，包括泄漏检测、现场抽查和当地监控功能等。

移动式设备主要用于临时地点的监控。这些地点涉及的业务具有潜在的危险性和暂时性。例如，在油轮中装卸燃料和化学品，或者在气体检验证书规定的危险区域中进行临时动火作业(与维修有关)。

移动式设备并不一定要携带很长一段时间，而是要适当地放置几个小时、几天或者几周。

尽管便携式和移动式设备都要时常暴露在恶劣气候条件和装卸条件下，但移动式设备因其使用的条件更容易暴露在这些环境中，因此无论在室内或室外，应该对其进行特别保护，以使其免受气候和装卸作业的损害。

任何需要用到便携式和移动式气体检测设备的人员，都应该进行适当的使用培训，并且要随时准备好使用说明书。

便携式和移动式设备使用指南如下：

在需要使用便携式设备检查的区域，气体和蒸气可能形成一层，而不是均匀地混合在一起，应该使用扩展探针在不同层面进行抽查。

① 当样品蒸气在液体上方时，应当小心操作，避免样本线或传感器与液体接触，这是因为液体可能堵塞气体进入设备的通道(注意：只能用制造厂商推荐的样本线)。

② 当把一台便携式设备从较冷的环境中取出放入较暖的环境中时，需要花费一定时间使设备温度上升，以避免蒸气凝结而影响正确的操作。

③ 在测量条件下，可燃气体检测设备通常不用于检测那些没有挥发性的化学物质。

④ 可燃气体检测设备既不用于检测可燃粉尘，也不用于检测可燃纤维。

⑤ 许多类型的可燃气体检测设备通常对特殊气体不敏感。校验气体可能会反过来影响其读数。

⑥ 不稳定的读数说明设备有故障或有其他气体干扰。在有问题的地方应当用另一种同类型的设备进行检测，或者在一定控制条件下进行检测。

⑦ 低密度可燃气体的存在会产生读数，这样会导致零点漂移。当该问题发生时，应当将设备转移到干净空气环境下进行检测。

⑧ 过热蒸气会严重影响灭火器特殊类型传感器的使用，会使其失效，应当进行相应的维护。

⑨ 如果设备需要检测不止一种气体，则设备需要进行相应的校准。校准时应该使用多种气体或使用设备最不敏感的气体。然而，只使用一台这种类型的气体检测设备进行气体分析是不合适的。

⑩ 当超出量程(无论哪个方向)的读数出现时，表明可能存在易爆环境，需要用干净空气冲洗，反复核对气体量，并重新读数；或者使用另一类型的气体检测设备。无论如何，如果出现这种情况，都应该假定存在爆炸的可能性，直到找到气体原因。

⑪ 应当对设备进行维护，以确保制造设备所使用的材料用来测量某种气体或蒸气是可靠的。例如，任何检测乙炔或其衍生品的设备中都不能出现铜，因为可能产生危险的乙炔化物。

⑫ 当使用便携式气体检测设备时，需要意识到一些易燃气体或蒸气是有毒的。毒性低可能引起不适，毒性高时甚至可能导致人员死亡。

⑬ 任何便携式或移动式气体检测设备在不常用时应当定期检查、维护及校验，使其能够在需要时立即使用。

⑭ 如果便携式或移动式设备摔落或遭到其他损坏，应当立即取出进行检查、修理，并在下次使用前进行再校准。

4.13 维修例行程序和综合管控

便携式和移动式气体检测设备需要被带到测定油气组分的地点。不适当的维护、不正确的零点调整和变质的电池都会造成气体检测误差。设备中的误差和故障有时可能不明显，因此气体检测设备需要定期地检查和维护才能确保其可靠性。

气体检测设备的准确度受标准气体浓度的准确度影响较大。所有类型的气体检测器都应该用制造商推荐的测试气体定期检查。

当需要检测几种气体与空气形成混合气的组分时，这些气体的敏感度需要定期用适当的测试气体检查。

任何修理和维护都不应该使设备在具有爆炸可能性的环境中工作的能力丧失。

4.13.1 修理

当便携式和可移动式气体检测设备发生故障需要修理时，应该首先被转移到一个安全的地点，然后在专业的工作人员的近距离监督下进行修理和测试。

4.13.2 日常测试和再校准规程

所有的检测设备，无论便携式或移动式，都应该有日常测试和再校准规程。这些规程应该与操作指南一致，并且使用推荐的测试工具。

通常，气体检测设备进行再校准时应该注意以下两点：

① 根据制造商的指示说明用推荐的测试工具/设备进行校准。

② 对可能的运行故障、损伤或其他功能的衰退进行检查。如果可能，在每次使用前都要进行快速的再校验。

4.13.3 准确度

对适当气体或蒸气在空气中的浓度与预期标准(标准气氛)相差±5%以内的气体进行校验时，如果送气管道中的温度与制造商说明书中的温度相差5~35℃，其在以下区间具有95%的可信度：

① 在浓度等于OEL时，区间为+30%~-20%；

② 在浓度等于2倍或0.5倍OEL时，区间为+50%~-20%。

4.13.4 综合管控

便携式和移动式设备应该标明校验时间，并根据所使用的控制系统标明距下次再校验所需的时间。

等待再校验或维护的设备应该与经过此操作后送回使用的设备区分开来。

操作失误或年久失修都可能导致设备质量恶化，使用前应该进行测试。

4.14 化学爆炸物、有毒气体、缺氧和富氧检测(便携式和移动式)

气体检测单元可以用于从油井设备到排水系统等一些列工业环境，或者进行特殊设计用于易爆或毒性环境。此外，气体检测单元还可以为可充电的镍镉电池提供能量。

检测单元可用于查找泄漏或为长时间稳定工作的监控设备的电池充电。这种工具充满电后可以安全地工作10~12h。

4.14.1 设计

4.14.1.1 传感器

① 可燃气体传感器通常是一个载体催化元件，可用于校验甲烷、戊烷或其他饱和烃气体。

② 用于硫氧化物有毒气体检测的检测器通常是一个电化学元件。

③ 检测氧含量不足或过剩的元件通常是氧敏感类型。

4.14.1.2 警报

① 在测试模式下仪器应该配有管控按钮，用来检测电池是否充电，以及用来检测3个警报指示灯和报警器是否工作正常。准备检查时，气体监控所选的警报等级应该是明确的。

② 为了表示正常操作，需要提供一个绿色指示灯，每10s亮一次，并伴随有可听到的滴答声。

③ 如果有气体流出，无论控制按钮处于什么状态，仪器都应该有响应，直到气体浓度恢复到安全范围，再重置警报开关。

④ 当电池需要充电时，仪器应该发出一种平稳持续的警报响声。

4.14.2 安全特征

① 仪器生产要绝对安全，并且在任何可能出现0区、1区或2区的危险区域使用时，都应该保证最大限度的安全。

② 检测器除了具有在开放区域监控的功能外，还应该能够在气体容易被捕获的狭小空间使用人工吸气器进行测试和检查。吸气器的软管长度应该在2m。

③ 仪器应该包含精细程度的校准调节功能。预设控制应该隐藏、默认关闭和具有耐热性，以减少误调的风险。

④ 用不锈钢密封的箱体结构使仪器能够在恶劣环境中正常工作。定制的箱体不应该设有肩带和腰带。当操作人员使用测试单元时，应该为其提供舒适的环境，以保证最大程度的便捷。

4.14.3 校验

应定期对仪器进行功能性测试，所使用的测试气体应该与制造商编制的使用手册保持一致。

需要向气体检测员提供需要遵守的操作和维护指南。修理和维护工作都需要资深的工程师来完成。

4.15 化学传感检测器和检测管

本小节主要介绍长期型和短期型检测管的操作说明，并结合正常状态下使用的抽气泵来评估不同OEL浓度下的大气污染情况，也包括一些用于显示一段时间内浓度变化的配色管。

4.15.1 检测管

含有比色指示的检测管有多种用途，大约有350种物质可以用检测管检测出。

检测管一般只能用一次，重复测量一种物质时可以结合电化学传感器一起使用，这样更实用、经济。

当复杂的混合气体成分被列举出来时，只用实验室分析就能满足要求。当污染气体被吸入硅胶或活性炭等取样试管时，就可以进行实验室分析。因为很多OEL的测试精度在1μL/L，测试管的灵活性使其在不同的工作环境中都能适应测量程序。

在每次测量前都要对工作情况进行评估，以便确定哪种污染物有问题、测量地点、测量时间和应采取的操作方法。

4.15.2 分类

测试管有不同的用途，主要有如下分类：

① 工作地点的空气调查，测试空气质量是否在OEL范围内；

② 专门的气体分析检测，主要检测区域内的气体扩散浓度；

③ 检测吸气设备的压缩空气质量。

特殊的校验检测管应用于确定压缩空气的质量。其中，常见的污染气体有一氧化碳(CO)、二氧化碳(CO_2)、水和油等。

4.15.2.1 短期检测管

短期测量检测管依靠专门的检测管和取样泵，专门为特定工作地点和10~15min的短期即时测量设计。短期管在评估工作地点的浓度波动、工人工作地点的空气污染状况、封闭空间(例如化学品储罐、下水道等)的调查方面有一些应用。通常，可以提前进入加工区域并检查气体泄漏状况。

4.15.2.2 检测泵

检测泵和短期测试管通常作为一个整体单元进行设计和校验，短期测试管的用途不再赘述。泵流动性质的不同，可能造成相当大的测量误差。

4.15.2.3 长期测试管

长期测试管配有完整的测量设备，因此可以显示取样时间内的平均浓度。长期测试管用于1~8h内的测量。长期管可用作个体或区域监控器，以确定时间加权平均浓度。长期测试管一般配有稳定流动泵。

长期测试管采用直接读数的扩散管和标记进行测量。

4.15.3 测量

为选择最佳的测试管，对测量的评估需要考虑周围环境条件和使用限制条件。

尽管检测管是一种操作简便的气体测量方法，但要正确使用它，则需要经过专门的训练。

一些相关的参数主要有：

① 入口极值-时间加权平均(TLV-TWA)。工作人员在正常的8h工作日或40h工作周内反复暴露于TWA浓度时，对人体没有副作用。

② 入口极值-短期暴露极限(TLV-STEL)。STEL主要是指工作人员短时间内持续暴露在一定的浓度中不能受到以下方面的损害：

a.刺激；

b.慢性或不可逆的组织损伤；

c.应该考虑足够的麻醉等级所带来的意外伤害、自救能力损失或工作效率降低等问题的可能性。

③ 入口极值-上限值(TLV-C)。任何暴露工作过程中的浓度都不能过高，在传统的工业卫生实践中，如果即时监控不可行，那么TLV-C可以在以15min为周期的取样过程中被评估出来(除了那些短暂暴露就立即会造成刺激的物质)。

4.15.4 检测管测量系统

检测管是一个包含化学元件的小瓶，可根据测量物质的不同而改变颜色，检测管的保质期通常为2年，管子的两端都配有保险丝。

① 测量系统包括一个检测管和一个气体检测泵，泵与管内试剂的反应系统精确配合，因此一定要使用气体检测泵所标明的正确体积。

② 长期和短期测试系统通过不同类型的泵进行区分：长期泵和短期泵。

③ 有4种检测管泵：

a.针对泄漏检测的手动风箱泵。

b.电池驱动泵，主要用来确定测试所必须的冲程数量。按下开始和停止按钮，泵就会自动工作。该泵必须提前在危险区域进行检验。

c.微处理器控制的自动气体检测泵。该泵可以通过编程，根据冲程数目和显示的特征来确定预选的冲程数和实际的冲程数。这种类型的泵也要在危险区域提前检验。

d.长期泵。该泵是一种可以提供稳定流动的泵，预先需要设定好流速。该泵的电池可以确保长期泵能够持续运行超过8h。这种类型的泵也要在危险区域提前检验。

4.15.5 气体检测泵的检验

为保证结果准确，确保泵的安全运行是极为重要的。短期泵必须在每次测量前都应根据制造商的使用说明针对排气和吸气能力进行检测。另外，在每次测量后，短期泵应该在没有检测管的时候运行几个冲程并用干净的空气进行冲洗，这样就能洗掉管内反应的产物。长期泵应该根据操作手册针对体积流量进行检测。

4.15.6 短期测量管

短期测量管的设计要以测量工作，特别是被测物质作为依据。

短期管主要有以下几种类型：

① 管子配有显示层；

② 管子配有一个或多个预设层和显示层；

③ 两个管子结合；

④ 管子中间有一个衔接管；

⑤ 管内有内置反应安瓿；

⑥ 联立测量管。

4.15.7 对管的评估

对管内显示系统的评估是需要考虑的另一个重要方面，以下是用于解释指示的准则：

① 测量时对管进行持续观察。

② 根据使用说明在测量后对显示系统立即进行评估。

③ 足够的照明。

④ 使用淡色背景。

⑤ 与未使用的管子的对比如下：

a.在测量时对管进行观察极为重要，以便确定管内没有实质性的污点。这种实质性的污点甚至可能在第一个冲程时就因为高密度而出现。

b.需要有足够的照明资源，但应该避免阳光直接照射，因为来自太阳的紫外(UV)辐射可能会对污点造成改变。

c.测量后应该立即对测量管进行读数，以用过的管子作为证据是无效的。

4.15.8 有效期、储存和处理

检测管包含反应物系统，与特殊的物质进行化学反应。由于化学药品和化学试剂通常不稳定，因此每个检测管的包装盒都标有有效期。不能依靠过期的测试管来得到准确结果。

测试管应在25℃室温下储存在最初的包装盒中，避免温度过低(低于2℃)或超过25℃。此外，也不要使管子过长时间暴露在光线下。

不要把测试管当家庭垃圾处理。

延伸阅读

American National Standards Institute (ANSI).

ANSI/UL-827. 1988. Central Station for Watchman Fire Alarm and Supervisory Services.

ANSI/UL-268. 1988. Smoke Detectors for Fire Protection Signaling Systems.

ANSI/UL-217. 1985. Single and Multiple Station Smoke Detectors.

ANSI/NFPA-92A. 1988. Smoke Control System.

ANSI/NFPA-72E. 1987. Automatic Fire Detectors.

ANSI/NFPA-72B. 1986. Auxiliary Protective Signaling Systems for Fire Alarm Services.

ANSI/NFPA-325M. 1989. Fire Hazards Properties of Flammable Liquids, Gases, Volatile Solids.

British Standards Institution (BSI).

BSI-5343. 1986. Specification for Short Term Gas Detector Tubes-Part 1.

BSI-5445. 1984. Automatic Fire Detection System Parts 1, 5, 7, 8 and 9.

BSI-5839. 1988. Fire Detection of Alarm Systems for Buildings Parts 1, 2, 3, 4 and 5.

Chen, S.-J., Hovde, D.C., Peterson, K.A. and Marshall, A. 2007. Fire detection using smoke and gas sensors, Fire Safety Journal 42 (8), 507–515.

Fowler, J. 1995. Raising standards in the fire detection and alarm industry. Fire Prevention (281), 16–19.

Gupta, Y. and Dharmadhikari, A. 1985. Analysis of false alarms given by automatic fire detection systems. Reliability Engineering 13 (3), 163–174.

He, Z., Pu, J. and Cai, Y. 2002. Multi-sensor fire detection algorithm for ship fire alarm system using neural fuzzy network. Process in Safety Science and Technology Part A 3, 142–146.

Holt, M. 2006. Fire alarm system facts, EC and M: Electrical Construction and Maintenance 105 (11), 40–44.

International Organization for Standardization (ISO).

ISO-7240-1. 1988. Fire Detection and Alarm Systems General and Definitions.

ISO-7731. 1986. Danger Signals for Work Places.

Klose, J. 1991. Analysis, synthesis and simulation of fire signals as a tool for the test of automatic fire detection systems. Fire Safety Journal 17 (6), 499–518.

Minster, K. 2008. Multi-criteria fire detection—An intelligent response. Building Engineer 83 (9), 24–25.

Morgan, R.B. 1991. Designing fire detection and alarm systems. EC and M: Electrical Construction and Maintenance 90 (4), 33–43.

Ollero, A., Arrue, B.C., Martinez, J.R. and Murillo, J.J. 1999. Techniques for reducing false alarms in infrared forest-fire automatic detection systems. Control Engineering Practice 7 (1), 123–131.

Spearpoint, M.J. and Smithies, J.N. 1997. Experimental analysis of the performance of a multi-sensor two-stage fire detection and water discharge algorithm. Fire Safety Journal 29 (2–3), 141–157.

Sun, T., Grattan, K.T.V., Sun, W.M., Wade, S.A. and Powell, B.D. 2003. Rare-earth doped optical fiber approach to an alarm system for fire and heat detection. Review of Scientific Instruments 74 (1), 250–255.

Tong, D. and Canter, D. 1985. Informative warnings: In situ evaluations of fire alarms.

Fire Safety Journal 9 (3), 267–279.

Tung, T.X. and Kim, J.-M. 2011. An effective four-stage smoke-detection algorithm using video images for early fire-alarm systems. Fire Safety Journal 46 (5), 276–282.

Young, N. 2004. Fire detection and alarm systems. Fire Prevention and Fire Engineers Journal 64 (243), 53–55.

Zhang, Y., Xiang, H. and Tang, G. 2006. Application of optical fiber Bragg grating fire detection and alarm system in crude oil tank farm. Petroleum Refinery Engineering 36 (11), 56–57.

第5章　消防洒水系统

5.1 简介

对于大多数起火来说，水是最好的灭火剂。喷洒灭火器利用水直接作用于火焰和热量，使得燃烧过程冷却，并阻止了附近可燃物被点燃。喷洒灭火器在火焰的初始阶段最有效果，因为这个时候火焰相对容易控制。一台合适的洒水器可以检测火焰温度，进行初始预警，并在火焰出现后的短时间内对其进行压制。在大多数情况下，洒水器工作几分钟就可以控制火灾的发展，这将显著减少没有安装喷洒器时所带来的损失。喷洒器具有以下潜在的益处：

① 即时鉴定并控制火灾发展。喷洒系统在包括低占用率在内的所有时间段内都可以作出响应，因此这种控制可以说是即时的。

② 即时警报。结合建筑火灾预警系统，自动喷洒系统可将火灾的发展情况及时通知建筑使用者和紧急响应部门。

③ 减少热量和烟气破坏。自动喷洒系统可显著减少火灾熄灭或初始阶段产生的热量和烟气。

④ 加强生命安全保障。由于火势增长情况能得到及时检测，建筑内的工作人员和临时访客以及救火人员的危险将降低。

⑤ 设计灵活。因这些系统使得早期火灾伤害控制在最低水平，出口路线和火/烟屏障的位置将不用严格限制。设置一个火灾喷水系统将使许多火灾和建筑节点的设计和操作变得灵活。

⑥ 增强安全。火灾中装有喷水控制系统，可使入侵和偷盗的可能性降到最小，因此将降低安保力量的损失。

⑦ 减少保险支出。在发生火灾时，与没有安装喷水系统的建筑相比，安装喷水系统的建筑的火灾损失要小，保险承保人由此而降低了保险金支出。

这些益处在决定选择自动火灾喷水保护装置的时候都应被考虑到。

本章介绍了用于民用建筑物和工业厂房的火灾喷水系统的最低需求。此外，本章还介绍了开式泡沫-水喷淋自动灭火系统和泡沫-水喷雾系统，以及危险分类登记、供水规定和使用组件等内容。

喷水系统是一套专门的消防系统，需要知识渊博、经验丰富的设计和安装。一套喷水系统包括一个(或多个)供水系统和一个或多个喷水装置，而每个装置又包括一套装置主要控制阀和一个装有喷头的管阵列。喷头安装通常安装在屋顶或天花板的特定地点和需要安装的地方(例如货架之间、隔板下面和烤箱或炉子中)。一套喷水装置的主要单元如图5.1所示。

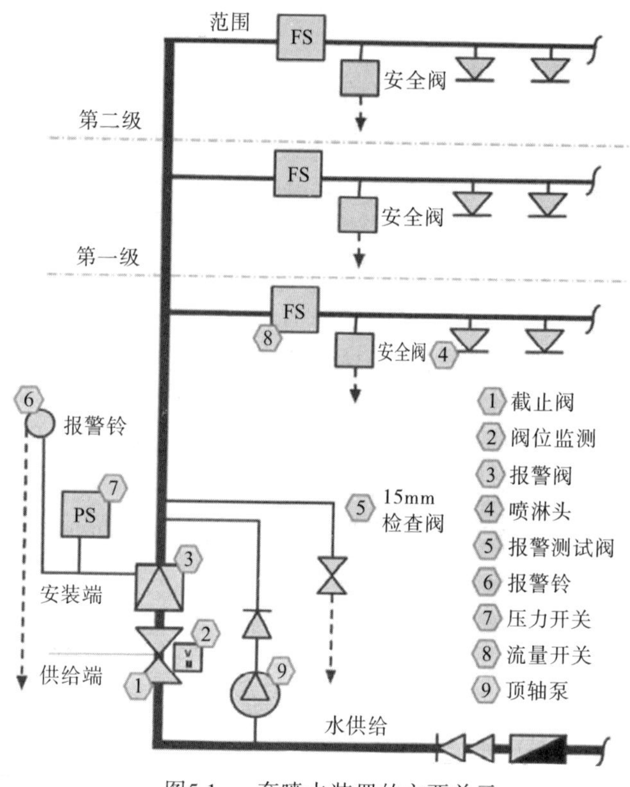

图5.1 一套喷水装置的主要单元

喷水器在预定温度下工作时，在影响区域上面喷出水，水流在下面流经警报阀门。操作温度通常是选定的合适的环境温度。

喷水器只有在火的附近(如某些足够热的区域)才工作。

在一些涉及生命安全的应用中，相关部门应当要求仅在某些指定区域提供喷水保护，并为人员从喷水保护区域撤离提供持续的安全环境。这样的系统不会为尚未从没有提前安装喷水的设施延伸到有喷水系统的区域，并已经发展到其他地方的火灾区域提供保护。为了提供更多、更彻底的保护，喷水系统会发展到个别区域以外的所有区域。

不应该假定喷水系统将其他灭火方法排除在外，将所有的防火措施作为一个整体考虑是至关重要的。结构化防火、撤离路线、火灾预警系统、特殊危险情况下需要采取的其他防火措施、消防器材储备(例如消防软管、消防栓、手提式灭火器)、安全工作、货物处理措施、监控管理和良好的日常都需要考虑。

5.2 初步设计

当准备初步设计时，任何通过改变建筑设计工作程序而获益的想法都应该提出。在规划场地布局和建筑设计时，特别应该考虑到以下几点：

① 居住地危险等级以及货物分类导致的排水密度、供水压力和流动。

② 任何主要城镇供水接驳的选址。

③ 水箱和水库的选址。

④ 泵站的选址。

⑤ 来自水源地的最大供水量与需水系统的最小供水率(选定地点最大需求周期测试)的比较。

⑥ 喷水控制阀门的位置、进水通道、位置指示、污水处理和水源水质测试。

⑦ 电力供应资源及方法等。

⑧ 对阀门组件、管道工程和喷水装置的保护，以防止意外损坏。建筑设计对于防火是极其重要的，例如材料的选择、喷水管道工程的支撑(因重力施加于结构上的负载)、内部水、建筑加热、内置排水(强烈建议计算机区域采取此措施)、在地板上堆积货物所导致的水损失增加等。当货物存储需要适当考虑建筑物高度和材料堆积以及货架的高度和类型时，将要承受相当大的防火支出。

⑨ 复试货架的设计应当考虑内置喷水装置的影响。当喷水器安装在货架内时，需要额外的货架结构组件来预防安装喷头和管道工程带来的损失。

5.3 对其他防火措施的影响

应考虑喷水灭火系统与其他防火措施之间可能存在的相互作用。喷水系统与其他防火措施之间的可能影响的例子主要有以下两方面：

① 在喷水系统保护的区域内，火灾警报控制板遭到水损坏时可能导致火灾报警系统的失效。

② 喷雾装置喷出的雾气进入毗邻区域，导致附近区域的烟雾探测器工作或失效。

当喷水系统作为生命安全措施的一部分时，这样可能的影响需要特别对待。

5.4 需要喷水器保护的建筑

喷水装置可以为5.4.1小节未提及的以下所有部分提供保护：

① 计划中的建筑；

② 任何与计划中的建筑有直接或间接关系的建筑。

例外(不受喷水保护的建筑物或建筑物的一部分)情况如下：

5.4.1 义务的例外

喷水保护不能被用于以下建筑或车间：从喷水器中喷水可能导致危险的区域、空间或地点。

5.4.2 可选特例

喷水保护可以考虑，但不需要设置在以下部分建筑或装置中：

① 楼梯、楼梯下的空间(不是楼梯顶上的空间)和电梯井道。任何不能提供喷水保护装置的区域都该用墙、天花板和地板封闭起来，耐火性能不能低于2h；门的耐火性能不能低于1h；光滑的区域除非在楼梯中间，否则耐火时间不能低于1h。在任何区域中，当没有安装喷水装置时，每面墙的光滑面积不能超过$1.5m^2$。

② 洗衣房、卫生间和盥洗室(不包括衣帽间)等。

③ 包含电力能源分布装置(如开关设备、变压器等)的用作其他用途的房间或车厢，任何没有喷洒保护的部分都要被耐火性能超过2h的墙壁、天花板和地板围起来，所有门的耐火性能不低于1h。

④ 有油或其他类似易燃液体的区域。

5.4.3 中间连接建筑

喷水保护可以考虑，但不需要设置在下列相邻的建筑物或构筑物中：

① 与装有喷水灭火装置的建筑物分开的建筑物或楼层的墙壁应至少有6h的耐火性能，并且每个出口都有两个防火门或防火闸(串联排列)保护，每扇门都有不少于2h的耐火性能。

② 不可燃烧的顶棚结构不能延伸超过建筑物墙壁2.3m，任何这样的顶棚都应有喷水保护装置，并且在这个建筑物与具有喷水保护装置的建筑物之间区域的顶棚下都应设有喷水断火装置。任何宽度达到或不足2.5m的开放区域，都应该提供喷水断火装置，并放置在其中心位置。开放区域延伸宽度超过2.5m时，从每一侧放置喷水保护装置的间隔不能超过2.5m，但不能小于1.25m。

③ 外置卸货码头或平台是不燃结构，或在堆积物的下面留有空间。

④ 单独使用的建筑物(如办公楼或私人寓所)。在任何没有喷水保护装置的部分与有喷水保护的部分之间，都要用耐火性能超过6h的墙壁隔开，室内任何光滑面积的耐火性能不能低于1h。此外，还应设有断火喷水装置，室内所有开放区域被

耐火性能超过2h的单一防火门或单一防火闸保护。

⑤ 具有不燃结构的建筑物、楼层或房间通常用于湿过程。

⑥ 对于设在喷水保护的建筑物外面的楼梯、洗衣房或盥洗室，其中所有与喷水保护建筑相连的外部开放区域都应该由耐火性能不小于1h的门保护。

⑦ 楼梯、洗衣房、卫生间和盥洗室的外部或内部与装有喷水保护装置的建筑物通过被喷水保护的建筑和不被喷水保护的建筑之间某种方式相连接。在任何没有喷水保护装置的部分，所有通向与喷水保护建筑相连接的区域和通向不被喷水保护建筑相连接的区域，都要用防火性能不少于1h的防火门保护。

5.5 用房分类

与喷水装置相关的用房分类的标准及其水供应，并不是通常意义上讲的用房火险等级分类。

① 轻度火险。该类主要是指用房数量和/或可燃性比较小，以及考虑到热量释放时火灾可能性低的用房或部分其他用房。

② 普通火险(组1)。该类主要是指可燃性低、燃烧物数量适中、可燃物仓库高度不超过2.4m和考虑到热量释放时火灾发生概率适中的用房或部分其他用房。

③ 普通火险(组2)。该类主要是指可燃性和可燃物数量适中、可燃物仓库高度不超过3.7m和考虑到热量释放时火灾发生概率适中的用房或部分其他用房。

④ 普通火险(组3)。该类主要是指可燃性和可燃物数量较高，考虑热量释放时火灾发生概率较高的用房或部分用房。

极度危险用房是指可燃性和可燃物数量都非常高，含有易燃液体、粉尘、棉毛或其他暴露的材料，引起或扩大火灾的可能性很高，并且具有较高的热量释放能力的部分区域。

极度危险用房包括可能产生重大火灾的广阔区域。以下两方面可以用来评估极度危险用房的危险程度：

① 极度危险(组1)包括上述用房中不含有可燃液体的部分。

② 极度危险(组2)包括上述用房中含有一定量的可燃液体或可燃物大面积苫盖的部分。

5.6 类型

喷水装置主要包括以下类型：湿管、两用型(干管和湿管)、干管、预备型、循环型、末端两用型、末端干管、密集洒水型。

在一般情况下，应考虑使用湿管装置。然而，如果不能确保用房温度一直保持在0℃以上，应该安装两用型装置。在冬天，只有用房的部分区域在5℃以下时，应该在这一部分安装末端两用型装置，作为湿管装置的补充。

当低温或高温频繁或持续不断出现时，应该使用干管装置，或者只有在一小片区域使用末端干管装置，作为主要安装方式的补充。

喷水装置应包括密集洒水型设备，以覆盖易燃液体的小范围危险区域，例如燃油锅炉房等。

图5.2给出了一种典型的湿管和干管喷水装置。

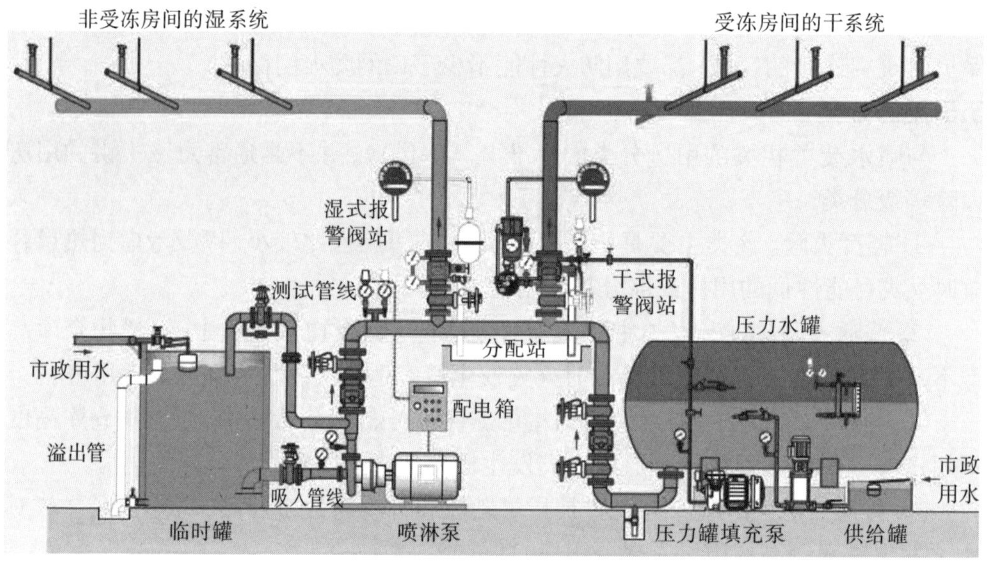

图5.2 干管和湿管喷水装置

5.7 湿管装置

湿管喷水系统(见图5.3和图5.4)是由附属于含有水的管道系统(连接到供水系统)的自动喷水探头组成，使得水能直接喷到被火加热的开放区域。

湿管装置应当被安装在管道在任何情况下都没有冻结危险的区域，并且温度上限不会超过70℃。不应该在管内使用防冻剂，并将其作为防止水结冰的方法。

装置中、区域中或地带(包括末端扩展，但不包括隐蔽空间或机器)中的喷水器的数量不能超过以下规定：

① 对于轻度火险，每个装置500个；

② 对于普通火险，每个装置1000个；

③ 对于重度火险，每个装置1000个。

当喷水器被加热到设计温度时，每个喷水器都应该处于工作状态。大部分喷水器根据系统设计的不同，每分钟喷出20~25gal(1gal=3.785，下同)的水。具有特殊用途的喷水器的喷速为100gal/min。

图5.4给出了湿管喷水系统的原理图。

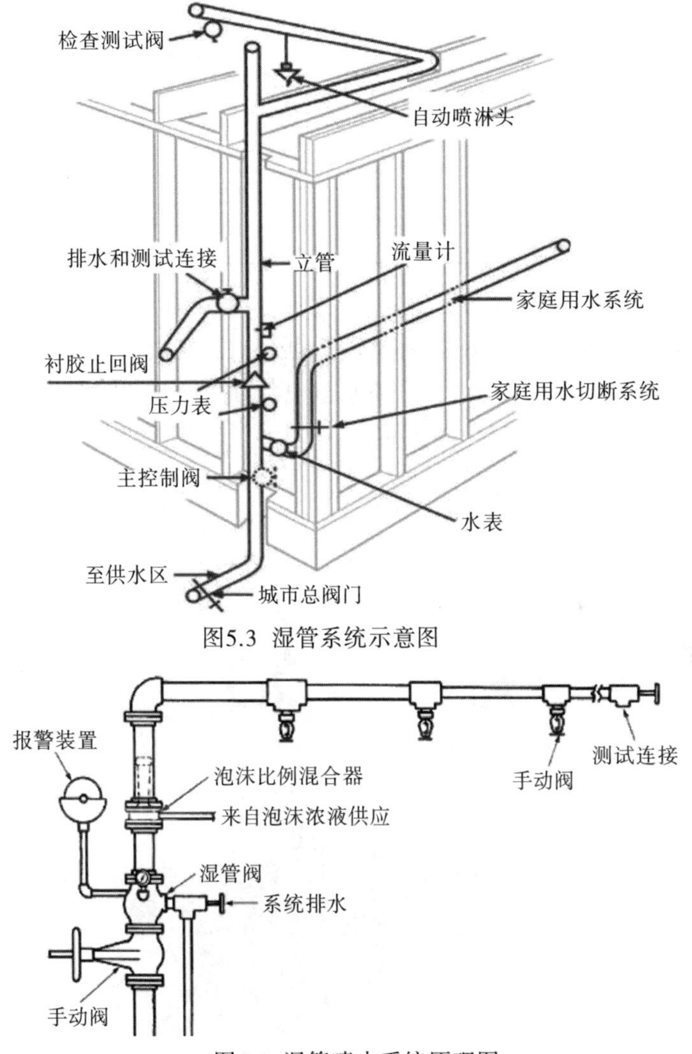

图5.3 湿管系统示意图

图5.4 湿管喷水系统原理图

5.8 两用型(干管和湿管)装置

两用型装置应被安装在可能发生多重危险的区域，水在管内可能会冻结(如在冬天使用)且环境温度不会超过70℃。

两用型装置不能用于保护高危火险的仓库。当装置处于湿管模式时，有些地点有可能结冰，这时应使用末端干管或两用型系统，在低温区域布置干竖管或干管悬挂的喷水器。

包括任何末端延伸的喷水器的数量不能超过表5.1的规定。

表5.1 包括所有末端延伸在内的两用型装置的喷水器数量

轻度火险	每个装置250个
没有加油或排气的轻度火险	每个装置125个
有加油或排气的普通和重度火险	每个装置500个
没有加油或排气的普通和重度火险	每个装置250个
轻度和普通火险的组合	每个装置500个
轻度和重度火险的组合	每个装置250个

5.9 干管装置

干管装置(见图5.5和图5.6)是由附属于含有一定压力的空气或氮气的管道系统附的自动喷水探头组成。压力(来自喷水器出口)的释放使得水压打开干管阀门，然后水流入管道系统，接着流出喷水头。

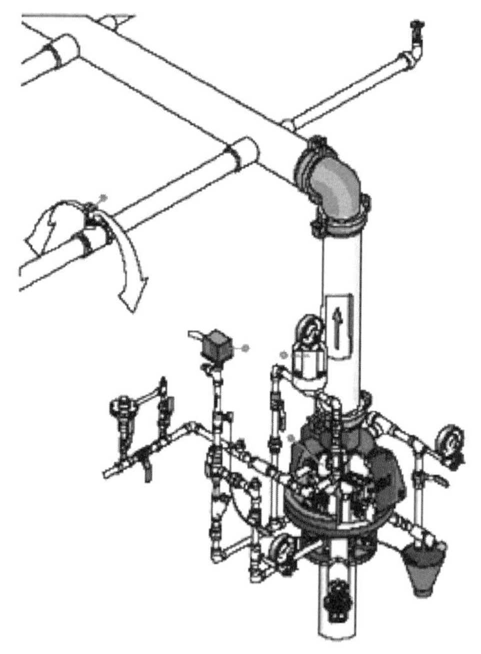

图5.5 干管装置

干管系统安装在不适合湿管系统的可能低于结冰温度的地方。

干管装置只能安装在环境条件不满足湿管系统或两用系统的地方。

喷水器的数量不能超过表5.2的规定，图5.6是干管装置的原理示意图。

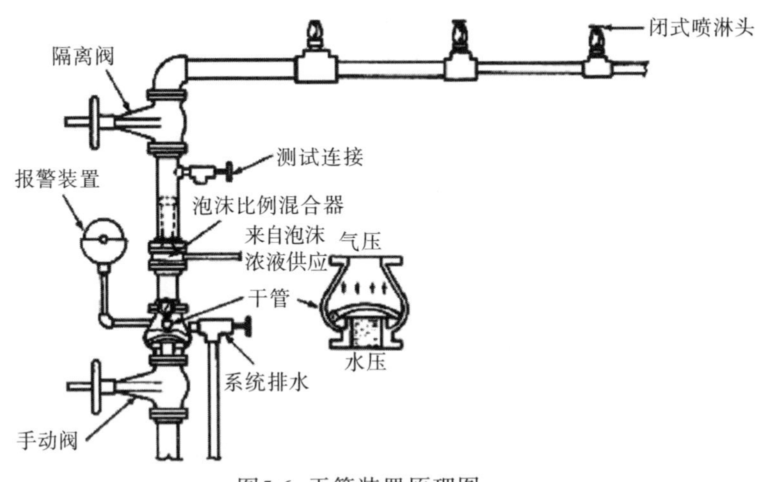

图5.6 干管装置原理图

表5.2 干管装置喷水器的最大数量

有加油或排气轻度火险	每个装置250个
没有加油或排气的轻度火险	每个装置125个
有加油或排气的普通和重度火险	每个装置500个
没有加油或排气的普通和重度火险	每个装置250个
轻度和普通火险的组合	每个装置500个
轻度和重度火险的组合	每个装置250个

5.10 预作用喷水灭火系统

预作用喷水灭火系统(见图5.7和图5.8)与密集洒水式灭火系统类似，喷水器安装很紧密。这种类型的系统经常用于放有高价值的设备或对喷水器突然喷水很敏感的区域。预作用阀门通常安装很紧密，并且有独立的检测系统。

图5.7 预作用喷水灭火系统

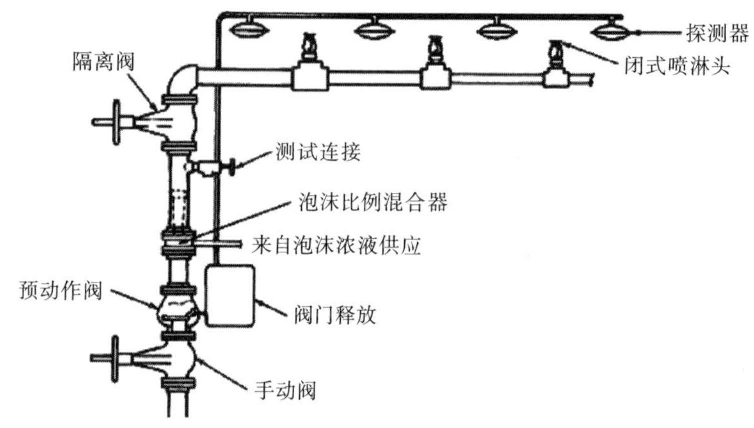

图5.8 预作用系统原理图(系统排水部分未展示)

激活预作用喷水灭火系统会打开预作用阀门，使得水进入管道系统。直到热量激活独立喷水器中的操作元件后，水才会喷出来。预作用阀门的打开使得系统有效地转变成了湿管系统。

在预作用系统中，管道内用空气或氮气作为压力介质。对空气压力的监控为监控整个管道系统提供了一种方法。管道内监控压力丢失会对预警面板信号造成严重影响。

预作用系统装置主要有两种类型：类型1，可防止因管道系统或喷水器受到机械损伤时，水提前泄漏；类型2，可在早期通过打开装置主要控制阀门，促进干管和两用管排水，使得在火灾检测系统工作前就可以将管道充满水。

喷水管的数量不能超过以下规定：

① 对于轻度火险，每套装置500个；

② 对于普通火险，每套装置1000个；

③ 对于重度火险，每套装置1000个。

图5.8给出预作用喷水防火系统的示意图。

5.11 循环装置

循环装置应当用于以下需要的场合：

① 在火灾熄灭后减少水的损失。

② 在对管道系统修改后或如果需要更换喷头时，防止主要装置截止阀关闭。

③ 减少因偶然机械损伤引起的管道系统和喷水器的水损失。应当在预动式消防系统中应用热量检测器和控制装置。每套装置中的喷水器的数量不能超过1000个。

5.12 末端两用管和末端干管补充

末端两用补充部分应当安装在有结冰可能的比较小的区域，或者在被加热严重的建筑物中作为湿管系统的补充。末端干管补充只能在下列情况中使用：

① 在高温烤箱或炉子中作为湿管装置的补充或替代品。

② 在可能结冰的环境条件下且空气/气体压力不比主要控制阀与末端阀门之间的空气/气体压力小时，作为干管或湿管装置的补充或替代品。

在任何末端补充系统中，喷水器的数量不能超过100个。当一个控制阀门控制超过两个末端补充系统时，末端补充系统的喷水器数量不能超过250个。

5.13 密集洒水型装置

密集洒水系统的管道排列(见图5.9和图5.10)与干管、湿管系统相似，但也有两个主要的不同点：

① 尽管都是开放型的，但标准喷水器的使用不同。密集洒水系统去掉了活动单元，使得当控制阀门开启时，水会从所有喷水器同时流向洒水区域。

② 密集洒水型阀门通常是关闭的，阀门由独立的火灾检测系统开启。

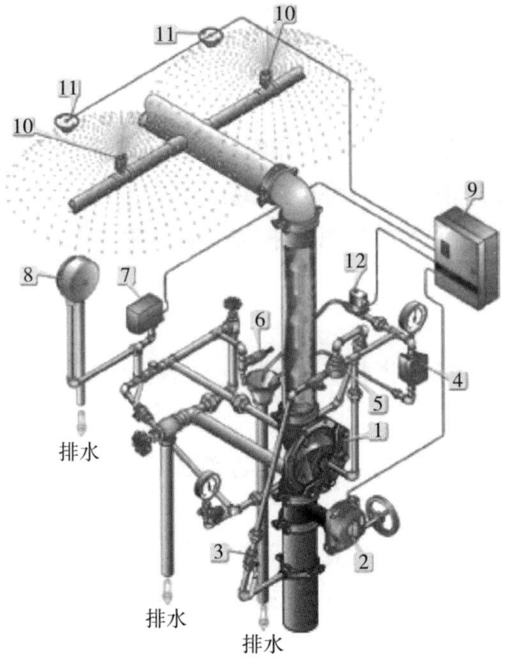

图5.9 密集火灾喷水系统

1—集水阀；2—隔离阀；3—隔膜阀；4—手动控制站；5—故障安全阀；6—自动排水阀；7—水的压力开关；8—水力警铃；9—释放面板；10—喷嘴；11—烟/热探测器；12—气压传动装置；13—气源入口；14—压力开关(空气)；15—止回阀；16—电磁阀

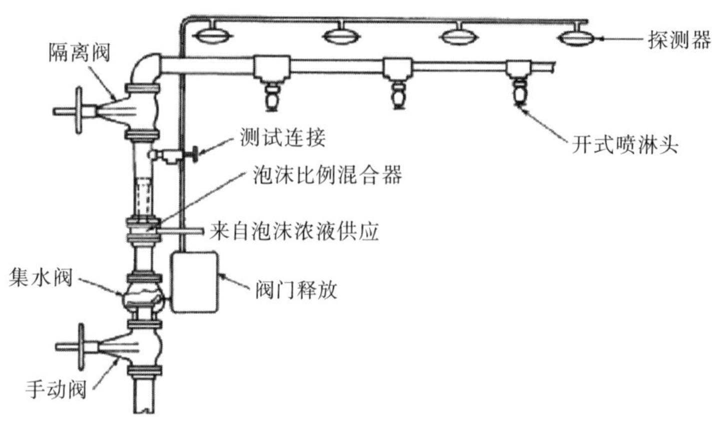

图5.10 密集火灾喷水系统示意图(系统排水部分未展示)

密集洒水型主要用于需要快速大量用水的地方，以便控制发展迅速的火势。密集洒水型阀门可以电动、气压方式操作或者采用水压控制。密集洒水装置应当安装在火灾发生区域的需水量超过其他所有区域的地方。

图5.10给出了密集洒水装置的示意图。

5.14 供水系统

5.14.1 可靠性

为了保证供水系统的持续性和可靠性，可以采取任何实用的措施。从城镇中心流到喷水系统的水经过消防队后将会减少。

供水系统应当被使用人员较好地控制，或者由相关部门管理，但不能确保城镇中心的供水压力和流速。

5.14.2 防霜

装置的主要控制阀门和供水管道，都应当在不低于4℃的条件下运行。

5.14.3 水质

为喷水装置供水的系统应当远离悬浮纤维或其他会在管道系统中积攒的物体。

盐水或碱水不能留在喷水装置的管道系统中。

在没有可用洁净水的地方，盐水或碱水应当与正常洁净水混合使用。

5.14.4 环形管线

喷水系统由环形供水管道供水时，环形管道中的隔离阀应当设置为联锁类型。环形管道上不同适当位置上的隔离阀，能在发生断裂或其他需要关闭部分环形管道的情况下，保持最大限度的供水。

5.14.5 供水设备间

诸如泵、压力箱、重力箱等设备，不能放置在有危险发生或易爆炸的地方。

5.14.6 供水类型

下面给出了低层供水系统的选择方案。

为轻度或普通火险提供服务的系统应当具备以下条件：单一供应、超级供应、双重供应。

无论是否实用，都应该提供一个超级供应或双重供应。为高危火险服务的系统应当具备以下条件：超级供应、双重供应。

5.14.6.1 消防入口规定

如果可以的话，只由压力水箱、重力水箱或真空泵供水的系统，应当配备一个消防入口。值得强调的是，在任何系统中，消防入口可以使消防队用他们自己的设备将水泵入系统中。水务管理局通常不会允许系统中的消防入口在城镇中心中出现，这是因为水可能从入口流入城镇中心。

5.14.6.2 单一供应

单一供应应满足以下其中一点的要求：

① 一个城镇中心；

② 一台单一自动真空泵从水资源中抽水；

③ 一台自动增压泵从城镇中心抽水。

5.14.6.3 超级供应

超级供应应该满足以下其中一点的要求：

① 一个城镇中心；

② 两台自动真空泵从吸入罐中吸水；

③ 两台自动增压泵；

④ 一座提高的独立水库；

⑤ 一个重力水箱；

⑥ 一个只占用一层的高危或普危压力箱。

5.14.6.4 双重供应

双重供应应该包括表5.3中给出的合适组合中的至少一条。从每个水源出来的供应管道都应该在一个离保护设施越近越好的点汇入一个公共干线。

公共干线不应该在工作人员控制范围外横贯路面，也不应该设在公共道路的下面。在一个系统中，公共干线应该供应不止一个装置。

5.14.6.5 高层系统

为高层系统的供水应该满足以下要求的其中之一：

① 一个重力水箱；

② 安装一台自动真空泵，使得每个装置都被一台独立泵或者多级泵的独立一级所服务。

5.15 设计密度和经过完整水力计算的装置的假定最大操作区域

对于经过完整水力计算的装置，当考虑到所有室内相对较少的顶层喷水装置时，或在假定的最大操作区域(assumed maximum area of operation，AMAO)下，再加上在顶层喷水装置下安装的将要运行或已经运行的一些洒水器和/或喷雾器、中速喷雾器、高速喷雾器，计算的排放密度不应该比适当值小。

全部火灾危险级别下完整的水力计算的基础，是一组顶层喷水装置(如果开放式流通的个数在4或4以上，将按4个编号)在特殊几何模型下最小设计密度的说明书。这组装置的水压与供水点相差较大，也是假定的同时排水喷头这一较大组的一部分。这一较大组是AMAO，被指定到每个危险类别。液压最不适用于AMAO的地方，就在于计算设计密度。

5.15.1 轻度火灾危险

设计密度和顶层喷水装置的AMAO应该比表5.3中给出的要求要高。

表5.3 适合双重供应的组合

供 应	城镇要点(有或无泵)	提高的独立水库中的增压泵	真空泵	重力水箱	提高的独立水库	压力水箱
压力水箱	稍微正常	提高的独立水库中的增压泵	稍微正常	只有在有第三方供应时才合适	稍微正常	只有在第三方供应时才合适
提高的独立水库	不合适	稍微正常	比正常稍微偏高	比正常稍微偏高		
重力水箱	不合适	稍微正常	比正常稍微偏高	比正常稍微偏高(可能用到1个分开的水箱或2个独立水箱)		
真空泵	通常不允许	比正常稍微偏高	比正常稍微偏高			
提高的独立水库中的增压泵	通常不允许	比正常稍微偏高				
城镇要点中有或无增压泵	比正常稍微偏高					

除了走廊，室内应该安装的喷头不超过6个。走廊应该安装一列喷头或设置一个受保护的隐藏空间。

5.15.2 普通火灾危险

轻度、普通、高度火灾危险顶层喷淋设施的设计密度和AMAO不应该比表5.4给出的数据低。

表5.4 轻度、普通、高度火灾危险顶层喷淋设施的设计密度和AMAO的最小值

危险等级		最低设计密度/(mm/min)	AMAO/m^2
轻度		2.25	84
普通	组Ⅰ	5	72
	组Ⅱ	5	144
	组Ⅲ	5	216
高(进程)	类型1	7.5	260
	类型2①	10	260
	类型3	12.5	260
	类型4	10	对每个建筑足够的水保护

① BS 5306标准Pt 2中的表4规定的分类Ⅲ、类型2，包括可燃容器中的易燃液体、橡皮制品、木托盘和木制台纸(闲置)。

5.15.3 高危火险(过程火险)

最低设计密度和AMAO应该比表5.4中给出的数据高。

5.15.4 高堆存储危险(货物)，储存等级S1和S4。

当堆积高度超过普通危险等级，顶层喷水装置的堆积密度和AMAO应该比表5.5给出的数据高。S1~S8等级的储存方法规定如下：

① S1，独立或成批堆积；

② S2，立柱式或箱型托盘单向排列；

③ S3，立柱式或箱型托盘并联排列；

④ S4，无底立柱式托盘；

⑤ S5，托盘架(梁托盘货架)；

⑥ S6，1m或更窄的立体或板条货架；

⑦ S7，1~6m宽的立体或板条货架；

⑧ S8，中间喷水器无法安装且超过1m的立体或板条式货架。

5.15.5 高堆存储危险(货物)，储存等级S2和S5。

堆积高度超过普通危险等级，设计密度和AMAO不能比表5.6给出的适当值低。

5.15.6 高堆存储危险(货物)，储存等级S3、S6、S7和S8

对于堆积高度超过5.7m的S3和S6等级的货物以及S7和S8等级的货物，其设计密度和AMAO不能比表5.7给出的数据低。

表5.5 高堆存储危险(货物)的设计密度和AMAO(存储类型S1和S4以及顶层喷水装置)

类别Ⅰ(仅限S1)堆积高度/m		类别Ⅱ(仅限S2)堆积高度/m		类别Ⅲ(S1和S4，S4只包括类别Ⅲ橡胶类型)堆积高度/m		类别Ⅳ(仅限S1)堆积高度/m		最小设计密度/(mm/min)	AMAO/m²	
超过	不超过	超过	不超过	超过	不超过	超过	不超过		湿管预动式消防系统和回收系统	干管和备用系统
0	5.3	0	4.1	0	2.9	0	1.6	7.5	260	325
5.3	6.5	4.1	5	2.9	3.5	1.6	2	10	260	325
6.5	7.6	5	5.9	3.5	4.1	2	2.3	12.5	260	325
		5.9	6.7	4.1	4.7	2.3	2.7	15	260	325
		6.7	7.5	4.7	5.2	2.7	3	17.5	260	325
				5.2	5.7	3	3.3	20	300	375
				5.7	6.3	3.3	3.6	22.5	300	375
				6.3	6.7	3.6	3.8	25	300	375
				6.7	7.2	3.8	4.1	27.5	300	375
						4.1	4.4	30	300	375

表5.6 高堆存储危险(货物)的设计密度和AMAO(存储类型S2和S5以及顶层喷水装置)

类别Ⅰ 堆积高度/m		类别Ⅱ 堆积高度/m		类别Ⅲ 堆积高度/m		类别Ⅳ 堆积高度/m		最小设计密度/(mm/min)	AMAO/m^2	
超过	不超过	超过	不超过	超过	不超过	超过	不超过		湿管预动式消防系统和回收系统	干管和备用系统
0	4.7	0	3.4	0	2.2			7.5	260	325
4.7	5.7	3.4	4.2	2.2	2.6	1.6	2	10	260	325
5.7	6.8	4.2	5	2.6	3.2	2	2.3	12.5	260	325
		5	5.6	3.2	3.7	2.3	2.7	15	260	325
		5.6	6	3.7	4.1	2.7	3	17.5	260	325
				4.1	4.4	3	3.3	20	300	375
				4.4	5.3	3.3	3.8	25	300	375
				5.3	6	3.8	4.4	30	300	375

表5.7 高堆存储危险(货物)的设计密度和AMAO(存储类型S3、S6、S7和S8以及顶层喷水装置)

类别Ⅰ 堆积高度/m		类别Ⅱ 堆积高度/m		类别Ⅲ 堆积高度/m		类别Ⅳ 堆积高度/m		最小设计密度/(mm/min)	AMAO/m^2	
超过	不超过	超过	不超过	超过	不超过	超过	不超过		湿管预动式消防系统和回收系统	干管和备用系统
0	4.7	0	3.4	0	2.2	0	1.6	7.5	260	325
4.7	5.7	3.4	4.2	2.2	2.6	1.6	2	10	260	325
		4.2	5	2.6	3.2	2	2.3	12.5	260	325
						2.3	2.7	15	260	325
						2.7	3	17.5	260	325

对于高堆存储危险(货物)和顶层保护，即时喷水器应安装在架子上或隔板下。当顶层喷水装置比货物顶部高3m以上时，顶层喷水装置的设计密度要求不小于7.5mm/min，并且AMAO不小于260m²，在仓库的每层(包括最顶层)都要布置即时喷水器。

当顶层喷水装置离货物顶部的距离不超过3m时，顶层喷水装置的设计密度和AMAO不应比表5.8中给的数据小，除了仓库顶层，其他每层都应配备即时喷水器。

表5.8 高堆存储危险(货物)的设计密度和AMAO(只用顶层喷水装置的顶层保护)

类别Ⅰ 堆积高度/m	类别Ⅱ 堆积高度/m	类别Ⅲ 堆积高度/m		类别Ⅳ 堆积高度/m		最小设计密度/(mm/min)	AMAO(湿管预动式消防系统和回收系统)/m²
不超过	不超过	超过	不超过	超过	不超过		
4.7	3.5		2.2		1.6	7.5	260
		2.2	2.6	1.6	2	10	260
		2.6	3.2	2	2.3	12.5	260
		3.2	3.5			15	260

5.16 供水系统压力–流量特性和流量

① 应用。对于湿管装置的应用要求，也可应用于预作用装置和循环装置；对于备用装置的应用要求，也可用于干管、末端干管和末端备用设备。

② 高危险性和外置喷水器。由于货架或者为了保护存储区域的柱子而额外增设喷水器的地方，应该在AMAO内为额外的喷水器增设供水系统，以便正常安装。

5.16.1 预先计算尺寸的管道安装

5.16.1.1 轻度火险

当水流速以225L/min流经排水管和检测阀时，在供水系统中工作的C型表的压力应该不低于0.22MPa(2.2bar)+静压力(等于安装位置最高的喷水器与测压表之间的高度差所对应的水力静压头)。

5.15.1.2 普通火险

当更高或更低的水流量流过排水管道或测试阀时，对于高层装置的每个控制区域，或者低层装置的C型压力表，其供水系统的工作压力不能比表5.9的规定数值小。

5.16.1.3 高层装置

每个高层管装置都应该配有管道补压泵，使得在每个检测阀或警报阀都能保持稳定压力(阀门与最高喷水器之间的静压头的1.25倍)。当单一的喷水器工作时，补压泵不能太大，以避免影响到真空泵或增压泵的正常运行。

表5.9 普通火险装置的压力和流速要求

危险等级	较低流速		较高流速	
	C型表压力或节流面压力/MPa	通过装置检测阀的流速/(L/min)	C型表压力或节流面压力/MPa	通过装置检测阀的流速/(L/min)
Ⅰ	0.1+S*①	375	0.07+S*①	540
Ⅱ	0.14+S*①	725	0.1+S*①	1000
Ⅲ	0.17+S*①	1100	0.14+S*①	1350

① S*表示C型表压力与最高喷水器之间的静压头。

5.16.2 高危火险

在控制阀门处，供水系统的工作压力不能低于：

① AMAO不比Pr+Pf+Ps保护区域大的地方。

② AMAO比Pred+Pf+Ps保护区域大的地方。

③ AMAO的配水管不止一个，在计算管道摩擦损失时，应认为配水管中的流速与每个配水管流入的设计面积成正比。

其中，Pred是指表5.10、表5.11、表5.12和表5.13中不同流速(等于保护区域系数乘以AMAO表中的指定流速)下的工作压力(bar, 1bar=0.1MPa，下同)；Pr是指表5.10、表5.11、表5.12和表5.13中不同流速下的设计点的工作压力；Pf是指控制阀门与水压最远设计点之间的摩擦损失；Ps是指设计点下游最高喷水器与控制阀之间的静压力差(bar)。

表5.10 高危装置的压力和流速要求[15mm喷水器(提前设计)，管道尺寸来自表5.16和表5.18]

最小设计密度/(mm/min)	通过装置测试阀的流速/(L/min)		高危火险区域设计点处不同工作压力下的每个喷水器所占用的面积/m²						
	湿管、预动式消防系统、回收装置	备用装置和干管(尾流和装置)	6bar	7bar	8bar	9bar	10bar	11bar	12bar
7.5	2300	2875			1.8	2.25	2.8	3.35	3.95
10	3050	3825	1.8	2.4	3.15	3.9	4.8	5.75	6.8
12.5	3800	4750	2.7	3.65	4.75	6	7.3		
15	4550	5700	3.8	3.8	6.75				

表5.11 高危装置的压力和流速要求[15mm喷水器(提前设计)，管道尺寸来自表5.16和表5.19]

最小设计密度/(mm/min)	通过装置测试阀的流速/(L/min)		高危火险区域设计点处不同工作压力下的每个喷水器所占用的面积/m²						
	湿管、预动式消防系统、回收装置	备用装置和干管(尾流和装置)	6bar	7bar	8bar	9bar	10bar	11bar	12bar
7.5	2300	2875			1.35	1.75	2.15	2.65	3.15
10	3050	3825	1.3	1.8	2.35	3	3.75	4.55	5.45
12.5	3800	4750	2	2.75	3.6	4.6	5.7	7	8.35
15	4550	5700	2.8	3.85	5.1	6.5			

表5.12 高危装置的压力和流速要求[15mm喷水器(提前设计)，管道尺寸来自表5.16]

最小设计密度/(mm/min)	通过装置测试阀的流速/(L/min)		高危火险区域设计点处不同工作压力下的每个喷水器所占用的面积/m²						
	湿管、预动式消防系统、回收装置	备用装置和干管(尾流和装置)	6bar	7bar	8bar	9bar	10bar	11bar	12bar
7.5	2300	2875			0.7	0.9	1.1	1.35	1.6
10	3050	3825	0.7	0.95	1.25	1.6	1.95	2.35	2.8
12.5	3800	4750	1.1	1.5	1.95	2.45	3.05	3.7	4.35
15	4550	5700	1.6	2.15	2.8	3.55	4.35	5.25	6.25
17.5	4850	5700	2.15	2.9	3.8	4.8	5.9	7.15	
20	6400	8000	2.8	3.8	5	6.3	7.75		
22.5	7200	9000	3.5	4.8	6.3	7.95			
25	8000	10000	4.35	5.9	7.7				
27.5	8800	11000	5.25	7.15					
30	9650	12100	6.2						

表5.13 高危装置的压力和流速要求[15mm喷水器(提前设计)，管道尺寸来自表5.17]

最小设计密度/(mm/min)	通过装置测试阀的流速/(L/min)		高危火险区域设计点处不同工作压力下的每个喷水器所占用的面积/m²						
	湿管、预动式消防系统、回收装置	备用装置和干管(尾流和装置)	6bar	7bar	8bar	9bar	10bar	11bar	12bar
7.5	2300	2875						0.8	0.95
10	3050	3825				0.95	1.15	1.4	1.65
12.5	3800	4750		0.9	1.15	1.45	1.8	2.15	2.55
15	4550	5700	0.95	1.25	1.65	2.1	2.55	3.1	3.65
17.5	4850	5700	1.25	1.7	2.25	2.8	3.45	4.2	4.95
20	6400	8000	1.65	2.25	2.95	3.7	4.6	5.55	6.55
22.5	7200	9000	2.05	2.85	3.7	4.7	5.75	6.95	
25	8000	10000	2.55	3.5	4.55	5.75	7.1		
27.5	8800	11000	3.05	4.2	5.5	6.9			
30	9650	12100	3.6	4.95	6.5				

5.16.3 混合高危/普危火险

当高危火险保护区域比AMAO小，但在同一空间与普危火险有一个毗邻区域时(比如喷水器应该即时操作的区域)，高危区域的流速首先应按AMAO与高危实际区域的比值进行减小，然后加上普危火险区域(指定的高危区域AMAO的5倍面积)

所对应的流速。

供水系统的工作压力应以高危火险区域位置最高的喷水器的水平面作为基准。高危火险分布式管道为高危和普通火险喷水器同时供水，管径不能比指定的普通火险管道配管表规定的数值小。

5.16.4 完整的水力计算管组

本小节的要求适用于经过完整水力计算的管组的尺寸。

5.16.4.1 最小管道尺寸

主要的和其他的分布式管道及管组的管道直径不能低于以下规定：

① 对于轻度火险装置，20mm(钢)或22mm(铜)，或者参考表5.14中所给出的直径数据；

表5.14 普通火险装置中不同设计的排列管道的尺寸

<table>
<tr><th colspan="2">排列管道设计</th><th>管道公称直径/mm</th><th>所给尺寸的管道能够供给的喷水器的最大数量/个</th></tr>
<tr><td rowspan="8">排列管离每个配水管道尾部较远</td><td rowspan="2">最后两个在末端的两侧分布</td><td>25</td><td>1</td></tr>
<tr><td>32</td><td>2</td></tr>
<tr><td rowspan="2">最后三个在三端侧分布</td><td>25</td><td>2</td></tr>
<tr><td>32</td><td>3</td></tr>
<tr><td rowspan="4">其他所有布局中的最后一个</td><td>25</td><td>2</td></tr>
<tr><td>32</td><td>3</td></tr>
<tr><td>40</td><td>4</td></tr>
<tr><td>50</td><td>9</td></tr>
<tr><td colspan="2" rowspan="4">其他排列管</td><td>25</td><td>3</td></tr>
<tr><td>32</td><td>4</td></tr>
<tr><td>40</td><td>6</td></tr>
<tr><td>50</td><td>9</td></tr>
</table>

② 对于普通或高危火险装置，25mm。

5.16.4.2 最大排管尺寸

除了与独立喷水器相连的管道直径超过65mm外，排列管的公称直径不应超过65mm。管道安装应该遵照BS 5306标准第2部分24.1.2小节的相关规定。

5.16.4.3 管道装置

主要配水管道和排列管道下游的管道装置应遵循BS 5306标准第2部分20.2小节的设计要求。排列管道尺寸和每个管道供给的喷水器的最大数量应参考表5.15(轻度火险)、表5.14(普通火险)和表5.16~表5.19(重度火险)。

表5.15 轻度火险排列管道和终端配水管尺寸

管道材料	公称直径/mm	最大长度①/m	一定尺寸的管道所允许的喷水器的最大数量/个
铜	15	1(没有弯头；500mm处有一个弯头)	1
	22	8	1
	28		3②
钢	20	8	1
	25		3②

① 包括方向变化的修正值。

② 如果水力计算表明有可能的话，不能排除2/3个喷水器设计点与装置控制阀门之间使用25mm普通钢管或28mm铜管；也不能排除当两个喷水器点是设计点时，在第三个和第四个喷水器之间使用25mm钢管或22mm铜管。

表5.16 不同管道布局时排列管公称直径(配有15mm公称直径的喷水器的高危火险装置内的压力–流速特性见表5.10和表5.11)①

排列管道设计		管道公称直径/mm	所给尺寸的管道能够供给的喷水器的最大数量/个
排列管离每个配水管道尾部较远	最后两个在末端的两侧分布	25	1
		32	2
	最后三个在三端侧分布	25	2
		32	3
	其他所有布局中的最后一个	25	2
		32	3
		40	4
其他排列管		25	3
		32	4

① 此表给出的管道尺寸可参考表5.10、表5.11和表5.12。

5.16.5 全水力计算管道尺寸装置

在任何阀门或流动监控装置中，水流速度不能超过6m/s。在稳定流动系统中包括AMAO在内的任何一个需求点，或在系统中有即时喷水装置(假定所有喷水装置同时工作)，水流速度不能超过10m/s。

5.16.6 管内损失计算

5.16.6.1 静压力差

系统中两个连接点的静压力差计算式为：

$$p=0.1h$$

式中：p为静压力差，bar；h为两点之间的垂直距离，m。

表5.17 不同管道布局时排列管公称直径(配有15mm公称直径的高危火险装置内的压力–流速特性见表5.10，20mm公称直径时的压力–流速特性见表5.13)[①]

<table>
<tr><th colspan="3">排列管道设计</th><th>管道公称直径/mm</th><th>所给尺寸管道能够供给的喷水器的最大数量/个</th></tr>
<tr><td rowspan="7">末端两测排列</td><td colspan="2" rowspan="3">最后三个管</td><td>40</td><td>1</td></tr>
<tr><td>50</td><td>3</td></tr>
<tr><td>65</td><td>6</td></tr>
<tr><td colspan="2" rowspan="4">其他管</td><td>32</td><td>1</td></tr>
<tr><td>40</td><td>2</td></tr>
<tr><td>50</td><td>4</td></tr>
<tr><td>65</td><td>6</td></tr>
<tr><td rowspan="6">末端中心排列</td><td rowspan="3">两个末端中心布局</td><td rowspan="2">最后三个管</td><td>32</td><td>1</td></tr>
<tr><td>40</td><td>2</td></tr>
<tr><td>其他管</td><td>32</td><td>2(每个都由32mm管供给)</td></tr>
<tr><td colspan="2" rowspan="3">三个或四个末端中心布局，所有管</td><td>32</td><td>1</td></tr>
<tr><td>40</td><td>2</td></tr>
<tr><td>50</td><td>4</td></tr>
</table>

① 此表给出的管道尺寸可参考表5.13。

表5.18 供给设计点下游的不同数量的配水管公称直径(配有15mm公称直径的高危火险装置内的压力–流速特性见表5.10)[①]

配水管公称直径/mm	所给管道尺寸能够供给的喷水器最大数量/个	配水管公称直径/mm	所给管道尺寸能够供给的喷水器最大数量/个
32	2	65	12
40	4	80	18
50	8	100	48[②]

① 此表给出的管道尺寸可参考表5.10。

② 如果遵照水力计算的要求，可以不排除在设计点与主要安装控制阀门之间的公称直径为100mm的管道。

5.16.6.2 管内摩擦损失

管内摩擦损失的计算要用到海森–威廉姆斯(Hazen–Williams)公式：

$$p=6.05\left(\frac{Q^{1.85}}{C^{1.85}\times d^{4.87}}\right)10^{5}$$

式中：p为每米压力损失，bar；Q为通过管子的流速，L/min；C为摩擦损失系数；d为管内径，mm。

阀门的摩擦损失系数在表5.20中列出，要用到喷水装置和城镇中心计算。

表5.19 供给设计点下游的不同数量的配水管的公称直径(配有15mm公称直径的高危火险装置内的压力–流速特性见表5.9和表5.10，20mm公称直径时的压力–流速特性见表5.11)①

排列管道布局	配水管公称直径/mm	所给尺寸管道能够供给的喷水器最大数量/个
4个末端侧	50	4
其他全部布局	65	8
	80	12
	100	16
	150	48②

① 此表内容参考表5.11。

② 如果遵照水力计算的要求，可以不排除在设计点与主要安装控制阀门之间的公称直径为150mm的管道。

表5.20 摩擦损失系数

管道类型	摩擦损失系数	管道类型	摩擦损失系数
铸铁	100	水泥	130
球墨铸铁	110	含纺水泥	140
低碳钢	120	硬质PVC	140
镀锌铁	120	石棉水泥	140

5.17 温度等级、分类和色码

表5.21给出了自动喷水装置标准温度等级。自动喷水装置应该具有框架臂，并按照表5.21给出的色码上色。另外，还有以下特别情形：防腐喷水器的色彩标志可能是色板顶端的一个点、图层材料的颜色或涂有颜色的框架臂；经过涂装的喷水器(如已经有工厂镀层或工厂图层的喷水器，或嵌入式、冲洗式、隐藏式的喷水器等)不需要色彩标志。

表5.21 温度等级、分类和色码

最大上限温度/℃	温度等级/℃	温度分类	色码框架臂	玻璃管颜色
38	57~77	普 通	不涂色或黑色	橘黄色或红色
66	79~107	中 等	白 色	黄色或绿色
107	121~149	高	蓝 色	蓝 色
149	163~191	非常高	红 色	紫 色
191	204~246	极 高	绿 色	黑 色
246	260~302	超 高	橘黄色	黑 色
329	343	超 高		黑 色

常温喷水器应可以在建筑物内除以下特例外的所有部分使用：最大上限温度超过38℃，喷水器的温度等级应与表5.21中的最大温度上限一致；中温和高温喷水器应使用在所有普危和高危场所；被NFPA标准允许或限制。

除非最大预期温度已经确定，或高温喷水器已经广泛应用，观察下列情况，以提供喷水器的普通温度等级：

① 当喷水器靠近单体式加热系统时，加热区域内的喷水器应当处于高温等级，并且危险区域中的喷水器应处于中温等级。

② 当喷水器位于无覆盖的主蒸气、导热油、散热器的一侧305mm外或上面762mm时，应属于中温等级。

③ 当喷水器距低压排气阀不足2.1m时，而排气阀将气体自由地排入大空间内，这种情形属于高温等级。

④ 玻璃或塑料天窗下的喷水器直接吸收太阳射线，应属于中温等级。

5.18 对人员的危害

5.18.1 高温液体

若从喷水器喷头、喷雾器中或从管道中泄露出来的水可能与高温液体(如盐浴、金属熔炉液、热浸沥青水等)接触，喷水器应避免安装在此处。

5.18.2 与水反应的化学物质

应考虑到喷水器中出来的水与相关化学物质发生反应，并采取相应的安全存储等措施。

排水可能导致某些化学品点燃、某些剧烈反应或释放有毒、有害烟气。

由于可能与可溶于水的化学物质接触或通过水使得有害物质扩散，水从喷水器泄流口通过是很危险的，因此在规划阶段考虑建造合适的排水渠、水池和堤坝等设施，就显得尤为重要。

5.18.3 电气接地

系统中所有的金属制品都应该有效接地，以防止其成为电导体。

喷水管道不能作为接地媒介。

5.18.4 维修期间

因为喷水器和洒水器装置管道系统不耐压，即使安装操作是可行的，这些装置也不能承受内部平移或者安装喷水器喷头或喷雾器，除非采取措施来确保有关人员的安全。

5.19 预防室外火灾的外部喷水器

针对室外火灾的外部喷水器应该配备标准供水系统。

水源要能够满足所有外部喷水器的工作需求；同时，为了预防室外火灾，供水持续时间不少于60min。

当自动喷水系统安装完成后，供水系统要能够从自动源取水。

当用于供水系统时，消防连接装置应该放置在不受火灾影响的区域。

5.19.1 控制

每个外置喷水器都应该配有独立的控制阀门。当需要不止一个系统时，系统应该竖直而不是水平划分。下面是几个特例：

① 当安装数超过6个时，系统应该水平划分，并配有独立升水机。

② 人工控制的开口喷水器应当用于有持续监控的地方。

③ 自动控制的开口喷水器应当由专门设计的火灾检测设备控制。

5.19.2 类型

小孔口喷水器通常用于暴露级别较低或适中的地方，或者覆盖面积很小的地方，或者在每个最低线都有窗体喷水器的水平线。

大孔径喷水器通常用于暴露严重，或者在不止一条最低线时，窗体喷水器的一条水平线用于保护窗户。

5.19.3 窗体喷水器

当暴露等级较低或适中时，喷水器可安装成唯一的水平线，喷水器应当有9.5mm的孔口。在至少需要一个喷水器线的条件下，喷水器孔口尺寸见表5.22。

表5.22 喷水管孔尺寸

项 目	两条线/mm	三条线/mm	四条线/mm	五条线/mm	六条线/mm
顶 线	9.5	9.5	9.5	9.5	9.5
下面一层	8	8	9.5	9.5	9.5
下面一层		6.5	8	8	8
下面一层			6.5	8	8
下面一层				6.5	6.5
下面一层					6.5

在有至少6个水平平行窗的地方，可省略第一层以上的喷水器。如果现场测试表明所有表面是湿的，那么2层以上的喷水器也要应该被省略。

大孔口喷水器也应该被用于保护位于同一条喷水器线的两层或三层窗户，这由窗户和墙的结构所决定。这使得窗户和框架的所有部分都由一条喷水线淋湿。

对于高度不超过三层的建筑，经常有一条喷水线位于窗户的顶部。对于高度超过三层的建筑，一条喷水线应该能应用于每一层的顶部。

当层数为奇数时，最低的线可以保护前三层。当使用多条线时，对于每条顶层下面的连续线，管孔尺寸应该缩小，但不能使管孔尺寸小于13mm。

对于小孔型喷水器保护的宽度不超过1.5m的窗户，一个喷水器应当放置在靠近顶层的中间位置，使得喷出的水流能够洒湿窗户的上面部分，进而通过与窗户和框架的碰撞洒湿整个窗户。这些可以通过在窗户上边缘的中心安装一个带有导向设备的喷水器来实现。当玻璃的长、宽、高分别为1.5m、1.2m和0.9m时，可在玻璃前229mm进行安装。当窗户超过1.5m宽或竖直嵌入时，应当使用更多的喷水器。

当窗户宽度为0.9m或更窄时，喷水器管孔尺寸应当比BS 5306标准第2部分28.5节规定的更小些，但是不能小于6.4mm。

对于被大管孔喷水器保护的1.5m宽的窗户，在每个窗户的中央使用一个13mm管孔喷水器。对于宽度为1.5~2.1m的窗户，在每个窗户中央使用一个16mm管孔喷水器。对于宽度为2.1~2.9m的窗户，在每个窗户中央使用一个19mm管孔喷水器。对于宽度为2.9~3.7m的窗户，在每个窗户中央使用2个13mm管孔喷水器。

大管孔、宽转向的喷水器应当配备导向装置，放置在框架顶端下方约51mm，并离玻璃305~380mm的地方。

当玻璃表面靠近外墙时，悬臂支架或者相似类型的支架应该置于玻璃305~380mm以外，以支撑窗口洒水装置。

5.19.4 檐口洒水装置

排放孔直径至少9.5mm，除非充分暴露；然后应该安装13mm和16mm的檐口洒水装置。

除了BS 5306标准第2部分22.1.8.3小节指出的情况外，洒水装置间隔不应该超过2.4m，并且突出的横梁或者其他的障碍应该额外设置必要的洒水装置。

对于内湾宽度达到2.4m的檐口，洒水装置应该放置在每个湾的中心。而对于内湾宽度为2.4~3m的檐口，洒水装置喷水口应大一个尺寸。

檐口洒水装置应该与导向板位于屋顶板的大概203mm以下。

当木檐板位于窗口上方762mm处或者更低处时，檐口洒水装置应该由为窗口洒水装置供水的同一水管供水。

对于那些突出部位不超过0.3m的檐口，应该使用窗口洒水装置并且遵照表5.23的间隔要求。

窗口洒水装置应该放置在管道以上靠近檐口外缘，导向板从檐口以下不超过76mm，并且安装角度能够使水向上和向内喷射。对于突出部位超过0.3m的檐口，应该使用檐口洒水装置。

表5.23 窗口洒水装置的间距要求

9.5mm和13mm的洒水装置	不超过1.5m间距
16mm的洒水装置	不超过2.1m间距
19mm的洒水装置	不超过2.7m间距

5.20 泡沫-水喷淋自动灭火系统和泡沫-水喷雾系统

这本书介绍了开式泡沫-水喷淋自动灭火系统和泡沫-水喷雾系统的最低要求。每个结合的单一系统都能根据具体情况流出泡沫或水。

因此，根据保护的设计目的，系统可以把水或者泡沫的密度要求作为控制因素进行设计。

本节所涉及的设备主要应用于泡沫-水喷淋自动灭火系统或者泡沫-水喷雾系统。本标准不适用于单独的泡沫系统、洒水车或者固定水雾灭火系统的安装。

本节的目的是介绍开式泡沫-水喷淋自动灭火系统和泡沫-水喷雾系统在安装时的全部工程原则、测试数据和现场经验，为火灾中的生命和财产安全提供具有一定合理程度的保护。

5.20.1 系统设计

应该提供自动操作，并且以辅助的灵活手动方式作为补充，但是有下列例外。手动操作只有主管部门接受时才可以提供。

① 根据设计目的，系统应该在一定时期内向危险物喷洒一定密度[(L/min)/m^2]的泡沫，喷洒可以在排水之前或者之后实施。

② 在向危险物喷洒完泡沫之后，这些特殊的系统应该进行排水，直到手动关闭。

③ 应向权威机构咨询使用哪一种集中供应泡沫的方法。集中储备供应的目的是在系统运行之后，有充足的手段来让系统获得服务。应该实现列出能够使用的储备供应和系统元件。

5.20.2 适用性

这种类型的系统应该从同一装置喷射泡沫或水。鉴于这种双重灭火剂的流出特点，这些系统会有选择地适用于A类和B类危险的组合(注意：当辅助灭火设备与这些系统一起使用时，必须得小心谨慎，这是因为一些灭火剂与一些泡沫不相容)。

泡沫-水喷淋系统特别适用于大多数易燃液体危险的防护。它们可以用于任何下列的用途或组合。

① 灭火。这种系统的主要目的是在灭火过程中保护危险物质。为此，合理的系统设计、喷淋设备和充足的空气-水供应压力，可以实现合适密度[(L/min)/m^2]的泡沫溶液的喷洒。泡沫流出速率应该与设计周期和随后的泡沫集中供应消耗相吻

合，以从系统中提供类似的水流速率，直到关闭。

② 预防。预防火灾的危害是这种系统的一个补充功能。通过系统的手动操作，可从喷洒设备中有选择地喷洒泡沫或水，以防止从车库、飞机库、石油化工厂泄露或者位于保护区域由其他原因造成的危险物质积累，为清理过程提供保护措施。在这种情况下，手动系统操作能为泡沫覆盖的区域提供手动喷水。

③ 控制和暴露保护。可以通过喷水和/或泡沫控制火焰，而控制火焰则可以对无法实现熄灭情况下的燃烧物进行控制，并且可以保护暴露的设备，从而减少火焰与设备间的传热。这种保护方式的实现程度与系统设计的固定流量密度密切相关。

某一类物质被认为是任何类型的泡沫都是不适用的。这一类物质包括液化或压缩气体(例如丁烷、丁二烯、丙烷)、能与水发生剧烈反应的物质(例如金属钠)、与水反应产生有害物质的物质和涉及到电气设备火灾的物质(那些不导电的灭火剂在这里才是最重要的)。

在水溶性溶剂和极性溶剂火灾中，不应该使用普通的泡沫液。特殊的醇型浓缩物可以用来产生泡沫，并用于防护这类危险。

对于某一保护区，水或者泡沫的设计流出率的密度应不小于6.5(L/min)/m^2。这是一个泡沫-水双重灭火剂系统，因此这个最小的密度是必需的。

泡沫的喷射应该在设计流速下持续10min。如果系统喷射速率在这个最小值之上，那么操作时间可能会以一定比例减少，但是不应该少于7min。

5.20.3 系统部件

5.20.3.1 合格的设备和材料

应列出所有元件并列出其应用，其中包含泡沫-水喷淋系统和泡沫-水喷雾系统的泡沫浓缩液。

5.20.3.2 喷淋装置

喷淋装置应该是空气吸入式的(例如泡沫-水喷淋和泡沫-水喷雾喷嘴)，或者是非空气吸入式(例如标准的洒水装置)。

应该列出喷淋装置和泡沫液，并一起使用。

在非空气吸入式装置的使用过程中，应该使用AFFF验证过并列出的适用于这些装置的浓缩物。

5.20.4 泡沫液

① 应该列出浓缩液以及使用的配料设备和喷淋设备。

② 提供给泡沫-水喷淋和喷雾系统的泡沫液量，在要求的时间内应该充分维持喷射密度，并作为系统设计的基础。

③ 泡沫液的充分供应足够能满足系统设计需求，使得操作后系统能够返回进行服务。这个供应可以在独立的箱、隔间内，也在生产场所的桶或罐内，或者24h内可获得的外部来源。

④ 应该通过适当的测试来检查浓缩物的替代供应，以确定其可接受性。

5.20.5 泡沫液调配方法

正压注入是泡沫液进入供水管道水中的首选方法。正压注入法可以由下列方式实现：

① 通过一个特殊的设计值使上游侧孔的泡沫压力超过系统立管中水的压力，泡沫液泵就由一个计量孔流入保护系统立管。

② 一个平衡压力配比系统(需求类型比例混合器)通过一台泡沫液泵使泡沫液由一个计量孔流入一个比例控制器(文丘里)或者保护系统立管的孔内，然后通过使用一个压力控制阀自动保持泡沫、液体和水的压力平衡。

③ 压力平衡罐有或没有分离水和泡沫液的横膈膜。

如果流动特性随流动方向变化的话，孔板应该设有“位移指示器”来确定孔径和指示流动方向。

在有特殊条件保证的地方，可以使用其他配比方法，例如循环泵和串联感应器。

5.20.6 泵

泡沫液泵和水泵应该有足够的能力来满足使用它们的系统的最大需求。为了确保正压注入浓缩液，泵的设计额定出口喷射压力水平应该适当地超过浓缩液注入点在任何情况下出现的最大水压。推荐压力的余量为0.07~0.4MPa。

泡沫液泵应该谨慎挑选并且有足够的能力进行特殊的服务，应该特别注意浓缩液抽吸时用到的密封类型。

应该做好在泡沫供应耗尽后关闭泡沫液泵的准备。

5.20.7 电力供应

泡沫液泵和水泵的电力供应应该具有最大的可靠性。满足NFPA 20的适用要求、离心消防泵的安装标准(包括消防泵驱动电源的可靠性)，被认为符合本标准的意图。

控制泡沫液泵开启的控制器应该是检验认可的类型。控制设备应该符合当地离心消防泵的安装标准。

5.20.8 空气泡沫液储罐

泡沫液储罐的建设应该考虑液体适用性、安装牢固并且位置永久确定。

应该考虑储罐中泡沫液的存储温度。

储罐空间应该能承载泡沫液量并加上泡沫液热膨胀所占的空间，后者最好是通过垂直立管或膨胀圆顶的方法来实现。满足这个要求的储罐在液位会有一个最小的表面区域与空气和液体浓缩物接触，从而减小储罐内部腐蚀的可能性。从储罐中出来的泡沫液应该提升到储罐的底部之上，以提供充分的沉淀物储存空间。

在确定泡沫液数量时，沉积物的储存器体积应该加到系统操作所需要的数量上。罐的位置应当能够在泵入口处提供正压头。

5.20.9 泡沫液管线的压力

泡沫液管线与保护系统注入孔之间的管线通常在地底下敷设，或者在地上敷设，长度一般在15m以上。在这些管线中的泡沫液应该保持一定的压力，以确保及时的泡沫供应。这也检查系统紧密性提供了一种手段。可以通过一个小型辅助泵或者其他合适的方法维持压力。

5.20.10 泡沫液管线及其组件的温度

泡沫液管线及其组件的温度应该保持在为泡沫液特别设计的储罐温度限制之内。

5.20.11 系统控制设备的位置

设备应该安装在容易接近的位置，特别是火灾紧急情况下的保护区和危险保护区中不会暴露的地方。这样的例子包括泡沫液的储罐与比例混合器，水与泡沫液泵，水、浓缩物与泡沫溶液的控制阀，它们之间应尽量靠近。

自动控制阀应该尽可能地接近危险保护区，这样在自动控制阀和喷射装置之间就只需要一个最短的管道。

5.20.12 警报

在每个系统上都应安装本地警报系统和独立的水流系统(驱动自动检测系统设备的操控)。手动操作的系统并不要求警报。

在安装警报系统时，应该向有关主管部门咨询提供报警服务的相关要求和报警装置处于危险区域中的相关电气配件设计要求。

每个系统都应该提供一个合适的故障警报来指示自动检测设备的失效(包括电气监控电路)，或者其他类似的系统操作所依靠的服务或设备。

5.20.13 水和泡沫液的过滤器

在消防服务中，应该列出过滤器，并且应该能够去除水中所有达到阻碍喷射装置尺寸的固体。为了在紧急情况下便于清洗应该安装过滤器，应该提供一定的空间用于使用移动过滤网。

过滤器应该安装在主供水管线进入孔(或水通道)，直径通常小于9.6mm(3/8in)。

过滤器应该安装有更大孔的系统上，以保证供水条件。通常，3.2mm(1/8in)的穿孔是合适的。

过滤器应该安装在计量孔或比例分配器上游的液体浓缩物管线中。如果没法获得那些列出的合适的过滤器尺寸，过滤器的过滤网拆卸区域与进料管尺寸的比率至少应为10∶1。

5.20.14 水的供给

5.20.14.1 水的类型

供给泡沫-水喷淋灭火系统和泡沫-水喷雾系统的水应该避免具有与空气泡沫浓缩物不相溶的性质。

5.20.14.2 水的供给能力和压力

泡沫-水喷淋灭火系统和泡沫-水喷雾系统的水供应应该有足够的容量和压力，以维持设计比例下的泡沫喷射和/或水喷射，从而满足覆盖整个系统保护区域的喷射时间要求和系统的预期操作要求。

水供给应该能够保证系统设计喷射能力至少在60min。

5.20.15 管配件

所有的配件应该是为消防系统特别批准的类型，并且为里面的工质设计合适的工作压力，但是不少于1207kPa的冷水压力。

5.20.16 自动检测

在自动系统中，检测设备应该与水喷淋阀控制工具和其他系统控制设备连接在一起。实现这个目的的补充人工方法也应该提供。

在自动控制系统中，应该自动激活泡沫液注入，或者与主供水控制阀同时激活。手动操作方式也应该基于这个目的进行设计。

不管是气动的、液压的，还是电气的自动检测设备，都应该提供完整的监控措施。当设备失效、空气压力监控缺失或者停电时，对这些反常情况会有明确的通知。当应用于腐蚀性空气中，设备材料应该不受腐蚀损害或者受到抗腐蚀保护。

5.20.17 水力计算

为了获得合理、均匀的泡沫和水分布，并满足供水管道压头损失，系统管道应该进行水力计算和尺寸设计。管道尺寸的调整应该基于在每个喷头或喷嘴特殊喷射率之上最大变化的15%。

管子的尺寸应该根据详细的摩擦损失计算进行调整。这些计算应该显示出水的供求关系。

携带泡沫液的管道摩擦损失应该用达西(Darcy)公式[也称作范宁(Fanning)公

式]进行计算。通过这个公式进行计算使用的摩擦因数，应该从针对商品钢管和铸铁管的摩擦因素表中选取。

为了从摩擦因素表中选取摩擦因数，在计算雷诺数时应该使用系统中用到的泡沫液的实际密度(或相对密度)。使用的黏度应该是泡沫液在最低预期存储温度下的实际黏度。

为了计算管道中的摩擦损失，应该将表5.24中的C因数用于海森-威廉姆斯公式。

表5.24 更多的用于海森-威廉姆斯公式的C因数

黑色或者镀锌钢管	120
无衬里的铸铁管	100
石棉水泥或者水泥衬里铸铁	140

延伸阅读

British Standards Institution (BSI). BS 5306 Part 2 Specification for Sprinkler System. 2009.

Chow, W.K. and Fong, N.K. 1991. Numerical simulation on cooling of the fire-induced air flow by sprinkler water sprays. Fire Safety Journal 17 (4), 263–290.

Crocker, J.P., Rangwala, A.S., Dembsey, N.A. and LeBlanc, D.J. 2010. Investigation of sprinkler sprays on fire induced doorway flows. Fire Technology 46 (2), 347–362.

Davies, G.F. and Nolan, P.F. 2004a. Experimental investigation of the parameters affecting the water coverage of a pressure vessel protected by a deluge system.Journal of Loss Prevention in the Process Industries 17 (2), 127–139.

Davies, G.F. and Nolan, P.F. 2004b. Characterisation of two industrial deluge systems designed for the protection of large horizontal, cylindrical LPG vessels. Journal of Loss Prevention in the Process Industries 17 (2), 141–150.

Figueroa, M. 2012. Fire sprinklers: Protecting lives, property and assisting water con- servation efforts. Journal—American Water Works Association 104 (10), 1–28.

Garber, R.I. 2009. Fire sprinkler heads, design, and failure. Journal of Failure Analysis and Prevention 9 (6), 495–498.

Gritzo, L.A., Bill, R.G., Jr., Wieczorek, C.J. and Ditch, B. 2011. Environmental impact of automatic fire sprinklers: Part 1. Residential sprinklers revisited in the age of sustainability. Fire Technology 47 (3), 751–763.

Hoffman, N., Galea, E.R. and Markatos, N.C. 1989. Mathematical modelling of fire sprinkler systems. Applied Mathematical Modelling 13 (5), 298–306.

Jackman, L.A., Lavelle, S.P. and Nolan, P.F. 1991. Characteristics of sprinklers and water spray mists for fire safety. Proceedings of SPIE—The International Society for Optical Engineering 1358 (pt 2), 831–842.

Kung, H.-C., Song, B., Li, Y., Liu, X., Tian, L. and Yang, B. 2012. Sprinkler protection of non-storage occupancies with high ceiling clearance. Fire Safety Journal 54, 49–56.

Marshall, A.W. and Di Marzo, M. 2004. Modelling aspects of sprinkler spray dynamics in fires. Process Safety and Environmental Protection 82 (2 B), 97–104.

Megri, A.C. 2009. Primer on fire sprinkler installation for structural engineers. Practice Periodical on Structural Design and Construction 14 (2), 54–62.

Melinek, S.J. 1993. Potential value of sprinklers in reducing fire casualties. Fire Safety Journal 20 (3), 275–287.

Morgan, H.P. and Hansell, G.O. 1985. Fire sizes and sprinkler effectiveness in offices— Implications for smoke control design. Fire Safety Journal 8 (3), 187–198.

Nam, S. 2005. Fire tests to evaluate CPVC pipe sprinkler systems without fire resistancebarriers. Fire Safety Journal 40 (7), 595–609.

National Fire Codes (NFC) (NFPA). NFC Volume 1 Installation of Sprinkler Systems, Sections 13 and 16. 1999.

Novozhilov, V., Harvie, D.J.E., Green, A.R. and Kent, J.H. 1997. A computational fluid dynamic model of fire burning rate and extinction by water sprinkler. Combustion Science and Technology 123 (1–6), 227–245.

O'Grady, N. and Novozhilov, V. 2009. Large eddy simulation of sprinkler interaction with a fire ceiling jet. Combustion Science and Technology 181 (7), 984–1006.

Ren, N., Blum, A.F., Zheng, Y.-H., Do, C. and Marshall, A.W. 2008. Quantifying the initial spray from fire sprinklers. Fire Safety Science, 503–514.

Ruffino, P. and DiMarzo, M. 2004. The simulation of fire sprinklers thermal response in presence of water droplets. Fire Safety Journal 39 (8), 721–736.

Schwille, J.A., Kung, H.-C., Hjohlman, M., Laverick, G.E. and Gardell, G.W. 2005.

Actual delivered density fire test apparatus for sprinklers protecting high com- modity storage. Fire Safety Science, 823–833.

Sheppard, D.T. and Lueptow, R.M. 2005. Characterization of fire sprinkler sprays using particle image velocimetry. Atomization and Sprays 15 (3), 341–362.

Stephens, J. 1993. Improving sprinkler fire control with lower water pressures. Fire Prevention 257, 32–36.

Su, P. and Doerr, W.W. 2010. Fire protection sprinkler system for extremely corrosive industrial duct environments. Process Safety Progress 29 (1), 70–78.

Wade, C., Spearpoint, M., Bittern, A. and Tsai, K.W.-H. 2007. Assessing the sprinkler activation predictive capability of the BRANZFIRE fire model. Fire Technology 43 (3), 175–193.

Widmann, J.F., Sheppard, D.T. and Lueptow, R.M. 2001. Non-intrusive measurements in fire sprinkler sprays. Fire Technology 37 (4), 297–315.

Wieczorek, C.J., Ditch, B. and Bill, R.G., Jr. 2011. Environmental Impact of Automatic Fire Sprinklers: Part 2. Experimental Study. Fire Technology 47 (3), 765–779.

Yang, D., Huo, R., Hu, L., Li, S. and Li, Y. 2008. A fire zone model including the cooling effect of sprinkler spray on smoke layer. Fire Safety Science, 919–930.

You, Y.-H., Li, Y.-Z., Huo, R., Hu, L.-H., Wang, H.-B., Li, S.-C. and Sun, X.-Q. 2008.

Characteristics in cabin fire under sprinkler. Ranshao Kexue Yu Jishu/Journal of Combustion Science and Technology 14 (2), 137–142.

Yu, H.-Z., Pounder, D.B. and Fischer, M. 2004. Fire performance evaluation of a K-16.8 suppression-mode upright sprinkler. Journal of Fire Protection Engineering 14 (2), 101–124.

Zhou, X., D'Aniello, S.P. and Yu, H.-Z. 2012. Spray characterization measurements of a pendent fire sprinkler. Fire Safety Journal 54, 36–48..

第6章 二氧化碳气体灭火系统

6.1 简介

二氧化碳(CO_2)是一种有效的灭火剂，适用于大范围的火灾。二氧化碳作用迅速，并且系统喷淋的物质不会带来残余物及其清理工作，即实现了业务中断最小化。二氧化碳消防系统的其他好处包括以下几方面：

① 快速有效。在几秒钟内二氧化碳就能扩散到整个危险区域来抑制阻断燃烧。

② 不导电，适用范围广。

③ 多功能。二氧化碳对易燃和可燃物非常有效，并且适用于A级、B级和C级的危险。

本章介绍了二氧化碳系统的最低要求，以及那些提供灭火用的二氧化碳管道供应的设计。

6.2 二氧化碳的特性和使用方法

二氧化碳是一种无色、无味、电绝缘的气体，是一种适合于灭火的介质。二氧化碳通过降低空气中氧气浓度直到燃烧熄灭点来进行灭火。

二氧化碳是空气重量的1.5倍，所以倾向于下沉在工厂的较低位置上中。二氧化碳造成氧气的转移会对人的生命构成威胁。

发电机和大型发动机上的材料是非常昂贵的且许多是易燃的。二氧化碳是一种限制火灾危险的有效方式，因为灭火介质能够快速使用，并且浓缩物能维持在足够的水平上去扑灭顽固的火灾。在许多情况下，绕组在着火后能被修复，并且这个部件能准确、快速地回到服务状态。二氧化碳不会对发电机中的其他材料造成损害，也不会导电，而且二氧化碳不产生任何残渣，所以会产生非常少量的清理工作。用二氧化碳灭火时，仅会产生最小量的有毒气体。二氧化碳消防系统的成本，通过减少对机器的损害和动力传送的快速恢复来抵偿。

二氧化碳回收系统设计用来得到浓度在30%~50%(体)的二氧化碳。这些浓度明显高于对人体有害的量。表6.1阐明了其中的风险。浓度在30%~50%(体)之间的二氧化碳释放后并存在于空气中，人员如果暴露其中的话，肯定会处在危险中。

表6.1 二氧化碳要求

性 质	要 求	性 质	要 求
纯度，%(体)	最低99.5	含油量/(mg/L)	最高5
水分含量，%	最高0.015	硫化物总含量(以硫计)/(mg/L)	最高1

人们普遍认为二氧化碳给人类造成的唯一的风险是窒息。但是，二氧化碳并不是真正的惰性气体，它是有毒的，并且通过干扰中枢神经系统的功能造成伤害和死亡。

用于回收单元的一定浓度的二氧化碳的释放，会给人员造成严重的危害，包括释放期间和后期的窒息以及能见度降低。此外，还会有一些冻伤的危险。

应用于消防系统的二氧化碳在使用合适的测试方法时，应该符合表6.1的要求。

二氧化碳在大气压力下是一种无色、无味、电绝缘的惰性气体，是空气密度的1.5倍。二氧化碳可在一定压力下进行液态储存。1kg的液态二氧化碳在30℃时膨胀到大气压力下会产生大约0.56m^3的自由气体。

二氧化碳通过降低空气中氧气浓度直到燃烧熄灭点来进行灭火。虽然一些材料要求更大的降幅[降低到5%(体)]，但是将空气中氧气的含量从21%(体)降低到15%(体)就会消灭大部分的表面火。在一些应用中，二氧化碳的降温效果会帮助灭火。

二氧化碳应该用于扑灭A级和B级火灾。C级火灾也同样可以用二氧化碳进行扑灭，但是在这种情况下应该谨慎考虑熄灭后的爆炸风险。

二氧化碳不能用于下列物质的灭火：金属氢化物、活性金属(如钠、钾、镁、钛、锆)、含可供燃烧氧气的化学物质(如硝化纤维素材料)。

二氧化碳适用于涉及运行中的电气设备的火灾。

二氧化碳在大气中的平均含量大约是0.03%(体)。这也是人类和动物新陈代谢的一个正常产物。二氧化碳以在许多重要的方面影响某些生命功能，包括控制呼吸和血管系统的扩张和收缩，尤其是大脑和体液的pH值。

空气中二氧化碳的浓度控制二氧化碳从肺部释放的速度，从而影响血液和组织中二氧化碳的浓度。空气中二氧化碳浓度的升高会因为降低了二氧化碳从肺部的释放率及氧气的摄入量而构成危险。

通过干冰液化转化而获得二氧化碳通常不会遵守这些要求，除非它为了去除多余的油，并且杂质经过了处理。

6.3 利用和限制

二氧化碳消防系统适用于特定危险或设备的火灾、安装惰性电绝缘介质的地方、其他消防媒介会带来清洗问题的地方，或者安装二氧化碳系统比其他系统更经济的地方。

火灾可能蔓延到的地方应该同时保护起来。一些二氧化碳就可以很好满足要求，并且很重要的危害和设备包括：

① 易燃液体材料(注意：气体火灾通常应该通过切断气流进行灭火。对于那些必须允许直接进入阀门切断气体供应的气体火灾，用二氧化碳灭火很有必要。在室内用二氧化碳对气体火灾进行灭火会产生爆炸危险，应该避免使用)。

② 电气危害，如变压器、油开关、断路器、转动设备和电子设备。

③ 使用汽油和其他易燃液体燃料的引擎。

④ 普通的可燃物(如纸、木材和纺织品)。

⑤ 危险的固体。

液态二氧化碳的流出会产生静电电荷，在特定条件下会产生火花。如果二氧化碳灭火系统保护区域中存在爆炸性气体，应该使用金属喷嘴并且妥善接地。此外，从二氧化碳喷嘴到排放暴露的物体之间应该接地，以消除可能的静电电荷。

有下列材料涉及的燃烧过程，二氧化碳不适合进行灭火：含有自氧气供给的化学物质(如硝化纤维素)、活性金属(如钠、钾、镁、钛、锆)和金属氢化物(如HNa-H_3Al)。

6.4 系统部件

所有的装置都需要根据它们的主要功能进行设计，不应该轻易提供无效的或者易受影响的意外操作。装置通常应该设计的合适的运行温度范围是-30~55℃，或者用标记来显示它们的温度限制。

当导向性容器中的固定气体压力用于释放剩余容器时，设计的供应和释放率应该可以彻底释放剩余容器。导向供应应该被连续监控，并且在过度的压力损失事故发生时，应该给予故障警报。

当液化气压力用作剩余容器方法时，使用的两个容器应该都能够运行系统。

需要各种操作装置来控制灭火设备的流程，从而操作相关设备。这些包括容器阀门、分布阀门、自动和手动控制、延迟设备、压力行程和开关以及流量喷嘴。

所有的设备，尤其是那些有外部移动部件的设备，应该被固定、正确安装或者提供适当的保护，以确保它们不受能使其失效的机械、化学或者其他伤害。

6.5 系统的类型

本节介绍四种类型的系统：全淹没系统、局部应用系统、手动软管卷筒系统以及立管系统和移动供应。

在选择二氧化碳灭火系统时应该建立一个报告清单。

① 四个系统的有效性范围；

② 手动或自动操作的操作要求命令；

③ 风险的性质；

④ 风险围栏的位置和程度；

⑤ 由二氧化碳释放导致的对人体危害的程度。

二氧化碳系统应该用于防护一个或多个危害，或者借助换向阀防护多组危害。因为相离较近而同时涉及两个或两个以上危害的火灾，每个危险都应该分别受独立系统保护，并组合布置、同时操作；受单一系统保护的情况，应首先确定尺寸，并且喷淋的消防媒介可以对相关的危害物同时起作用。

6.6 组件系统(成套工具)

组件系统由按照经权威机构批准或者经实验室测试的预先限制进行安装、设计的系统组件组成。

组件系统应该包含特殊的喷嘴、流速、应用方法、喷嘴布置和不同于别处水平的二氧化碳的量(它们是为特殊危害进行设计的)。所有的其他要求都应该符合相关标准的规定。

组件系统应该安装用来保护那些已经通过实验室测试的受限危险。

6.7 全淹没系统

全淹没系统用于房间、炉子、封闭的机器和其他能使用二氧化碳灭火材料的封闭空间。如果全淹没要想有效，空间必须密封良好。开口必须被设置为自动关闭，并且通风设备的关闭不晚于喷射的开始，否则就必须提供额外的二氧化碳来补偿泄漏。

开口的自动关闭设备必须能克服二氧化碳的喷射压力。输送装置、易燃液体泵和一台与操作相关联的搅拌器可由自动关闭保护系统来制动。一个二氧化碳全淹没系统的典型布置如图6.1所示。

一个全淹没系统由一个固定的二氧化碳供应源永久地连接到固定管道上，与布置的固定喷嘴将二氧化碳喷射进入一个封闭的空间或者机壳内。

图6.2展示的是图6.1的简化版本。

6.7.1 使用

这种类型的系统通常用于有外壳包围危险物质的区域，可以建立消防所需的浓度，并持续一定的时间，以保证在特殊材料发生火灾时能够彻底地消灭火情。

① 被全淹没系统成功保护的危害例子包括房间、地下室、封闭的机器、炉子、

容器和相关设备。

② 可以用全淹没方法灭火或者控制的火灾主要有：涉及易燃液体、气体和固体的表面火灾；涉及到固体受焖烧的深部火灾。

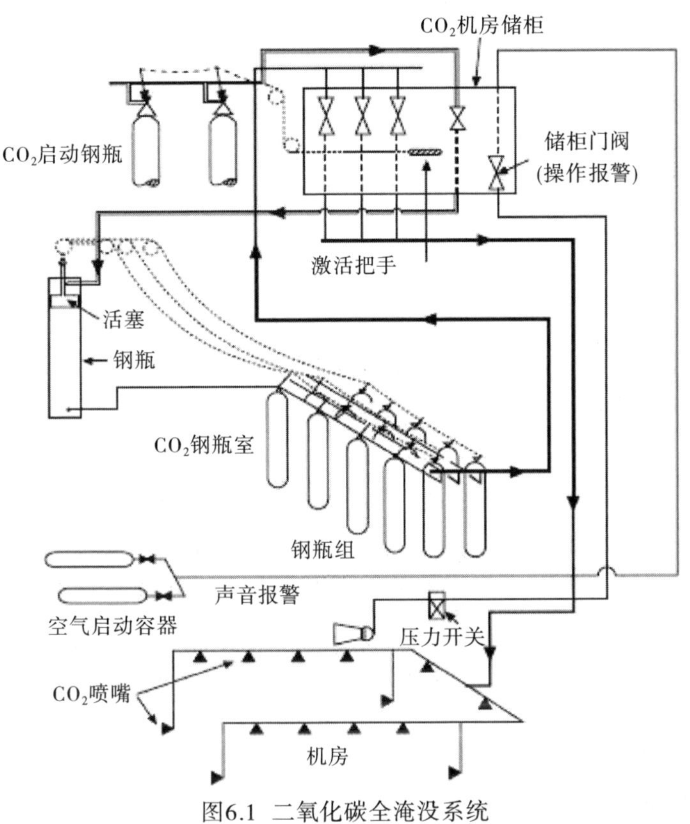

图6.1 二氧化碳全淹没系统

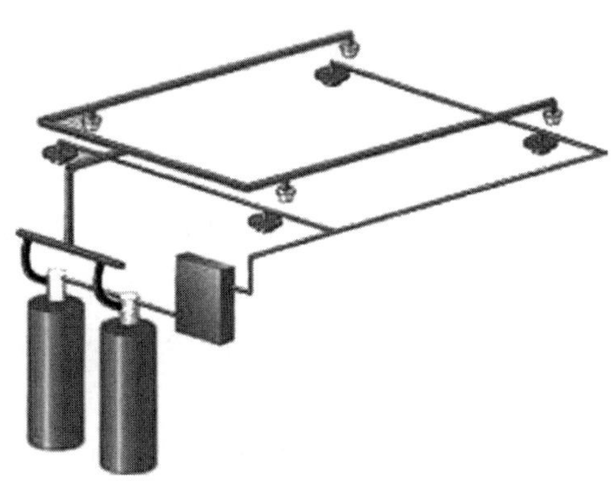

图6.2 一个简化的二氧化碳全淹没系统

6.7.2 总体设计

二氧化碳的用量会根据危险程度和允许开口的大小而不同，应该尽可能降低封闭空间内空气中的氧气含量，直到到燃烧不能继续进行的那个点。

二氧化碳的分布应该被均匀布置，并且与现有的大气彻底混合。为了避免二氧化碳喷射到危险区域时，体积膨胀产生的过度压力增强，可能需要特殊的通风口。

系统应该设计成以下两种形式之一：自动和手动操作；只有手动操作。

6.7.3 封闭空间

受保护的空间应该是一个具有不少于30min耐火性和归类为不可燃建筑特性的封闭空间。开口能够关闭的地方应该在二氧化碳喷射之前或开始时关闭开口。

在二氧化碳能够在两个或两个以上相关联空间中自由流动的地方，二氧化碳的用量应该是每个空间用各自体积和物质转换系数计算得到的数值的总和。如果一个空间的要求高于正常浓度，那么更高浓度就应该用于所有相关联的空间中。

封闭空间的体积应该是总体积。唯一允许降低的是封闭空间中永久不渗透的建筑要素。

为了维持二氧化碳的灭火浓度，需要一个密封良好的空间。

应该考虑由大量的二氧化碳喷射进入封闭空间而造成的易燃气体排放和压力的释放，需要排放的地方应该作好防备。排放压力的考虑因素包括外壳强度和注入速率等变量。

门、窗户、输送管和调节闸周围的泄露尽管不明显或容易确定，但应该提供足够的通风口为没有特殊预备的常规二氧化碳系统减压。

在许多情况下，尤其是涉及危险材料时，已经为爆炸排出提供了泄压口。这些和其他可用的通风口通常能提供足够的通风。

应该防止火灾通过开口蔓延到相邻危险源或者重燃的工作区域。这样的开口应该也包括自动关闭阀或者局部应用喷嘴。在全淹没要求之外，应该提供这种要求的保护气体。当两种方法都不适用时，保护应该扩展到包括这些相邻危险源或工作的区域。

对于工艺过程和储罐中易燃蒸气和气体不能被识别的情况，要求使用外部的局部适用系统。

在灭火时，不能关闭的开口应得到补偿，以保证二氧化碳的增加量等于设计浓度下1min内的预期损失。这个二氧化碳的量应该通过常规分配系统应用。

对于那些无法关闭的通风系统，应该通过常规分配系统向空间中加入额外数量的二氧化碳。这个量通过液体喷射期间的淹没因数及区分体积移动进行计算得出。当设计浓度大于34%时，应该乘以材料的换算系数(见图6.3)。

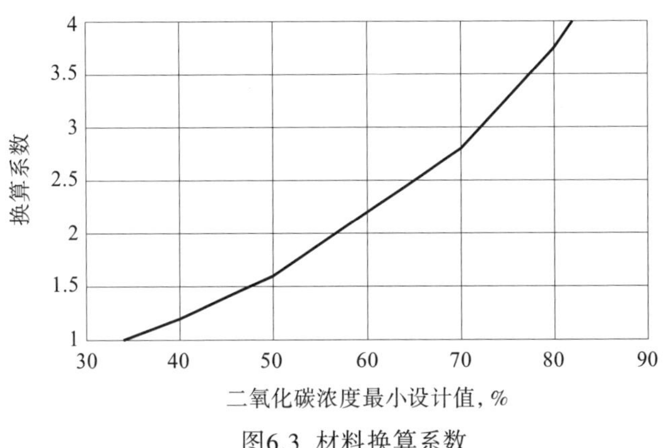

图6.3 材料换算系数

对于通常温度高于93℃的封闭空间的应用，应该提供增加1%的二氧化碳计算总量。

对于通常温度低于-18℃的封闭空间的应用，每低于18℃的温度，就应该提供增加1%的二氧化碳计算总量。

在正常条件下，表面火灾通常在喷射期间被扑灭。除了异常条件，通常不需要提供额外的二氧化碳来维持浓度。

输送管和隐蔽的沟渠应使用0.48m^3/kg的淹没因数。如果可燃物出现深层燃烧，就应该进行及时处理。

6.8 用于表面火灾的二氧化碳

6.8.1 易燃材料

应该合理确定危险中涉及的易燃材料类型所要求的二氧化碳设计浓度。设计浓度通过加入合适的因子(20%到最低有效浓度)来决定。浓度不能小于34%。

表6.2给出了防止一些常见液体和气体着火的二氧化碳理论最低浓度[摘自《U.S. Bureau of Mines Limits of Flammability of Gases and Vapors (Bulletins 503 and 627)》]和建议的二氧化碳设计最低浓度。

对于表6.2中没列出的材料，二氧化碳理论最低浓度应该由一些已验证的源获得，或者通过测试确定。

6.8.2 体积系数

根据表6.3确定的封闭空间物质防护所需的二氧化碳量的基础体积系数，要求的最小设计浓度为34%。

表6.2　二氧化碳灭火的最低浓度

%(体)

材料	二氧化碳的理论最低浓度	二氧化碳的设计最低浓度
乙炔	55	66
丙酮	27	34
航空汽油(等级115/145)	30	36
不纯苯、苯	31	37
丁二烯	34	41
丁烷	28	34
二硫化碳	60	72
一氧化碳	53	64
煤或天然气	31	37
环丙烷	31	37
乙醚	33	40
二甲醚	33	40
道氏热载体(Dowtherm)	38	46
乙烷	33	40
乙醇	36	43
乙醚	38	46
乙烯	41	49
二氯乙烷	21	34
环氧乙烷	44	53
汽油	28	34
已烷	29	35
更相对分子质量高的石蜡烃	28	34
氢	62	75
硫化氢	30	36
异丁烷(Isobutane)	30	36
异丁烷(Iso-Butane)	31	37
异丁烯	26	34
甲酸异丁酯	26	34
Jp-4航空燃油	30	36
煤油	28	34
甲烷	25	34
乙酸甲酯	29	35
甲醇	33	40
i-甲基丁烯	30	36
甲基乙基酮	33	40

续表

材 料	二氧化碳的理论最低浓度	二氧化碳的设计最低浓度
甲酸甲酯	32	39
戊 烷	29	35
丙 烷	30	36
丙 烯	30	36
急冷润滑油	28	34

表6.3 淹没系数

空间的体积/m^3	体积系数		计算的量/kg
	m^3/(kg CO_2)	(kg CO_2)/m^3	
≤3.96	0.86	1.15	
3.97~14.15	0.93	1.07	<4.5
14.16~45.28	0.99	1.01	<15.1
45.29~127.35	1.11	0.9	<45.4
127.36~1415.0	1.25	0.8	<113.5
>1415.0	1.38	0.77	<1135

在计算所保护的净容积的大小时，应减去永久不可移动的非渗透建筑的体积。因为每个封闭空间的平均小空间比大空间有更大相应比例的边界面积，因此也有更大比例的泄露，表6.3中给出了分级体积系数。为了使体积系数一栏的范围清晰，列出了最小体积需要的最少气体量，并且避免了可能在边界体积上的重叠。

在两个或者两个以上相关联且二氧化碳可以自由流动的空间中，二氧化碳的用量应该是每个空间的体积乘以表6.3给出的各自体积系数计算出的体积之和。如果一个空间的要求高于正常浓度，那么更高浓度就应该用于所有相关联的空间中。

6.8.3 材料换算系数

对于要求设计浓度高于34%的物质(见表6.2)，二氧化碳基本量的计算是将表6.3中给出的体积系数乘以这个浓度相应的转换系数增加。转换系数增加见图6.3。

对于特殊情况，应该提供额外数量的二氧化碳，为任何给灭火效率带来不利影响的特殊情况进行补偿。

6.8.4 异常温度的补偿

如下有异常温度的地方应该提供额外数量的气体：

① 封闭空间正常温度高于100℃的地方，超过100℃每增加5℃就应该增加2%

的二氧化碳。

② 封闭空间正常温度低于-20℃的地方，低于-20℃每降低1℃就应该增加2%的二氧化碳。

6.9 用于深层火灾的二氧化碳

用于深层类型火灾的二氧化碳用量应当基于相当紧密封闭空间的二氧化碳用量。在达到设计的浓度后，这个浓度应该维持相当一段时间，不少于20min。任何可能的泄漏应该给予特殊的关注，因为基本淹没系数中不包括补偿。

6.9.1 可燃材料

因为可燃材料能产生深层火灾，二氧化碳要求的浓度不能用表面燃烧材料相同的精度来确定。灭火浓度因为隔热影响会随材料质量不同而不同，因此淹没系数已经基于实际测试情况确定。

表6.4列出的设计浓度应该能够防护列出的危险。一般来说，建立淹没系数，为列出的房间和封闭空间提供合适的设计浓度。

表6.4 特殊危险的淹没系数

设计浓度，%	淹没系数		特殊危险
	$m^3/(kg\ CO_2)$	$(kg\ CO_2)/m^3$	
50	0.62	1.6	一般的干电气危害(空间体积为0～57m^3)
50	0.75	1.33(最少91kg CO_2)	空间体积大于57m^3
65	0.5	2	档案(散装纸)储藏室、输送管、隐蔽的沟渠
75	0.38	2.66	地下储藏室、除尘器

其他深层火灾的淹没系数在使用之前应该证明满足主管部门的要求。

因为冷却速率由于隔热效果而降低，应该适当考虑被保护材料的质量。

6.9.2 特殊情况

应该提供额外数量的二氧化碳补偿任何会对灭火效率产生不利影响的特殊情况。

① 对于灭火期间任何不能关闭的开口，根据灭火期间预期的泄漏体积补偿二氧化碳。

② 对于深层火灾(如涉及到固体)，如果开口的尺寸超过了NFPA标准第1卷第12节的第2.6.2.1小节中关于减压阀的要求，无法关闭的开口应该被限制出现在那些边界或者天花板上。

6.10 使用速率

对于表面火灾，应该在1min内达到设计浓度。对于深层火灾，应该在7min内到达设计浓度。但是，在2min内速率应该不少于要求浓度的30%。

以上明确说明的时间是充分考虑了通常的表面火灾或深层火灾。对于火焰传播速度更快的物质，应该使用高于最低值的速率。对于会产生表面火灾和深层火灾危险的物质，使用速率应该至少是表面火灾要求的最小值。

6.10.1 延长喷射

如果泄漏量可估算，并且可以快速获得设计浓度并维持一段延长时间，为泄漏提供补偿的二氧化碳应该采用一个较低的速率。这个方法特别适用于封闭的旋转发电设备(例如发电机和交流发电机)，但是它也可用于通常的房间淹没系统中合适的地方。

6.10.2 旋转电机

对于封闭的旋转电机，机器的减速器应该保持30%的最低浓度。这个最低浓度应该持续减速期或20min，取两者中的时间长者。

表6.5可以用作估计维持最低浓度延长喷射所需气体量的指南。这个数量基于机器的内部体积和假设平均泄漏的减速时间。对于阻尼器、非再流通类型的机器，应该在表6.5给出量的基础上添加35%。

表6.5 对封闭再循环的延长喷射：旋转电气设备

需要的二氧化碳/kg	机器的密封体积/m^3							
	减速 5min	减速 10min	减速 15min	减速 20min	减速 30min	减速 40min	减速 50min	减速 60min
45	34	28	23	17	14	11	9	6
68	51	43	34	28	21	17	14	11
91	68	55	45	37	28	24	18	14
113	93	69	57	47	37	30	23	17
136	130	88	68	57	47	37	28	20
159	173	116	85	71	57	47	34	26
181	218	153	108	89	71	57	45	34
204	262	193	139	113	88	74	60	45
227	306	229	173	142	110	93	79	62
250	348	269	210	173	139	119	102	88
272	394	309	244	204	170	147	127	110
295	439	348	279	235	200	176	156	136
319	479	385	314	266	230	204	181	159
340	524	425	350	297	259	232	207	184
363	566	464	385	329	289	261	232	207

续表

需要的二氧化碳/kg	机器的密封体积/m³							
	减速 5min	减速 10min	减速 15min	减速 20min	减速 30min	减速 40min	减速 50min	减速 60min
386	609	503	421	360	320	289	258	229
408	651	541	456	391	350	317	285	255
431	697	581	491	422	379	346	312	278
454	739	620	527	453	411	374	337	303
476	782	666	564	484	442	402	364	326
499	824	697	596	515	470	430	389	351
522	867	736	632	547	501	459	416	374
544	912	773	667	578	532	487	442	399
567	954	813	702	609	562	515	457	422
590	1000	852	738	641	592	544	494	447
612	1042	889	773	673	623	572	521	472
635	1087	929	809	705	654	600	548	496
658	1130	968	844	736	685	629	575	520
680	1172	1008	879	767	715	657	600	544

6.10.3 分配系统

6.10.3.1 设计

全淹没系统的管子应该进行良好设计，为每个喷嘴传递所需流速。

高压存储温度的范围为-18～55℃，不需要使用特殊的补偿方法来改变流量。确保合适流速的存储温度不需要考虑特殊设计要求限制。

6.10.3.2 喷嘴的选择和分配

最高限度超过7.5m的房间应该有两个或更多的水平喷射喷嘴。全淹没系统中应用的喷嘴应该是最适合计划目的的类型，并且为了获得最佳的效果，它们应该被恰当的定位。较低的喷嘴环应该位于从地板开始的高度的大约1/3处，但是不超过2.5m。

喷嘴应该确保二氧化碳以充分、迅速和平均分配的状态进入到受保护的空间中去。

喷嘴类型的选择和每个喷嘴的特性应该满足的要求包括：喷射不会飞溅易燃液体、移动天花板瓷砖、产生能扩展火灾的尘雾、产生爆炸或者对封闭空间产生其他不利影响。喷嘴的设计和喷射特性多种多样，并且应该以它们使用意图的适应性为基础进行选择。

6.11 局部应用系统

6.11.1 说明

局部应用系统包括一个固定的二氧化碳供给源，并连接到一个固定管道和喷嘴，直接向火灾喷射。

6.11.2 应用

局部应用系统主要用于扑灭发生在危险没有封闭或者不符合全淹没要求的封闭空间中的易燃液体、气体、浅表固体的表面火灾。

被局部应用系统成功保护的危险例子包括：涂层机、浸涂槽、急冷罐、印刷机、喷漆柜、通风管、加工机械、充油的变压器和开关设备。

开放电缆或管道沟渠(可能覆盖着网纹钢板或类似的设备)交叉口，也应该被视为一个危险区域。

6.11.3 二氧化碳的要求

局部应用系统所要求的二氧化碳的量，应该基于覆盖保护区域或体积所需要的总喷射速率和保证充分灭火必须维持的喷射时间。

对于高压存储的系统，筒体存储能力应在计算的二氧化碳的量再增加40%来确定，这是因为只有喷射的液体部分是有效的。筒体存储容量的增加对于局部应用-全淹没联合系统中的全淹没部分不是必须的。

二氧化碳的存储量应该增加到足以补偿因为冷却管道造成的液体蒸发。

6.11.3.1 喷射速率

喷嘴喷射速率应该根据风险的类型用表面方法或者体积方法来确定。

系统总的喷射速率应该是这个系统使用的所有喷嘴或喷射设备速率的总和。

对于低压系统，如果危险的一部分受全淹没保护，全淹没部分的喷射速率应该足以满足要求的浓度，并在不超过系统局部应用部分喷射时间内达到。

对于高压系统，如果危险的一部分受全淹没保护，全淹没部分的喷射速率应该通过全淹没要求的量除以因数1.4和局部应用喷射的时间进行计算。

$$Q_F=W_F/1.4T_L$$

式中：Q_F为全淹没部分的流速，kg/min；W_F为全淹没部分的二氧化碳总量，kg；T_L为局部应用部分的液体喷射时间，min。

6.11.3.2 喷射的持续时间

通过计算量得到的最小有效喷射时间是30s。应该增加最小时间，以补偿任何可能要求更长冷却时间才能灭火的危险情况。

对于金属或其他材料可能被加热到超过燃料着火温度的情况，应该延长喷射时间，以允许足够的冷却时间。

对于自燃点低于其沸点的材料，例如石蜡和食用油，应该延长有效喷射时间，以冷却燃料并防止重燃。最低喷射时间是3min。

6.11.4 基于面积法的速率

系统设计的区域方法主要用于由与水平表面相关联的平坦表面或低水平目标组成的火灾隐患。系统设计应该基于每个喷嘴的清单或批准数据。这些数据高于上限或低于下限都是不允许的。

6.11.4.1 喷嘴的喷射速率

每个喷嘴喷射速率的设计应该基于位置或发射距离来确定，并符合特别说明或列表。架空式喷嘴的喷射速率应该单独的基于从每个喷嘴保护表面的距离来确定。容器侧喷嘴的喷射速率应该单独的基于覆盖每个喷嘴保护面积所要求的投掷或发射来确定。

6.11.4.2 每个喷嘴的区域

每个喷嘴保护的最大面积应该基于定位或发射距离来确定，并符合特别说明或列表的喷射速率。

用来决定设计喷射速率的因素同样可以用来确定每个喷嘴所保护的最大面积。

被单独的架空式喷嘴保护的危险部分应该被认为是一个正方形区域。

被单独的容器侧喷嘴保护的危险部分应该是一个符合特别说明或在列表中由间隔和喷射限制的矩形或正方形区域。

当涂布辊或其他相似的不规则形状需要保护时，计划的浸湿面积应该用来确定喷嘴的覆盖面积。当涂覆表面需要保护时，每个喷嘴的面积应该在特定说明或在列表中给出面积的基础上增加40%。涂覆表面的定义为：建造和维护排水系统的那些设计，使液体池积累的总面积不超过保护面积的10%。本部分不适用于有大量残渣聚集的地方。当深层可燃液体火灾需要保护时，应该提供最小152mm的干舷，除非喷嘴的说明或列表中有其他的标注。

6.11.4.3 喷嘴的位置和数量

足够数量的喷嘴应该在每个喷嘴保护的单元面积基础上用来充分地覆盖整个危险区域。容器侧或线性类型的喷嘴应该符合特别说明，或者根据列表中的间隔和喷射速率限制进行定位。

架空型喷嘴应该安装在垂直于危险和喷嘴保护区的中心。它们也应该被安装在距离危险平面45°~90°的地方。用来决定所需流速和覆盖面积的高度，应该是从保护平面的瞄准点到沿着喷嘴轴线测量过的喷嘴表面的距离。

6.11.4.4 以一定的角度安装喷嘴

当以一个角度进行安装时，喷嘴应该瞄准一个点，并从喷嘴保护区域的邻近侧进行测量。该位置的计算方法是：表6.6中分级的瞄准因子乘以喷嘴保护区域的宽度(见图6.4)。

表6.6 等效的孔口尺寸

孔口编码	等效的单个孔口直径/mm	等效的单个孔口面积/(mm^2)	孔口编码	等效的单个孔口直径/mm	等效的单个孔口面积/(mm^2)
1	0.79	0.49	9	7.14	40.06
1.5	1.19	1.11	9.5	7.54	44.65
2	1.59	1.98	10	7.94	49.48
2.5	1.98	3.09	11	8.73	59.87
3	2.38	4.45	12	9.53	71.29
3.5	2.78	6.06	13	10.32	83.61
4	3.18	7.94	14	11.11	96.97
4.5	3.57	10	15	11.91	111.29
5	3.97	12.39	16	12.7	126.71
5.5	4.37	14.97	18	14.29	160.32
6	4.76	17.81	20	15.88	197.94
6.5	5.16	20.9	22	17.46	239.48
7	5.56	24.26	24	19.05	285.03
7.5	5.95	27.81	32	25.4	506.45
8	6.35	31.66	48	38.4	1138.71
8.5	6.75	35.74	64	50.8	2025.8

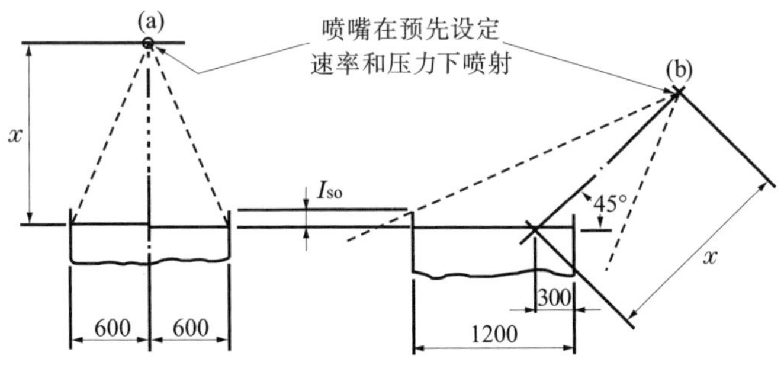

图6.4 有角度喷射的喷嘴的目标位置[(a)瞄准点到被保护表面中心的连线与被保护表面成90° 夹角；(b)瞄准点到受保护表面宽度1/4处的连线与被保护表面成45° 夹角，瞄准点直接投射到含有液体燃料的托盘中(干舷为150mm)；x是用来确定所需流速预先选定的高度；图中指距离的数值的单位都为mm]

6.11.4.5 基于体积方法的速率

系统设计的体积法主要用于由不能轻易简化为等效表面区域的三维不规则对象组成的火灾隐患。

6.11.4.6 假设的封闭空间

系统总的喷射速率应该基于一个完全包围危险的假设封闭空间的体积来设定。

① 除非对底部制定了一些特别规定，假设的封闭空间应该基于一个实际封闭的底部。

② 除非包括实际的墙壁和可能泄漏、飞溅或溢出区域的所有面积，这个封闭空间的假设墙壁和天花板与主要的危害之间的距离应该至少为0.6m。

③ 没有扣除这个空间中应该被扣除的实心物体的体积。

④ 在计算假设封闭空间体积时，应该使用的最小尺寸(1.2m)。

⑤ 如果危险受风或强制气流的影响，应该增加假设体积来补偿迎风侧的损失。

6.11.4.7 系统喷射速率

基本系统总的喷射速率应该等于假设体积乘以一定系数[16kg/(min·m^3)]。

6.11.5 二氧化碳灭火器

二氧化碳灭火器充满了二氧化碳，而二氧化碳是一种在极端压力下不燃烧的气体。这种灭火器的灭火原理主要是通过二氧化碳取代氧气或者去掉“火三角(fire triangle)”中的氧气成分来灭火。由于这种灭火器具有较高压力，因此从灭火器喇叭口喷射出的干冰对火也有降温的效果。

人们可以通过硬喇叭口和没有设置压力表等外观特征来识别出这种类型的灭火器。

二氧化碳气瓶通常会涂成红色，型号范围通常为5~100lb(1lb≈0.454kg，下同)或者更大。

二氧化碳灭火器主要用于扑灭B类和C类(易燃液体和电气设备)火灾。

在使用二氧化碳灭火器时，应该注意以下两点：

① 二氧化碳灭火器不建议用于A类火灾，因为这类火灾可能会在二氧化碳消散后继续闷烧和复燃。

② 不要在一个没有适当呼吸保护人员出现的封闭空间中使用二氧化碳灭火器。

二氧化碳灭火器经常安防在工业车辆、机器车间、办公室、计算机实验室和易燃液体存储区等场所的比较醒目的位置上。

图6.5展示了一个典型的二氧化碳灭火器。

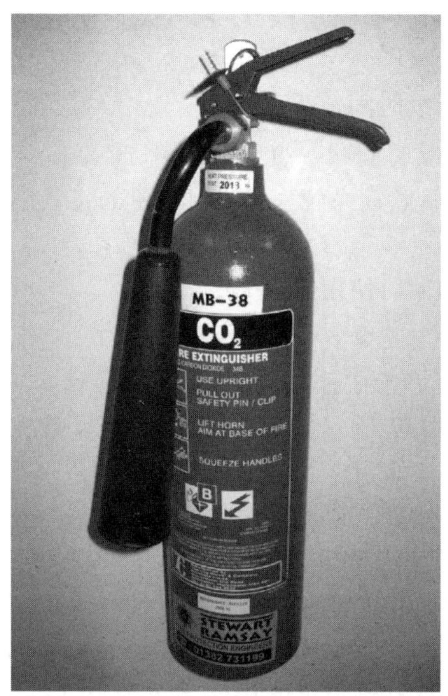

图6.5 典型的二氧化碳灭火器

6.12 手动软管卷筒系统

手动软管卷筒系统由一个软管卷筒(或软管卷架)、软管和与提供二氧化碳的固定管道连接在一起的排出喷嘴组成。

对于使用手动软管卷筒的情况,可以单独供应二氧化碳,或者通过同时供应几个软管卷筒、固定手动系统或自动系统的中央存储单元供应二氧化碳。

6.12.1 使用

手动软管卷筒系统可以作为固定消防系统的补充措施,或者作为适合于二氧化碳灭火剂的特殊危险的急救灭火器。除非不能提供充分的固定保护或经济性欠佳的危险区域,手动软管卷筒系统不应该用于替代其他装备固定喷嘴的固定二氧化碳灭火系统。决定软管卷筒是否适用于特定危险应该由主管部门决策。

6.12.2 位置

手动软管卷筒站应该设置在容易接近且与它们预期保护的危险最远距离的范围内。一般说来,它们不应该设置在暴露于危险的地方,也不能位于任何被全淹没系统保护的危险区域内。

6.12.3 间距

如果使用多个软管站，它们应该分隔设置，以使危险内的任何区域都能被一个或更多的软管管线覆盖。

6.12.4 喷射速率和持续时间

喷射速率、喷射持续时间和二氧化碳用量，必然应该由危险的类型和潜在规模来确定。一个手动软管卷筒系统应该有足够量的二氧化碳来允许它能有效使用(液相)至少1min。

6.12.5 多个软管卷筒同时使用

在可能同时使用两个或更多个软管卷筒的地方，应该有足够数量的二氧化碳供给可能在任何时候至少使用1min的最大数量的喷嘴。

6.13 立管系统和移动供应

立管主要是指没有连接固定二氧化碳供应的全淹没系统、局部应用系统或手动型的软管卷筒系统。二氧化碳供应源安装在车辆上，能够被牵引或推动到火灾现场，并能快速地与立管系统配对，然后对涉及的危险进行保护。移动供应主要是消防队或消防部门要求训练有素的人员进行有效使用的装备。

立管系统和移动供应可以作为固定消防系统的补充措施，或者可能仅仅用于特殊危险的保护。一个移动供应可能用作一个固定供应的备用储备，并且可能与用于分散危险保护的手动软管卷筒一起配备。这些系统的安装要取得主管部门的批准。

6.14 存储容器

存储容器和配件应该合理布局和放置，以便于检查、测试、再填料和其他维护，以及将保护中断时间降到最低。

存储容器应该尽可能地接近危险区域或它们保护的危险，但是不应该暴露于火焰下，因为以这样可能降低系统的性能。

存储容器不应该位于易受恶劣天气条件影响或者容易受到机械、化学和其他损害的地方。应该提供适当的保护或封闭，以避免存储容器受极端气候的影响和其他不利影响。容器还应该避免受到透过窗户的阳光直射和未经允许人员的干扰。选择的区域应该保持干燥通风。

6.14.1 出口

应该提供从受保护空间出来的足够的出口方式。出口处的门应该能向外打开和自动关闭。所有出口处的门应该能从里面随手打开，并且需要关紧的地方应该配有合适的太平门栓或插销。

受保护空间的出口应该时刻保持通畅。

6.14.2 温度

除非系统是为了超出合适存储温度的范围而进行设计的，通常的存储环境温度应该不超过下列限制。

① 对全淹没系统，不超过46℃或不低于-18℃。

② 对于局部应用系统，不超过46℃或不低于0℃。

外部加热或冷却可以被用来将温度维持在正常的范围内。

6.14.3 高压储存容器

二氧化碳的供应应该储存在可多次充放的容器内。这种容器设计用来储存大气温度下加压[相当于21℃下5.86MPa(58.6bar)]的液体二氧化碳。

应注意环境温度的变化，当环境温度从10℃升高到21℃时，压力将会从4.4MPa(44bar)变为5.9MPa(59bar)(见NFPA 12-24的图A1.5.1)。

应该安装足够的多种筒体，并且为了满足一些特定需要，还应提供诸如方便单项服务或称重的设施。应该设置自动措施，以防止二氧化碳多方面的损失，特别是当移动筒体送去维修时。

6.14.4 低压储存容器

低压存储容器应该设计成可以提供压力为2.07MPa(20.7bar)、温度约为-18℃的二氧化碳。在任何系列中的所有容器都应该具有相同的尺寸，并且包含相同数量的二氧化碳。

6.14.5 挠性软管

在二氧化碳系统中使用挠性管或软管，引入了一系列刚性管道所不会考虑的事情。其中之一就是任何方向变化的性质。在二氧化碳系统中应用的任何挠性软管曲率半径不应该小于制造商标示的数据，这些数据通常显示在一个特定系统的清单信息中。其他需要考虑的因素是对振动、弯曲、拉紧、扭力、温度、火焰、压缩和弯曲影响的耐性。软管应该有足够的强度来承受喷射时的二氧化碳也是必须的，并且制造的材料应该能抵抗大气的腐蚀。

由球座和至少51mm长的盖帽组成的收泥器应该安装在每个管道运行的末端。

6.15 喷射喷嘴

喷射喷嘴应该与特定的用途匹配，并需要给出喷射特性。喷射喷嘴由孔口和任何相关的角、防护物或挡板组成。

喷射喷嘴应该带有用于识别喷嘴的永久标记，并且应该标有不论形状和孔口数量的相当于单个孔口的当量直径。这个当量直径应该参考标准单个孔口类型喷嘴中有相同流速的孔口直径。标记在安装后应该容易识别。标准孔口是喷射系数不小于0.98的圆形入口孔口，流动特性见表6.7和表6.8。

表6.7 低压存储(2.07MPa)下的喷射速率

孔口压力/MPa	喷射速率/[kg/(min·mm^2)]	孔口压力/MPa	喷射速率/[kg/(min·mm^2)]
2.07	2.97	1.52	0.918
2.00	2.041	1.45	0.851
1.93	1.671	1.38	0.792
1.86	1.443	1.31	0.737
1.79	1.284	1.24	0.688
1.72	1.165	1.17	0.642
1.65	1.073	1.10	0.600
1.59	0.992	1.03	0.559

表6.8 高压存储(5.17MPa)下的喷射速率

孔口压力/MPa	喷射速率/[kg/(min·mm^2)]	孔口压力/MPa	喷射速率/[kg/(min·mm^2)]
5.17	3.258	3.45	1.309
5.00	2.706	3.28	1.224
4.83	2.403	3.10	1.140
4.65	2.174	2.93	1.063
4.48	1.995	2.76	0.985
4.31	1.840	2.59	0.908
4.14	1.706	2.41	0.830
3.96	1.590	2.24	0.760
3.79	1.488	2.07	0.690
3.62	1.397		

等效孔口直径的例子见表6.6。孔口代码数字显示的等效单个孔口直径增量为0.8mm。超出表6.6中的孔口尺寸也能够使用，并且应该标记成带小数的孔口设备。

6.16 所有系统的额外需求

6.16.1 排气歧管

在系统中使用截止阀时，存储容器(偶然)释放的二氧化碳会激活设备，并给出视觉警告，表示二氧化碳已经释放，并被捕集在歧管中。除了释放装置的压力，手动排气阀应该适用于歧管，以使捕集到的二氧化碳能安全地排放到大气中去。排气阀应该通常保持在锁定的关闭位置。

6.16.2 声音和视觉警报

在进入一个保护区域的入口处，都应该提供清晰的视觉指示来指示气体淹没系统是自动控制，还是手动控制。

应该在受保护的区域和气体释放发出声响的危险区域提供一个明显区别于正常火灾警报的声音警报。如果一个局部应用系统配备了时间延迟，那么警报应该在气体释放之前的延迟时间内被听到。

应该提供一个持续的视觉警报，直到空间已经通风，并且使得环境处于安全状态。下列指示灯也应该用于识别系统：红灯，二氧化碳喷射；黄灯，自动和手动控制；绿灯，手动控制。可选的条件指示器应该提供如下指示灯：红(闪烁)，火；黄，系统禁用；绿，供应正常。

对于全淹没系统和局部应用系统，上述的系统状态指示器是必须应用的。应该提供指示灯泡的备件，这将会减轻灯泡失效的影响。

6.16.3 自动检测

自动检测应该是任何获得批准的方法或装置都应该采用的检测手段。自动检测能够检测和指示热、火焰、烟雾、可燃蒸气或者危害中的一个异常情况(例如能够产生火灾的工艺故障)。

6.16.4 封闭空间

由于自由移动、通风、逃离或救援方面的限制，进入封闭空间增加了额外的风险。在进入密闭空间的底部和天花板，以及输送管、工艺容器等相似的被气体淹没系统保护的密闭空间之前，系统的自动操作应该被禁止。

以任何目的进入封闭空间都应该受到工作许可系统的控制。应该作好准备，以确保空间内的空气在进入期间是安全的。

在无法保证有效通风的情况下，许可证应该充分说明需要用到的呼吸防护设备和任何其他保证安全工作条件所需要遵守的特殊预防措施。

6.16.5 警示标志

在每个手动控制点和系统保护区域入口处，都应该突出显示适当的标志。

6.16.6 出口

应该提供从受保护空间出来的足够的出口方式。出口处的门应该能向外打开和自动关闭。所有出口处的门应该能从里面随手打开，并且需要关紧的地方应该配有合适的太平门栓或插销。受保护空间的出口应该时刻保持通畅。

6.16.7 手动软管卷筒

带有“只提供给受过培训的人员使用”字样的说明，应该安装在手动软管卷筒附近。

在能给人员造成危害的火焰窒息气体的应用中，会用到手动软管卷筒。这种控制火灾的方法应该只有受过训练的人员才能使用。他们在正确使用设备和需采取的安全预防措施方面受过充分的指导和训练。

除了与火灾战斗的人员外，所有人应该在使用手动软管卷筒之前撤离。为防止从火灾或灭火介质中出现的危险而限制通风的地方，应该要求特殊的预防措施。

6.16.8 喷射后的区域通风

二氧化碳喷射后应该提供一些机械或自然通风的方法。

应该考虑给二氧化碳添加气味，来协助察觉有害环境和进行有效的通风。

提供通风的方法不应该成为正常建筑通风系统的一部分，而是应该将抽出物混合并在保护区域保持较低的浓度水平。

应该小心确保发生火灾后的空间中的空气没有通过通风进入到建筑的其他部分。应该作好快速发现和营救昏迷人员的准备。

在重复进入一个喷射后的区域之前，其中的空气应该由负责人进行检测，并保证其对没有配备呼吸设备的人员进入是安全的。这也同样适用于灭火剂散去的临近区域。二氧化碳会在诸如地窖和输送管等低水平空间聚集。

6.16.9 静电释放

二氧化碳系统不应该针对惰性爆炸性气体环境进行设计、安装或使用。二氧化碳系统不应该进入含有爆炸性气体环境的区域进行测试性喷射。

二氧化碳的喷射会产生静电释放，并在一定条件下会产生火花。

6.16.10 静电清除

系统的所有部分都应该合理布局，并与通电部分保持最小的间隙(见表6.9)。

表6.9 二氧化碳设备与通电的未绝缘电器组件之间的间隙规定

标称系统电压/kV	最大系统电压/kV	设计BIL值/kV	最小间隙[①]/mm	标称系统电压/kV	最大系统电压/kV	设计BIL值/kV	最小间隙[①]/mm
≤13.8	14.5	110	178	138	145	650	1270
23	24.3	150	254	161	169	750	1473
34.5	36.5	200	330	230	242	900	1930
46	48.3	250	432	345	362	1050	2134
69	72.5	350	635	500	550	1500	3150
115	121	550	1067	765	800	2050	4242

① 对于电压高于161kV的情况，间隙按《National Electrical Code》(NFPA 70)的相关规定执行。对于电压在230kV及以上的情况，间隙按《National Electrical Safety Code》(ANSIC-2)中的表124的相关规定执行。

在这个标准的应用中，“间隙(clearance)”是指设备之间的空间距离，包括管子与喷嘴和地面上潜在未关闭或未绝缘的通电电器组件之间的空间距离。

表6.9列出的最小间隙是用于正常条件下的电器间隙，其目的不在于用作固定的系统操作期间的“安全”距离。

表6.9给出的间隙适用于海拔1000m及以下。对于海拔超过1000m的情况，间隙值应该在海拔1000m以上每增加100m就增加1%。

间隙是基于最小通用实践和设计基本绝缘(basic insulation level, BIL)值。受保护设备的设计BIL值，应该是协调所需间隙的电气设计的基础，尽管这不是在161kV或更小额定线电压上的材料。

对电力系统电压小于或达到161kV的情况，设计BIL值和相应的最小间隙以及单相接地，已经通过长期使用而建立起来。对于电压高于161kV的情况，设计BIL值与各种电力系统电压的一致性关系还没有在实践中建立。对于这些更高的系统电压，使用基于获得保护程度的BIL值已经成为常态。例如，在230kV系统中，需要采用1050kV、900kV、825kV、750kV和650kV的BIL值。

所需的接地间隙同样应该受到冲击动作负载(switching surge duty)的影响，一个电力系统的设计因素及BIL值必须与选定的最小间隙相互联系。电气设计工程师应该能够根据冲击动作负载提供所需的间隙。选择的接地间隙应该满足更高的电压操作或BIL负载，而不是基于标称电压。

注意表6.9中BIL值的单位为kV，其数值主要是指在全波脉冲测试中电气设备设计承受的最大值。对于表中没有列出的BIL值，可以通过插值法来获得间隙值。

更高电压所需间隙的可能设计变化在表6.9中给出。其中，BIL值的变化范围与表中高压部分中的各种电压有明显不同。然而，电气系统设备的未绝缘带电部分和二氧化碳系统的任何部分之间的间隙，不应该小于为电力系统任何单个组件的绝缘提供的最小间隙。

当设计的BIL值不可用，以及当额定电压用于设计标准时，应该使用列出的这组最小间隙中的最大值。

6.17 安全要求

为防止二氧化碳喷射形成危险环境、造成人员受伤或死亡，必要的步骤和保护措施应该包括如下几方面：

① 提供足够的通道和出口路线，并时刻保持它们的畅通。

② 提供必要的附加照明或紧急照明(或者两者都提供)以及方向标志，以确保快速、安全的疏散。

③ 当检测火灾后，该区域警报立即运行，系统激活，喷射二氧化碳；同时，在二氧化碳喷射开始之前自动门延迟关闭激活，为疏散提供足够的时间。

④ 在危险区域出口处提供只向外转向、自动关闭的门，同时在这些地方提供应急设备。

⑤ 通往这些区域的入口应该提供持续的警报，直到环境空气恢复到正常。

⑥ 给二氧化碳添加气味，使得这个区域中的有害气体能够容易被识别。

⑦ 在这些区域的入口和内部提供警告和指示标识。

⑧ 提供其他步骤和必要的防护措施，仔细研究每个情况下可能出现的伤亡事故，并防止这种情况。

6.17.1 全淹没系统

当人员出现或将要出现在受保护区域或任何因为气体喷射产生危险的相邻区域时，系统的自动喷射应该通过一个自动/手动或纯手动转换装置来防止这种情况的发生。应该通过控制受保护区域外部或邻近区域主要出口的位置，为灭火系统提供手动操作。

当火灾检测系统和气体释放之间的联系中断，火灾检测的操作应该激活火灾警报。为了防止气体从存储容器中的意外释放，二氧化碳的供应应该通过一个监控装置孤立起来，在给水管路上的常闭阀会根据来自检测系统或手动释放系统的信号开启。

手动释放按钮或拉杆应该安装在盒子中，并在前面由一个玻璃屏保护，或者采用其他的可以人为破坏的防护。只有在全淹没系统被手动控制的时候，人员才能进入一个受保护的区域。只有当全部人员都已经离开这个区域后，才能返回全自动控制状态。为了进一步防护，手动释放应该是关键操作，并将按钮安装在带有可碎的玻璃面罩或其他快速可获得的防护盒中。

对于不是一般使用但又需要进入的区域，应该提供以下选项中的一项，以防止人员进入该区域时的二氧化碳自动释放：

① 一个使系统能够只进行手动操作的自动/手动或纯手动转换装置；

② 一个位于从存储容器出来的供给管线上的手动截止阀。

进入期间，二氧化碳的自动喷射虽然短暂，但也应该避免。当所有的人员都离开这个区域时，系统应该尽快地返回到自动控制状态。

6.17.2 局部应用系统

当非正常情况下使用时，人员在喷射之前的警报期间无法离开系统保护的区域(例如在艰难的维护工作期间)，应该避免系统的自动操作。

局部应用系统通常给人员带来的风险，要比全淹没系统更低，这是因为整个空间中分布的灭火剂的浓度最终会更低。然而，在喷射期间有必要在保护区域产生一定的灭火剂的气体浓度，这会带来局部浓度高的风险，还会导致更进一步的风险，或者发生更高气体浓度在凹坑、井、轴底和相似的低位置区域集中的情况。

考虑到使用局部应用系统的区域几何形状，系统通常应该采用自动控制，这样可以确定在任何使用区域均没有可预见的产生二氧化碳高浓度的危险区。

在对自动控制系统的人员风险程度评估时，应该考虑更靠近喷射点或者在保护区域范围内工作的需要。如果人员有必要在一个能被二氧化碳气体迅速包围的区域中工作，应该考虑提供一个喷射前警报，并能够给予充分的反应时间，允许人员在二氧化碳释放之前迅速离开受保护的区域。

6.17.3 对人员的危害

在灭火中，喷射的二氧化碳浓度会对人员产生严重的危害，例如窒息和喷射期间或之后的能见度降低。应该考虑二氧化碳在保护区域外的相邻区域中的漂移和沉降，也应该考虑二氧化碳会从一个存储容器的安全释放设备中喷射造成迁移或聚集。

6.17.4 警告标志

适当的警告标志应该粘贴在这些二氧化碳浓度可能积累的区域外面，不仅包括受保护区域，也包括二氧化碳能够迁移的邻近区域。下面列出了典型的警告标志。

① 在一个受保护区域中一个典型警告标志：

警告！二氧化碳气体！当警报运行，立即撤离！

② 在一个受保护区域的入口一个典型警告标志：

警告！二氧化碳气体！当警报运行时，不要进入，直到通风之后！

③ 在一个邻近区域的一个典型警告标志：

小心！二氧化碳喷射！进入到一个邻近区域可能在这里聚集，当警报运行时，立即撤离！

④ 适当的警告标志应该放置在任何系统手动操作会发生的位置。下面是在任何手动操作站的一个典型的警告标志：

警告！这个装置的驱动会导致二氧化碳喷射！在开动之前，确保人员不在这个区域！

在任何二氧化碳的使用场合中，应该考虑人员被困或进入一个二氧化碳喷射造成危险的环境中的可能。应该提供适当的保护措施，以保证人员迅速疏散，并且为任何被困人员提供快速救援。

应该为操作人员提供培训，并且在任何需要喷射前警报的场所都应该提供相应培训。考虑到救援的需要，应该提供自给式呼吸器。

在任何时候进入二氧化碳保护区域的所有人员都应该被警告存在的危险。

喷射前警报信号应该提供一个足够长度的时间延迟来保证在最坏条件下的疏散。应该进行演习来决定在识别警报之后人员从危险区域撤离的最短时间。

应该提供喷射前的听觉警报。如果周围的噪声太高或者包含有听力障碍的人员，应该提供视觉警报。

所有的人员必须认识到二氧化碳从高压或低压系统直接喷射到人身上产生的人身伤害：眼睛受伤；耳朵受伤；因为高速气体喷射影响而失去平衡而导致坠落；干冰形式的二氧化碳接触会导致冻伤。

应防止意外或故意的喷射。当人员不熟悉系统并且他们的操作处在受保护区域时，应该停工。当保护需要在停工期间维持时，应该安排一个人(或多人)配备合适的便携式或半固定式消防设备进行消防值班，或采用恢复保护的方法。消防值班应该有一个与连续监控相连的通信连接。停工以及之后的系统恢复，应通报对火灾负有连续保护责任的相关主管部门。

延伸阅读

BS 5306 Part 4. 2001. Fire Extinguishing Installations and Equipment on Premises; Specification for Carbon Dioxide Systems.

Dieken, D. 2008. Fighting fire with CO2. Power Engineering (Barrington, Illinois) 112 (4), 80–82.

Hatakeyama, T., Aida, E., Yokomori, T., Ohmura, R. and Ueda, T. 2009. Fire extinction using carbon dioxide hydrate. Industrial and Engineering Chemistry Research 48 (8), 4083–4087.

Hirsch, D., Hshieh, F.-Y., Beeson, H. and Pedley, M. 2002. Carbon dioxide fire suppressant concentration needs for international space station environments. Journal of Fire Sciences 20 (5), 391–399.

Liu, C. 2012. Fire fighting of wind extinguisher with CO_2 gas assisted. Applied Mechanics and Materials 130–134, 1054–1057.

McGuire, C. 1982. Carbon dioxide fire protection systems. Plant Engineering (Barrington, Illinois) 36 (10), 151–155.

NFPA 12. 2000. Standard on Carbon Dioxide Extinguishing Systems Errata.

Son, Y., Zouein, G., Gokoglu, S. and Ronney, P.D. 2006. Comparison of carbon dioxide and helium as fire extinguishing agents for spacecraft, ASTM Special Technical Publication 1479 STP, pp. 253–258.

Takahashi, F., Linteris, G.T. and Katta, V.R. 2008. Extinguishment of methane diffusion flames by carbon dioxide in coflow air and oxygen-enriched microgravity environments. Combustion and Flame 155 (1–2), 37–53.

第7章 干粉灭火系统

7.1 简介

干粉依然是最有效的灭火介质之一。基于重量考量，干粉系统通常优于任何气体系统(包括卤代烷)，尽管它对有人操作区域的适用性不是很广泛。本章介绍了干粉灭火系统的最低要求。干粉灭火系统工作原理是：容器或中央集中容器中的粉末由驱动气体通过管道或软管和危险区域内的喷嘴或一组喷嘴进行喷射。此外，本章还介绍存储压力和含有气体的系统，这些系统在最高环境温度下的最大工作压力不超过2.5MPa(25bar)。

7.2 一般的信息和要求

干粉灭火系统可扑灭许多易燃和可燃液体火灾(B级)。它们特别适合那些担心结冻妨碍基于水的系统工作的室外环境。图7.1显示了一个典型的干粉灭火系统。

图7.1 一个典型的干粉灭火系统

干粉是由非常小粒子组成的粉末，成分通常包括碳酸氢钠、碳酸氢钾、尿基碳酸氢钾或磷酸二氢铵和经过特殊处理并用来补充提供耐包装、抗吸湿性(黏结)和合适流动能力的添加微粒材料。

干粉灭火机制主要是中断链式反应和阻断对热的吸收。

多用途干粉通常是磷酸二氢铵基的，并且对普通可燃物火灾非常有效，例如木材、纸张、易燃液体火灾等等。

除非经过设备制造商推荐，或者石油、天然气和石化公司的相关部门认可的测试实验室证明，系统中使用的干粉类型不应该轻易改变。干粉灭火系统是根据干粉的特殊构造、类型、流动性和灭火特性进行设计的。某些干粉的混合物会产生危险的压力和结块。

用管道输送的干粉灭火系统主要设计用于具有潜在灾难性火灾发生的高风险大型区域的专职消防。干粉灭火系统主要应对采用手动灭火方法难以扑灭、消防员难以接近、火势太大、太危险的复杂危害。

干粉灭火系统具有如下特性：最适用于危化品危害防护和控制火焰快速扩散；应用之后易于清洁；成本低，污染少；采用良好的安装方式可以应用于高压电气设备(如变压器)；控制阀操作简便，使用后管道易于清洁。

干粉试剂的相关定义主要包括以下几个方面：

① 干化学粉末灭火系统。当直接进入火中，干化学粉末几乎立即熄灭火焰。干粉是由非常小粒子组成的粉末，成分通常包括碳酸氢钠、碳酸氢钾、尿基碳酸氢钾或磷酸二氢铵和经过特殊处理并用来补充提供耐包装、抗吸湿性(黏结)和合适流动能力的添加微粒材料。多用途干粉通常是磷酸二氢铵基的，并且对普通可燃物火灾非常有效，例如木材、纸张、易燃液体火灾等等。

② 碳酸氢钠基干粉。这种制剂主要由碳酸氢钠($NaHCO_3$)组成，并且适合应用于所有类型的易燃液体和气体火灾(B级)，也同样适合于通电的电气设备火灾(C级)。尽管碳酸氢钠基干粉对普通可燃物的表面火灾具有短暂的扑灭效果，但它通常不建议用于扑灭普通可燃物火灾(A级)。

$$2NaHCO_3 \longrightarrow Na_2CO_3+CO_2+H_2O$$

$$Na_2CO_3 \longrightarrow Na_2O+CO_2$$

③ 碳酸氢钾基干粉。这种制剂主要由碳酸氢钾($KHCO_3$)组成，并且适合应用于所有类型的易燃液体和气体火灾(B级)，也同样适合于涉及通电的电气设备火灾(C级)。尽管碳酸氢钾基干粉对普通可燃物的表面火灾具有短暂的扑灭效果，但它通常不建议用于扑灭普通可燃物火灾(A级)。

$$2KHCO_3 \longrightarrow K_2CO_3+CO_2+H_2O$$

$$K_2CO_3 \longrightarrow K_2O+CO_2$$

7.2.1 应用和限制

7.2.1.1 应用

能够使用干粉灭火系统进行保护的危险类型和设备主要有：

① 易燃或可燃液体和可燃气体。易燃液体或可燃气体不受控制的喷射可能导致并发爆炸危险。

② 类似于萘和沥青这些涉及火灾就融化燃烧的固体可燃物。

③ 诸如变压器或油路断路器等的电气设备。

④ 普通的可燃物，例如木材、纸张或含有涉及燃烧的多种干性化学品的布料。

⑤ 餐厅、商业场所、输送管道和诸如热油煎锅等烹饪设备。

⑥ 一些塑料制品或材料，其风险程度取决于材料类型和危险形态。更具体的信息请咨询设备制造商。

7.2.1.2 限制

干粉灭火系统对于下列情况不应该视为一种良好的保护措施：包含自供氧的化学物质(例如硝酸纤维素)、可燃金属(例如钠、钾、镁、钛、锆)、干粉无法到达燃烧点的普通可燃物的深层或深藏火灾。

在干粉灭火设备被考虑用于电子设备或精细继电器保护之前，干粉的残留沉积对这些设备的性能影响应该进行评估。

多用途干粉不应该被认为适合用于一些精细电气设备。这些设备长期暴露在温度超过121℃或相对湿度超过50%的环境下，如果使用干粉灭火，会产生具有腐蚀性和导电性的堆积物，并且很难消除。

当干粉喷射的时候，会从直接喷射的区域迁移并且在周围表面沉积。及时清理沉积物，会减小在潮湿条件下发生特定材料污染或腐蚀的概率。

7.2.2 预制灭火系统

预制系统是指那些有预定的流速、喷嘴压力和大量干粉的系统。这些系统有特定的管道尺寸、最大(或最小)管道长度、软管规格、相当数量的配件，以及测试实验室规定的一定数量和类型的喷嘴。根据实际消防测试，可得到这些防护系统适用的危化品类型和大小。

预制系统可以防护的危化品限制可在制造商提供的安装手册中找到。

7.3 干粉灭火剂

用于初始供应场合的干粉应适合系统和预期用途。

7.3.1 分类

根据潜在用途，干粉的分类如下：ABC类干粉(适合用于A级、B级或C级火灾)、BC类干粉(适合用于B级或C级火灾，同时对A级材料的表面着火也很有效)和D类干粉(适合用于D级火灾)。

火灾等级按如下定义：

① A级，涉及固体材料的火灾，材料通常含有有机性质，在正常燃烧过程中伴有余烬；

② B级，涉及液体或可溶解固体的火灾；

③ C级，涉及气体或接触电力材料的火灾；

④ D级，涉及金属的火灾。

图7.2给出了一个ABC/BC类干粉灭火剂的样品。

图7.2 ABC/BC类干粉灭火剂粉末(经Nasco授权许可)

本章的这一部分只关注涉及大多数液体的B级火灾，包括汽油(但不包括低燃点液体，如二硫化碳等)，以及能够被快速探测并能用BC类干粉灭火的A级材料的表面燃烧。

尽管干粉系统是扑灭C级火灾的一个合适手段，但也应该仔细考虑爆炸的危险。在合适和可能的地方，在灭火之前或灭火之后应尽快隔断气流。

干粉可能导致电气设备的损坏，不应该用于涉及计算机或精密仪器的火灾。

用于镁金属灭火时，灭火粉的供给需要特殊工程考虑和批准，干粉灭火剂应该很容易被进行镁金属加工、研磨或进行其他操作的操作员的获得。干粉应该保存在合适的容器中，容器有容易移动的盖子，并且应为每个容器配备把手，以方便干粉的使用。便携式干粉灭火器的设计用于取代把手和容器。

灭火需要的干粉灭火剂的数量取决于切屑的数量。有火灾发展条件的地方需要大量的干粉，应提供大量灭火剂和长柄把手。此外，还应提供耐热手套和护脸用具用于保护使用灭火剂的人员。

装有干粉灭火剂的容器应该标记明显。

灭火剂在使用过程中应该在火焰周围形成一个环路，然后均匀地向火焰表面散播粉末使火焰熄灭。应该小心避免分散燃烧的金属。如果某处持续有烟生成，应该添加更多的灭火剂。当可燃物表面含有镁金属时，在按上述方式覆盖掉火焰后，要将25~50mm厚度的干粉分散在附近，同时将燃烧的金属连同干粉一起铲进里面。

干粉系统不适用于爆炸性气体环境。

7.3.2 化学组成

干粉的成分应适合预期的用途。

干粉灭火剂是由非常小的固体灭火介质颗粒组成的，固体颗粒经选择的添加剂处理后可以在存储过程中保持抗挤压、抗吸湿和抗结块的特性，以便粉末通过管道、软管和喷嘴时能够保持良好的流动性。

大多数BC类粉末都基于碱金属盐，通常为碳酸氢盐。一般来说，碳酸氢钠不如碳酸氢钾有效，但由于钠盐更便宜，通常更具有成本效益。例如用于热油煎锅，表面上的粉末层和产生的皂化脂肪减少了再燃的可能性。碳酸钙粉末–尿素和碳酸氢盐的混合物比简单的碳酸氢盐更有效。

磷酸二氢铵是ABC类粉末最普遍使用的化学物质。在BC级火灾方面，与碳酸氢钠相比，磷酸二氢铵虽然同样有效，但不如钾盐那么有效。

很多化学品可用于扑灭D级火灾。其中，一些化学品可用于扑灭放射性金属火灾，另外一些则可用于扑灭非放射性金属火灾。

应该注意以下几个方面：

① 碳酸氢钠的首选名称是sodium hydrogen carbonate。

② 碳酸氢钾的首选名称是potassium hydrogen carbonate。

③ 磷酸二氢铵的首选名称是ammonium dihydrogen orthophosphate。

④ 用于某一种干粉的容器不应该新加入不同类型的粉末。避免不同类型粉末之间的混合或交叉污染非常重要。有时，在经过一段较长时间后，一些混合物会发生反应，产生水和二氧化碳，由此导致粉末黏结，并在封闭的容器中造成压力上升。压力上升可能导致密封容器爆炸。

7.3.3 粒子尺寸

干粉的粒度应该足够达到灭火标准，并适合系统排放。一般来说，灭火介质的颗粒越细，灭火越有效。但这个规律对所有的干粉并都十分适用。例如，碳酸盐粉末的较细颗粒不能提高灭火的效能，因为它们的有效性取决于燃烧的剧烈程度。

细粉更难以从容器中排出，难以从喷嘴中喷出预定距离。它们也往往更容易堵塞和堆积在管道系统中，由于堆积密度小，很难存放在特定的容器中。

7.4 干粉灭火剂和驱动气体供应

7.4.1 数量

系统中干粉的数量应该至少满足应对最大的单一危化品火灾或同时应对多起危化品火灾。

7.4.2 质量

系统中使用的干粉应该由设备制造商提供。系统的特点会影响干粉的组成和驱动气体的类型，以及其他因素，因此必须使用由系统制造商提供的干粉和由系统制造商指定的驱动气体类型。

如果以二氧化碳或氮气作为驱动气体，那么它应该具有良好的商业等级，不含有可能导致容器腐蚀的水或其他污染物。

7.4.3 储备供应

对于一个完整的补给系统，一个干粉系统可以通过选择器阀门保护多个危化品区的地方，附近应保持有足够的干粉灭火剂和驱动气体。对于单独危化品区系统，附近应该有一个相似的供应系统。如果危化品很重要性，则不能关闭该区域，直到得到补给。

7.4.4 存储

干粉应该存储于一个保持干燥的地方。干粉应放在金属桶或其他容器中，以防止水分进入，即使少量水分也不行。在存储干粉之前，应该进行仔细检查以确定它处于流动状态。

7.4.5 容器

干粉容器和驱动气体系统应该靠近危化品区或危化品保护区，而不是暴露于火灾或危险爆炸区。

干粉容器和驱动气体系统应该放置在专门地点，以免受恶劣天气条件或机械、化学或其他方式的损害。当遇到恶劣气候或机械损害状况时，应提供合适的遮盖物或采取有效的保护措施。

干粉容器和使用氮气的驱动气体系统应该放置在正常的环境温度下(-40～48.9℃)。使用二氧化碳作为驱动气体的系统应该放在温度处于0～48.9℃之间的环境中。如果温度超出上述范围，设备应列出这样的温度，或提供使温度维持在该温度范围的措施。

干粉容器和驱动气体系统应该位于容易检查、维护和服务的地方。

7.4.6 驱动气体

驱动气体应为表7.1列出的其中一种或多种。

表7.1 驱动气体

气体材料	最大含水量, %
空 气	0.006
氩 气	0.006
二氧化碳	0.015
氦 气	0.006
氮 气	0.006

7.5 一般设计原理

7.5.1 稳定流动

系统应保持稳定的两相流动，粉末和驱动气体不分离。

考虑两相流的一般原理，系统制造商和设计工程师应该具有粉末流过管道系统和喷嘴的参考数据。

分离更容易发生在低速流动中(恒定管径低流速)。管径应足够小，以保证粉末流速不小于0.05kg/(mm^{2}横截面积)(相当于25mm管径中的1.5kg/s)。在平衡系统中，通过在每个管道连接处减少管径(d)的$\sqrt{2}$倍而获得相对恒定的速度(见图7.3)。

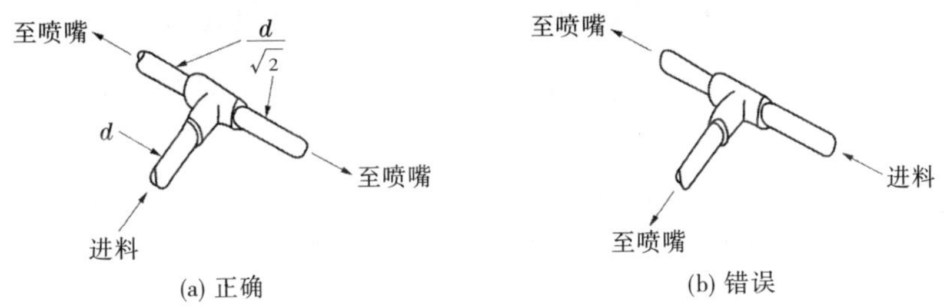

(a) 正确　　(b) 错误

图7.3 通过三通管道的流动方向

分离会发生在流量方向变化的地方，为最小化和补偿这种影响，应该遵循下列原则：

① 只有通过使用弯头(最好90°)而不是弯曲管道来改变管道的流动方向。

② 管道流动应该只有通过使用如图7.3配置的直角三通或其他同等有效手段才能分配。图7.3b所示配置将导致不相等的流动分配，不规则的流动应禁止使用。

③ 分离应该发生在弯头处，但相的复合将在等同于20倍管径长度的管道中发生；如果在弯曲平面距离内出现流动分割，不规则流动将会发生。

④ 喷嘴应安装在管子的弯头处。

7.5.2 流动分布

干粉系统应该提供在每个喷嘴处的流动设计。

在平衡系统中，均匀分布流动更容易达到。不平衡系统更难以设计，更可能有变化和不可预测的性能，同时流体从喷嘴中喷出时更有可能出现波动。

因此，在非平衡系统设计中应该投入更多关注；在可能的地方应该进行排放测试，以证实正确的功能。最简单的平衡系统是一组对称排列的管道喷嘴，所有喷嘴具有相同的尺寸，并处于相同的高度，如图7.4所示。

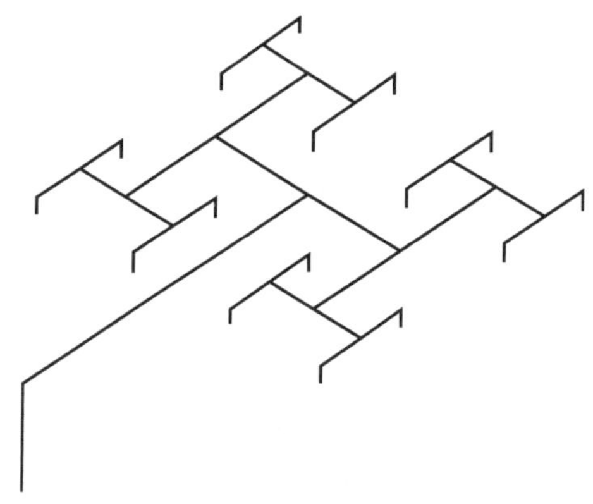

图7.4 对称的平衡系统(所有喷嘴排放流量为相同速度R)

任何三通其中一个出口的管道通过另一出口相同的管道排列而平衡，在另一出口具有与第一个出口相同的管道长度和相同数量的配件布置。

实际上，对称不需要很精确，只要不同排列喷嘴的等效长度在±5%以内就可以实现有效的平衡，从而允许管道的实际长度有一些变化，但调整的数量上没有什么不同。

在使用不同流量喷嘴的地方，系统将不对称。这样一个系统可以通过选择较大的喷嘴而平衡，使喷嘴流量为最小流量R的2、4、6倍等。直径小于最小喷嘴直径2、4、8倍等的孔口会提供额外的流动阻力(压降)，以平衡相应的较长不恒等排列管道产生的阻力。

7.5.3 计算和设计

在使用公式、图或表进行计算的过程中，不需要在预制系统中列出系统特性参数(如流速、管道尺寸、消防面积或每个喷嘴保护的体积、喷嘴压力和压降)，因为这些系统必须按照制造商安装手册中描述的预先测试限制范围进行安装。

7.5.4 个人危险

灭火剂粉末不应该有毒性。在灭火剂中，B类粉末一般呈现出最小的化学毒性。但某些类型的粉，特别是D类粉末，使用过程中需要特殊的预防措施。灭火剂粉末被人体吸入会产生不适，通常是暂时的。但某些粉末会引起人体严重的刺激，尤其是在吸入大量粉末的时间段内。粉末在一个狭小空间里形成的雾状条件，严重降低了可见性，同时使个人丧失方向感，随之与障碍物相撞。

7.5.5 污染

应采取预防措施，使粉末对其他材料造成的污染最小化。

系统喷出的粉末将覆盖附近所有暴露的表面。如果在几小时内清理掉这些粉末，通常没有什么问题。暴露在空气中的粉末会吸收水分，长期接触这些潮湿的粉末可能导致某些金属的腐蚀。

要特别注意外部机械和电气设备的清洁。

7.6 系统类型

对于本章而言，干粉系统应该分为以下类型：全淹没式干粉灭火系统、局部应用式干粉灭火系统、手持软管干粉灭火系统和火灾监控系统。

干粉系统也可区分为储压式干粉灭火系统或储气式干粉灭火系统。干粉系统有时会在其他地方被称为设计型干粉灭火系统(专门为一个特定的危险设计)或预制型干粉灭火系统(在一定大小限度内和类型中允许安装和使用，以应对任何危险)。

7.6.1 一个或更多危化品区的防护系统

如果在火灾中由于距离近而有多个危险发生，那么应该安装独立系统，使它们同时运行，或者安装一个单一系统能够处理同时发生的危险。应该阻止火灾从一个区域传播到另一个区域，让任何危险依然是单一的火灾。

7.6.2 软管系统

在放有手持软管干粉灭火系统的地方也应该由一个固定系统保护，同时进行干粉独立供应。 一个例外情况是：如果一个单独的干粉供应同时用于手持软管干粉灭火系统和固定喷嘴系统，由两个系统进行的危险防护应该分开。这样的话，手持软管干粉灭火系统就不能同时用于由固定监控系统防护的危险。

7.7 全淹没式干粉灭火系统

全淹没式干粉灭火系统意味着连接固定管道的固定喷嘴可以将干粉连续不断地喷向火灾发生的封闭空间。

这种类型的系统应该只有用在火灾发生的永久密闭空间里，在这里才能形成所需的灭火剂浓度。

火灾防护空间内干粉的泄露应该最小化，因为灭火系统的有效性取决于因干粉灭火剂形成的灭火剂浓度。

在全淹没式干粉灭火系统中，使用速率应该这样设计：密闭空间中各部分的设计干粉灭火剂浓度可以在30s内获得。

7.7.1 全淹没式干粉灭火系统的应用

本小节的设计方法只用于固定喷嘴系统，系统所在之处有一个永久的危险密闭空间。

全淹没式干粉灭火系统可以应对的火灾为涉及易燃液体和固体的表面火灾。

7.7.2 设计条件

灭火剂粉末用量和排放速率应该足够形成和维持整个空间指定的灭火剂浓度，同时应该留有足够的安全裕量，以补偿任何未关闭出口和未关闭的通风系统造成的危险。

火灾区域内损失的粉末通常会降低灭火有效性，在大多数情况下，应关闭开口和通风系统，以尽量减少灭火剂粉末损失。然而，在抽气管道系统形成危险区的地方，应该保持通风系统运行，以促进管道系统灭火。

7.7.2.1 最小灭火剂粉末量

所需的最小灭火剂粉末量M(kg)可通过下式估算：

$$M=M_1+M_2+M_3+M_4$$

式中：M_1是与危化品区所占体积有关的基本灭火剂量，kg；M_2是为补偿开口造成的影响而额外附加的用量(每个开口不到边界区域的5%，所有开口总面积超过边界区域的1%)，kg；M_3是为补偿开口面积不少于边界区域的5%而额外附加的用量，kg；M_4是为补偿任何未关闭的通风系统而额外附加的用量(确定作为一个总区域所占体积的附加量，等于危化品区在排放过程中进入或从区域出去的空气体积)，kg。

M_1和M_2的数量应均匀地分布在整个区域；M_3的数量应该应用在相应于整个区域面积的相关开口区的整个面积；M_4数量应该应用于整个区域的空气进入点。

可能需要特殊通风，以避免因灭火剂排放而造成整个区域压力过高。

应该向灭火剂粉末制造商咨询相应的设计标准。对于优质碳酸氢钠基粉末，可以遵循下面的原则：

① $M_1=0.65\times$区域体积(m^3)；

② $M_2=2.5\times$开口面积(m^2)(每个开口面积小于总区域面积的5%)；

③ M_3=5.0×开口面积(m^2)(每个开口面积不小于总区域面积的5%)；

④ M_4=0.65×通风速率(m^3/s)×系统通风时间(s)。

【例7.1】

一个5m×10m×3m的通过碳酸氢钠粉末灭火系统保护的空间区域。没有通风系统，总的未关闭开口面积是1.5m^2。

区域体积=5×10×3=150(m^3)。

边界区域面积=2(5×10)+2(3×10)+2(3×5)=190(m^2)。

未关闭开口面积小于边界区域的1%，所以不需要补偿粉末(M_2或M_3)。所需的最小灭火剂量M=M_1=0.65×150=97.5(kg)。

【例7.2】

例7.1中描述的区域配备了一个通风速率为15m^3/min的通风系统，系统运行时通风系统不关闭。如果灭火剂排放时间为25s，所需的附加粉末数量M_4=0.65×15×25/60=4.1(kg)。

这将应用在空气入口点。

【例7.3】

例7.1中的区域有两个开放的开口：

① 2m×5m=10m^2；

② 2m×1m=2m^2。

由于打开一个超过5%边界区域的开口，应用于开口的附加粉末量M_3=5×10=50(kg)。

因为开口②的面积超过了边界区域的1%，但小于边界区域的5%，相应于M_1使用的附加粉末量M_2=2.5×2=5.0(kg)。

7.7.2.2 最小速率

灭火剂粉末最小排放速率R(kg/s)不应小于下式给定值：

$$R=M/30$$

在没有附加粉末量(M_2、M_3、M_4)提供的地方，灭火剂粉末最低排放速率应相当于一个0.022倍危化品区体积(m^3)的优质碳酸氢钠灭火剂粉末排放速率。

为了给定安全设计条件，安全因素按照下面建议考虑：

最小设计量=2×实验最小数量

最小设计排放速率=2×实验临界排放速率

设计条件通常以下面形式给出：

最小粉末量=常数×危险区域体积

最小粉末排放速率=常数×危险区域体积

由于开口和通风口造成的粉末损失需要额外考虑。

7.7.3 危化品区域体积

计算中使用的体积应该是区域总体积，不包括区域内任何永久性的和不透水的不燃建筑物的体积。

受保护的物体的体积应该由坚固的建筑物覆盖，同时归类为不燃物。这些物体的面积应不少于边界区域面积的55%。耐火试验应符合BS 476标准pt 21部分。

在开口可以关闭的地方，这些开口应该在灭火剂排放之前或开始排放时安排关闭。

区域中使用的任何吊幕的面积不应超过边界区域的30%。

无论是在两侧、底部还是顶部的未关闭开口，其总面积不应超过边界区域面积的15%。

7.7.4 喷嘴选择和分布

喷嘴应位于可以提供整个危化品区域灭火所需的灭火剂浓度的地方，同时覆盖任何不少于边界区域面积5%的未关闭开口。

喷嘴的类型选择和每个喷嘴的布置应该符合下列要求：排放粉末时喷嘴不会飞溅易燃液体；需要移除诸如天花板的配件，或产生可能延长火灾或导致爆炸的烟尘。

7.7.5 泄露和通风

① 从危化品保护区域泄露的干粉量应该达到最小，因为灭火系统的有效性取决于获取一个能够灭火的干粉灭火剂浓度。

② 在可能的情况下，在干粉开始排放之前或排放的同时，门口和窗户处的开口应该安排关闭。

③ 在有压力通风系统的地方，开口也应该在干粉排放之前或排放时关闭。

7.8 局部应用式干粉灭火系统

局部应用式干粉灭火系统应该用于易燃或可燃液体、气体和表面固体(如油漆沉淀物)火灾的消防，用于危化品区域不封闭或区域不符合总灭火系统要求的地方。干粉灭火剂的应用应该从安装在水箱一侧或水箱上边的喷嘴开始。

① 面积法，适用于表面着火，灭火剂用量取决于危化品区域面积的大小。

② 体积法，适用于体积着火，灭火剂用量取决于处于危险中的物体体积大小。

危化品区应包括所有可能成为易燃区的区域，这些区域由可燃或易燃的液体或表面固体涂料所覆盖(如遭受易燃物泄漏、渗漏、滴漏、飞溅或凝结的地方)，以及所有相关的材料或设备(如新喷涂的货物、排水板、容器、管道等等)，它们可能导致火焰延伸到外面或进入保护区。

本小节的设计方法应该用于固定喷嘴系统，以及系统所处的危化品区是不封闭的或区域很大。

可以由局部应用式干粉灭火系统扑灭或控制的火灾，涉及易燃液体和固体的表面火灾。

由局部应用式干粉灭火系统保护危化品区的例子有：浸渍槽、淬火槽、喷漆车间、加工机械、热油煎锅、通风烟囱、减压通风口、汽车燃料区域。

局部应用式干粉灭火系统的设计要求如下：

粉末用量、粉末排放速率和粉末使用时间应该在危化品区周围提供一个灭火剂浓度，以便在一定时间内足以扑灭火灾，同时留有足够的安全裕量。

局部应用式干粉灭火系统应该是吊顶型喷头，喷头位于危化品区上面；或者是边墙型喷头，喷头位于可以将干粉排放到整个危化品区表面的位置；抑或是两种形式的组合。在不同条件下，各种方法适用于室内和室外。

灭火取决于在最少时间内获得在火灾区域内可以足够灭火的灭火剂浓度。

对于一个给定的区域来说，固定的最小排放时间要求给出最高设计排放速率，该速率与设计灭火剂量成比例增加，大约是实验过程中最大值的1/2。

灭火的限制条件取决于应用方式(吊顶性喷头或边墙型喷头)、火灾发生地点(位于室内，还是位于室外)、粉末类型和火灾的面积。对于特定类型粉末，可能需要大量的实验工作来建立安全设计条件。在静止空气条件下，粉末系统是最有效的。风对吊顶型喷嘴的影响要大于对边墙型喷嘴的影响。

该规范的设计方法适用于静止空气条件下的吊顶型喷嘴和风速为10m/s条件下的边墙型喷嘴。

使用的水幕，或将粉末用于比危化品区面积大的地方，应该考虑风速更高的地点。

应该向粉末制造商咨询相应的设计标准。

7.9 监视器和软管卷盘系统

本节的设计方法应该用于喷头可移动、可直接手工活动的系统。

监视器和软管卷盘系统可作为固定消防保护系统的补充措施，或作为使用特定危化品消防粉末的便携式灭火器系统。

粉末软管卷盘应该尽可能地毗邻装粉容器。

除了固定系统安装粉末监视器或软管卷盘，粉末供应系统也安装监视器或软管卷盘，但两者应该分开。

7.9.1 监视器和软管卷盘的位置和间距

监视器和软管卷盘应该合理布局，这样它们的使用就不会被保护区的火灾阻碍。保护区域的所有部分应该由一个或多个监视器或软管卷盘覆盖。

7.9.2 排放速率

软管卷盘的粉末排放速率不应低于1.5kg/s。

通常的监视器排放速率可达10kg/s。排放速率达到3kg/s的监视器用于典型的手持软管喷头。在高排放速率或高压条件，产生的反作用力使得软管和喷头很难控制。由于危化品区的面积和性质以及在不能使用固定喷头和监视器系统的地点，排放速率在3kg/s以上的软管卷盘应该只在必要时才采用。

7.9.3 最小粉末量

在可能同时运行最大数量监视器或软管卷盘系统时，监视器或软管卷盘系统的粉末容量应该在最大排放速率下足够连续运行30s。

7.9.4 软管卷盘设计

在操作范围内任何温度下，装粉容器压力可能超过2.0MPa(20bar)的地方，系统应该包含一个装置，该装置可以限制软管入口压力不超过2.0MPa(20bar)。

7.9.5 监视器设计

监视器应该适合一个人直接操作或从远程直接控制。

7.9.6 码头甲板

对于每个泊位码头，应该在码头甲板上安装一个或两个固定干粉灭火单元装置。每个单元装置的干粉监视器应放在覆盖船舶歧管和装卸设备的地方。每个单元装置的容量应该是1500kg，以提供监视器20～50kg/s的排放速率，同时喷射距离可以达到30～50m。两个带有喷头的软管卷盘应该具有2.5kg/s的排放速率，并且排放距离可以达到15m。

7.10 警报器和指示器

警报器或指示器应该显示系统已经运行，可能需要人员响应，系统需要充电。

灭火系统应该与报警系统相连接，如果可能的话，按照合适的信号系统的标准要求，以便干粉系统的自动/手动驱动，发出火灾报警，并且提供灭火系统的功能。

应提供两个电力来源，包括一个主供电电源和一个辅助供电电源。主供电电源应该有高度的可靠性且有足够的能力满足设备的用电需要，而且应该包括下列功能或设备：

① 提供照明和电力；

② 发动机驱动的发电机或同等设备。

在总电源失效或主电源处于低电压条件下(少于铭牌电压的85%)，二级(备用)电源应该在最大正常负荷下可以24h向系统供电，同时可以持续5min获得火灾警报信号。

二级(备用)电源在主电源失效后的30s之内应该能够自动切换，并使系统运行。二级(备用)电源应该包含下列功能或设备：

① 含有24h电量的蓄电池；

② 电动机驱动的发电机；

③ 多个自动起动的由发动机驱动的发电机，能够在最大的发电机出故障时提供电力。

二级(备用)电源不应该要求运行疏散警报指示器，或在接收主控制单元信号方面不必要的其他补充功能。

这些系统应该设置电力监测，如果出现安装接线的一个开放或单独的接地故障，阻止系统正常运行或导致主电源供电失败，那么由特殊的故障信号表示。

监测装置或设备的故障警报应该给出快速和积极的响应，而且要与运行故障或危险条件的警报相区别。

全淹没式干粉灭火系统和局部应用式干粉灭火系统应该给出一个声光报警操作，主要由火灾报警系统运行警报系统。

7.11 安全防护措施

在灭火系统中，由于排放干粉、计划或意外等原因导致有害气体环境出现，应该提供合适的安全防护措施来保护个人安全。

7.11.1 系统泄压

系统在排放灭火剂后，应该有一个设施允许吹扫管道中的残余粉末。

应提供适当的保护措施，确保受污染地点的人员及时疏散，并提供被困人员的快速营救措施。安全项目要考虑，但不限于人员培训、警告信号、排放警报、预排放警报和呼吸保护。

7.11.2 维护过程中的排放预防措施

系统应该有一个设备在系统检查和维修期间防止排放，以便检查和维修可以安全进行，也可以在保护区域正在发生变化或广泛维护的时候进行。

当干粉压力容器没有连接到管道或软管时，排放口应提供一个保护扩散安全帽，以保护人员在发生事故时免受反冲和高排放速率的影响。这样的保护帽也应该用于空压力容器来保护螺纹。这些保护帽应该由设备制造商提供。

7.11.3 系统状态的视觉指示

视觉指标应该出现在下列地点的每一个入口处：

① 由全淹没干粉灭火系统保护的空间；

② 正常有人存在、受保护或毗邻局部应用式干粉灭火系统的区域。

应该有一个有下列指示的系统状态灯单元：红灯(系统排放)、绿灯(手动控制)和琥珀色灯(自动和手动控制)。

7.11.4 通风指示

有封闭管道(在正常情况下是没有压力的)的系统应该配备一个装置，可以指示推进剂或粉末的意外排放进入封闭管道。

7.11.5 电气接地

系统中安置在建筑物内或附近场所内的所有暴露的电气设备金属制品，应有效接地，以防止金属制品带电。

7.11.6 电气危害

在暴露电导体存在的地方，应提供空隙，这样在维修期间可以在电气设备和系统所有部件之间获得可行的空隙。在这些间隙距离无法实现的地方，应该提供警告通知，同时采用维护工作的安全系统。

7.11.7 正常不占用但是将要进入的区域

系统应该提供一种设备，用来防止系统自动排放，同时保留手动操作、检测和报警设施。

大量干粉的排放将对个人产生危害，如能见度降低、造成临时呼吸困难。

延伸阅读

British Standards Institution (BSI), BS 5306 pt 7, Specification for Powder Systems 2009.

Elmore, K.S. 1998. Using dry chem on class B fires. Fire Engineering 151 (2), 79–82.

Ewing, C.T., Faith, F.R., Hughes, J.T. and Carhart, H.W. 1989. Flame extinguishment properties of dry chemicals: Extinction concentrations for small diffusion pan fires. Fire Technology 25 (2), 134–149.

Ewing, C.T., Faith, F.R., Romans, J.B., Siegmann, C.W., Ouellette, R.J., Hughes, J.T. and Cathart, H.W. 1995. Extinguishing class B fires with dry chemicals: Scaling studies. Fire Technology 31 (1), 17–43.

Fu, X., Cai, C., Shen, Z., Ma, S. and Xing, Y. 2009. Superfine spherical hollow ammonium dihydrogen phosphate fire-extinguishing particles prepared. Drying Technology 27 (1), 76–83.

Kuang, K., Chow, W.K., Ni, X., Yang, D., Zeng, W. and Liao, G. 2011. Fire suppressing performance of superfine potassium bicarbonate powder. Fire and Materials 35 (6), 353–366.

Leng, N., Wang, S. and Han, P. 2012. Development of new fire extinguishing agent for grassland. Advanced Materials Research 550–553, 62–70.

National Fire Codes (NFC) (NFPA), Volume 1, Section 17, Dry Chemical Extinguishing Systems, Volume 7 code 480 Dry Powder for Magnesium 2010.

Ni, X., Chow, W.K., Li, Q. and Tao, C. 2011. Experimental study of new gas-solid composite particles in extinguishing cooking oil fires. Journal of Fire Sciences 29 (2), 152–176.

Ni, X., Chow, W. and Liao, G. 2008. Discussions on applying dry powders to suppress tall building fires. Journal of Applied Fire Science 18 (2), 155–191.

Xing, J., Du, Z.-M., Chen, D.-S. and Li, R.-X. 2011. Preparation of superfine ammo- nium phosphate dry chemical fire extinguishing agent by using vibratory milling method and surface modification. Journal of North University of China (Natural Science Edition) 32 (5), 613–618.

Ye, M.-Q., Han, A.-J., Ma, Z.-Y. and Li, F.-S. 2005. Application of superfine particle and its composite technology to cold aerosol fire extinguishing agents. Nanjing Li Gong Daxue Xuebao/Journal of Nanjing University of Science and Technology 29 (2), 236–239.

第8章 泡沫生成和计量系统

8.1 引言

消防泡沫是一种大量的稳定的低密度泡沫，密度低于最易燃液体和水。泡沫是一种覆盖物和冷却剂，通过向含有水和泡沫液的泡沫溶液混合空气而生成。

本章详细说明了用于灭火的液体泡沫液和泡沫生产的要求，同时给出采用低、中和高发泡倍数泡沫扑灭建筑物、工厂和存储设施中火灾的固定和半固定系统的设计。泡沫液的分类主要包括泡沫喷淋系统、全淹没式系统、局部应用式系统和润湿剂。

8.2 泡沫

泡沫熄灭易燃或可燃液体火灾主要四种机理(见图8.1)：从可燃蒸气中排除空气；消除燃料表面释放的蒸气；将火焰与燃料表面隔离；冷却燃料表面和周围金属表面。

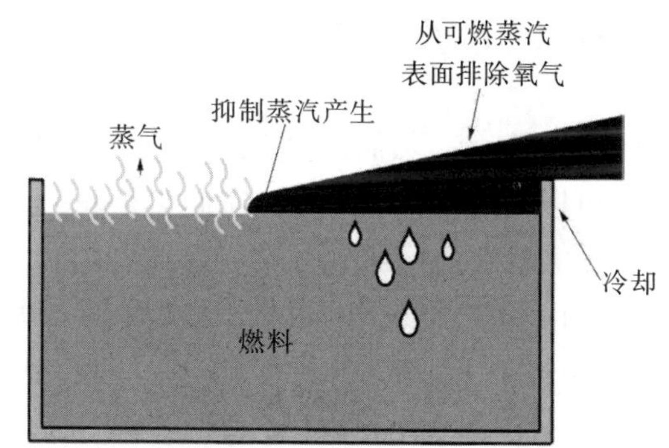

图8.1 使用泡沫熄灭易燃或可燃液体火灾的示意图
(由VDM Imaginary授权许可)

泡沫液主要分为三个发泡倍数范围：

① 低发泡倍数(发泡倍数为20∶1)。泡沫是为易燃液体设计的。低倍泡沫已被证明是一种控制和扑灭最易燃液体(B类)火灾以及保护最易燃液体(B类)的有效手段。泡沫也已成功应用与A类火灾，其中泡沫溶液的冷却和渗透效果是很重要的。

② 中发泡倍数(发泡倍数为20∶1~200∶1)。中倍泡沫可以用来抑制有害化学

物质的蒸发。30∶1~55∶1之间的发泡倍数的泡沫被发现是对与水高度反应的化学物质和低沸点有机物产生蒸气缓解的最佳泡沫层高度。

③ 高发泡倍数：发泡倍数大于200∶1。高发泡倍数泡沫是专为密闭空间消防设计的。高发泡倍数泡沫液是一种合成液、洗涤剂类型的发泡剂，用于扑灭发生在密闭空间(如地下室、矿山、轮船)的火灾，使用时与高发泡倍数泡沫发生器结合使用。

泡沫灭火适用于油、脂肪和高度易燃液体。

消防泡沫是一种自水溶液生成的充气泡沫，密度比最轻的易燃液体小。它主要是用来在比水轻的易燃和可燃液体上形成一个连贯的浮动的覆盖层，通过排除空气和冷却燃料来阻止或熄灭火焰，并且抑制易燃蒸气再燃。它附着在物体表面并阻止相邻火焰的影响。泡沫是由固定管道系统或便携式泡沫发生单元提供的。

应缩减所有固定泡沫装置供应管线的延迟时间，并在使用后将管线排干。

对于固定顶罐，应该提供液下泡沫喷射设施。

8.2.1 泡沫液的分类

泡沫液是液体，通常为水溶液，与水混合产生的泡沫溶液用于制造泡沫。泡沫液通常按成分分类。

8.2.1.1 蛋白质泡沫

蛋白质泡沫液是水解蛋白质的水溶液，一般使用浓度为3%和6%。常规蛋白泡沫(RP)只用于碳氢燃料。它们产生均匀、稳定的泡沫层，具有良好的耐热性、抗回火性和析液的特点。

RP泡沫具有缓慢破碎的特点。然而，它们以非常经济的成本提供优质的火灾后的安全服务。RP泡沫可以使用淡水或海水。它们必须正确地吸气，不应使用非吸气结构雾喷嘴。

蛋白泡沫是第一类被市场广泛使用的机械泡沫，自第二次世界大战后就开始应用。这些泡沫是由角蛋白(蛋白水解物)，诸如蹄子、犄角、鸡的羽毛等的水解产生。此外，稳定添加剂和抑制剂用来防止腐蚀、抵抗细菌分解和控制黏度。

8.2.1.2 氟蛋白泡沫

氟蛋白泡沫液(FP)是添加氟表面活性物质的蛋白泡沫液。该泡沫通常比蛋白质泡沫液更易流动，能够快速控制火情和灭火，并且如果泡沫层受到扰动，FP有更大能力重新形成泡沫层。FP抗碳氢化合物液体的污染，通常使用浓度为3%或6%。FP含氟表面活性剂，大大提高了快速破裂的性能，改善了抗油性，并与干粉相容。FP一般用在扑灭碳氢化合物燃料和含氧燃料添加剂等方面的火灾。与蛋白质一样，它们有优良的耐热性、抗复燃性和火灾后安全性。FP可用淡水或海水。它们必须正确充气，不应使用非充气结构性雾喷嘴。

FP泡沫是通过向蛋白质泡沫液加入特殊的含氟表面活性剂而产生的。通过增加泡沫流动性增强了蛋白泡沫的性质，通过提供更快的破碎速度和优异的耐油性提高了RP泡沫的特性。

8.2.1.3 成膜(FP)泡沫

成膜FP(FFFP)泡沫液是添加氟表面活性剂的泡沫液。该泡沫比蛋白质和标准FP泡沫流动性更好。该泡沫抗碳氢化合物液体污染，能在一些液态烃燃料表面成膜，通常使用浓度为3%或6%。FFFP是含氟表面活性剂与PF的结合物。其设计的目的是为了把FP泡沫的耐燃料性和抗复燃性结合起来，以增强可破碎能力。FFFP泡沫在碳氢化合物燃料表面会释放一个水膜。

8.2.1.4 合成洗涤剂泡沫(中发泡倍数和高发泡倍数)

合成泡沫液是碳氢表面活性剂的溶液。氟表面活性剂如果大量存在溶液中就不会导致在碳氢化合物液体上成膜。合成泡沫液通常使用的浓度在1%~6%之间。它们通常不用于低发泡倍数泡沫系统，在这个标准中不予考虑。

对A类火灾有效的高发泡倍数泡沫，对于有限空间消防和作为润湿剂是非常有用的。高发泡倍数泡沫可用于小规模的B类烃类火灾。合成泡沫液是合成发泡剂与稳定剂的混合物。基于合成洗涤剂的中发泡倍数泡沫用于抑制有害气体。根据所涉及的化学品种类的不同，需要特制的泡沫。高发泡倍数泡沫可用于固定装置，用于仓库或其他含A类材料(如木材、纸、塑料和橡胶)的封闭房间的灭火。必须注意区域中的电源。低发泡倍数泡沫用于这些场合下的消防与高倍泡沫相当不同。高发泡倍数泡沫能够真正达到整个火灾区域的灭火和冷却燃料。

8.2.1.5 水成膜泡沫灭火剂

水成膜泡沫(AFFF)液通常是基于碳氢化合物和氟化烃表面活性剂的混合物。由氟化物溶液制成的泡沫液在一些液态烃燃料表面成膜，通常使用浓度为1%、3%或6%。AFFF泡沫家族是为了提供在碳氢燃料上快速破碎的可能性。它们的易流动性使它们能够迅速流过障碍物、残骸和碎片。不同的使用浓度可能根据用户的配比设备进行选择。标准的AFFF是预混合的、与干粉相容、可以与淡水或海水一同使用。可以通过非除尘设备使用AFFF。然而，对于最优性能，应该使用除尘喷嘴。

AFFF是一种含氟表面活性剂和合成发泡剂的组合。AFFF通过形成水膜扑灭火灾。该液膜是一个泡沫液薄层，可以快速传播到整个烃燃料表面，导致快速灭火。

水膜是通过含氟表面活性剂减少泡沫液的表面张力而产生的，溶液可以在烃类化合物表面受到张力支撑。

8.2.1.6 抗溶性泡沫灭火剂

抗溶性泡沫(AR)液主要用于对泡沫具有破坏性的液体。与普通泡沫相比，该泡沫更不易被液体破坏。它们可以用在任何级别的火灾，也可以用于烃类液体着火，防火性能通常对应于母液类型。成膜泡沫不会在水溶性液体表面成膜。AR泡沫液用于水溶性液体燃料灭火的通常使用浓度为6%，用于烃类燃料灭火的通常使用浓度为3%或6%。

AR-AFFF泡沫由合成洗涤剂、含氟化合物和多糖聚合物组合而成。极性溶剂(或水溶性液体)燃料(如醇类)对非抗溶性泡沫具有破坏性。AR-AFFF泡沫作为传统用于烃类燃料的AFFF，能够在烃类燃料表面形成水膜。多糖聚合物应用于极性溶剂(或水溶性液体燃料)时，会形成一层坚韧的膜(见图8.2)，把泡沫与燃料分隔开，防止泡沫层的破坏。

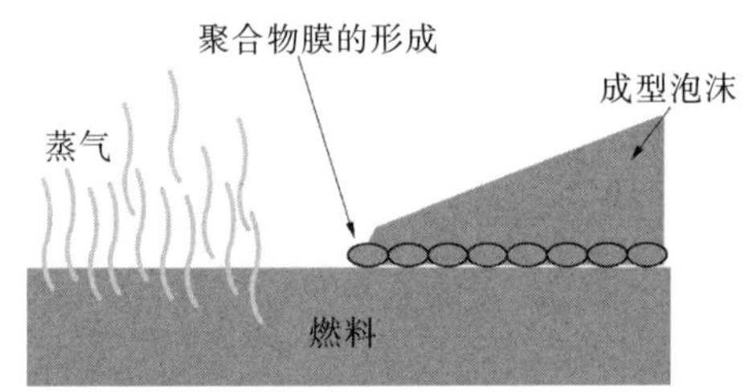

图8.2 聚合物膜的形成

尽管有些溶液设计用于烃类燃料火灾的使用浓度为3%，设计用于极性溶剂火灾的使用浓度为6%，但是今天的新配方设计用于两种燃料火灾的使用浓度均为3%。这些新配方提供更具成本效益的醇类燃料保护，使用浓度为3%或6%溶剂的1/2。

而3×3 AR-AFFF还简化了配比比例设定，因为它总是3%。总的来说，AR-AFFF是目前使用最为通用的一种泡沫，能提供良好的抗复燃、抗破碎性、高燃料适应性，能同时用于烃类燃料和极性溶剂(或水溶性液体)类火灾。

8.2.2 泡沫特点

为了有效，好的泡沫必须包含良好的物理特性：

① 蔓延速度和流动性。对于泡沫层蔓延到燃料表面或周围障碍以便达到完全灭火是需要时间的。

② 耐热性。泡沫必须能够抵抗来自残存火焰热辐射的破坏性影响，这些火焰来自液体的易燃蒸气和热金属残骸或区域内其他物体。

③ 抗燃料性。一个有效的泡沫会使燃料富集最小化，这样泡沫不会变得饱和而燃烧。

④ 蒸气抑制性。产生的气密泡沫层必须能够抑制易燃蒸气，以便使再燃的风险最小化。

⑤ 抗溶性。由于醇类对水有亲和力，同时因为泡沫层有超过90%的水，非抗溶性泡沫层将被破坏。

表8.1总结了各类消防泡沫的属性并进行了对比。

表8.1 消防泡沫类型的属性和对比

属 性	蛋白泡沫	FP	AFFF	FFFP	AR-AFFF
蔓延性	一 般	良 好	优	良 好	优
耐热性	优	优	一 般	良 好	良 好
抗燃料性(烃类)	一 般	优	适 中	良 好	良 好
蒸气抑制性	优	优	良 好	良 好	良 好
抗溶性	无	无	无	无	优

泡沫液设计与水以特定的比率混合。以6%浓度与水混合，其中水为94%，泡沫溶剂为6%。例如，如果你要“预混和”一批泡沫溶剂和水生成100L的泡沫溶液，你会把6L的泡沫液和94L的水混合。当使用3%浓度的泡沫时，就可以将3L的泡沫液与97L的水混合。一旦与水按比例(混合)，产生的3%或6%浓度的泡沫液几乎拥有相同的性能特征。

3%浓度的泡沫液要比6%浓度的泡沫液浓缩性更强，因此产生相同的效果要求更少的产品。行业的趋势是尽可能低地减小泡沫溶剂的混合百分比。

降低混合比允许用户最小化存储溶剂所需的空间。通过从6%的泡沫液浓度换到3%的泡沫液浓度，或者通过携带相同体积的溶液，可以使你的消防能力加倍，或者可以不需通过降低消防能力而减半泡沫供应。

较低的混合比还可以降低泡沫系统组件的成本和液体运输费用。AR泡沫液在桶标签上有两个混合百分比。例如，3%/6%泡沫液设计3%浓度用于烃类燃料，设计6%浓度用于极性溶剂燃料。

正是由于大量的活性成分提供了抗溶性泡沫层的形成。新配方的AR-AFFF改善了抗溶性，这样它们可以使用3%浓度的溶液用于烃类燃料或极性溶剂。润湿剂和A类泡沫液是不太复杂的混合物成分，混合比可以低于1%，通常为0.1%～1.0%。0.5%的预混料是0.5L的溶剂与99.5L的水的混合物。

8.2.3 泡沫的基本准则

8.2.3.1 存储

如果遵循制造商的建议，蛋白质或合成泡沫液应该经过多年存储后还能使用。

8.2.3.2 水温和污染物

在一般情况下，用较低温度的水生成的泡沫更加稳定。尽管所有泡沫液与超过37.78℃(100℉)的水进行混合起作用，然而首选水温还是1.67~26.66℃(35~80℉)。可以使用淡水或海水。含有已知的泡沫污染物(如清洁剂、油残留物或某些缓蚀剂)的水可能影响泡沫质量。

8.2.3.3 空气中的可燃产物

总是期望向泡沫喷嘴中注入清洁空气，虽然空气污染对低发泡倍数泡沫质量的影响很小。

8.2.3.4 水压

喷嘴压力应维持在50~200psi(1psi≈6.895kPa，下同)。如果使用一个比例混合器，则比例混合器压力不应超过200psi。在更高压力下泡沫质量会变差，而在较低压力下泡沫易脱落。

8.2.3.5 未燃物泄露

在有易燃液体泄漏的地方，火灾可以通过泡沫层的快速覆盖而阻止。额外的泡沫可能有必要维持泡沫层很长时间，直到泄漏的未燃物已经被清理干净。

8.2.3.6 电气火灾

在电气火灾中使用泡沫应几乎与水同样考虑，因此通常不推荐使用。如果使用，与直流相比，喷射流更安全。然而，因为泡沫是凝聚的，分散(喷雾)泡沫流比水雾更易导电。

注意，电子系统在使用水或泡沫前应手动或自动断电。

8.2.3.7 蒸发液体

泡沫不推荐用于以液体存储但是在正常环境条件下为气体的物质，例如丙烷、丁二烯和氯乙烯。消防泡沫不推荐用于与水反应的物质，例如镁、钛、钾、锂、钙、锆、钠和锌。

8.2.4 发泡倍数

完成的泡沫是泡沫液、水和空气的组合。当这些组分按适当的比例完全混合，就会生成泡沫。图8.3显示了泡沫是如何通过典型的配比设备生成的。

泡沫是按发泡倍数分类的，即生成的泡沫体积与泡沫溶液体积之比，发泡比例范围如下：

① 低发泡倍数泡沫，发泡倍数为1∶1~20∶1之间，主要用于覆盖可燃液体火灾的表面。

② 中发泡倍数泡沫，发泡倍数为21∶1~200∶1之间，主要用于扑灭表面火灾或特定泡沫厚度层的火灾(如达到4m)。

③ 高发泡倍数泡沫，发泡倍数在201∶1~1000∶1之间，主要用于填满整个区域而灭火，在区域内大量火焰燃烧处于不同高度水平，最高达10m。高发泡倍数泡沫液是表面活化剂与合成的、洗涤剂类型的泡沫剂的混合物。这种泡沫液按约1.5%比例与水混合，然后与空气形成高发泡倍数泡沫。当泡沫液与高发泡倍数泡沫发生器结合在一起使用时，能生成平均发泡倍数为500∶1的超级泡沫，但是通过泡沫发生器可以生产发泡倍数为200∶1~1000∶1的泡沫。泡沫液可以生成质地光滑和均匀的泡沫，具有良好的流动性，容易绕流障碍物。

牢固的黏合度提供了具有优越稳定性的泡沫。这种泡沫液与淡水或海水使用时具有很高的发泡能力和良好的稳定性。除了作为优越的发泡剂，它也有润湿能力，可以增加水对顽固A类火灾的渗透影响。泡沫液的使用也节省了润湿剂的使用。

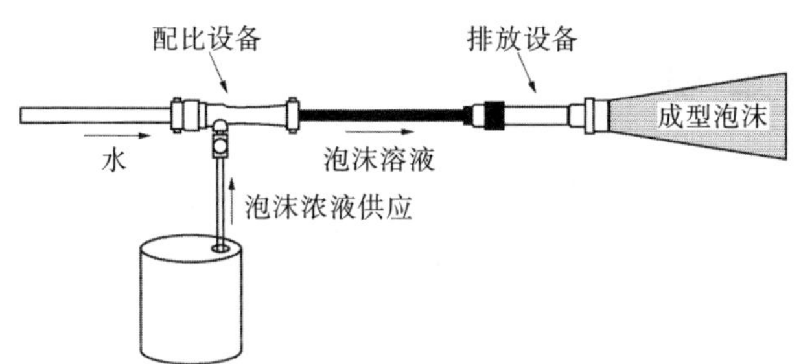

图8.3 通过典型的计量设备进行的泡沫生成装置

8.2.5 泡沫溶液

蛋白质泡沫是单独基于蛋白质泡沫液并通过向FP泡沫中加入氟化添加剂而生成的。

另一项进展是由碳氢化合物、含氟表面活性剂和稳定剂的混合物形成AFFF类型的泡沫液。该泡沫液主要用于碳氢化合物和其他不溶于水的易燃液体的灭火。

改进的FP泡沫和AFFF泡沫液得到了开发，适合用于扑灭不溶于水的易燃液体(例如醇类和酮类)火灾。这些是AR泡沫或通用的泡沫。中发泡倍数泡沫可以由低发泡倍数泡沫液生成，但通常由基于十二烷基醚硫酸酯铵的表面活性剂生成。高发泡倍数泡沫也由这种泡沫液生成。

低发泡倍数泡沫的使用主要局限于可燃液体的灭火，但无法得知它们不应用于固体燃料，可以提供足够的泡沫层尽可能多地排除空气。实际上，低发泡倍数泡沫既可以用于燃烧液体表面(表面应用)，也可用于表面下。这样泡沫流可以浮到表面，并扩散形成一个保护层或覆盖层(表面下应用)。前一个方法更常见，可以用来对付泄漏火灾、堤围地区的火灾、油箱火灾等等使用适当设备的火灾。

中发泡倍数泡沫通常适用于扑灭可燃液体表面的火灾，或者通过手动泡沫制造机和固定泡沫制造机生产。这种中倍泡沫也可以有效地用于扑灭固体燃料火灾或固体-液体混合可燃物的火灾。典型的例子是用于燃气轮机发电机组火灾、轮船发动机室燃料火灾、热处理浴槽火灾或可能发生燃料泄漏的地方(如坑、车库或检修车间区域)。

高发泡倍数泡沫在“行为”上与中发泡倍数泡沫很相似，但是它们需要在泡沫发生器中通过风机提供空气，以便获得泡沫生成所需的流动速率。高发泡倍数泡沫通过覆盖或使火焰窒息而灭火，但是由于含水量较低其可用的冷却程度要远远小于中发泡倍数泡沫。不过，它们可以制造至少10m深的更大的泡沫深度，因此可以令存储在高货架上的货物的火焰窒息。为此，泡沫的深度需要快速增加，以便应对或超越火灾向上发展的速度。

8.2.6 低发泡倍数泡沫：类型和需求

8.2.6.1 系统描述

系统包括一个充足的水供应系统、泡沫液供应系统、合适的计量设备、合适的管道系统、泡沫制造系统和排放设备，目的是在危化品区充分分配泡沫。有些系统可能包括检测设备。

这些系统是开放出口类型，泡沫从所有出口同时排放，在系统范围内覆盖整个危化品区。

独立的系统是指所有组件和成分，包括水都包含在系统内。这种系统通常有一个供水或预混和溶液解储罐，通过空气或惰性气体加压。通过这种压力的释放使系统处于操作状态。

有四种基本类型的系统：固定式泡沫灭火系统、半固定式泡沫灭火系统、移动式泡沫灭火系统和便携式泡沫灭火系统。

8.2.6.2 固定式泡沫灭火系统

固定式泡沫灭火系统属于完整的安装，从中心泡沫站进行管道连接，通过固定运送管道出口将泡沫排放到受保护的危化品区。任何所需的泵要永久安装。

8.2.6.3 半固定式泡沫灭火系统

半固定式泡沫灭火系统可以是以下两种类型：

① 类型一：危化品区配备有连接管道的固定排放出口，连接管道终止于一个安全的距离内。固定管道的安装可能包括，也可能不包括泡沫发生器。所需的泡沫制造材料在火灾发生后运到现场并连接到管道。

② 类型二：泡沫液以管道的形式通过区域并与中心泡沫站连接，泡沫溶液通过软管管线运送到便携式泡沫制造设备，例如泡沫炮、泡沫塔、软管管线等等。

8.2.6.4 移动式泡沫灭火系统

移动式泡沫灭火系统包括任何安装在车轮上和自行驱动或马达驱动系统上的泡沫制造单元。这些单元应该与合适的供水系统或使用预混合泡沫液的系统相连接。

8.2.6.5 便携式式泡沫灭火系统

便携式泡沫灭火系统指哪些包含泡沫制造设备、材料、软管等等的系统，是手动输送系统。

8.2.7 使用

本小节的要求适用于低发泡倍数泡沫和适用于一般水平易燃液体表面火灾的泡沫系统。

灭火是通过在燃烧液体的表面形成一层泡沫层而实现的。这在燃料和空气之间提供了一道屏障，减少了易燃蒸气向燃烧区域的排放速度，并冷却了液体。

低发泡倍数泡沫一般不适合运行燃料火灾(如从泄露容器、损坏的管道或损坏的管道接头处泄露的燃料)的灭火。然而，低发泡倍数泡沫可以控制任何运行燃料下的池火火灾，然后通过其他方式灭火。

低发泡倍数泡沫，除了AR类型，通常不适合用于能引起泡沫快速破裂的泡沫破坏液体。

低发泡倍数泡沫不适合用于涉及沸点低于0℃的气体或液化气体以及低温液体。因此，给制造商的建议是应该寻求这种应用。

8.2.8 应用方法

低发泡倍数泡沫应该用于以下几方面：

① 对燃烧液体表面“温和”的系统(如喷淋式泡沫灭火系统或半液下泡沫灭火系统)；

② 对燃烧液体表面“有力”的系统(如泡沫炮和支管系统)；

③ 液面下面，这样它们可以在自己的浮力作用下浮到液体表面(如液下喷射泡沫灭火系统)。

8.2.9 潜在危害

当泡沫应用于超过100℃的液体燃料、带电设备或反应材料时，泡沫系统应包括提供规定的最小危险。因为所有泡沫为水溶液，在液体燃料温度超过100℃的场合它们是无效的，特别是在燃料深度相当大的地方(如油箱)，在使用时是危险的。泡沫和泡沫破碎后排出的水可以冷却易燃液体，但水的沸腾可能会导致起泡或燃烧液体的溢出。

即使在没有应用泡沫的地方，也可能发生更严重和危险的特殊事件。由于油箱中或燃料中悬浮水的突然和快速沸腾，会导致油箱中大量液体的排出。这是由于油箱中、上层液体燃料的最终接触，将水层加热到100℃以上而导致的。在对高黏度液体燃料(如超过100℃的燃烧沥青和重油)使用泡沫时应予以特别注意。因为泡沫是通过水溶液而产生的，这些泡沫用于与水剧烈反应的材料(如钠或钾)时是有危险的，而且也不应用于它们存在的地方。一些其他金属(如锆或镁)的燃烧也有类似的危险。

低发泡倍数泡沫是一个导体，不应用于带电设备。在这种情况下，对于人员将是危险的。

8.2.10 与其他灭火剂的相容性

对于同一时间同一泡沫的应用，系统产生的泡沫应该与提供的任何溶液相容。

特定的润湿剂和一些灭火粉末在泡沫生成上是不相容的，结果会导致后者的快速破裂。只有溶液在很大程度上与特定泡沫相容才应该联合使用。

水的喷射或喷雾的使用会反过来影响泡沫层。它们不应与泡沫联合使用，除非对任何影响采取措施。

8.2.11 泡沫液的相容性

泡沫液(或溶液)添加或施放到一个系统时应适合使用，同时与系统中已经存在的泡沫液(或溶液)相容。泡沫液或溶液即使是同一个类的，也不一定是相容的。在混合两种泡沫液或预混合溶液之前检查相容性是至关重要的。

8.2.12 泡沫破坏性

本标准的目的是当考虑到泡沫破坏性时，易燃液体考虑分成两组：

① 烃类燃料和那些比烃类燃料泡沫破坏性小的非烃类液体燃料；

② 通常为水溶液，并且比烃类燃料对泡沫破坏性更大的泡沫破坏性液体。

特殊类型的泡沫液用于泡沫破坏性液体。对于泡沫破坏性的液体要规定比烃类燃料更高的使用速率，通常使用温和的应用方法至关重要。

泡沫破坏性的程度各不相同。然而，异丙醇、丁醇、异丁基甲基酮、甲基丙烯酸甲酯单体和一般的水溶性液体混合物通常可能需要更高的应用速率。

对于胺和酐等产品的保护，由于它们具有很高的泡沫破坏性，需要特殊考虑。

8.3 系统设计

系统应该为满足特定的风险而设计，应该考虑以下因素：

① 易燃液体的全部细节，包括其存储、处理方式和位置；

② 最合适类别的泡沫液和浓度；

③ 最合适的溶液应用速率；

④ 最合适的泡沫制造和运送泡沫设备；

⑤ 所需的系统操作时间；

⑥ 灭火所需的泡沫液量；

⑦ 最合适的配比方法；

⑧ 管道尺寸和压力损失；

⑨ 供水量、供水品质和压力；

⑩ 系统操作的方法和所需的任何火灾或气体检测设备；

⑪ 任何特殊考虑，例如在易燃气体可能存在的区域使用电气设备；

⑫ 储备供应泡沫液；

⑬ 排水系统和堤岸；

⑭ 环境条件。

8.3.1 固定顶罐

这种类型油罐的火灾应该借助消防车上的移动泡沫消防炮，为每平方米需要灭火的液体表面提供$0.1m^3/s$的泡沫溶液进行灭火。泡沫液存储容量和消防炮、消防车的数量应该由油罐直径决定。

除了固定顶罐上的喷射设备和在一些浮顶罐上用来应对边缘火灾的计量平台的主干燥立管，油罐上的固定泡沫设备是不需要的。

对于液下喷射泡沫灭火系统，经验表明，因为以下原因油罐壁面顶部的固定泡沫室是不可靠的，不应该再使用：

① 腐蚀，可以导致气体密封板破裂，引发气体进入路边的泡沫液入口连接处，从而引发危险；

② 在固定顶罐火灾前的一个爆炸很可能使泡沫室供应管道破裂，使设备在关键时刻无法运行。

8.3.2 浮顶罐

浮顶罐防火只基于边缘火灾，因为这种类型的油罐有优秀的火灾记录，如果维护得当可能熄灭大型火灾。

在任何情况下应该避免过度充满油罐。

高报警(high alarm)和独立的高-高报警(high-high alarm)应安装在储罐中，用于在储罐过度灌满之前警告工厂操作人员。当需要时，油箱进油阀可以根据水平报警信号自动关闭。在可进入和情况允许时，扑灭边缘火灾应该从风梁开始，否则它们将从计量平台或地面开始。

对于直径不到48m的油罐，从堤岸外部到计量平台应该提供一个100mm的单个干燥立管，终止在一个固定的泡沫喷嘴/发生器与两个65mm进料软管的接头处。接头与隔离阀门和可以快速排除夹带气体的空气通风口相连接。提供立管以使泡沫溶液能够注入到计量者平台，让泡沫通过固定泡沫喷嘴或软管末端的支管产生。

对于直径在48m及以上的油罐，100mm的干燥立管应终止在100mm环管处，以遵循风梁线和位于约46m间隔处的单独带阀软管接头。如果油罐安装了受电弓密封，那么则需要提供泡沫堰板(见图8.4)。

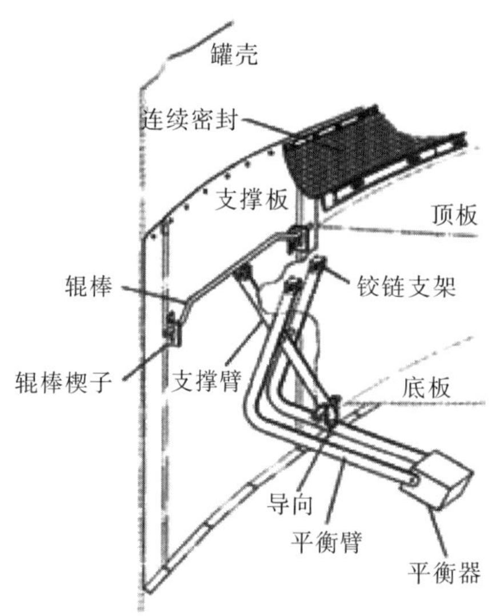

图8.4 典型的按比例绘制的密封图

边缘板应该焊接在浮顶形成泡沫堰板(见图8.5)。基于0.3m高的边缘板距离罐壁约1m处，泡沫堰板的容量大约是1000D(L)。其中，D是最大浮顶罐的直径。

假设发泡倍数是7，所需的泡沫溶液量为1000D/7。

油罐边缘密封板的探测报警系统和人工控制室的报警指示终端应该予以安装。

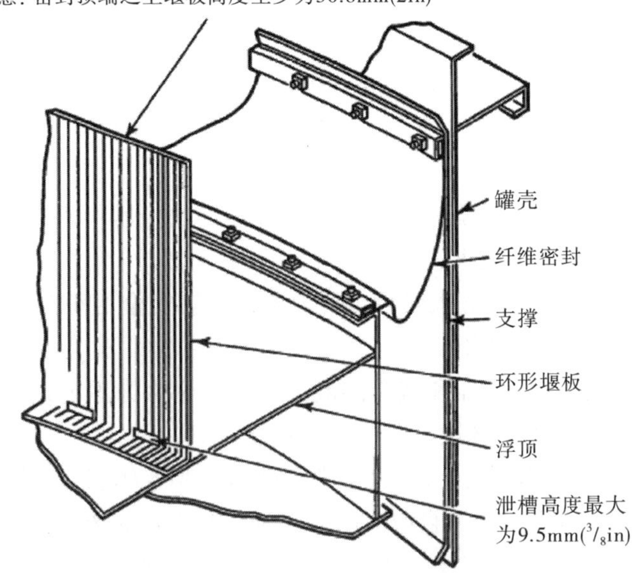

图8.5 典型的浮顶罐泡沫保护堰板

8.4 液下喷射泡沫灭火系统

本节的要求适用于包含低黏度烃类液体的固定顶罐的保护系统，在系统中泡沫被注入(通过产品线或通过特殊的泡沫线)油罐底部，通过油罐中的液体下部上升到燃烧液面。

燃料储罐消防的经验表明，主要问题是操作(即在应用速率足以灭火时将泡沫相对缓慢地运送到燃料表面是困难的)。由于初始油罐爆炸或油罐及油罐的操作安全范围周围出现大火，液下泡沫灭火系统的正确设计和安装会提供潜在的优势，减少导致泡沫生成设备被破坏的几率。因此，建立和维持一个适当的泡沫应用速率的机会增加了。

图8.3所示的典型布置应该用在可以确保油箱底部的截止阀正常是打开状态的地点。

在已经安装液下系统进行油罐保护的地方，布置应该允许系统排放到周围的防火堤，以补充其他方法进行防火堤保护。液下系统不适合于泡沫破坏性燃料或某些高黏度燃料。液下系统不用于浮顶罐的主要保护，因为浮顶将阻碍泡沫的完全分布。

只有能承受与燃料严重混合的FP、FFFP和AFFF泡沫适用于液下应用，而蛋白泡沫并不合适。液下系统有时也被称作底部注入系统。

当选择这种类型系统的其中一种变化时，应该考虑以下条件：

① 所有泡沫达到油罐液面。

② 对于大型油罐，入口泡沫应分布适当，甚至允许泡沫分布在燃料表面之外。

③ 系统本质上是简单的，而且处于地面水平，与顶部系统相比不太可能受到火灾或爆炸的危害。

④ 上升的泡沫流诱发的从罐底到燃烧表面的冷燃料垂直循环，驱散了燃烧表面的热燃料层，帮助了灭火。

⑤ 必要的设备和操作人员可以位于离火灾较安全的距离内。

⑥ 系统容易检查和维护。

⑦ 高背压泡沫发生器和泡沫溶液供给系统应该为固定式或便携式，方便连接泡沫入口管道或防火堤区域外部的产品管线接口。

⑧ 高背压泡沫发生器用来生产高压泡沫，其压力足以克服高压燃料以及泡沫管道中所有的摩擦损失。来自泡沫的摩擦损失与来自泡沫溶液的摩擦损失不同。

在通过生产线注入泡沫的地点，自动关闭防火阀是不合适的，这一点很重要。

8.4.1 排放速率

排放速率(L/min)的数值应不小于油罐面积(m^2)数值的4倍。对于相同的燃料，在应用泡沫前有很长的预燃时间的地方，在温度超过100℃的燃烧表面附近会存在一个热区域。为了避免起泡和溢出，在最初阶段应该避免持续应用泡沫。间歇应用泡沫可以诱导油罐的燃料循环，从而使燃料冷却层到达表面。间歇注入的泡沫因没有足够的蒸气发泡而分散。每个出口的泡沫排放速率应该大致相等。

8.4.2 排放的持续时间

系统在最小排放速率时的最小排放持续时间应按表8.2的规定执行。系统排放速率在高于最小速率时的最小排放持续时间应该按比例减少，但是不应小于表8.3所示时间的70%。

表8.2 在最小速率下半液下喷射泡沫灭火系统的最小排放持续时间

含有液态烃的储罐	最小排放时间/min
闪点不超过40℃	45
闪点超过40℃	30

8.5 半液下喷射泡沫灭火系统

本节的要求适用于这种系统，在系统中通过从罐底引出软管上升到固定顶罐表面释放泡沫进行灭火。该系统通常认为不适合有浮顶或没有浮顶的浮顶罐，因为浮顶会阻碍泡沫的正常分布。软管最初包含在一个密封空间内，并连接到一个在最大产品压力下也可正常工作的外部泡沫发生器。操作时，软管末端得到释放，并漂浮到液体燃料表面。

表8.3 半液下喷射泡沫灭火系统和固定泡沫喷淋系统(开放式浮顶罐除外)在最小排放速率时的最小排放持续时间

危化品火灾类别		最小排放时间/min
溢出油品		10(所有类别的泡沫液)
含有液态烃的储罐	闪点不超过40℃的油品	55(蛋白泡沫)
		45(AFFF、FP和FFFP)
	闪点超过40℃的油品	30(所有类别的泡沫液)
含有泡沫破坏性液体的储罐		55(AR)
堤 坝		60

选择这种类型的系统时应该考虑如下条件：

① 所有泡沫应该到达燃烧液体表面。

② 对于大型油罐，半液下单元系统可以合理布置，以便在整个燃料表面产生一个均匀的泡沫分布。

③ 对于特定燃料，适用于温和表面的任何类型的泡沫液都可使用。

④ 泡沫发生设备和操作人员可以位于距离火灾安全的范围内。

⑤ 如果软管不受到泡沫破坏性液体的影响，系统应该用于保护泡沫破坏性液体。

⑥ 某些高黏度燃料不适合采用这种系统进行防火保护。

⑦ 可以帮助灭火的冷燃料循环并没有引入。

⑧ 系统很难进行检查、测试和维护。

⑨ 泡沫发生器产生泡沫的压力必须克服燃料压力以及泡沫管道中的摩擦损失。泡沫摩擦损失与泡沫溶液摩擦损失不同。

8.5.1 排放速率

泡沫排放速率应不小于表8.4中给出的合适速率乘以油罐中液体燃料表面面积。

表8.4 喷淋泡沫灭火系统(固定顶罐和堤岸)和半液下喷射泡沫灭火系统的最小应用速率

泡沫液类别	易燃液体	最小应用速率/[L/(m^2·min)]
任何泡沫	闪点不超过40℃的烃类液体	4
AR	泡沫破坏性液体	6.5

8.5.2 排放持续时间

最小排放持续时间应按表8.2的规定执行。

8.5.3 单元数量和位置

单元数量不应少于表8.5给出的值。

表8.5 储罐所需的半液下喷射泡沫灭火系统的最小单元数量

储罐直径/m	半液下系统单元数量/个
<24	1
24～36(包括)	2
36～42(包括)	3
42～48(包括)	4
48～54(包括)	5
54～60(包括)	6
>60	6①

① 对于面积超过2820m^2的储罐，其液面面积每超过450m^2，半液下系统单元数量要加1。

在需要一个以上半液下喷射泡沫灭火系统的地方，这些系统应该在罐壁周围等距离分布，并远离油罐水平高度的指示器设备和摇臂生产管线。

为了支持液下和半液下泡沫注入系统，应该使用容量为240m^3/h、工作压力为1.0MPa(表)的移动/便携式泡沫监视器。

8.6 C_4和轻烃的压力存储

液态烃有压存储球罐或容器的消防也是基于安全的间隔距离。大型球罐和存储容器的泄露油品应该从设备底部通过斜板排入收集管道。

球罐和容器应该通过自动喷水系统防止大火吞没和邻近设备火焰的辐射。在不考虑风力和风向的情况下，喷水系统应该确保水在球罐或存储容器的表面均匀分布，但是在应用辐射防护时应该将水分成单独的几个部分，以便限制水的消耗。单位设备表面积对于大火所需的最小水量是8.5L/(min·m^2)。邻近设备火焰的热辐射防护需要更少的水，而且应该根据使用距离计算。

8.7 液化天然气和轻烃储罐

由于储罐固有的安全设计，液化天然气和轻烃储罐发生火灾不太可能。如果这些储罐确实发生火灾，那么由于火势的强度不能扑灭，由此而导致的储罐完全烧毁不得不接受。试图扑灭这样的大火可能会产生大量的可燃蒸气，相比火灾本身可能是一个更大的危险。应对这些火灾的基本方法是遏制和控制，直到完全灭火、预防火势升级、维护相邻设备的完整性，特别是含有易燃材料的设备。为了达到这个目的，有必要在邻近储罐着火时防止罐顶及其附属物、罐壁、管桥、支管的温度超过允许最大设计温度。

这应该通过以下措施获得：

① 足够的储罐间距；

② 储罐设计；

③ 足够的喷水和接触消防设施。

液化天然气和轻烃储罐的消防是高度专业化的，因此系统应该由专业的技术人员设计。

8.8 泡沫炮和水带

本节涉及到这类系统，在系统中泡沫通过固定或便携式泡沫炮或软管流束进行应用。当单独使用时，它们适合泄漏油品火灾、堤坝火灾、垂直固定常压顶罐火灾的灭火。它们适合作为联合固定系统的辅助消防措施。便携式软管流束适合开放式浮顶罐边缘火灾的灭火。

8.8.1 泡沫水带和泡沫炮的使用

泡沫水带和泡沫炮的限制详述如下。对于直径超过18m的固定顶罐，泡沫炮喷嘴不应视为消防的主要手段。对于直径超过9m或高度超过6m的固定顶罐，泡沫水带不应视为消防的主要方式。注意：当火灾涉及到整个液体表面时，直径达到39m的油罐火灾需要使用大容量泡沫炮扑灭。根据固定顶罐故障和火灾强度，由于烟囱作用而产生的上升气流应该会防止足够的泡沫达到燃烧的液体表面，从而形成一泡沫覆盖层。

泡沫使用时应该连续和均匀，最好应该沿着内部油罐缓慢地在燃烧的液体表面流动而没有过度下沉。由于相反气流的影响，根据速度和方向，这很难完成，因此将减少泡沫流的有效性。由于泡沫被引入环形空间的困难性，在同一高度上运行的泡沫炮通常不建议用于浮顶罐边缘灭火。对于有破裂顶部的固定顶罐火灾，泡沫只能有限进入，通过应用处于地面高度的泡沫炮不容易灭火。安装固定泡沫炮可用于保护圆筒形储罐罐区或堤坝区域。

8.8.2 泡沫应用速率

在假定所有泡沫都到达防护区的基础上，主要防护区的最小泡沫输送速率应该按照下面的情况界定。在确定所需的总溶液流动速率时，应该考虑由于风和其他因素造成的泡沫损失。

8.8.3 含有液态烃的储罐

单位消防储罐液体表面积的泡沫溶液传递速率应该至少为6.5L/(min·m^2)。应注意以下几方面：

① 本小节包括汽油和乙醇含量不超过10%(体)的无铅汽油。

② 沸点低于37.8℃的易燃液体应该要求更高的泡沫使用速率。合适的泡沫使用速率可以通过测试确定。有较大沸点范围的易燃液体在经过长时间的燃烧会形成一个热层，要求的泡沫使用速率为8.1L/(min·m^2)或更高。

③ 对于加热到93.3℃以上的高黏度材料，使用便携式泡沫流时应该非常小心。在对含有热油、燃烧沥青或超过水沸点温度的燃烧液体的储罐使用泡沫时应该进行判断。虽然泡沫中相对较低的含水量可能有利于以较低速率冷却这样的燃料，还是会引起储罐中的液体发泡或溢出。

8.8.4 含有其他易燃或可燃液体的储罐需要特殊类泡沫

水溶性和某些易燃和可燃液体以及对于常规泡沫有破坏性的极性溶剂，需要使用AR泡沫。一般来说，醇类泡沫可以有效地通过泡沫监视器或泡沫软管流束扑灭液体深度不超过25mm的易燃液体火灾。

对于深度更大的液体，泡沫炮和泡沫软管流束在使用表8.6中列出的特殊醇类泡沫是受限的。在所有情况下，关于使用限制和基于列表中或特殊火灾测试的建议，应该向泡沫液和泡沫发生器设备的生产商咨询。表8.6中的数据给出了最小应用速率。

表8.6 不同液体的最小溶液使用速率

液体类型	溶液使用速率/[(L/min)/m^2]
甲醇和乙醇	6.5
丙烯腈	6.5
乙酸乙酯	6.5
甲基乙基酮	6.5
丙 酮	9.8
丁 醇	9.8
异丙醚	9.8

异丙醇、甲基异丁基甲酮、甲基丙烯酸甲酯单体和极性溶剂的混合物等产品，通常应该要求更高的泡沫使用速率。胺和酐等产品，其泡沫破坏性极大，需要特殊考虑。

在使用AR泡沫液时，应考虑溶液运输时间。溶液运输时间(将泡沫液注入到水中和引入空气之间的时间)的限制取决于泡沫液的特点、水温和危害的性质。每个特定安装设备的最大溶液运输时间应该在制造商制定的限值之内。

如果应用导致泡沫淹没，AR泡沫的性能通常会显著恶化，特别是在燃料深度较大的地点。性能恶化的程度将取决于燃料在水中的溶解度(即可溶性越高，恶化程度越大)。

8.8.5 排放持续时间

在以下最短时间段内的泡沫输送速率下，消防设备应该能够运行并提供主要的保护。

8.8.5.1 含有液态烃的储罐

① 闪点在37.8~93.3℃之间，50min;

② 闪点在 37.8℃以下或加热到超过自身闪点的液体，65min;

③ 原油，65min。

8.8.5.2 含有其他易燃和可燃液体燃烧的储罐需要特殊泡沫

醇类泡沫需要特殊的使用步骤。在制定的使用速率下运行时间应该为65min，除非制造商通过测试确定了可允许的更短的运行时间。

系统的主要目的是为了泄漏燃料的消防，对于固定设备泡沫，最小排放时间应该是10min；而对于便携式设备，泡沫最小排放时间是15min。

8.8.6 烃类泄露火灾的消防

对于潜在的燃料泄露区，使用蛋白质或FP泡沫液时其最小的泡沫液输送速率应该为6.5L/(min·m^2)；在使用AFFF或FFFP泡沫液时，其最小输送速率应为4.1L/(min·m^2)。

8.9 泡沫液和泡沫混合溶液

名义上泡沫液的使用浓度应不低于制造商的推荐值。对于在设计使用速率下运行的固定系统，实际的泡沫液浓度应为：

① 对于名义上等于或大于5%的泡沫液浓度C，实际上要加上或减去名义浓度的1%，即C±1；

② 对于名义上浓度低于5%但不小于3%的泡沫液，需要增加一个百分点但不小于名义浓度，即C−0+1；

③ 对于名义上浓度低于3%的泡沫液，要在此基础上增加0.25个百分点但不小于名义浓度，即C−0+25。

系统中使用的泡沫预混合溶液溶度应该为制造商指定值的0.9~1.1倍。

只有AFFF、FFFP或FP泡沫液才应该用于半液下喷射泡沫灭火系统。

泡沫混合液使用的名义浓度应该不小于制造商推荐值的较高或最高值。

蛋白(P)泡沫不适合液下喷射泡沫灭火系统，但应该用于液上喷射泡沫灭火系统或半液下喷射泡沫灭火系统。

AR泡沫用于具有泡沫破坏性的液体，但也适用于烃类液体燃料。AR泡沫对烃类燃料的灭火性能通常与母液性能有关。当指定配比系统时，某些泡沫液的高黏度应当予以考虑。

一些AR泡沫液的混合溶液需要在规定溶液混合时间内发泡。至关重要的是，溶液传输时间[泡沫溶液从进入水流到空气进入溶液中的时间，通常用秒(s)表示]要小于这个限制时间。

对于深层泡沫破坏性液体“剧烈”使用泡沫时，与“温和”使用结果相比，所有类型的AR泡沫可能表现出显著的性能损失。对于只是部分溶于水的易燃液体，其性能损失只是轻微的，但在某些情况下，设计给出非常温和的应用条件是必要的。在所有情况下应该进行测试，或向供应商咨询关于这些液体的使用建议。

在便携式、移动式和半固定系统中，泡沫诱导条件不是由系统设计控制的。当设备在制造商指定的条件下使用时，在这类系统中泡沫使用的实际浓度应在上述限值范围内。

8.10 泡沫质量

由抽气系统产生的泡沫的发泡和析液时间应不小于表8.7中给出的值。

表8.7 发泡倍数与25%析液时间(吸气泡沫)的最小值

应用	发泡倍数	25%析液时间/min
表面或半液下喷射泡沫灭火系统	5	2.0(蛋白泡沫，FP)或1.5(AFFFF，FFFP)
液下喷射泡沫灭火系统	2(但不超过4)	1.5

AR泡沫的值应不小于母液(P、FP、FFFP或 AFFF)的值。

非抽气泡沫的发泡和析液时间很难测量。本书没有给出这些值。

8.11 堤坝区域消防

一般来说，便携式监视器、泡沫软管流或两者都有，足以应对堤坝区域或其他燃料泄漏导致的火灾。由于位置、工艺区域和罐区燃料泄露的不确定性，为了获得最大灵活性，便携式或拖车式监视器在占地面积方面比固定泡沫系统更实用。

堤坝区域的排水管道和拦截器应有足够的能力运送消防排水。

8.12 供水及水泵工程

8.12.1 水量、压力和流速

供水应提供泡沫系统和其他消防系统指定的总水量、流速和供水压力，其他消防系统是在指定的排放时间内同时使用。

供水由于干旱或冻结而减少，或者工艺用水用于维持正常的工作条件(如冷却反应器)。

在主要来源总是不能满足系统设计要时,应该用存储设施来满足缺口。应该考虑供水管道的重复性,或使用环形主系统,这样在主供水系统中使供水中断的影响可以最小化。

8.12.2 质量

泡沫系统的供水可能是硬或软的淡水或盐水,但应该具有合适的质量,以便不会对泡沫形成或泡沫稳定性产生不利影响。在没有事先咨询泡沫液供应商之前,不应该添加腐蚀抑制剂、破乳剂或任何其他添加剂。

8.12.3 供水量

供水在数量上应足够供给指定时间内同时使用的所有设备。这不仅包括泡沫装置所需的体积,而且包括除了正常工厂需求以外其他消防过程中所需的体积。预混合溶液型系统不需要连续供水。

8.12.4 压力

泡沫系统(泡沫发生器、空气泡沫发生器等)在所需流动条件下的进口压力应该至少为系统设计的最小压力。

8.12.5 温度

最佳泡沫通过使用温度在4~37.8℃之间的水而获得。较高或较低的水温会降低泡沫使用效率。

8.12.6 存储

供水或预混合溶液系统应防止在可以预见寒冷温度下的地方发生冻结。

8.13 存储

泡沫液或预混合溶液应该存储在一个可接近的位置而不能暴露在危险防护区。任何建筑物的建筑材料应该是不可燃的。集装箱和储罐中的泡沫液应该按照制造商的建议存储。应该避免将泡沫液暴露在极端热、冷、污染的地方,或与其他材料混合。

存储容器应该位于容易进行检查、测试、充电或维护的地方,同时在防护过程中受干扰最小。

在设计阶段,应考虑在罐区附近建立额外的泡沫存储设施是否值得,当工艺装置和罐区位于很远的距离时,储备的泡沫液快速供应将受到限制。

应提供措施,以确保泡沫液或预混溶液保持在其设计工作温度范围。泡沫存储容器应清楚地标明泡沫液类别及其等级(泡沫溶液的浓度)。

储罐应该有足够的空间以适应泡沫液或泡沫溶液的热膨胀。

只有的合适泡沫液应该作为预混溶液存储。并不是所有泡沫液都适合作为预混液存储，应该咨询制造商的建议。由于溶液会发生老化，高的存储温度可能会加速溶液恶化。

对于较小的危险，压力储罐通常用来提供一个速效的自动系统。氮气、CO_2或水用来排出内部物质。

8.13.1 泡沫液的用量

系统中现存可以即刻使用的泡沫液或泡沫溶液用量应不低于以下式子的规定：

$$V=A\times R\times C\times T/100$$

或

$$V_1=A\times R\times T$$

式中：V_1为泡沫溶液的最小用量，L；V为泡沫液的最小用量，L；A为应用面积，m^2；R为泡沫溶液的使用速率，$L/(min\cdot m^2)$；C为名义浓度，%；T为使用时间，min。

加上足够的泡沫液浓度，可以使所有额外的分支管道与主要的消防手段同时运行，持续最小时间见表8.8。

表8.8 最小数量的油罐补充支管和最小排放时间

最大储罐直径/m	最小泡沫支管数量/个	最小排放时间/min
<10	1	10
10~20	1	20
20~30	2	20
30~40	2	30
>40	3	30

应用面积的值不应小于以下规定：

① 对于固定顶罐，堤坝的面积；

② 对于固定顶罐，边缘密封的面积；

③ 对于泄露，泄露面积；

④ 对于堤坝，除了支管和监控系统的堤坝面积，应用面积是堤坝面积的1/2。

除了任何非举升储罐或堤坝内储罐的面积，堤坝的面积应被视为该地区的总面积。

8.13.2 系统排放速率

便携式支管和监控系统的排放速率应不小于表8.9中给出的最小应用速率乘以油罐或泄漏面积(或乘堤坝面积的1/2较合适)。

表8.9 泡沫炮和支管系统的最小使用速率

泡沫液类别	泡沫溶液的最小应用速率/[(L/(m^2·min)]			危化品
	泄露火灾	储罐火灾	堤坝火灾(适合泄露火灾单独使用)	
AFFFF	4	6.5	4	闪点高于40℃的烃类燃料
FFFP	4	6.5	4	
FP	5	6.5	5	
蛋白	6.5	8	6.5	闪点高于40℃的烃类燃料
AR	依据测试	不适合	依据测试	闪点高于40℃的泡沫破坏性液体

由于风或火焰上升气流造成的额外损失，可能需要更高的最小速率。

对于闪点不高于40℃的液体燃料和表中未列出的其他液体燃料，其最小速率应该通过具体测试或按照泡沫液制造商的数据确定。

对于堤坝消防系统，除了上述要求，系统排放速率和实际应用面积应不小于表8.9中给出的值。

需要最大量泡沫液的危险应该用来确定应急准备量。

对于泡沫液量来说，其应该填充安装在水源和最远的远程监视器或支管间的给水管线。

泡沫液的储备供应应该使系统在24h内操作过程中恢复服务。这种供应可能存储在单独的储罐、圆筒形储罐或上述中的罐中，或者来自外部源头。

应该一直保持有充足的装载和运输设施。

需要重新校验系统的其他设备，如预混系统中的氮气或二氧化碳气瓶，也应该随时可用。

8.14 泡沫液泵

泡沫液泵应该是自吸式或浸水式泵，由一个合适的连续不断的主动力驱动。

泵应具有足够的容量来满足系统的最大需求。为了确保能绝对注入，在浓缩液注入点的位置，在设计容量下，出口压力等级应该在任何条件下都能超过最大水压。

8.15 消防栓

如果主保护系统上的固定排放口损坏，除了主固定管道系统和任何附加保护外，应该提供便携式设备或移动设备的泡沫消防栓，或者是具有合适泡沫生产设备的水消防栓。

消防栓的数量要比表8.10中规定的多一个排放口。

表8.10 储罐附加防护的最小消防栓数量

储罐直径(*M*)/m	最小消防栓数量/个
20	1
>20	2

每个消防栓都应该放在距离油罐15~75m之间的位置，并且这些储罐还要被相关主系统保护。

来自消防栓的流量应足够，以满足所有移动式设备的使用。

8.16 泡沫浓缩液设备

存储泡沫浓缩液的一个或多个水平碳钢容器应该安装在安全且易存取的地方，更适宜安装在消防站附近。容器应该装配压力真空阀，安装在人孔盖上，压力近似设置为0.5kPa(5mbar)。在同样的人孔盖上，应提供匹配液位计螺纹帽的38.1mm(1.5in)入口来测量泡沫液的液位。

应该通过这个入口提供密封液防止泡沫氧化。泡沫液位也应刚刚保持在人孔盖以下。

63.5mm(2.5in)出口软管连接处的标高应大约高于地面3m，可以使移动设备通过重力填料。

为了将桶中溶液填满容器，应该安装电机驱动泵。泵的泵送能力约为3L/s，排放压力为0.3MPa(3bar)。泵应该安装在带泡沫收集器的卸货栈桥下面。

为了防止形成沉淀物需循环泡沫，因此应该将泵连到容器上。

8.17 自动操作系统

自动系统应包括手动切断策略，该策略会阻止系统排放，但是不会使报警信号静音。

切断策略的操作应在车间或者在消防中心给出指示。

当维修人员正在系统上工作时，应使用切断策略。

8.18 检测器和报警器

自动检测和控制设备应对任何故障或异常给出正确的警告(例如电力或压力的损失使检测和控制系统失灵)。

在每个自动系统的控制点处，还有在车间或中央控制点处，自动检测设备应该提供就地报警功能。

自动系统应包括一致关闭在危险附近的任何热源、着火的潜在方式或者再次引燃的设施功能。检测和报警设备可是电动的、气动的、液压的或者机械的(例如连接线类型)

8.19 泡沫喷雾系统

本节的要求是适用于排出喷雾吸气式泡沫或非吸气式泡沫溶液系统，该系统是为了给可燃液体的泄漏提供主要的保护。

在塔顶系统中，喷雾嘴应该向下安装；在地表弹出喷嘴系统中，应该水平或向上安装。

喷雾系统在可燃液体可能会大量溢出的室内和室外都很合适。典型的例子包括灌油桥台、水平罐、泵房、浸泡槽和码头。

通常这些系统在水溶性液体超过25mm深时不适合使用。

任何类型的泡沫浓缩液应该用于吸气式系统，但是对于非吸气式系统，仅仅AFFF或FFFP泡沫可以使用。非吸气式系统应该被当作排出泡沫溶液的水喷雾系统。

当选择这类系统许多变化之一时应该考虑下列情况：

① 接触燃料的热表面能通过喷雾排出而有效地冷却。其结构也应通过喷雾排出而防止热辐射。

② 系统要特别适用于自动操作。自动操作是应对室内危险或者无人操作时存在的危险。

③ 即使燃料表面上的泡沫达到了均匀分布，但是喷射是通过风将泡沫覆盖到燃料溢出的区域，而地表弹出喷嘴是将泡沫喷射到火焰根部。

④ 泡沫喷雾器有小通道，其易受堵塞的影响。

⑤ 当系统处于运转状态下，也许会受到排放干扰，障碍物(例如临时放置的工具或设备)也许是存在的。

⑥ 高处喷嘴阻碍正常活动或强加过度负荷到屋顶结构的管道。

⑦ 顶部系统需要附加低水平的应用来在大障碍物下提供覆盖，例如飞机库中的飞机。

⑧ 对于可能涉及到的大量溢出区域的危害，泡沫喷雾系统应该根据区域细分，每个系统保护一个特定的区域，而且各自通过合适的火灾探测系统来实现动作。

⑨ 非吸入式喷嘴能被用来实施喷水，以代替泡沫溶液，这能提供易燃液体的有效火灾控制。

下面的问题应该引起注意：当溢出的火灾正被扑灭时，喷到罐或容器外部的喷雾泡沫有冷却和隔热罐或容器的优势。高处系统的管道必须不能妨碍正常操作，而且不能在屋顶结构上强加过度的负重。当不考虑用泡沫作为有效的溶剂来扑灭三维连续的可燃液体火灾时，它可以在连续火焰下面控制池火，从而允许通过其他手段控制。

这些系统也应被用来保护小型户外敞顶罐，罐中的液体表面积不得超过18.6m^2。

8.19.1 排放量

系统排放的泡沫溶液应不小于表8.11给出的最小利用率乘以溢出的面积。

表8.11 喷雾系统最小利用率(仅针对液态烃)

泡沫浓缩液分类	在最低危险点之上的排放点高度	最小利用率，%	
蛋白质	≤10	6.5	不合适
	>10	8	
FFFP	≤10	6.5	4
AFFP	>10	8	6.5
FP	≤10	6.5	不合适
	>10	8	

泡沫破坏液的利用率应该由特殊的试验确定，或者从泡沫浓缩液的制造商那里取得数据。

8.19.2 排放持续时间

表8.12给出了最小排放量工况下系统排放的最小持续时间。在高于最小排放量工况下系统排放的最小时间也许会成比例地减小，但是不应该小于表8.12给出时间的70%。泡沫破坏液排放的最小时间应该由特殊的试验确定，或者从泡沫浓缩液的制造商那里取得数据。

表8.12 在喷雾系统最小速率下的泡沫液的最小持续时间(仅针对液态烃)

危 害	系统或区域面积/m^2	所有类型泡沫液的最小持续时间/min
室内液态烃泄漏	≤50	5
	>50	10
室内敞口工艺罐容器(含有液态烃)	≤50	5
	>50	10
室外装置	任何面积	10

8.19.3 排放口的数量和位置

每10m^{2}受保护面积不应少于一个排放口。

一般来说，喷雾器应该在整个区域均匀分布。对于某些危害，在火灾源头区域内聚集喷雾器是有利的。

8.20 中度和高度膨胀泡沫系统

高度膨胀泡沫是用来控制和消灭A类和B类火灾的溶剂，而且特别适合作为驱油剂在密闭空间使用。以消防为目的的高度膨胀泡沫的使用研究，始于“Safety in Mines Research Institutes”国际研讨会的成果，该研讨会主要致力于煤矿火灾难题的研究。经研究发现，通过提高水表面活化剂的溶解度，可以获得原始溶剂体积约1000倍的半稳定泡沫。假如运输水到传统消防软管难以到达的火灾现场，那么强迫泡沫下降到相对狭长的空间是可能的。

这项研究工作已经指导了高膨胀泡沫生产专业设备的发展。该设备可用于矿山防火，也用于市政工业防火和特别危险场合的防护。已开发的中度膨胀泡沫已满足了多数泡沫需求，因为在户外应用上，中度膨胀泡沫比高度膨胀泡沫更加防风。

中度和高度膨胀泡沫是气泡的聚合，这些气泡是由空气或其他气体通过网、筛或其他多孔介质机械地产生，而这些介质被表面活性发泡剂的水溶液所弄湿。在合适的条件下，防火泡沫能膨胀20~1000倍。

为了将水运输到难以达到的空间，这样的泡沫提供一种独特的溶剂，如应用在全淹没的密闭空间，以及蒸气、热和烟的体积容量空间。测试显示，在某种情况下，当连同使用洒水器时，高度膨胀泡沫将比自身的灭火系统提供更多的控制和灭火能力。储存的堆叠很高的卷纸就是一个例子。在任何类型的危险中，最佳效率在一定程度上取决于泡沫膨胀速率，也取决于泡沫膨胀倍数和稳定性。

中度和高度膨胀泡沫主要的区别在于它们的膨胀特性，它们一般都是由同种类型的浓缩液组成。

中度膨胀泡沫经常被用在固体燃料和液体燃料火灾场合，以及需要彻底覆盖到一定程度的场合(例如小封闭空间或者部分封闭空间的全淹没；发动机测试间或配电站)。对易燃液体泄漏火灾或有毒液体泄漏提供快速、有效的覆盖，此处快速蒸气抑制是必不可少的。它在室内和室外都是有效的。

高度膨胀泡沫液也可用在固体和液体燃料火灾上，但是它能给出的深度覆盖是比中度膨胀泡沫更大，因此更适合在各种标准下填满火灾存在的空间。例如，假设早期即利用泡沫，然后泡沫的深度迅速地提高。实验证明，高度膨胀泡沫用于高架仓库火灾是有效的。它也可用于扑灭封闭空间内的火灾，而派遣员工到该封闭空间是危险的。它还被用来控制涉及LNG和LPG的火灾，而且给LNG和氨泄漏提供蒸气扩散控制。

高度膨胀泡沫特别适合于限制空间内的室内火灾。由于风的作用且缺少限制，户外的使用会受到限制。中度和高度膨胀泡沫对火灾有些以下影响：

① 当生成于充分的空间内时，它们能阻止空气的自由移动，而空气的自用移动对连续燃烧是必须的。

② 当迫使被火灾加热时，泡沫中的水被转化成水蒸气，减少了稀释空气中氧气的浓度。

③ 从燃烧燃料中吸热将水转化成水蒸气。暴露于泡沫上的任何热对象将继续破坏泡沫的过程，将水转化成水蒸气，同时自身被冷却下来。

④ 由于相对低的表面张力，泡沫溶液没有被转化成蒸气，溶液将趋于渗透过A类材料。然而，深层的火灾还需详细检查。

⑤ 当深度积累时，中度和高度膨胀泡沫能提供绝缘层来保护裸露的材料或火灾中不包含的结构，而且还能阻止火灾扩散。

⑥ 对于LNG火灾，高度膨胀泡沫不会直接用于扑灭火灾，但是它通过封闭燃料的热辐射来降低火灾强度。

⑦ 当泡沫完全覆盖火灾和燃烧材料时，A类火灾即被控制。如果泡沫充分湿润，而且维持足够长的时间，那么火灾能被扑灭。

⑧ 当表面温度被冷却到闪点以下时，关于高闪点液体的B类火灾即可被扑灭。当足够深的泡沫层在液体表面被建立时，关于低闪点液体的B类火灾即可被扑灭。

8.20.1 灭火机理

中度和高度膨胀泡沫的灭火机理主要包括：降低火灾位置的氧气浓度；冷却；阻碍热对流和热辐射；排除额外的空气；延迟火焰。其灭火效果应该被进行特别的评估，以证明中度或高度膨胀泡沫作为灭火剂的可用性。

对于某些重要类型的危害，中度和高度膨胀泡沫系统能令人满意地保护包括普通的可燃物、易燃液体、普通的可燃物与易燃液体的组合、LNG(仅仅是高度膨胀泡沫)。

在特定的危险中，控制或消灭火灾的能力也许取决于膨胀、析液和流动性等因素。这些因素将随着浓度、设备、水供应和空气供应的变化而变化。

在下列危害中，除非有能力评估和测试，否则中度和高度膨胀泡沫系统不应用于火灾处理上：

① 化学品，诸如硝化纤维，其能释放足够的氧气或其他氧化剂来维持燃烧；

② 通电时未防护的电力设备；

③ 水活性金属，诸如Na和K；

④ 危险的水活性金属化合物和其他化合物，例如三乙基铝和五氧化二磷；

⑤ 液化可燃气；

8.20.2 膨胀

泡沫被强制分成三个膨胀范围：

① 低度膨胀泡沫(LX)，膨胀倍数为1~20；

② 中度膨胀泡沫(MX)，膨胀倍数为21~200；

③ 高度膨胀泡沫(HX)，膨胀倍数为201~1000。

8.20.2.1 中度膨胀泡沫

中度膨胀泡沫应膨胀至21~200倍。

8.20.2.2 高度膨胀泡沫

高度膨胀泡沫应膨胀至201~1000倍。

8.20.3 应用方法

8.20.3.1 中度膨胀泡沫

中度膨胀泡沫可用于扑灭易燃液体或固体可燃物的表面火灾，也可以通过中度膨胀泡沫支管或检测器使用。

第一个方法适用于固定系统，其危险的位置、尺寸和形状是已知的，系统要设计成满足这个需求。第二个方法更适用于危险的尺寸和位置随环境变化的地方，而且需要通过更灵活的方式来处理。

8.20.3.2 高度膨胀泡沫

高度膨胀泡沫可用于填满火灾发生的空间，或为了淹没和抑制火灾，朝局部火灾方向建立泡沫墙。

泡沫可能被直接引入，或者通过软管引入。由于其性质，高度膨胀泡沫仅仅能用于火灾。为了确保火灾现场的耐热性，需要尽可能保存泡沫中的水含量，因此前一个方法一般是更好的。在平面水平运动会提升排水，而且会降低泡沫的质量。为了使在大空间内高度膨胀泡沫有效，而且排水高度提升10m，在危险区域内可使用柔性护栏来保持泡沫，而且允许它快速积累到所需的高度。无论如何，泡沫应该在高层使用(例如在火灾空间中泡沫层之上)。

8.20.4 系统设计

系统应该设计成能适应特殊危险，而且在设计前要考虑下列事项：

① 固体可燃物或液体可燃物的全部细节，包括它们的存储、包装和处理方法，还有放置位置；

② 最适合的泡沫浓缩液种类、浓度和溶液利用率；

③ 最适合的泡沫利用方法，包括提供这种方法最适合的设备和配料方法；

④ 灭火所需泡沫浓缩液的量，包括备用量。因为对于潜在的或持续很久的火

灾，扩大使用量是必须的；

⑤ 必需的系统操作时间，考虑条目④；

⑥ 备用泡沫浓缩液的量；

⑦ 供水量、供水质量和供水压力；

⑧ 管道尺寸和压力损失；

⑨ 系统操作的方法和任何火焰或气体所必需的检测设备，以及现场员工手动操控的需求；

⑩ 任何特殊考虑(例如在易燃气体现场使用防火电气设备的需求)；

⑪ 排水系统和码头；

⑫ 环境条件。

8.20.4.1 与其他灭火剂的兼容性

系统产生的泡沫应该与任何溶剂相配，该溶剂要与泡沫一样在同一时刻应用。特定的湿润剂和某些灭火粉应与泡沫相配，泡沫会导致后者迅速分解。实质上，仅仅与特殊泡沫相一致的溶剂才能与之协调使用。

如果允许泡沫加速分解，水射流或喷雾将反过来影响泡沫层，但是对喷水装置中水的同时利用是有益的。

8.20.4.2 泡沫浓缩液的兼容性

新增加到系统中的泡沫浓缩液要适于使用，并且要与系统中已经存在的溶液相兼容。泡沫浓缩液与泡沫剂，甚至是同一类的，也不一定是兼容的，而且在混合两种溶液或预混合液前检查兼容性是必不可少的。

8.20.4.3 泡沫破坏能力

当考虑泡沫破坏能力时，可燃液体被认为分成两组：

① 烃类和那些非烃类液体，非烃类液体并没比烃类更具泡沫破坏性；

② 泡沫破坏液体一般可溶于水，而且比烃类更具泡沫破坏性。

用于泡沫破坏液的浓缩液是特殊类型。泡沫破坏液体比烃类的利用率更高，而且通常来说，使用温和的实施方法是必不可少的。

泡沫破坏液的程度是变化的，然而，异丙醇、丁醇、异丁基甲基酮、甲基丙烯酸甲脂与水的混合液一般需要更高的利用率。像胺类和酐类产品具有特殊的泡沫破坏性，其防护需要特殊考虑。

8.20.5 水、泡沫浓缩液和气源

8.20.5.1 水量

除了其他防火设备需求外，要有足够的水量和水压来供应可能同时运行的中

度和高度膨胀泡沫生成器的最大产能。

8.20.5.2 水泵

在系统设计的流量和压力范围内，水泵应该将水供应到泡沫系统的入口。向泡沫设备提供水的泵应具有合适的运行能力，以至于在它们超负荷以下运行时就能满足系统最大需求。

在长时间静止下仍能再次运转。

在另一个水源可用的地方，要单独使用水泵；否则的话，多个泵的布置对提高可靠性被认为是比较好的。

对于驱动泵而言，电动机首选柴油发动机。合适能力的柴油机驱动和电力驱动泵的使用是可接受的安排。

泵的电力供应应是一个分开的开关电路。在仅仅使用电动泵的地方，应提供可供选择的独立电力供应。供水系统应防冻。

8.20.5.3 泡沫浓缩液量

系统中泡沫浓缩液的量应至少能满足需防护的最大单个危险，或者能同时防护一组危险。

8.20.5.4 气源

除非提供的数据显示危险内部的气源能安全使用，通常采用危险区域外的气源来生产泡沫。燃烧生成产物的数据是特殊的，而且数据应该提供提高泡沫排放量的因素。

为了避免燃烧产物再循环进入泡沫生成器的空气入口，应安装排空阀。

8.20.5.5 泡沫生成装置的位置

为了方便检查、测试、再充电和其他维护，而且避免最小化防护被中断的情况，因此泡沫生成装置应妥善放置和排列。

8.20.5.6 防暴露

除了它将过度地暴露于火灾或爆炸的附近地方之外，泡沫生成设备应放置在与所保护危险源尽可能近的地方。危险区域内部放置的泡沫生成设备应该要建造成防护火灾暴露的结构。

这样的保护可能以隔离、耐火喷涂、水喷雾或喷水装置的形式来实现。在某些应用中，额外的生成器应该是被主管部门认同的火灾暴露防护所取代。

8.20.5.7 管道

泡沫分布管道和空气入口管道应该被合理设计、放置、安装并适当保护，以便于不遭受到机械、化学或其他方面的过度损害。

管道应设有合适的开关措施(诸如换向阀)，或选择快速开启类型的阀或门，以允许泡沫快速通过。当放置于需防护的内部或外部区域可能遭受火灾或热暴露的地方时，需要采用特殊的防护措施来确保正确的操作。

在设计和安装管道时要避免扰动过度，而且实际的泡沫排出率应通过测试或有关主管部门可接受的其他方法来确定。

8.20.6 中度膨胀泡沫系统的泡沫需求

8.20.6.1 利用率

8.20.6.1.1 利用率(中度膨胀)和泡沫排出率(高度膨胀)的确定

装置：压力表。压力表安装在排出点附近，是离系统主泡沫液供给线全液压最远的位置。

计算：中度膨胀泡沫全泡沫溶液流量(Q)(L/min)。在下面的方程中仅仅使用一种类型的喷嘴：

$$Q=\sum^{n} N\times K\times P^{0.5}$$

式中：Q为泡沫溶液流量，L/min；K为喷嘴排放系数；N为喷嘴数量；P为稳态喷嘴压力，bar；n为喷嘴类型数。

根据如下方程计算利用率[L/(m^2·min)]：

$$R=Q\times A$$

式中：A为系统覆盖面积，mm^2。

注意，由喷嘴分离测试确定排出系数，该喷嘴与在压力范围之上的实际流量相关。

计算：高度膨胀泡沫全泡沫溶液流量(Q)(L/min)。

泡沫排出量(m^3)的计算式为：

$$F=Q\times E$$

膨胀倍数E根据如下方程计算：

$$E=166.2/(W_2-W_1)$$

式中：W_1为空盘的质量，kg；W_2为满盘的质量，kg；泡沫的体积是盘的体积，166.25L；W_2-W_1是内部含水量(等于泡沫质量)。

8.20.6.1.2 可燃液体

利用率应不小于以下两项规定的值：

① 经使用者同意，通过测试给出的有效量；

② 如果测试不可用的话，那么烃类液体是4L/(m^2·min)，泡沫破坏液是6.5L/(m^2·min)。

8.20.6.1.3 可燃固体

利用率应不小于使用者认可的量。

8.20.6.2 排放持续时间

在高于最小利用率时，系统排放的最小时间也许成比例地降低，但是不应小于表8.13给出的时间的70%。

表8.13 以最小排放率排放的中度膨胀泡沫系统的最小排放时间

危 害	最小排放时间/min
室内和室外泄漏100m^2	10
其他室内危害和室外防护	15

8.20.7 高度膨胀泡沫系统的泡沫需求

8.20.7.1 排气孔设计

排气孔应设置在离泡沫入口的最远点，而且应该是露天的。排气孔应该设计成常开状态，或者如果正常情况下是关闭的，那么在系统的驱动下应能自动打开。

排气孔的正确位置必须保证通过受保护区域的足够浸没深度，允许烟和燃烧产品安全排放到空气中

排气孔面积应足够，以限制排放速度，排放速度不应超过300m/min。

如果排气孔面积(m^2)不少于F/300，这将可以实现。在这里，F代表泡沫的排放速率(m^3/min)。

在封闭空间内的空气被用于制造泡沫的地方，排放通常不是必须的。

8.20.7.2 浸没深度

对于受保护区，系统生成的泡沫深度应能足够覆盖和消灭最高危险的火灾。

在易燃建筑的无喷水灭火系统封闭空间中，浸没深度应该足够填满封闭空间。

对于可燃固体，在装有灭火喷水系统的或无可燃建筑物的封闭空间内，浸没深度应该能足够覆盖最大危险，浸没深度为1m或最大危害高度的10%(单位是m)，选取两者之中更大的一个。

对于易燃液体，浸没深度应由测试来确定，而且与可燃固体相比，应考虑更多。

8.20.7.3 浸没时间

通过受保护区域，在不大于表8.14给出的合适最大时间内，系统产生的泡沫深度应不小于浸没深度。

在计算泡沫利用率时，容器、机械或其他永久放置的设备的容积也许要从受保护的总体积中扣除。被存储材料占用的空间不用从受保护区域的体积中扣除，因为它的量是随时间变化的。

表8.14 高度膨胀泡沫系统的最大浸没时间

危害	最大浸没时间/min	
	仅高度膨胀泡沫	支持喷水装置的高度膨胀泡沫
闪点不高于40℃的易燃液体	2	3
闪点高于40℃的易燃液体	3	4
低密度可燃固体(例如泡沫橡胶、泡沫塑料、包金箔的薄纱或皱纹纸)	3	4
高密度可燃固体(例如包金箔的纸、橡胶)	5	7

假设对分布给予以适当的关注，如果系统的排放量不小于以下公式的计算值时，对浸没时间的需求将会被满足。

$$F=C_N\times C_L\times\frac{[F_s+(D\times A)-V_{eq}]}{T}$$

式中：D为浸没深度，m；F为泡沫排出率，m^3/min；T为浸没时间，min；A为受保护空间的房屋面积；V_{eq}为任何固定安装设备、容器或机械装置的体积(不包括任何可移动的存储材料或设备的体积)，m^3；C_N是指由于溶液排水、火灾、干燥表面弄湿等因素，基于泡沫量平均减少的经验因数，$C_N=1.2$；C_L是指由于门窗(只是关闭，并未密封)周围泄漏，补偿泡沫损失的经验因数，$C_L=1.1$；F_S是喷嘴排出的泡沫破坏率，m^3/min。

F_S应该通过测试，或者当特殊测试数据缺乏时，用下式计算的结果来确定：

$$F_S=0.075\times Q$$

式中：Q为从期望运行的最大喷嘴数中所估计出的全排出量，L/min。

8.20.7.4 泡沫浓缩液的量

系统中直接使用的泡沫浓缩液的量(L)不要少于以下规定：

① 对于涉及可燃固体的火灾，$L=250\times(FC/E)$。

② 对于试剂可燃液体的火灾，$L=250\times(FC/E)$。

其中，F是泡沫排出率(m^3/min)，C是浓度(%)，E是膨胀倍数。

对于易燃固体，指定的量能允许系统运行的时间(连续或间歇)是25min；而对于可燃液体，则是15min。对于可燃液体，一般系统需要连续运行。但是对于保护可燃固体的系统，以与破坏速率相同的速度排出泡沫，一旦获得浸没，为了尽可能在最长时间内保持浸没深度，通常需将系统设为间歇运行。

8.20.7.5 系统的类型

本标准中认可的系统类型包括全淹没系统、局部应用系统和便携的泡沫生成设备。

8.20.8 全淹没系统

全淹没系统包括固定泡沫生成装置、包含泡沫浓缩液的供应管线和排放到封闭空间或危险周围密闭空间的水。

8.20.8.1 使用

本类型系统应使用在危险周围有固定围墙的地方，在涉及特定易燃材料时，可以确保有足够的灭火剂量来维持控制或扑灭火灾所需的时间。

被全淹没系统成功防护的危险例子包括房间、地窖、存储区、仓储设施，以及单独包括A类可燃物、B类可燃物或两种可燃物相结合的建筑物。

通过全淹没方法能被控制或扑灭的火灾可被分成三类：

① 涉及可燃液体和固体的表面火灾；

② 涉及遭受闷烧固体的深层火灾；

③ 某些可燃液体的三维火灾。

8.20.8.2 一般需求

全淹没系统应该依照NFPA ⅡA标准第一章第1～6条款的合适需求和本小节提出的额外需求进行设计、安装、测试和维护。只有主管部门认可的设备可以在这些系统中使用。

8.20.8.3 外壳规格

因为中度或高度膨胀泡沫系统的效率取决于受保护的特殊外壳内泡沫合适量的开发和维护，所以外壳中泡沫的泄漏可以避免。

在设计填充深度以下的开口，诸如门廊、窗户等，应该被设计成自动关闭模式，或者与泡沫排放同时开启。此外，还应适当考虑员工的疏散。在火灾发生期间，这些开口应该被设计成保持关闭状态，并且能抵挡住泡沫的压力和喷嘴中水的排出。如果任何未关闭的开口存在，系统应该被设计成可以补偿泡沫可能造成的损失，而且应该经过测试，以确保其合适的性能。

必要的排放口应该包括合适的开口，或常开，或常闭，并且当系统运行时，应能控制其自动打开。当设计准则需要设置排风机时，应该批准其在高温下操作，而且安装时适当考虑开关、接线和其他电气设备的防护，以确保排风机的性能与泡沫生成器具有同等的可靠性。能干扰泡沫增强的强制通风系统应该具有自动关闭或隔离功能。

8.20.8.4 数量

应该提供充足的高膨胀泡沫浓缩液和水来允许整个系统连续操作25min，或者生成浸没体积4倍的泡沫。中度膨胀泡沫的量应该由独立测试实验室开发的合适的测试程序来确定。

8.21 局部应用系统

局部应用系统包括固定泡沫生成设备、包含泡沫浓缩液的供应管路和水，该系统直接向火焰喷射泡沫。

8.21.1 使用

局部应用系统用于可燃液体、LNG和普通A类易燃物火灾的消灭或控制。这些系统最好适应于本质上平整表面的防护，诸如有限的溢出，敞口罐，滴水板，约束的区域，维修区，战壕等等。对于多重标准或三维火灾危险，在这里应用全淹没系统是不实际的，单个危害应该提供官方可接受的合适防范设施。

8.21.2 一般需求

局部应用系统应依照全淹没系统的合适需求和本小节提出的额外需求进行设计、安装、测试和维护。只有主管部门认可的设备、装置和溶剂可用在该系统中使用。

8.21.3 危险规范

8.21.3.1 危险的位置

局部应用的中度和高度膨胀泡沫系统可用于保护室内、部分遮挡或完全户外的危险。规定提出，要补偿风和天气的带来的不利影响。

8.21.3.2 可燃液体和固体的泡沫需求

应以一定的速率排放足够多的泡沫，使其在2min中内能覆盖危险至少0.6m深。

8.21.3.3 数量

应提供足够量的泡沫浓缩液和水，要允许整个系统至少连续操作12min。

8.21.4 LNG的泡沫应用

在控制LNG泄露测试火灾方面，高度膨胀泡沫已被证明是有效的，可以在111m^2的封闭区域内有效降低顺风蒸气浓度。

8.21.4.1 系统设计的考虑

高度膨胀泡沫系统的设计取决于对单个位置的分析。因为在LNG火灾控制中，启动动作的时间是一个关键因素，因此分析必须考虑暴露于邻近工厂设备上的热作用。在许多情况下，自动报警和自动动作需要固定的系统。

8.21.4.2 利用率

利用率的测试是指热辐射在通过分析建立的时间限制内以积极和渐进的方式减少。由测试确定的利用率还应考虑其他因素，诸如初始的汽化率和危险构造。在达到稳态控制条件以后，为了在测试中维持火灾控制，利用率应该用于维持控制。

8.21.4.3 数量

泡沫浓缩液的初始量应允许在初始设计速度下连续应用，以满足将火灾控制到稳态条件。额外泡沫浓缩液的供应应该由手动提供，这是为了给计算的火灾持续时间提供手动控制。

8.21.4.4 泡沫系统布置

泡沫系统应该布置成泡沫网点，以便在特定时间内供应泡沫去覆盖设计火灾区域。

8.22 安全隐患

泡沫溶液一般不认为是对人体有毒的，但是接触后将会刺激人的皮肤或眼睛。在使用要仔细阅读泡沫浓缩液容器上的警告标签，每种泡沫溶液的效果和解毒过程是不同的。通过干泡沫层破裂而产生的碎末能引起打喷嚏和咳嗽等症状。这些影响是短暂的。当碎末源消失时，这些种症状将随之停止。

要阻止泡沫的持续暴露。如果实施了全浸没，人员就不要进入泡沫区域。在其中人的视觉和听觉都将是模糊的，一些呼吸装置也会被泡沫浸没，从而影响使用效果。如果通过泡沫的涉水移动是必须的，那么要小心释放的危险，并且时刻紧握救生索。如果可能，不应采取任何行动，避免降低覆盖在溢出物上泡沫层的比例。这些动作也能造成局部蒸气危险。不要依靠薄层来快速改变和阻止蒸气释放。

在可能的情况下，排出到建筑物出口的泡沫排出点的相对位置，应该被用来帮助员工疏散。为确保员工的安全疏散，额外出口和其他措施也许是必须采取的。

因为泡沫是由水溶液制成的，因此它们在一些物质(例如钠或钾)上使用是危险的。这些物质会剧烈地与水反应，所以当这些物质存在时不宜使用泡沫。其他金属(例如锆或镁)也存在相似的危险，但是仅仅当它们在燃烧时会出现这种情况。

8.23 湿润剂

经验和测试都已表明，在水中添加适当的湿润剂，并且应用得当时，可以提高水的灭火效率、减少水的使用量和缩短灭火时间。这一做法在一些地区，尤其是在农村地区，已经变得相当重要，因为那里可用于灭火的水量往往不足。在升压罐中添加适当的润湿剂会提高水的灭火效率。

某种类型的火灾，诸如棉花捆、干草垛、一些橡胶化合物和一些易燃液体的火灾，通常不适合用普通水扑灭，而应当使用某种润湿剂来灭火。润湿剂增强了水的渗透、铺展和乳化作用，这些因素都能降低表面张力。降低表面张力可以瓦解表面的水薄膜，允许它能快速流动，并均匀地分散在固体表面上。结果，用润湿剂处理后的水就能渗入到小开口和凹槽处。水通过表面膜的简单桥接作用即可流动。请注意，该解决方案不仅能提高灭火剂的渗透和铺展，而且能提高灭火剂吸收的速度和在固体表面超强的附着力。

当与水和空气混合时，具有发泡特性的湿润剂(如本标准提到的湿润剂)来产生泡沫，保持润湿剂的润湿和渗透特性，而且提供一种对A类和B类可燃物有效的窒息作用，或者可以提供一种能够防止火焰暴露的绝缘流体。

以这种方式产生的泡沫具有的另外的优点：在约79.4℃时破裂，然后返回到其初始液体状态，并且仍然保持其渗透和润湿特性。这些泡沫的破裂可以对A类可燃物的灭火自动提供一个高效且多层次的应用效率。

有许多化学制品满足了作为润湿剂的首要功能，即降低水的表面张力。然而，在这些化学品中，却很少能适用于消防工作，因为应用这些化学品要考虑毒性、对设备的腐蚀性和在自然事故水域的稳定性等复杂因素。

有鉴于此，在使用湿润剂帮助灭火时，要特别注意这些标准中规定的某些基本要求和限制。这些要求是为了确保额外加入的润湿剂不影响水的灭火性能，也使其对人员、财产或设备是无害的。这些要求还可以建立标准，以评价润湿剂作为灭火剂的性能。

8.23.1 使用

在一般情况下，该标准的目的是说明能够成功满足这里提出的需求的润湿剂，不应仅限于此处所规定的使用或应用范围。

加入适当的润湿剂到水中会增加其渗透和乳化能力，并提供发泡特性。润湿剂可以提高水的灭火效率，防止普通的可燃固体和易燃液体在火灾中暴露，并可以有效扑灭A类和B类火灾。在这些火灾中，可燃固体和易燃液体是不溶于水的，并且在常温、常压下普通存储。

在一般情况下，只要通常是使用水的地方，润湿剂就可有效用于所有标准防火设备类型。使用润湿剂获得的灭火效率将取决于采用最有效的应用方法、技术和涉及危险的设备。当含有润湿剂的水被用于救火时，一些润湿剂在火熄灭后可能还会存在。残留的润湿剂可有效地降低随后喷洒的水的表面张力。

在所有情况下，当含有润湿剂的水(简称“湿水”)被考虑应用于固定设备(例如喷雾器、喷水器或泡沫系统)，应当向主管部门咨询。

所需灭火溶剂的体积是随着每一种灭火系统和各种危害的不同而变化的。如果作为液体溶液使用，适用于水系统的标准就能应用到该情况下。

有效暴露的保护可以通过湿水泡沫直接应用到裸露的结构或设备上来实现，

这可以减少来自暴露火灾的热传递。

这种保护无论通过便携式，还是通过固定式设备均是适用的。由于泡沫的蜂窝结构和湿水泡沫的反射特性，用水量明显减少。

加入的湿润剂，可以提高水的灭火效率，这是由于润湿剂的扩散特性，因此可以提供比单独用水时更大的保护作用。

8.23.2 限制

向水中添加湿润剂，改变了水的物理特性，这导致了使用时的某些限制：

① A类火灾。关于扑灭涉及与水反应造成新危害的化学品的火灾，湿水与水具有同样的限制。

② B类火灾。湿水对于扑灭涉及B类可燃液体的火灾的有效利用，主要受那些不溶于水的物质(例如石油产品)的限制。如果是溶于水的醇类物质，那么湿水应该能够起一定的作用，但应该较难把火扑灭。

③ C类火灾。湿水溶液是能够导电，因此在涉及带电的电气设备的火灾时，就考虑消防人员的安全而言，它与水有相似的限制。不考虑使用直流水柱，可以谨慎采用喷洒或喷雾。

湿水不能用于D类火灾。

8.23.3 湿润剂与其他非水湿润剂的使用限制

湿润剂不能与其他湿润剂、机械或化学泡沫液体混合使用。这些物质混合后会导致不利的后果，并且在灭火时它们会失去湿润剂的作用。

在使用湿润剂时，其浓度不用超过生产商和(或)实验室推荐的用量，而高浓度会导致不利的影响。

8.23.4 基本要求

湿润剂用于灭火时应在实验室中通过验证，并得到主管部门的批准。专用设备(如配比机)应在实验室中通过验证，并得到主管部门的批准。

8.23.5 消防部门的供应要求

通常，湿润剂在增压罐中以供应商指定的浓度预先混合。但润湿剂应用于便携式设备时，这种预混合是不适合的。在这种情况下，润湿剂应当保存在便携式设备的容器中，并且在使用时能够及时倒入水池中。

当便携式储罐不是设备的一部分时，需要单独携带润湿剂进行使用，或与便携式储罐中的水一起使用，或与其他供应源的水一起使用，此时所需的湿润剂的量应该放置在合适的储罐中。该储罐与装置上的合适配料设备连接到一起。如果这种设备也被用于从消防栓中抽吸饮用水，此时就需要非常谨慎，以防止供给湿润剂的饮用水受到污染。

8.23.5.1 额外供应

额外的湿润剂供应是为了确保操作的连续性，这需要机器设备随时携带。额外的补充需要存储在合适的储存设备中，以便及时填充装置。

8.23.5.2 固定式系统

由于现有的所有关于固定式系统的标准都要遵守，那么给系统添加额外的湿润剂是必须经过深思熟虑。这样安装要得到管理方的同意，而且要考虑首要的限制因素和以下两方面因素：

① 由于湿水的高吸附能力所导致产生水渍的可能性；

② 由于大量湿水的滞留所导致的地板负荷增加的可能性。

8.24 减少泡沫使用以降低土壤污染

降低对地表水和地下水的污染，可以通过减少灭火材料的使用量并提高其利用效率来实现。污水处理系统的负荷，也可通过减少所使用的泡沫量来降低。由于喷射不准而注入罐中和堤坝区域中的泡沫总量，应被视为污染物。

土壤污染的速率取决于泡沫利用技术和泡沫的引入方法。

为了能够比较不同的灭火技术，我们在此引入了泡沫效率因子(foam effectiveness factor)的概念和标准。通过使用容易适应的评价方法来定义其大小。在考察了泡沫效率因子与泡沫强度之间的关系后，我们可以规定在某些灭火技术最优工作点下的泡沫强度。

基于理论假设，泡沫效率因子(η)与泡沫溶液强度(i)之间的关系如图8.6所示。

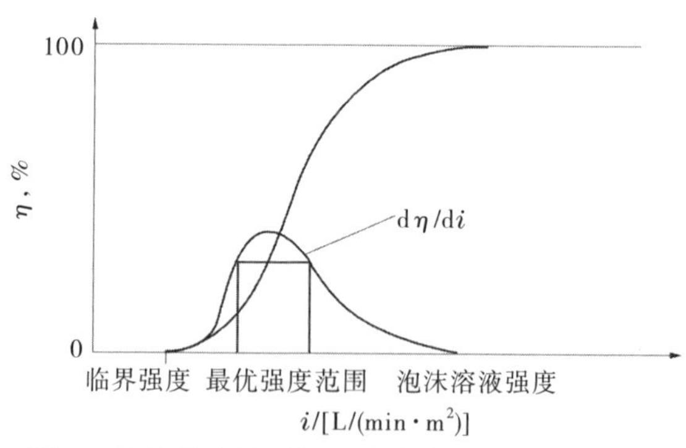

图8.6 泡沫效率因子与泡沫溶液强度之间的关系

η值在低于临界泡沫溶液强度的情况下为0，此时大火无法扑灭。如果累积泡沫体积流量较低，鉴于推进时间是花费在扑灭火灾和阻止泡沫表面扩散上，有效渗透速度降低到0，此时大火不断消耗释放的泡沫，i趋紧无穷大。

如果驱动的泡沫全部形成泡沫层，没有任何的损失，那么η值是100%。假设高质量稳定泡沫是适合的，这种情况在冷泡沫蔓延实验时会出现。

如果已知在不同灭火策略下的泡沫效率因子与溶液强度之间的关系，那么在开始灭火之前我们就能计算出全部的泡沫体积和所需的泡沫浓缩液的量。在计算所需泡沫浓缩液量时，要考虑由技术背景的能力影响的强度。

综上所述，考虑到准备时间，可以说固定式灭火设备是有利的。

利用高容量泡沫强度灭火的优势是减少了灭火时间。应通过考虑最佳的泡沫效率因子来选择适当的灭火策略，并在最佳工作点进行操作。

这些技术是以泡沫引入方式为特征的。在所有可能的泡沫引入方式中，最好的引入方式是幕状方式，其能够冷却壳体的内部，并防止管壁效应。

基于这些假设，我们制定了新的储罐灭火策略，其适应性通过实验的方法进行了测试。

8.25 动态灭火策略

在灭火时，第一阶段是制造灭火所需的泡沫层。在一般的系统范围内，它需要10s时间。传统的静态方法独立地从燃烧表面规定了同样的强度值。

以强度值应与燃烧表面相适应的准则修改强度值时，我们会发现，对于大的表面，由于泡沫受攻击而表面变得更大，泡沫应该在更长的距离上被暴露于火灾的影响之上。不可避免的泡沫破坏所带来的影响，可以用提升强度和缩短灭火时间来衡量。在改进的强度值帮助下，在被暴露于火灾的干燥热毁坏影响之后，泡沫在短时间内以更快的速度在表面滚动。

灭火步骤的第二阶段是泡沫层厚度的提升。它的重要性在于阻止复燃。我们应该在液体表面继续增加泡沫，直到增长到足够的厚度。我们要保持泡沫层的阻力，即使强烈的气流使薄层破开。除了固定泡沫引进时间外，更大的强度值会导致更大的安全因素，而且在规定的全泡沫引进时间的结尾处要设置所需的更大泡沫层厚度。

基于从计算泡沫扩散速度到不同罐的尺寸的需求和结论，图8.7给出的值被用来表明泡沫液强度与火灾表面积之间的关系。

8.26 仓库所需泡沫混合液用量的抽样计算

8.26.1 堤坝中单个最大浮顶或锥顶罐的泡沫混合液用量的计算

堤坝中单个最大浮顶罐泡沫混合液用量的计算方法如下所示。

罐数据：单个堤坝区域中的全存储容量为120000m^3；罐的个数为2；每个罐的

容量为60000m³；每个罐的直径为79m；每个罐的高度为14.4m。

罐所需的泡沫混合液的用量：泡沫液利用率为12L/(min·m²)的罐的边缘密封区域；泡沫坝的高度为800mm；所需泡沫液的用量=3.14×79m×0.8m×12L/(min·m²)≈2381L/min；所需泡沫混合液(3%)的用量=0.03×2381L/min=71.43L/min；65min内所需的泡沫混合液的用量=65min×71.43L/min≈4643L。

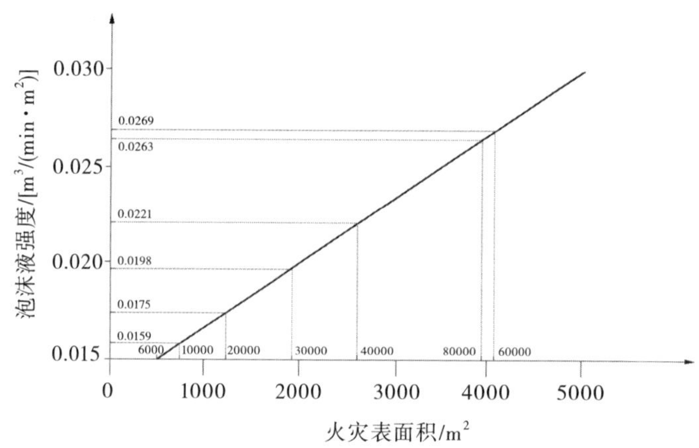

图8.7 泡沫液强度与火灾表面积之间的关系(横轴之上的坐标代表罐体积，m³)

8.26.2 堤坝中单个最大锥顶罐的泡沫混合液用量计算

罐数据：单个堤坝区域中的全存储容量为50000m³；罐的个数为4；每个罐的容量为12500m³；每个罐的直径为37.5m；每个罐的高度为12m。

罐所需的泡沫混合液的用量：泡沫液利用率为5L/(min·m²)的罐的液体边缘区域；所需泡沫液的用量=3.14×(18.75)²m²×5L/(min·m²)≈5523L/min；所需泡沫混合液(3%)的用量=0.03×5523L/min=165.69L/min；65min内所需的泡沫混合液的用量=65min×165.69L/min≈10770L。

8.26.3 安装容积大于25000m³的聚合产品存储能力的泡沫混合液用量计算

2400L/min的两个便携式泡沫炮所需的泡沫混合液的用量：所需的泡沫液的用量=2×2400L/min=4800L/min；所需泡沫混合液(3%)的用量=0.03×4800L/min=144L/min；65min内所需的泡沫混合液的用量=65min×144L/min=9360L。

8.26.4 两个泡沫软管流(每个1140L/min)的泡沫混合液用量计算

1140L/min的两个泡沫软管流所需的泡沫混合液的用量：所需的泡沫液的用量=2×1140L/min=2280L/min；所需泡沫混合液(3%)的用量=0.03×2280L/min=68.4L/min；65min内所需的泡沫混合液的用量=65min×68.4L/min=4446L；

泡沫浓缩液的总量应该取上述3个计算值之中最大的那个值。

8.27 消防泡沫小结

8.27.1 消防泡沫

消防泡沫是低相对密度的稀薄空气或其他气体填充气泡的均质体。当以正确的方式和足够的量应用时，消防泡沫将形成紧凑的液体层和固体层，能够浮在可燃液体表面，并且会阻止液体与空气接触。

8.27.2 泡沫混合液的类型

用于扑灭液体火灾的泡沫主要有以下两种类型：

① 化学泡沫。当加入两种或更多种化学成分时，由于化学反应就会生成泡沫。用于化学泡沫的最普通的成分是带稳定剂的碳酸氢钠和硫酸铝。化学泡沫一般会在灭火器中使用。

② 机械泡沫。机械泡沫主要是在水中通过机械方式将空气或其他气体与泡沫浓缩液进行混合而生成。用于生成泡沫的各种类型泡沫浓缩液的选择，取决于需求和稳定性。每种浓缩液都有其自身的优势和限制。

8.27.3 机械泡沫混合液

基于膨胀比，机械泡沫混合液一般被划分为三种类型：

① 低度膨胀泡沫。这种泡沫的膨胀比也许能高到50:1，但膨胀比通常在5:1~10:1之间，例如典型的通过自吸气泡沫支管产生的泡沫。低度膨胀泡沫包含更多的水，而且对火灾有更好的抵抗能力。它适用于烃类液体火灾，并且广泛用于炼油厂、钻井平台、石油化工和其他化工厂。

② 中度膨胀泡沫。这种泡沫的泡沫膨胀比为51:1~500:1，例如典型的通过自吸气泡沫带网支管产生的泡沫。在控制烃类液体火灾方面，中度膨胀泡沫的使用是有限制的。这些限制包括冷却效果差、对热表面/热辐射抵抗弱等等。

③ 高度膨胀泡沫。这种泡沫的泡沫膨胀比为501:1~1500:1，例如典型的通过带风扇泡沫生成器生产的泡沫(膨胀比通常在750:1~1000:1之间)。在控制烃类液体火灾方面，高度膨胀泡沫在使用上也有限制的。这些限制包括冷却效果差、对热表面/热辐射抵抗弱等等。高度膨胀泡沫通常用于存储在冷冻条件下的烃类气体的防护，以及对仓库的防护。

8.27.4 低度膨胀泡沫的类型

8.27.4.1 基于蛋白质的泡沫

在基于蛋白质的泡沫中，泡沫浓缩液是从水解蛋白质而来，而蛋白质一般从动物源和蔬菜源中得来。在这种泡沫中，要添加合适的稳定剂和防腐剂。

这种浓缩液可形成一层厚的泡沫层，而且浓缩液也适用于扑灭烃类液体火灾，但是不适用于扑灭水溶性液体的火灾。在深水池或低闪点燃料应用方面，除非应用于非常温和的表面，否则泡沫的效果不是非常好，因为有很长的预燃时间。

8.27.4.2 FP泡沫

FP泡沫与带氟化物的基于蛋白质的泡沫相似，这会使其比基于蛋白质的泡沫更有效。

这种浓缩液可形成一层厚的泡沫，而且浓缩液也适用于扑灭烃类液体火灾，但是不适用于扑灭水溶性液体的火灾。在深水池或低闪点燃料应用上，泡沫的效果不是非常好，因为有很长的预燃时间。

浓缩液对3%～6%的诱导率有用，而且保质期与基于蛋白质的泡沫相似。

8.27.4.3 AFFF

AFFF泡沫浓缩液主要包括碳氟化合物活性剂、发泡剂和稳定剂。它可与新鲜水和海水一起使用。它会产生非常多的液体泡沫，液体泡沫可自由地流到液体表面。AFFF泡沫产生的水膜能快速抑制液体蒸气。AFFF泡沫有快速扑灭火灾的性能，并且适用于液体烃类火灾。由于泡沫的排出率很差，其效果在深水池或低闪点燃料上不是非常好，因为有很长的预燃时间。

AFFF浓缩液对3%～6%的诱导率有用，而且保质期大于10年。它也可与非吸气型喷嘴一起使用。

8.27.4.4 多种用途的AFFF

多种用途的AFFF浓缩液是合成泡沫液体，它尤其被设计用来扑灭可溶于水的溶剂的火灾和不可溶于水的烃类液体的火灾。它也可与新鲜水和海水一起使用。

当使用时，多种用途的AFFF泡沫在液体表面形成有结合力的聚合物泡沫层，这会抑制蒸气，并扑灭火灾。由于出色的排出率和对热燃料/腐蚀热的出色抵抗能力，该泡沫也适用于深水池火灾。

3%的诱导率是适用于液体烃类火灾，而5%的诱导率适合水溶液火灾。多种用途的AFFF浓缩液的保质期不少于10年。它也可与非吸气型喷嘴一起使用。

8.27.4.5 FFFP

FFFP是将具有传统成膜和快速扑灭火灾特性的AFFF泡沫与灭火后安全性好和复燃抵抗性高的FP泡沫相结合。它也可与新鲜水和海水一起使用。

FFFP泡沫适用于扑灭烃类液体火灾，也包括有很长预燃时间的低闪点燃料的深水池火灾。

FFFP浓缩液对3%~6%的诱导率有用，而且保质期不少于5年。它也可与非吸气型喷嘴一起使用。

8.27.5 中度和高度膨胀泡沫类型

合成泡沫浓缩液可以与产生中度和高度膨胀泡沫的合适设备一起使用。它可被用于扑灭低闪点碳氢燃料火灾。这种泡沫很轻，而且与低度膨胀泡沫相比，冷却效果较差。这种泡沫对来自热燃料层和辐射热造成的损坏是敏感的。

这种泡沫在水中是诱导率为1.5%~3%。许多低度膨胀泡沫浓缩液也可以与产生中度和高度膨胀泡沫的合适设备一起使用。

延伸阅读

Boulton, A.J., Moss, G.L. and Smithyman, D. 2003. Short-term effects of aerially-applied fire-suppressant foams on water chemistry and macroinvertebrates in streams after natural wild-fire on Kangaroo Island, South Australia. Hydrobiologia 498, 177–189.

British Standard Institution (BSI). 2009. 5306 6.1 Specification for Low Expansion Foam; 5306 6.2 Specification for Medium and High Expansion Foam System; 5306 Section 6.1 Specification for Low Expansion Foams.

Fleming, J.W. and Sheinson, R.S. 2012. Development of a cup burner apparatus for fire suppression evaluation of high-expansion foams. Fire Technology 48 (3), 615–623.

Harman, R. 2003. Focus on foam, Fire Prevention 369, 21–23.

Jayakody, C., Myers, D., Sorathia, U. and Nelson, G.L. 2000. Fire-retardant characteristics of water-blown molded flexible polyurethane foam materials. Journal of Fire Sciences 18 (6), 430–455.

Kim, A. 2003. Firefighting foams. Canadian Consulting Engineer 44 (3), 30–32.

Klein, R. 2004. Focus on foam. Fire Prevention and Fire Engineers Journals 64 (247), 24–25, 40–42.

Lattimer, B.Y. and Trelles, J. 2007. Foam spread over a liquid pool. Fire Safety Journal 42 (4), 249–264.

Lorenzetti, A., Modesti, M., Gallo, E., Schartel, B., Besco, S. and Roso, M. 2012. Synthesis of phosphinated polyurethane foams with improved fire behaviour. Polymer Degradation and Stability 97 (11), 2364–2369.

Luda, M.P., Nada, P., Costa, L., Bracco, P. and Levchik, S.V. 2004. Relevant factors in scorch generation in fire retarded flexible polyurethane foams: I. Amino group reactivity. Polymer Degradation and Stability 86 (1), 33–41.

National Fire Protection Association (NFPA). 1999. NFPA ⅡA Foam System.

Nekrasov, A.G., Tatiev, S.S., Todes, O.M. and Shubin, I.F. 1989. Thermal characteristics of water foams. Journal of Engineering Physics (Inzhenerno-Fizicheskii Zhurnal) 55 (2), 897–902.

Olson, K. 2008. Foam fire protection. Hydrocarbon Engineering (Suppl.) 83–86.

Place, B.J. and Field, J.A. 2012. Identification of novel fluorochemicals in aqueous film- forming foams used by the US military. Environmental Science and Technology 46 (13), 7120–7127.

Sabadra, R. and Shroff, U.K. 2011. Coalmine fires: Evaluation of class A foam. Journal ofmines, Metals and Fuels 59 (3–4), 111–115.

Tsai, T.P., Yang, H.C. and Liao, P.H. 2011. The application of concurrent engineering in the installation of foam fire extinguishing piping system. Procedia Engineering 14, 1920–1928.

Wang, D., Zhang, X., Yang, D. and Li, S. 2012. Study of preparation and properties of fire-retardant melamine formaldehyde resin foam. Advanced Materials Research 510, 634–638.

Xia, J., Fu, X., Zhang, X., Hu, Y. and Wang, R. 2013. Design and application of endoscope with aided lens for observation of fire-fighting foam. Applied Mechanics and Materials 271 (Part 1), 823–828.

Yu, S., Wang, Y., Duan, B., Zhou, J., Yang, F., Wang, X. and Liang, D. 2011. Fireproof performance of foam concrete insulation board. Advanced Materials Research 250–253, 474–479.

Zatorski, W., Brzozowski, Z.K. and Kolbrecki, A. 2008. New developments in chemical modification of fire-safe rigid polyurethane foams. Polymer Degradation and Stability 93 (11), 2071–2076.

第9章 消防设备

9.1 引言

水经常作为主要的灭火剂，因为它具有实用性、经济性、有效性、易存储和易转移的优点。

消防员必须具有供水系统的相关知识，并且知道在近海和内陆设施中怎样使用这些系统来给消防设施供水。

本章介绍了在近海平台上提供火灾控制设备的一般准则。例如，可以通过隔离燃料源来有效地控制和扑灭火灾，从而阻止火势的扩大；燃料源应该通过手动或自动关闭切断阀来隔离，并且要带有止回阀和采取降压措施。

在近海平台上，火灾控制系统可以单独使用水，或者单独使用化学物质，或者联合使用水和化学物质。

为了提供期望的保护等级，许多注意事项会影响火灾控制系统的设计。这些注意事项主要包括平台的尺寸和复杂度、操作的性质、消防设备操作员的数量和技能、系统所保护的区域、没有放置在平台上的额外设备的可利用性和大火的影响。这些准则描述的设备应该是足够允许一个或两个人来控制或者扑灭绝大多数火灾，或者允许一个固定喷水系统的平台来保护操作员。

在操作条件下，人员的适当训练和火灾控制设备的维护是最重要的。

要意识到应对火灾发生最好的保护是精心制定设备使用规程和培训员工使其安全操作。设备的设计和运转应该适用于生产操作的所有阶段(包括临时情况，诸如钻孔、检查、建造等等)。设备和操作实践应该与能引起火灾的燃料源隔离。

本章介绍了在油库、终端以及有无存储设备、有无中心油罐区、有无润滑油设施和有无近海设施的管道安装消防设备的最低要求。

9.2 近海设施上的消防实践

如果火灾发生了，设施应该被设计成具有防火功能，并且要使损害最小化。一些特定的项目应该考虑进去，在下面几节中会详细介绍。

9.2.1 井和过程安全系统

阻止火灾发生或使火灾影响最小化可以通过平台表面和地下安全系统来实

施。安装表面安全系统的目的是监测异常情况并启动应急措施来阻止突发火灾状况的形成。应急措施通常由表面安全系统启动，并切断工作流程，这样消除了平台上主要燃料源。

安全系统也许也会关闭潜在着火源，例如发动机、压缩机和加热器。地下安全系统则会关闭来自井的流量。

9.2.2 设备布置

在实用性范围内，平台上设备的布置主要为了使燃料源与着火源之间尽可能隔离。特殊的考虑是应给出着火容器的位置。

9.2.3 点火阻止设备

着火容器应置于安全位置。自然通风设备应安装阻火器，以阻止火花释放。

9.2.4 热表面防护

当表面温度超过204℃时，应该防止液体烃溢出或者雾化；当表面温度超过482℃时，应该防止其接触可燃气体。

9.2.5 防火屏障

由耐火材料构造的屏障将有助于阻止火焰的扩散和提供热屏障。

9.2.6 电气保护

应该根据区域分类来设计和安装电气设备，以阻止电源打火。

9.2.7 可燃气体检测器

通过监测设备可以检测可燃气体的浓度，该设备具有报警或关闭功能。通常的办法是在低燃气浓度下激活声光报警。如果可燃气体的浓度达到爆炸下限时，该设备启动关闭气源和点火源的动作。

9.2.8 柴油燃料存储

柴油燃料存储设备的标准如下：

① 柴油燃料储罐应尽可能远离点火源。柴油燃料罐应被护墙、油滴盘或集水区等封闭，并且应安装有排出到污水坑内排放口，以阻止蒸气的返回。

② 柴油燃料罐应充分排放或装配泄压阀，并且应该接地。

③ 火灾检测设备(例如易熔塞)应安装在柴油燃料存储区域。

9.3 消防设备

9.3.1 设备规模的规定

提供给任何特殊装置或容器的消防设备规模，应取决于操作实施的性质和程度。

图9.1给出了近海平台消防设施的管线布置方案。当钻孔可能触发井喷打火时，应该提供指引水源和钟形螺纹接管区域的消防设备。在生产操作的情况下，生产过程区域应优先关注。

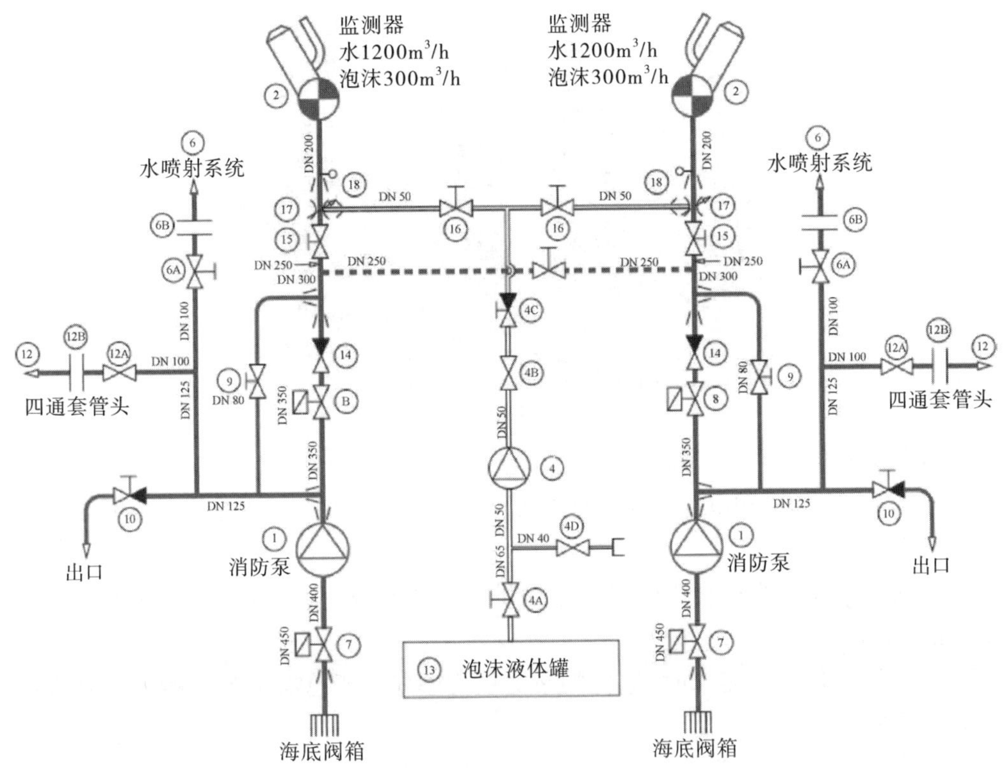

图9.1　近海平台消防设施的管线布置方案

当决定所提供设备的范围和规模时，必须时刻记住，当火灾不得不被船上的设备处理时，船上的设备和人员将只能凭借自己的力量，而外来的援助不是容易利用的。因此，消防设备和设施的规模、范围和质量应能提供足够的支持。

紧急情况的支持应予以考虑，可利用区域内其他正在运营的石油公司的设施。在紧急情况下，当使用外部支持被纳入计划时，需要检查支援船上的消防软管的兼容性，并且对所需的任何特殊配件要作出规定。

9.3.2 消防泵、消防水管、消防栓和软管(移动式和固定式近海设施)

9.3.2.1 消防泵

应至少提供两个独立电动泵，用于直接从海里抽水，然后输送到固定的消防水管中。图9.2给出了为近海设施设计的消防泵。然而，在高吸引压力下，为了满足这些标准的所有需求，应安装增压泵和储罐。

图9.2 近海设施消防泵

两台泵中至少有一台将用于消防，并且一直对此职责要有效。

泵、海水吸入口和电源的应合理布置，为了确保任何一个地方的火灾不会使两台泵都损坏。

泵的泵送能力要适合于由主管道提供的消防服务。然而泵的总泵送能力不应小于180m^3/h。

当安装的泵多于需求时，它们的泵送能力不应小于总需求泵送能力除以消防泵数量后的80%。

当维持任何一个消防栓的最小压力为0.35MPa(3.5bar)时，每个泵都有能力从任何两套消防栓、软管和19mm的喷嘴中至少提供一股水柱。此外，每个泵还应为泡沫系统提供泵送能力，以保护直升飞机甲板。泡沫设施的泵要能维持0.7MPa(7bar)的压力。

任何消防栓的最大压力不应超过消防软管的有效控制压力。

两台泵中的一台放置在不是正常操作的地方，并且离工作区域相对比较远。要对从正常操作区域或火灾控制区域操控泵的远程开启、泵的相关抽吸和排放阀的远程操作作出适当的规定。

连接消防水管的每个离心泵要与单向阀相符。

如果泵的压力超出消防水管、消防栓和软管的设计压力，那么应提供安全阀连通所有与消防水管连接的泵。

为了防止消防水管系统的任何部位超压，要安装和调整安全阀。

在这里，安装中间储水罐是合适的。它们有适当的尺寸，并且一直保持运转，可使最高的消防栓即使处于最低水位的情况下，也能在维持0.35MPa(3.5bar)的最小喷嘴压力下，确保两个软管水的供给充足。为了给补给泵的投入提供充足的时间，供水应至少持续15min。应给不容易接近的中间罐的阀和泵提供远程操作的方法。

系统应该在一定的系统压力下保持运转。当系统压力下降后，为系统供应水的泵要自动投入运行。

泵应该由独立式内燃机驱动，但是它是由应急发电机供应电能。在主电力失效时，发电机要自动开启。当泵由独立式内燃机驱动时，它要放置在火灾不会影响到其空气供应的地方。

包括一个中间罐的系统应具有以下功能：

① 低水位报警。

② 有两个可靠和充足的方法来通过中间罐补充水。这些方法需要泵根据本区域的需求来协调。至少有一个补充泵被设置为自动操作。

③ 如果装置打算在寒冷天气条件下运行，全部灭火系统要有防冻保护。这将包括用于蓄水的水罐。

9.3.2.2 消防水管

应提供、装备并合理布置固定的消防水管，以便消防用水能供给到装置的任何区域。消防水管就是在装置的广泛分隔区域至少连接两个泵。即使某一个泵无法使用时，在任意两组消防栓、水管和19mm喷嘴中，消防水管也必须能够至少驱动一组设备喷射出水，并且消防栓至少达到0.35MPa(3.5bar)的压力。

此外，为了保护直升机甲板，应提供泡沫灭火系统。该系统由消防水管供应，泡沫装置能够保持0.7MPa(7bar)的压力。

当仅仅供应消防栓时，任何一个泵损坏，余下泵的总泵送能力应不少于180m^3/h。

消防软管和给水罐的直径要能同时满足从运转的消防泵排出的最大需求的有效分布。

管道中水的流速不应超过2.13m/s。

消防水管被安排合理的路径来清理危险区域是切实可行的，并且以这样的方式排列，是为了最大化使用由装置结构负担的任何热防护或物理防护。

消防水管应安装隔离阀，以便在水管的任何部分受到损坏时允许最优利用。

除了那些以灭火为目的需求，消防水管不应有别的连接。

所有实际的预防措施要与有容易利用的水源来保护消防水管免于冻坏的措施相一致。

材料容易过热而导致失效。除非有足够的保护，否则该材料不适合用在消防水管和消防栓上。管道和消防栓要放置好，以便消防软管易于和它们连接。

旋塞或者旋转阀适合为消防软管服务，以便当消防泵在工作时，任何消防软管都可以被移除。

9.3.3 消防栓(移动和固定的近海设施)

当装置处于操作状态或忙于钻井作业时，消防栓的数量和位置应该符合以下要求：至少两股水柱应该能达到装置正常容易接近的任何部分；这两股水柱不来自同一个消防栓，其中之一应来自消防软管。每个消防栓都要提供软管。

消防软管应符合相关标准的规定，并且有足够的长度来发射水柱到任何空间内。一般来说，消防软管的长度不应超过25m。每个消防软管应提供喷射和喷雾两者兼用的喷嘴以及必要的接头。带有其他配件和工具的消防软管应随时准备在接近供水消防栓或连接处的更显眼的位置使用。

9.3.4 喷嘴(移动和固定的近海设施)

标准喷嘴直径尺寸是12mm、16mm和19mm，或者尽可能接近这些标准尺寸。如果考虑到特殊需求，大直径喷嘴应该被允许使用。

对于人员住宿和服务空间，大于12mm的喷嘴不允许使用。

对于机器空间和外部场所，在最小泵指定的最小压力下，喷嘴尺寸应满足能从两个喷嘴中尽可能获得最大排放量。如果喷嘴尺寸大于19mm，则不必使用。

任何喷嘴的射流抛射距离应约为12m。

所有喷嘴是经过检验的兼用型(例如喷雾/喷射类型)，另外加关闭功能。

在受保护区域内，喷嘴的数量和排列应该能确保水的有效均匀分布。在燃料油易于传播的区域和其他特定或者危害区域内，适合使用喷嘴。典型的水利用率见表9.1。

9.4 水位监视器(移动和固定的近海设施)

监视器的最小数量、排放率、控制范围和海平面上轨道的高度要遵守表9.2的需求。

当监视器同时运行时，应通过其需求的方向、控制范围和轨道的高度来确定监视器的数量。

监视器应该能够在水平和垂直方向有足够的调整能力，并且应放置在有利位置上，以使喷射在需求的运行范围内是畅通的。

应提供防止监视器喷射冲击装置结构和设备的方法。

监视器应该能被激活，并且能够通过远程控制从受保护位置启动。受保护位置提供给监视器一个良好的视角和利于水喷射的操作区域。

水监视器应该能在本地或者远程操作。对于本地操作，每个检测器要单独排列，即：假设一个可行的路线，该路线是远离需保护的部分；坐落的位置能给操作员最大的保护，以防止辐射热的影响。

每个监测器将能在喷射和喷雾条件下排放。

“消防装置1”或“消防装置2”或“消防装置3”表示装置与这些标准相符合，并且能提供表9.2中描述的合适消防设备。它是以m^3/h来衡量监测器的全排放能力。

表9.1 典型的水利用率

火险	火宰危险中水利用率/[(L/(m^2·min)]
炉子的正前方或者顶部燃烧区域	20
燃油装置	20
离心分离机(不是油水分离机)	20
燃料油净化器和澄清器	20
燃料油压力泵	20
排气管附近的热燃料油管道或者在主、副柴油机的热表面	10
机械模块层	5
罐顶区域	5
未形成装置结构部分的油罐	5

表9.2 水监测系统的性能

符号	Ⅰ	Ⅱ		Ⅲ
监视器的数量/个	2	3	4	4
每个监视器的喷射量/(m^3/h)	1200	2400	1800	2400
泵的数量/个	1~2	2~4		2~4
泵的总泵送能力/m^3	2400	7200		9600
射流的长度①/m	120	150		150
射流的高度②/m	45	70		70
燃料油容量③/(m^3/h)	24	96		96

① 当所有监视器同时正常运转时，从平均冲击面积到容器的最近部分的水平测量距离。

② 从海平面到平均冲击面积的垂直测量距离，在容器的最近部分至少有70m的垂直距离。

③ 所有监测器连续操作的容量，包括燃油罐的总容量。

9.5 冲水冷却泵和冲水冷却软管

每个近海装置都应提供冲水冷却系统或水监测系统，包括用于存储、运输或者加工油气资源(装置使用的其他燃料)设备的装置的任何部分。在发生火灾时，这些部分都应被保护。下列清单确定的区域包括需要水保护的设备(是典型的设备，而不是限制的设备)：井口、原油/油气分离设备、气体压缩机、液化装置、气体压力容器、原油泵、原油和天然气管线(不是燃料气，包括两个平台间跨线管路)、原油储罐、液化石油气储罐、乙二醇再生装置、气液分离罐、清管器发送筒/接收筒、除气/过滤设备(如果使用气体)、钻台/油井维修区、试井操作期间石油流经的区域(包含该区域的设备和管线)。

灭火冲水系统和水监测器要连接到一个连续的增压总水管上，该总水管至少以两个泵的泵送能力供应。其中任何一个泵损坏，在一定压力下也会保持有足够的水，能使系统或监测器在一定排放率下操作，以满足所需保护最大区域对水的需求。供应主管道的泵要远离需要冲水灭火保护的装置的任何部分。一旦被激活，每一个泵须能在无人照管条件下连续运行至少18h。

9.6 冲水灭火系统

供应给任何所需保护部分的水量至少要能满足对相关设备提供暴露防护。在适当情况下，应保护本地主要的承载结构元件。“暴露部分保护”意味着对设备或结构元件进行喷水，以限制设备或结构元件对热的吸收并降低到某一水平上。这一水平将降低设备失效的可能性。

在适当的参考面积内，在需保护的暴露表面区域的单位面积上，最小水量供应率一般不小于10L/(min·m^2)。

其他水供应率应符合合适的标准或准则的规定。这些标准要符合规格要求。参考面积是有界限的水平面积，完全由垂直A类或H类区域、近海装置的朝海末端或前两者的结合区域所包围。

需要水保护的每个部分要提供应用的主要手段，例如管道固定系统安装合适的喷嘴、水监测器，或者两者都进行安装。

水监测器也许仅仅用于置于本质上开放区域的设备保护。

9.7 固定近海装置的自动喷水器、火灾探测器和火灾报警系统

每个装置都要根据下列的需求配备自动喷水器、火灾探测器和火灾报警系统。

除了不能发生大量火灾危险的空间(诸如孔隙空间、公共厕所等)，上述标准所要求的系统能够指示所有起居间和设备间内火的存在。

任何必需的自动喷水、火灾探测器和火灾报警系统要设计成在任何时刻都可以直接使用，以使安装人员能够直接对其进行设置，而无需任何动作。这样一个系统是适合的，它是湿管类型，但是一小部分暴露区域是干管类型，这是一项必要

的预防措施。在运行时易受冻结温度影响的系统的任何部分都要防止结冻。并且在必须的压力下要保持运行，并且要持续供水。

无论任何喷嘴在操作时，喷嘴的每个部分要包括在一个或多个指示器上自动给出声光报警信号的手段。如果系统中发生任何错误，相关的报警系统应指导操作。

这样一套装置将对扑灭火灾给出指导，并且在任何地方系统都能服务到。这套装置将集中在主火灾控制区，该控制区可以被有效操控，以确保来自系统的任何报警都会被可靠的人员直接接收。

喷水装置被集合成单独区域，每一个区域仅仅包含200个喷嘴。喷水装置的任何区域不多于两层，除非令人满意地证明防火设施不会被减少。

喷水装置的每个区域能被仅仅一个截止阀隔离。每个区域内的截止阀是易于接近的，并且它的位置是清晰且长久不变的。应提供阻止无关人员操作截止阀的措施。

在装置每个部分的截止阀上和总站上应提供指示压力的压力计。

喷水装置要能抵抗海洋性气候的腐蚀。在提供住宿和服务空间，喷水装置的操作温度是68～79℃。除了放置在干燥房间外，通常要求较高的环境温度。喷水装置的操作温度应该在最高的地面温度之上提升30℃。

有一份清单需要展示，该清单包括了每个装置覆盖的空间和就每个区域而言地区的位置。此外，清单中也包括了测试和维修的相关说明。

喷水装置应被放置在高处。了保持不小于5L/(m^2·min)的平均利用率，在被喷水装置覆盖的额定面积上，以适当的模式隔开喷水装置。如果这种模式不是很有效果的话，应该为该装置提供其他适当分布的水量。

储罐将包含新鲜水的固定排出量，相当于泵在1min内排出的水量。此外，应提供为维持罐中空气压力的布置，来确保罐中新鲜水的固定排出已经被使用。其压力不小于喷水装置的工作压力，还应加上从罐底到最高位置喷嘴的静水压头。

要提供在一定压力下重装空气和重装罐中新鲜水的合适方法。应提供被适当保护的压力计来指示罐中水的正确液位。

应提供阻止海水进入储罐的手段。

为了实现从喷嘴自动连续排出水，应单独提供独立的电力泵。压力罐中的固定新鲜水在被完全用尽前，泵通过系统的压降自动运行起来。应该考虑可供选择的供水安排。

在最高喷嘴位置和各种利用率的条件下，为了确保水连续输出并能同时覆盖

280m^{2}的最小区域，泵和管道系统应能保持一定的压力。

在出口侧泵，将以一个很短的开放排放管道安装测试阀。当维持系统压力时，通过阀和管道的有效区域要充足，以允许泵输出的释放。

只要有可能，泵的海水入口应包含在泵的场所中，并且应合理布置，以便于除了在检查或维修泵时，不必关闭海水对泵的供应。

喷水泵和储罐应放置在合适的位置，要远离任何主要的机械装置，并且也不应放置在需要被喷嘴系统所保护的场所。

应设有不少于两套的由电源驱动的海水泵、自动报警系统和监测系统。其中一台泵的电力源是内燃机，应放置在火灾不能影响其空气供应的任何防护地区。

喷水系统与装置消防软管通过封闭的压下装置止回阀实现连接，连接时要阻止从喷嘴系统到消防软管的回流。

通过相当于一个喷嘴运行时水的排放量来测试喷水装置的每个区域的自动报警，这需要提供测试阀。

在系统压力减小的情况下，应提供测试泵自动操作的方法。

9.8 压力式喷水系统

9.8.1 管道和喷嘴

在机械设备的区域内，任何必需的固定压力式喷水灭火系统要提供适用于扑灭燃油火灾的喷嘴。

应采取防范措施来防止喷嘴在水中被杂质堵塞，或者管道、喷嘴、阀和泵在水中被腐蚀。

系统应该划分区域，分配阀要放置于受保护区域以外的易于操作的位置，不应易被受保护区域的火灾切断。

在适用情况下，系统应包括随时准备在锅炉燃烧区域或燃料装置附近可直接使用的移动式喷嘴。

9.8.2 墙式消防栓

在装置的每一侧应提供墙式消防栓。墙式消防栓在放置时应考虑其他甲板是否易于接近(楼梯附近)、在火灾中受到损害的可能性、与其他消防站的协调配合和对其他平台活动的干扰。

每个墙式消防栓要提供消防栓、软管和能够产生喷雾的喷嘴。软管一般长25m，直径不小于38mm或者不大于70mm。墙式消防栓要连接到监控供给线。此外，要对适当降低消防栓水压到达一定量作出规定，即每个消防水龙头喷嘴能由一个人安全的操作。水压应该足够用来产生12m高的水柱。

消防软管应卷起放置，或在为了快速调度和保护软管而设计的其他合适的设施上放置。这些存储设施应该是抗腐蚀的。

9.9 灭火系统

9.9.1 固定式灭火系统

① 在通常条件下或特定条件下使用灭火介质，应控制用量，以避免释放毒气危及人员安全。

② 将灭火剂运送到受保护空间的管路要安装控制阀，并且控制阀要易于接近，以便在火灾发生时使用不容易被切断。控制阀要有标记，以便清晰地指出管道指向的空间。要设置适当的设施，以阻止灭火剂泄露到任何空间中。

③ 灭火剂的分布管路要有充足的尺寸，并且布置得当。此外，还要有充足的喷嘴，以使灭火剂得到均匀分布。所有管路要设置成自排水，并且要引导至冷却空间，这种布置尤其容易考虑到。

④ 连接到所有受保护空间的单独管路要用压缩空气来测试

⑤ 在腐蚀经常发展的空间中使用的钢材应注意防腐蚀，通常它是镀锌的，至少内部是镀锌的。

⑥ 对于二氧化碳而言，配管管径不要小于20mm。

⑦ 应提供一些方法来关闭所有开口，这些开口也许允许空气或者油气从受保护空间溢出。

⑧ 在任何空间中的储气罐通常含有一定体积的空气，如果发生火灾时在本空间内释放，那么空间内空气的释放将严重影响固定式灭火系统的效率，因此要额外提供一定量的灭火剂。

⑨ 当灭火剂泄露到任何员工进行正常操作或者他们平时进入的空间时，应提供自动声音报警。报警需要持续一段时间，这取决于在灭火剂泄露前疏散员工所需要的时间。

⑩ 安装气动警报设备比较合适，但是需要定期检查。二氧化碳不适合作为操作介质。如果供应的空气是干净和干燥的，那么就应该使用气动警报。

⑪ 当电动操作设施被安装在任何危险区域之外，应使用电动警报设备。另一种情况是电动设备在危险环境内使用。

⑫ 任何固定式气体灭火系统的控制要易于使用，操作简单，聚集在尽可能少的空间中，并且在受保护空间内该位置不可能被火灾切断。每一个位置上要有与员工安全相关的对于操作系统清晰的说明。

⑬ 除非获得了明确指示，不允许灭火剂自动释放。

⑭ 灭火剂的量至少要能保护一个地方，可用的灭火剂的量不需要大于任何受保护地方的最大需求量。

⑮ 除了允许外，存储灭火剂的压力容器要放置在受保护区域外。

⑯ 员工要安全地检查储罐内灭火剂的存量。

⑰ 灭火剂和相关压力组分的存储容器将根据坐落位置和最大环境温度的当地标准来设计和检测。

⑱ 当灭火剂被存储在受保护空间以外时，应存储在房间中。该房间要坐落在安全和易接近的位置，并且要通风。最好是从露天甲板就能方便进入的存储房间，无论如何要独立于受保护的空间。通道门向外部开，在房间和相邻的封闭空间之间，包括大门和关闭开口的其他方式的墙和地板，要形成边界线。

9.9.2 二氧化碳系统

携带二氧化碳的量要保证足够给游离气体的最小体积，就是等同于受保护最大物理空间的总体积的35%。如果多个空间未完全分开，它们将被认为是单独形成一个空间。

自由二氧化碳标准体积以0.56m^3/kg来计算。

固定管道系统就是85%的气体在2min内被排放到空间内。

尤其要考虑冷却的液态二氧化碳系统需要批量存储。

应该提供两套的制冷单元，其中一个由两个电源来操作，而另一个由紧急电源操作。

9.9.3 高膨胀的泡沫系统

① 通过固定排放口，任何所需的固定高膨胀的泡沫系统能够迅速排出，泡沫的数量要在10min内能充满保护的最大空间，并且以至少1m/min的速度排出。泡沫生成液的量要足够产生5倍于所要保护最大空间的泡沫量。图9.3给出了一个典型水泵和泡沫供应系统。

② 泡沫的膨胀倍数不能超过1000∶1。

③ 当受保护空间的总水平面积超过400m^2时，至少需要两个泡沫发生器。

④ 如果要获得相等的保护，允许间隔布置和调整排放率。

⑤ 运输泡沫的供应管道、泡沫发生器的空气进气口和泡沫产生单元的数量都会对泡沫的产生和分配起有效的作用。

⑥ 对于受保护空间中重要位置的火灾危险，泡沫将通过合适的管道覆盖。

⑦ 在对泡沫生成器传递管道的进行布置时，应使受保护空间的火灾不会影响泡沫生成设备。

⑧ 泡沫生成器的动力源供应、泡沫生成液和控制系统都应该是容易达到的，操作简单，并且尽可能地聚集在几个位置处，而这几个位置不能被火灾所切断。

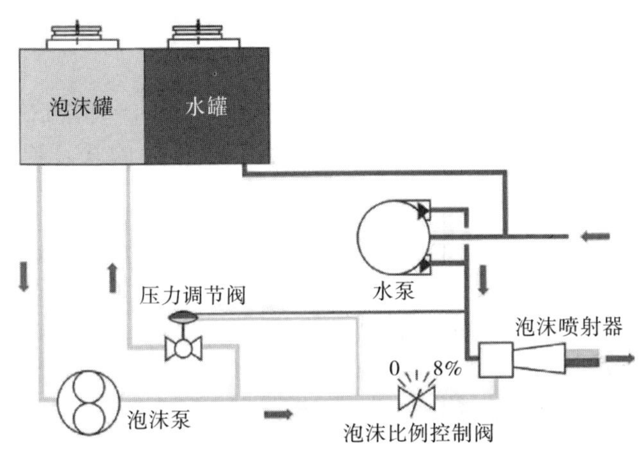

图 9.3 水泵和泡沫供应系统

9.10 气瓶的存储

当同时运输多个氧气瓶和多个乙炔气瓶时，应该遵照如下规定。

如果所有固定管道是钢材，或者其他许可的材料和合适的接头，氧-乙炔永久不变的管道系统是可接受的；含铜70%以上的材料不要用在系统中，除非是用于焊接或者切割；要给出管道扩张的余量；管道系统要能适合预期的压力。

每种气的两个或更多的气瓶如果打算带入封闭空间中，要对每种气体提供单独的专用存储房间。

存储房间应该是钢结构的，通风良好，并接近露天平台。

要制定当火灾发生时迅速移除气瓶的规章。

气瓶要存储在开放空间时，应注意以下事项：保护气瓶和相关的管道免受损坏；使烃类物质的暴露发生；确保适当的排水；保护气瓶免受太阳辐射。

9.11 陆上装置的消防措施

水是控制火情、扑灭火灾最常用的试剂。水或水与泡沫的组合通过冷却相邻设备来控制火情和/或扑灭火灾，同时还可以在火灾发生时保护消防人员和其他人员。因此，应时刻保障消防用水存储在适当的位置、保持适当的压力和所需的数量。

根据风险性质，应在装置区安装如下消防设施：消防供水系统、泡沫系统、清洁灭火剂系统、急救消防设备、移动消防设备、火警探测系统、火警警报系统和火警通信系统。

消防用水不得用作其他用途。除非另有规定或批准，企业要求消防用水应适用于主要装置区，如炼油厂、石化厂、原油生产区和主要的存储区。

在确定消防用水量时(即所需的消防用水率)，以下区域的防护也应考虑：一般工艺流程、储罐(低压，包括水泵站、阀组、串联搅拌器等)、压力储罐(LPG等)、冷藏库(LNG等)、防波堤、装货区、建筑区、仓库。

基本上，一般要求从合适的大容量水源地(如储罐、冷却塔底、河流、海洋等)通过长期安装的消防泵抽取用水，并输送至独立的消防网状总管或环形总管。实际水源应由当地条件决定，并应与企业商定。

输送的水将直接用于消防和设备冷却，也可用于生产泡沫。

9.12 供水

水可用于灭火、控火、冷却设备以及对设备和人员进行保护而免于热辐射。

9.12.1 供水性质

供水的选择应与主管部门建立合作。

9.12.2 公用自来水系统

从具有适当压力和足够容量的可靠公共给水系统中连接一个或多个接口，可提供令人满意的水源。静水压可确定给水效率，但是高静水压不是评判的标准。示位阀门应安装在易于接近的位置，以防止发生火灾时不易受到损坏。对于示位阀不能随意使用的地方，例如城市街区，地下消防阀应符合上述规定，其位置和打开方向应清楚标识。

供水是否充足应由流动测试或其他可靠手段进行确定。在流动试验地点，应在平面图上标注入口流量(L/min)、静压和余压。

公共管线应该具有足够大尺寸，其直径在任何情况下不应小于15cm(6in)。

除非主管部门特许，给水不用调压阀。水表应使用批准的型号。

与自来水工程系统连接的消防管道，需要避免可能出现的公共给水污染。应确定并遵守卫生行政部门的要求。

若消防连接管比公共供水系统大50.8mm，应通过标准型号的示位阀进行控制，其位置距离保护的建筑物和装置不少于12.2m。

9.13 消防用水系统基础

环形总管系统的铺设应围绕所有工艺区或其中部分、公用工程区、装载和灌装设施、油库和建筑物，而单管应设置在码头和消防训练场，并配有截止阀和消防栓。

应该至少由两台离心泵给水，其中一台为电动机驱动，另一台由完全独立电源驱动(例如前者为柴油发动机，后者为备用泵)。

需水量需要基于以下方面进行考虑：

① 一次只有一处大火。

② 工艺装置建议的最低用水量为200L/s，用于产生空气-泡沫和提供暴露保护。据推测，其中约30%将被吹走蒸发，因此每个工艺装置剩余用量为140L/s，将通过排水系统排出。注：此规范基于有且仅有一场重大火灾。特定装置所需的消防水量应根据相关火情进行评估，即火灾可能发生的特殊地点；同时，还考虑火灾隐患类型、面积、功能以及塔、容器的位置等因素。在具有较高火灾隐患的装置区，消防用水量应一般不小于820m^3/h，但不大于1360m^3/h。

③ 对于存储区，储水量应产生足够的空气泡沫用于扑灭着火的最大圆锥顶罐，同时对相邻储罐提供暴露保护。

④ 对于压力储罐区，储水量应足够对球形储罐进行喷洒式暴露保护。

⑤ 对于码头，储水量除满足对甲板和船舶的暴露保护外，还应满足这些区域对空气泡沫用水的要求。

⑥ 主管部门应出台单个重大火灾或多个火灾同时发生的应对策略。

对于新装置，上文①~⑥提及的所需用水量应该进行比较，其中最大的数据应该与消防系统的设计一致。

系统压力应满足在最远端维持1MPa(10bar)，以保证此处的消防水以一定速度喷出。

消防水管线应装有永久消防栓。

带4个出水口的消防栓应安装在工艺装置、装卸设施、易燃液体存储设施以及码头和泊位等处的周围。

带2个出水口的消防栓应安装在其他区域，包括码头附近。

消防软管卷盘应安装在各工艺单元内，通常距特定重点位置31~47m。

消防水通过软管和支管，并利用喷嘴、喷雾器、喷雾水枪、固定式或移动式消防炮等喷射装置喷出，其中优选交替喷嘴进行水或泡沫的喷射。

消防环形水管应铺设在装置四周，并配有消防栓/消防炮，其安装间隔不超过30m。

9.13.1 消防用水系统的组成

消防用水系统的主要组成为：消防水库、消防水泵、配水管网。

9.13.2 基本原则

装置的消防用水系统设计应满足一次单场最大火情所需的消防水流量。

9.13.3 设计流量

① 油库的消防用水流量应是以下数据的总和：

计算以3L/[min·m^2(油罐壳体面积)]的流量冷却着火储罐所需消防水流量。

计算对着火储罐半径范围R+30m(R为着火储罐半径)以内的其他所有储罐进行暴露防护，以及对同一堤防区以3L/[min·m^2(油罐壳体面积)]的流量冷却储罐所需消防水流量。

计算着火储罐半径范围R+30m(R为着火储罐半径)以外的其他所有储罐进行暴露防护，以及对同一堤防区以流速1L/[min·m^2(油罐壳体面积)]的流量冷却储罐所需消防水流量。

进行消防水流量计算时，拥有A级或B级石油库存的所有油库都应纳入计算，而不考虑储罐直径和是否装有固定喷水系统。

通过固定式泡沫系统(如果提供)或使用水/泡沫两用消防炮对单个最大储罐应用泡沫所需的消防水流量。

为达到不同的消防水流量，油罐区应考虑多种组合，同时设计时还应考虑最大流量。

② 跨州管道装置的泵站房的消防水流量应为10.2L/(min·m^2)。

③ 补充流股的消防水流量应基于同时使用4个单出水口消防栓和1台消防炮的工况。每个消防栓的出水口最小流量为36m^3/h，每台消防炮最小流量为144m^3/h，可在0.7MPa(7kgf/cm^2)(表)的压力下考虑总容量。

9.13.4 压头

应对单一最大风险，消防给水系统的设计应满足在装置的液压最远点的最小剩余压力为0.7MPa(7kgf/cm^2)(表)。

9.13.5 储存

消防用水应储存在方便取用的地表、地下或地上钢类、混凝土或砖石等材质的储罐中。

在吸入点以上的水面，水池/水槽的有效容量应为不小于4h额定泵容量的累积。然而，对于设计流量具有50%或更多的可靠补充水供应，存储容量可以减少到3h额定泵容量的累积。

灭火应该使用淡水。如果使用海水或处理污水进行灭火时，管道材质应满足一定要求。

在紧急情况下，装置应有相关设施用于接收和转移所有消防水并输送到储水罐。

为方便清洗和维修，蓄水库应该是两个同等大小并相互连接的隔间。对于钢质储罐，应该至少有两个水槽，并且各水槽容量为所需总容量的50%。

若大型天然水库的水容量超过消防泵需水量总和的10倍，水库可不连管线。

9.13.6 消防水环形总管的一般原则

消防环形总管的需要容量应在所有工艺装置、易燃液体储存设施、道路车辆和轨道车辆的装货设备、灌装厂、仓库、车间、公用设施、培训中心、实验室、办公室等周围环绕铺设。在通常情况下，上述单元也受辅路限制。大面积区域应划分成较小部分，各部分分别由配备有消防栓和截止阀的消防环形总管封闭围住。

单一的消防用水管道仅见于消防训练场。若码头内的管道与喷水系统的单独管线互连，则码头的消防水应由单个管道提供。从消防泵到码头的消防给水管道应设有隔离阀，在码头严重损坏的情况下阀门关闭。关闭阀门时不应引起较高的水击压力。

消防给水总管应装有全通径冲洗阀连接件，对所有截面和死角进行适当冲洗。冲洗连接件的尺寸设计应使相关管道内的流体流速不低于正常设计条件下的80%；如果没有设计条件，则不小于2m/s。

消防给水总管通常铺设在地下，旨在提供一个安全而有保障的体系。同时，当环境温度降到0℃以下时，可保护该区域防止冻结。在特殊情况下，消防给水总管安装在地面以上时，应沿着道路铺设，远离有泄漏火灾风险的管路轨道。

基本要求包括以下几方面：独立的消防网状总管或环形总管由固定安装的消防泵输送；环形总管和消防泵的尺寸设计应满足在整体装置内为最大单一火情风险提供足够的用水量。

抽吸作用于适当的大容量水源，如储槽、冷却塔、水池、河流、海洋等等。实际水源取决于当地条件，需进行实地调查。泵的吸入管路应放置在一个安全且受保护的位置，并配有永久但易清洗的过滤或屏蔽设备，用于保护消防泵。

应充分利用互助计划或循环使用，以获得额外应急供水的优势，但国家或地方部门的强制性要求可能会在一定程度上修改以上计划。

9.13.7 消防环形总管/网管设计

应计算消防给水总管的管径。应通过1MPa(10bar)(表)压力下各相应段的喷水点的设计流速来计算管径，然后进行校核计算，令压降满足在管道阻塞段的要求。系统的最大允许流速应为3.5m/s。

然而，由于消防水泵、消防给水环形总管系统和与消防排水量匹配的排水系统等的大小由消防水流速率决定，因此消防用水流速应为真实值。如果排水系统过小或堵塞，可能会出现火情升级的重大危险，例如洪水淹没地区碳氢化合物漂浮物燃烧。因此，应配有清洁设施，以避免堵塞。在大面积区域(如泵底板、管道轨道等区域)应设置防火隔墙，使溢出区最小化。据推测，在灭火时，消防用水的30%将蒸发或被风吹走。在设计排水系统时，应将此数据考虑在内。

在非火灾条件下，系统应维持满水并保持0.2～0.3MPa(2～3bar)的表压，可依靠消防稳压泵通过冷却水供应系统的接口或储水罐的静压头实现。如果使用消防稳压泵，应有备用泵，并且两个泵的容量应有15m^3/h的泄漏补偿。

连接到环形总管系统的单水线应沿着接近甲板的码头铺设。在距离甲板50m处应装有截止阀。

对于小型化工厂、油库、次要生产区域和处理区域等，为实现与所涉及风险大小精确相匹配，应明确要求并与主管部门取得一致意见。

9.13.8 消防系统设计准则

如果城市消防给水在装置附近不可用，应设计消防给水装置。设计的装置应满足单次最大火情用水。

危险区域应当通过铺设消防栓和消防炮进行联合保护。以下装置除外：不同于AFS地上累积储存容量低于1000m^{3}的装置和仅装有清管器收发站或分段截流阀站的管道装置。

罐车(TW)/油罐车(TT)装货/卸货设施以及产品的泵房和交易区等集管区域，应由布局严谨的消防栓和水-泡沫两用消防炮完全覆盖。

在地上储存A级石油的装置应安装固定喷淋系统。

但是，储量在1000m^{3}以下，并且满足以下两个条件的装置，可不安装固定喷淋系统：地上储存A级和B级石油累积达到5000m^3；浮顶油罐储存A级石油且直径达到9m。

B级石油地上储罐(固顶或浮顶)的直径大于30m，应安装固定喷水系统。

当A级和B级地上储罐放置于普通的堤坝内，除小装置外，其余所有储罐需安装固定喷水系统。

TW装货台架应提供人工操作的固定喷淋系统。如果安有自动固定喷水系统，可将该台架划分成适当数目的分段(每段长不小于15m，宽不小于12m)，并且将三段操作视为单个风险，并计算其需水量。因此，需制定规则，以确保喷淋系统位于方便接近的中心位置(即影响区和毗邻区)。

固定泡沫系统或半固定泡沫系统应安装在储存有A级和B级石油且半径超过18m的储罐上(浮顶或固顶)。

应提供便携式和/或水-泡沫两用消防炮用于油罐区油池的消防灭火。自动制动边缘密封灭火系统装有泡沫或清洁剂，通过涌灭机制用于直径60m以上的浮顶储罐消防灭火。

储存有A级和B级石油的所有浮顶油罐，除配有固定喷水系统外，还应有固定泡沫系统或半固定泡沫系统。

清洁剂涌灭系统：清洁剂的选择设计应基于涌灭系统，并符合《Standard on Clean Agent Extinguishing Systems, NFPA 2001(最新版)》。

常用的清洁剂有三氟碘化物及其他可作为浮顶边缘密封防火系统的灭火剂。清洁剂有氟酮类和其他可用作控制室和机房灭火的灭火剂。

基于保护系统的清洁剂灭火系统包括：内置火灾探测、控制以及驱动机制。如果发生边缘密封火情，产生的热量将引发一个或多个喷嘴打开，释放灭火气体(清洁剂)喷洒在火灾的表面上，同时报警响起。

基于涌灭系统的清洁剂(卤代烷替代物)可考虑用于控制室、计算机房和正压室的灭火。其中，正压室是具有自动化流水线接收/发送和(或)TW/TT装载设施。控制室、计算机房和正压室消防系统的清洁剂的选择和设计应遵照《Standard on Clean Agent Extinguishing Systems, NFPA 2001(最新版)》的规定，包括关于危害人身安全的安全指南和电气间隙；同时，出于环保考虑的环境因素需符合《京都议定书(Kyoto Protocol)》的要求。清洁剂(如惰性气体或氟酮类物质)可用作控制室、计算机房和正压室的灭火剂。

9.13.9 消防水泵

消防用水应该通过至少两个相同的泵提供，每个泵应能提供环形总管系统所需用水的最大容量。当抽取开放水域的水时，消防水泵应选垂直浸没型水泵；当抽取储罐中的水时，应选取水平型水泵。

消防水泵的安装位置应远离火灾和可燃蒸气云的影响，同时避免因机动车和运输等造成的碰撞损坏。例如，消防泵应距离码头装卸点、停泊油轮或液体烃类驳船至少100m。消防泵的位置应易于维护操作，同时配有起重设备。

主消防水泵应为电动机驱动，第二个泵要有100%的待机能力，通过其他动力驱动(通常选择柴油发动机)。备选方案是采用三个泵，每个泵可提供要求容量的60%，其中一个由电动机驱动，另两个由柴油发动机驱动。

请注意，日产能在100kbbl/d(1bbl≈159L，下同)以上的炼油厂应配有两个电动机和两个柴油发动机驱动的消防水泵。

当所需的泵容量超过1000m^{3}时，应安装两个或两个以上的较小容量的泵，并安装足够数量的备用泵。应评估主机组和备用机组的驱动功率，这样在非火灾条件下，即使带压的消防环形总管系统的敞开排放泵运行时[一般表压为0.2～0.3MPa(2～3bar)]，这些消防水泵也可启动，除非主管部门另有约定。消防水泵的主泵应配有自动起动设施，这样在火灾报警系统运行时可立即启动。下面任一操作均可启动火灾报警系统：

① 当火警呼叫点启动时；

② 当自动火警探测系统启动时；

③ 当消防环形总管系统压力降至所需最小静压以下时，通常为0.2～0.3MPa(2～3bar)(表)。

备用消防水泵应配备自动起动设施。当主消防水泵未启动，或已启动在20s内无法建立消防用水环形总管系统所需的压力时，备用消防泵启动。各泵机组(没有火灾报警器)可以在控制中心进行手动启动，必要时可在门房间进行手动启动。

油箱容量：供油箱的容量应不小于5.07L/kW(1gal/hp)，还应加上5%的体积膨胀和5%的油池体积。也可能需要更大容量的罐，应根据当时条件确定，例如再填充周期和因再循环导致燃料升温，同时受不同情况的特殊条件影响。燃料供给箱和燃料应该专供消防泵柴油发电机使用。

消防水泵应该有稳定的特性曲线，随着扬程的下降，流量由零增加到最大；应优选相对平缓的曲线，并且关闭压力不超过设计压力的15%。

炼油厂内供水总量应满足以最大流量供应不少于4～6h，这与火灾用水计划一致。由水槽或水库作为供水系统时，可保证所需消防用水量充足。但是，当水槽或水库由可靠、单独给水管线自动供水时，例如公共用水系统或水井，储存总量可能因来水的供应下降而下降。

① 带吸入头的消防水泵安装应符合消防水设计流量和扬程。如果消防用水储存在地下储罐，应该为吸入头提供足够容量的高位水槽，以防止管网内泄漏。

② 在最小为65%的额定扬程下，消防泵应有能力排放150%的额定流量。水平离心泵的关闭扬程不应超过额定扬程的120%，深井泵的关闭扬程不应超过额定扬程的140%。

③ 两个主泵应至少配备一个备用消防水泵。3个或3个以上的主泵，应至少配备2个与主泵具有相同型号、流量和扬程的备用泵

④ 消防水泵(包括备用泵)应为柴油发动机驱动型。当电力供应可靠时，一般的泵可为电力驱动。柴油机应为快速启动型，启动按钮应位于泵体上或泵的附近，或者位于远程位置。各发动机应该有独立的燃料箱，容量满足水泵6h连续运转。

⑤ 消防水泵和储罐应至少距离设备或烃类处理和存储区30m远(最短距离)。

⑥ 消防水泵应该专用于消防用途。

⑦ 消防水泵的吸入阀和排出阀应该一直保持全开。

⑧ 在静态水箱和补给水泵作用下，消防水网应保持带压。

⑨ 若补给水泵用于增压，则备用补给水泵应选相似型号、容量和扬程。

9.13.10 水网

9.13.10.1 环路

消防水网要尽可能地铺设成闭合环路，以确保系统内有多方向流动。水网中应安装隔离阀，能够将网络中任一部分隔离开而不影响剩余流动。通常，隔离阀应设置在靠近环路接点处。在长度超过0.3m的部位应安装附加阀。

9.13.10.2 地上/地下水网

消防水网的钢制管道通常铺设在地上，距离修整过的地面高度至少为0.3m。复合材质的管道应铺设在地下。但是，环形总管在以下地点应铺设在地下：

① 道路交叉口；

② 地上管道极可能妨碍操作或车辆通过的地点；

③ 地上管道极可能造成机械损坏的地点；

④ 在结霜条件和环境温度降至0℃以下的地点。地上管道应铺设在距离修整后地面高度至少1m的位置，以防止消防用水结冰；或者在地上管线内进行水循环或采用其他适当方式保护。

9.13.10.3 地下管道保护

如果消防环形总管铺设在地下，应确保以下几个方面要求：

① 在开放式地面，环形总管的土垫层至少为1m；在道路交叉口，土垫层至少为1.5m；在有起重机通过的情况下，根据设计要求，区域管道可包覆混凝土/钢筋进行保护。

② 地下环形总管应防止土壤腐蚀，可加上适当的涂层/包装，带或不带阴极保护。

③ 管道下方的管架应适合土壤条件。

9.13.10.4 地上管道的支撑与保护

每隔不超过6m的一段距离应对总管进行保护。对于管径小于150mm的管道，支撑间距不超过3m。管架应仅有点接触。

地上部分的系统应进行弹性分析，以应对热膨胀；同时，应提供必要的膨胀环、导槽/十字头导槽和支撑。

9.13.10.5 管道的大小排列

消防用水环网容量的大小应为设计水流量的120%。设计流速应在节点分布，以获得紧急情况下最真实的用水需求。管网设计时需要假定几种组合的流量需求。地面消火栓和消防炮容量的大小应满足相应设计水流量的要求。

9.13.10.6 总则

管网中固定消防炮的连接处应安装独立的隔离阀。

消防总管不应穿过建筑物或堤坝区。

地下总管的隔离阀应安装在适当大小的砖室内，在紧急情况和维修时方便操作。

9.13.11 消防栓和消防炮

应牢记消防栓应设置在火灾隐患场所的不同部分，以便进行保护和给予最有效的服务。对于高危险区，外墙或界区周围每隔30m应至少安装一个消防栓。对于非危险区，消防栓的设计间隔为45m。消防栓与软管连接的水平范围和覆盖面不应该超出45m。

消防栓距离被保护的储罐或设备外围至少为15m。消防栓距离建筑物不少于2m，距离建筑物正面不少于15m。建筑物内消防栓安装应符合IS 3844标准的要求。

消防栓/消防炮应沿马路沿安装，以方便获取。

应使用带两个独立起落阀的双头消防栓或合适大小的地面消防炮。所有消防栓出口/消防炮隔离阀应位于地上可行的高度，或位于消防栓/消防炮的操作平台。

消防炮的位置应可以向燃烧物直接喷水，并为靠近的消防员提供防水罩。消防炮的要求应根据所涉危害和布局进行确定。消防炮不应安装在距危险设备15m以内，但距离危险保护区不应超过45m。但是，如果提供的是高容量、远距离的消防炮，应安装在距离危险设备45m以外的地方，同时其集水池的大小应满足消防炮的额定流量和在单一最大风险情况下的设计流量。

TW/TT装卸设备应安装备用消防栓和水-泡沫两用消防炮。其中，消防炮带多用途喷嘴，可喷射水沫和烟雾。台架两侧每隔30m要安装消防栓。消防栓和消防炮的安装点距离危险区应至少为15m。

消防栓/消防炮优选安装在分支节点处。

9.13.12 材料规格

消防用水系统中所用的材质需要采用认证类型：

① 管道。管道的材质应为符合IS：3589/IS：1239/IS：1978标准的碳钢、复合材料或输送淡水用的材质。在输送海水、盐水或处理污水时，消防环形总管的钢管可在内部涂覆水泥砂浆衬里或玻璃纤维强化的环氧树脂涂层，或使用满足水质要

求的材质。另外，也可使用复合材料的管道。所用的复合材料必须符合API 15LR/API 15HR标准。

② 隔离阀。隔离阀可用铸钢材质并且有开关标识的闸阀或蝶阀，还可使用其他材质(如铜镍合金)输送海水/盐水。

③ 消防栓。地面式消防栓可采用碳钢材料；出水阀可采用青铜、铝、不锈钢、钢或铝–锌(Al–Zn)合金。

④ 消防水带。强化的橡胶衬里水带应符合IS636标准的类型A、类型B(非渗透合成纤维水带)或UL的规定，或者采用等效标准要求的材质。

⑤ 消防总管。消防栓、地面消防炮和喷水系统的竖管需要用大红色油漆涂饰。

⑥ 水管箱。消防水炮和消防栓出水口需要涂亮黄色油漆涂饰。

⑦ 易腐蚀部分应涂防腐油漆。

9.14 消防水箱

本节包括塔器或建筑结构上的高位槽以及标准或低于标准的储罐和压力罐。

9.14.1 容量和高度

储罐的尺寸和高度应在适当考虑所涉全部因素后，由每个个体属性的条件决定。

罐的容量是指排出口上方的体积。排出管出口与溢流管入口之间的净容量应不小于额定容量。对于带较大板式竖管的重力槽，其净容量应为溢流管入口与指定低水位线之间的体积。对于吸水箱，其净容量为溢流管入口与涡流板位置之间的体积。

钢制储罐的标准净容量有：18.93m^3、37.85m^3、56.78m^3、75.70m^3、94.63m^3、113.55m^3、151.40m^3、189.25m^3、227.10m^3、283.88m^3、378.50m^3、567.75m^3、757.00m^3、1135.50m^3和1892.50m^3

压力罐的容量需由监管部门核准。

木制储罐的标准净容量有：18.93m^3、37.85m^3、56.78m^3、75.70m^3、94.63m^3、113.55m^3、151.40m^3、189.25m^3、227.10m^3、283.88m^3和378.50m^3。也可制造其他容量的储罐。

带纤维涂层的储罐，其标准净容量可由378.5m^3增加到3785m^3(根据NFPA 22标准)。

9.14.2 储罐位置

储罐的位置应选择在不易受邻近装置火情影响的地方。如果缺少开阔空地满足上述要求，则暴露的钢筋结构应具有适当耐火性，或可通过开式洒水喷头进行保护。

在必要的地方(如可燃建筑、窗户、门、耐火装置等)，其钢结构应在6.1m以内。

当钢或铁用于建筑内部支撑且邻近易燃建筑或住所时，则其在建筑物内应有防火性质，在可燃屋顶覆盖层1.8m以上，距大火可能发生的窗户和门6.1m以内。当邻近可燃建筑或住所起火时，连接两个建筑立柱(起支撑罐体的作用)的钢梁或支架应具有适当的耐火能力。内部木材不得用于支持或支撑罐体结构。

必要时，耐火装置的耐火等级应不低2h。

塔器的基础或地基应有足够的支撑和锚固。

若储罐或支承铁架位于建筑物内，则设计和建造的建筑物应能承受最大负荷。

9.14.3 储存设施

首选从开放水域抽取消防水，但如果开放水域无法满足消防用水的质量和数量，或由于距离原因需在开放水域安装消防水泵，但经济上不划算，则需提供储水设施。

存储设备可以是钢铁或混凝土材质的开式水箱或足够容量的水池。为方便维修，水箱或水池应该有两个隔断，各隔断能容纳60%的所需总容量，同时应该配备足够的补给设施。维修期间假如备用水源可用(比如来自临时存储罐)，单个隔断的容量可为100%。通常，补充速度应不低于消防水总泵送能力的60%。

如果100%的补充率可用，在权威专家同意的情况下，消防水储存容量可以减小。假设距离适当，并且可满足6h以上最大消防要求速度不间断供水，可以考虑由工厂冷却水、开阔水域或地下水补给。图9.4为典型消防储水罐。

图9.4　典型消防储罐

9.14.4 地下储罐

当空间不足或缺少其他条件时，如果满足以下要求，可将压力罐掩埋储藏。

为防止结冰，储罐应位于冰冻线以下。

储罐底端和壳体厚度至少为457mm的储罐应放到建筑物的地下室或在地面上的坑内，以防止结冰。应有足够的检查和维护空间，内部检查应使用储罐人孔。

根据土壤分析以确定土壤腐蚀条件，并有针对性地在储罐外表面充分涂覆涂层。应提供经核准的阴极防腐保护系统；储罐四周应回填至少305mm厚的沙土。

储罐应高于最高地下水位，这样即使储罐无水，也不会因浮力上浮。另一种方法是采用混凝土基座并进行锚固。

储罐的设计强度应足以对抗土层压力。

人孔最好位于罐端的垂直中心线，并尽可能接近铰链关节，以方便清除。

材料类型应限于钢、木材、混凝土和涂层织物。

高架木制和钢制储罐应由钢筋或钢筋混凝土塔器支撑。

9.15 储罐消防水流量计算示例

9.15.1 设计基础

设计装置的消防用水系统应满足扑灭单次最大火情所需的消防水流量。

9.15.2 单次最大火情所需用水

根据设计基础，应考虑着火的不同区域，并计算各区域所需用水。

9.15.3 用于保护浮顶油罐的消防水流量

数据：一个堤坝区域的总储存容量为32000m^3，储罐数量为2个，各储罐容量为16000m^3，各罐直径为40m，各罐高度为14.4m。

9.15.3.1 着火储罐所需的冷却水量

冷却水流量=3L/[min·(m^{2}着火储罐面积)]。

所需冷却水=3.142×40m×14.4m×3L/(min·m^2)≈5426L/min=(5426×60m^3/h)/1000=325.56m^3/h。

假设在储罐堤坝区内，第二个储罐距离第一个罐体30m以上。因此，在这种情况下，所需的冷却水流量为1L/[min·(m^{2}储罐壳体面积)]。

9.15.3.2 距离中心着火储罐R+30m以外的储罐的所需冷却水量

冷却水流量=1L/[min·(m^{2}储罐壳体面积)]。

所需冷却水=3.142×40m×14.4m×1L/(min·m^2)≈1810L/min=(1810×60m^3/h)/1000=108.6m^3/h。

9.15.3.3 泡沫水流量

泡沫溶液施用量=12L/[min·(m^2储罐边缘密封面积)]。

所需泡沫溶液用量=3.142×40m×0.8m×12L/(min·m^2)≈1207L/min。

所需泡沫水(3%)用量=1207L/min×0.97=1171L/min=(1171×60m^3/h)/1000=70.26m^3/h。

9.15.3.4 消防水总流量

冷却储罐用水量=325.56+108.6=434.16(m^3/h)，再加上泡沫溶液施用量为70.26m^3/h，因此总量为504.42m^3/h，取用量为510m^3/h。

9.15.4 用于保护锥顶油罐的消防水流量

数据：一个堤坝区域的总储存容量为50000m^3，储罐数量为4，各储罐容量为12500m^3，各罐直径为37.5m，各罐高度为12m。

9.15.4.1 着火储罐所需的冷却水量

冷却水流量=3L/[min·(m^2着火储罐面积)]。

所需冷却水=3.142×37.5m×12m×3L/(min·m^2)≈4242L/min=(4242×60m^3/h)/1000=254.52m^3/h。

9.15.4.2 距离中心着火储罐(R+30)m以内的储罐所需的冷却水量

冷却水流量=3L/[min·(m^2储罐面积)]。

所需冷却水=3.142×37.5m×12m×3L/(min·m^2)×3≈12726L/min=(12726×60m^3/h)/1000=763.56m^3/h。

冷却水总需要量=254.52+763.56=1018.08m^3/h。

9.15.4.3 泡沫水流量

泡沫溶液施用量=5L/[min·(m^2液体表面积)]。所需泡沫溶液=3.142×(18.75m)2×5L/(min·m^2)≈5523L/min。

所需泡沫水=0.97×5523L/min≈5375L/min=(5375×60m^3/h)/1000=321.42m^3/h。

泡沫水总需求量=1018.08m^3/h。

9.15.4.4 消防水总流量

冷却储罐为1018.08m^3/h，泡沫溶液施用量为321.42m^3/h，总量为1339.5m^3/h

9.16 消防系统的检查及测试

消防设备应一直保持完好的工作状态。应定期检测是否正常运转，并记录在案，同时应及时校正。

9.16.1 消防泵

每台消防泵应试运行至少0.5h以上或根据指南确定试运行时间，以较高者为准。此外，每周还应测试额定扬程和流量两次。每个月对对每台泵进行一次检查、测试并观察关闭压力。

每6个月应打开一定数量的消防栓/消防炮，以检测消防泵工作性能，并检查排出口压力、流量和电机负载是否与设计参数相符。消防栓/消防炮的打开数量取决于泵的容量。每年使用一次消防水箱的循环管线，以额定扬程和流量连续运转4h，观察并记录在案。如果允许，备用稳压泵的检查应每周进行。若泵频繁起动、关闭，表明系统内存在漏点，应立即处理。

9.16.2 消防环形总管

环形总管应一年进行一次检漏，具体操作为：开启一个或多个泵，并保持消防栓处于最大压力。

每月目测检查环形总管、消防栓、消防炮和喷水头阀是否缺少配件、存在缺陷、损伤和腐蚀，并保持记录。每月检查一次环网、消防栓、消防炮和喷水头的所有阀门有无泄漏、是否运转平稳和足够润滑。

9.16.3 消防喷水系统

消防喷水系统应每0.5年进行一次性能测试(即其有效性和覆盖面)。每年至少检查一次喷嘴的合理定位、腐蚀情况，如果需要应进行清洗。每季度对喷水系统内的过滤器进行一次清洗，并保持记录。

9.16.4 固定/半固定泡沫系统

对储罐的固定/半固定泡沫系统应每0.5年进行一次测试，测试包括泡沫发生器/生成腔。泡沫发生器/生成腔的设计应方便泡沫排放到锥顶罐外。测试泡沫系统后，该管道需用水冲洗。

9.16.5 清洁剂系统

清洁剂灭火系统应检查如下：再充填容器内试剂量和压力应每0.5年检查一次。整个系统的正常运转应每一年检查一次[参见最新的NFPA 2001标准(2004版)关于各种系统检查的详细信息]。

延伸阅读

American Petroleum Institute (API). 2001. Fire Protection in Refineries, 7th Edition.

Ang, W.K. and Jowitt, P.W. 2005. Some new insights on informational entropy for water distribution networks. Engineering Optimization 37 (3), 277–289.

Anon. 1997. Fire engineering 120-year retrospective. Fire Engineering 150 (3), 138–143.

Brennan, T. 2005. Nozzles schmozzles! Fire Engineering 158 (6), 140.

British Standards Institution (BSI). 2009. BS 5306 Part 1 System Design Water Supply. Dubay, C. 1996. Effects of water mist on interior firefighting. Fire Engineering 149 (11), 78–79.

Fleming, R. 2002. Safety and fire protection: Water-based fire suppression systems. International Hydrocarbon

2002, 77.

Hadjisophocleous, G.V. and Richardson, J.K. 2005. Water flow demands for firefighting. Fire Technology 41 (3), 173–191.

Hansen, R. 2012. Estimating the amount of water required to extinguish wildfires under different conditions and in various fuel types. International Journal of Wildland Fire 21 (5), 525–536.

Ibaraki, H. and Hashimoto, H. 2009. Improvement of water nozzle shape for fire protection based on optimum design. Transactions of the Japan Society of Mechanical Engineers, Part C 75 (757), 2596–2603.

Klein, R. 2002. Water power. Fire Prevention (362), 26–27.

Liao, J.-H. and Shaw, D. 2013. Cooling the hydro-powered synergistic nozzle light by water. Applied Mechanics and Materials 284–287, 657–661.

National Fire Codes (NFC) (NFPA). 1996. Section 1231 Water Supply; NFC Section 15 Water Spray System; NFC Section 22 Water Tanks; NFC Section 24 Mains Water Supplies; NFPA-20 Standard for the Installation Pumps for Fire Protection; NFPA-15 Standard for Water Spray Fixed Systems for Fire Protection.

Sardqvist, S. and Holmstedt, G. 2000. Correlation between firefighting operation and fire area: Analysis of statistics. Fire Technology 36 (2), 109–130.

Shupe, J. 2005. Fighting fires in "monster houses." Fire Engineering 158 (2), 77–86.

Torvi, D., Hadjisophocleous, G., Guenther, M.B. and Thomas, G. 2001. Estimating water requirements for fire fighting operations using FIERA system. Fire Technology 37 (3), 235–262.

Xinmin, Y., Feixue, H. and Xinbin, Y. 1999. Deploying fire trucks and water sources. Fire Technology 35 (2), 179–183.

术语表

ACB: 经认可的认证机构。

加速装置: 喷水器工作时通过早期探测空气压降,使以干模式运行的干式警报阀或干湿式警报阀操作延迟降低的一种装置。

警报设定值: 达到报警的气体浓度值。

报警测试阀: 水通过该阀,用于测试水动报警器和/或任意相关电气报警器。

报警阀: 止回阀,通常可为湿式、干式或干湿复合式,当喷水灭火装置工作时可启动水动报警器。

复合式报警阀: 适用于湿式、干式或替代装置的报警阀。

干式报警阀: 适用于干式装置的报警阀和/或与湿式报警联用作为替代装置。

预动式报警阀: 适用于预动消防装置的报警阀。

循环式报警阀: 适用于循环装置的报警阀。

湿式报警阀: 适用于湿式装置的报警阀。

酒精或极性溶剂: 对抗与水混溶的极性化合物,有两种类型的泡沫。一类是基于蛋白质的泡沫,称为酒精。第二类通常术语称为极性抗剂,含有溶于水的聚合物。

环境空气: 设备周围的标准大气压。

水成膜泡沫(AFFF): 碳氟化合物与烃类表面活性剂的混合物。

水基泡沫: 水与发泡剂的混合物。

臂管: 向单个洒水装置供水的管道,与配水支管的最后一节不同。

吸气装置: 通过手动或动力泵从大气向气敏元件转移气体的装置。

吸气仪器: 可燃气体检测仪器,通过由手动操作或电动泵向气体传感器输送气体。

装配件: 两件或多件设备的组合,作为单个功能装置投放市场上和/或交付使用。

带全部指定构型零件的装配件: 装配制造商将组件放到一起,并作为单个功能单元投放到市场。制造商为整体组件的正常运转负责,因此,必须提供组装、安装、运行、维护等的明确说明。EC合格声明及使用说明必须参照整体组装。必须明确哪些是组合形成的组装。

形成模块化系统的装配件：这种情况下，装配商不需要将零件组装到一起，并投放市场作为单个功能单元。只要所选零件来自界定范围并根据使用说明进行选择和组合，制造商即对组装的指令符合负责。

关联设备：电气设备同时包含本质安全电路和非本质安全电路，并且非本质安全电路不能对本质安全电路产生不利影响。

假定最大操作面积(AMAO)：设计时，假定的喷水装置灭火的最大喷洒面积。

假定最大操作面积的液压最有利位置：特定形状的AMAO洒水喷头阵列，在特定压力下水流量最大的位置。

假定最大操作面积的液压最不利的位置：特定形状的AMAO洒水喷头阵列，得到指定的设计密度所需最大供水水压的位置。

ATEX：爆炸性环境。

ATEX 137：指令1999/92/EC——改善工人在爆炸性环境下的作业安全和健康防护，并降低潜在风险的最低要求。

ATEX 95：指令94/9/EC——用于潜在爆炸性环境下的设备和防护系统。原名ATEX 100a，主要针对制造商。适用于潜在爆炸性环境中的设备和防护装置。用于危险区域外，但也包括对危险区域内的设备安全运行起重要作用的保险装置和控制设备。该指令适用于电器及机械设备，也适用于气体、蒸汽、烟雾和粉尘环境。

ATR：评价测试报告。

组件的合格认证：制造商声明，组件符合指令94/9/EC的规定，并包括如何合并到设备或防护系统的详细信息。

自动/手动或仅手动转换装置：可以在人员进入之前进行操作的装置，配备有灭火系统，以防止火灾探测系统激活自动释放二氧化碳。

辅助设备：与干式化学系统一起使用的列出设备(即关闭干粉、燃料或通风设备，保护危险区，或者启动信号装置)。

平衡系统：干粉灭火系统，带一个以上的排放喷嘴，其中干粉流在管道的每个连接处均匀分布。

BASEEFA：英国防爆电气设备检验局(British Approval Service for Electrical Equipment in Flammable Atmospheres)的缩写。这是一家英国认证机构

灭火的基本方法：应考虑以下3种方法：①窒息法，减少氧气供给以阻止燃烧；②冷却法，用水持续冷却着火的周边地区，防止火势蔓延；③隔离法，切断着火现场的燃料供应。

喇叭口：在井口的一段短管，套接在顶部并将工具导进孔中。通常填充孔和泥浆

回流线的喇叭口有支管连接。

井喷: 遇到高压油气层时，避免或控制流体外溢失败，钻井内不受控制地剧烈喷出储层流体。当地面设备故障或修井作业失控，油井也可会发生井喷。

沸点: 液体蒸气压力等于大气压时的温度。

增压泵: 从私人高架水柜或主城区给喷水灭火系统供水的自动泵。

边界: 设备边界定义为在加工设备中完全包围限定部位的假想线。此术语划分了责任区域，并且限定了工作范围的加工设备。

边界区域: 围绕全淹没系统保护的危险区域的封闭体，是真实或概念性的表面区域(侧面、底部和顶部)。

CAD: 化学试剂指令98/24/EC，保护工作中接触化学试剂的工人的健康与安全。

结块: 水分与干粉灭火试剂发生化学反应时产生的现象。该反应导致干粉形成水合物，黏在一起形成大团块，通常称为结块。在本书中，结块定义为从101mm的高度跌落到硬面时不会破碎成颗粒。

计算和设计: 使用公式、图形或表格计算系统特性，例如流量、管道尺寸、管道面积、各喷嘴保护的体积、喷嘴压力和压降。因为这些系统必须与制造商安装手册描述的预测局限性相符，列出的预制灭火系统不需要这些信息。

催化传感器: 在电加热的催化元件上因发生气体氧化而运行的传感器。

CEC:《加拿大电气规范(Canadian Electrical Code)》。

CEN: 欧洲标准化委员会(European Committee for Standardisation)(非电气)。

CENELEC: 欧洲电工标准化委员会(European Committee for Electrotechnical Standardisation)。

建筑分类: 通过调查、分配合理的建筑分类号，对不同类型的结构进行分类。

火灾分类: 根据燃料性质对火灾分类的标准化系统。火灾可分为A、B、C和D四个等级。危害分类：特定级别的用房火险选择灭火剂，分为轻型(低级)危害、普通(中级)危害和特别(高级)危害。

用房火险分类: 通过调查、分配适当的用房危害分类号，用于说明用房数量与可燃物质之间的关系，并据此对用房火险进行分类。

间隙: 两个导电零件在空气中的最短距离。

CoC: 认证书(例如IECEx认证)。

易燃粉尘: 细微固体颗粒，名义尺寸为500μm或更小，可能悬浮在空气中，凭借自身重量下沉降，在空气中燃烧或发热，在常压和常温下与空气形成爆炸性混合物。

组件: 设备安全运行和保护系统必不可少任意部件，但没有自动功能。

浓度: 泡沫溶液中含有泡沫剂的百分比。

导电粉尘: 电阻率等于或小于103Ω·m的粉尘。

建筑分类号: 0.5~1.50的系列数字，公式里的数学因子，用于确定所需的供水总量。

连续级释放源: 连续释放或预计长期释放或短期频繁释放的释放源。

联结: 连接一定长度的软管，以保障水源到使用地连续性的装置。

爬电距离: 两个导电部分之间沿绝缘介质表面的最短距离。

喷水器挡板: 一个喷水器保护两个区域之间的一扇门或一扇窗，喷水器仅能保护二者之一。

Da、Db、Dc: 设备粉尘的保护级别

深位火: 涉及易闷燃固体的火灾。

易燃危险级别: 根据物质对燃烧的敏感性对危险进行分级，从4到0。数字4表明物质极易燃烧的严重危险，数字0表明物质不会燃烧。

健康危害级别: 危险级别根据对人员危害的可能严重程度进行分级，编号从4到0。编号4指严重危害程度和编号0没有危害。

反应性危险级别: 危害级别根据能量释放的容易程序、速率和数量进行分级，并从4到0编号。编号4指在常温和常压下容易引爆或爆炸的材料，编号0指通常情况下稳定且不与水反应的材料。

雨淋喷水装置: 装有开式喷水器及雨淋阀或复合控制布局的装置或尾端延伸，这样水可喷淋装置操作的整个区域。

雨淋阀: 适用于雨淋喷水装置的阀。注意，阀由人工操作，通常也可由火警探测系统自动启动。

设计密度: 排放的最小密度，单位为mm/min水，用于喷水装置的设计，由特定组洒水装置的排放量(L/min)除以覆盖面积(m^2)确定。

设计点: 在预先计算的设备下游和上游分配管的一点，下游的管道尺寸由表格确定，上游的管道尺寸由水力计算确定。

喷水探测器: 安装在加压管道上的一种密封喷水器，用于控制雨淋阀。在喷水探测器操作时，打开阀会导致空气压力损失。

扩散装置: 气体从大气扩散进气体传感元件的装置(即没有送气流)。

扩散仪器: 气体从大气扩散进气体传感元件的仪器(即没有送气流)。

堤坝: 提供指定液体保持能力的土墙或混凝土墙。

配水管: 在非终止范围内或直接连一段管或单个喷水器的管道，长度大于0.3m。

分配支管: 由主分配管到终端支管管阵之间的分配管。

导流墙：引导溢出液至安全处理区的土墙或混凝土墙。

喷淋器：在表面上布液的喷雾器，用以提供消防保护。

下降管：向分配管或配水支管输送液体的竖直管。

干式喷水器：安装于竖直或悬垂位置的喷水器，用于分配消防用水。排出水中约40%朝上喷，余下60%朝下喷。安装在垂直位置时，若排水流量为0.95L/s，排出水将覆盖直径为3.05m的圆形范围，在喷水器下方为3m。

DSEAR：《危险物质和爆炸性环境条例(Dangerous Substances and Explosive Atmospheres Regulations)》。

粉尘防爆：以防尘的方式封闭，严禁电弧、火花或热，否则在封闭内部将在外层、特定粉尘云或封闭层附近引起燃烧。

防尘：隔绝粉尘的外壳，这样进入的粉尘数量不足以干扰设备的安全操作；在壳内粉尘不得在一个位置累积，否则易引发着火危险。包围的装置能承受在内部可能产生的指定气体或蒸气的爆炸，防止外壳周围指定气体或蒸气产生的火花、闪光或爆炸而引起的燃烧。在可燃气体环境下，外部的操作温度不会由此发生着火。

防尘密封：粉尘颗粒不会进入封闭壳体的构造。

EC：欧洲共同体。

EC符合性声明：由制造商发布的声明，适用于遵守94/9/EC指令的EHSR和任意相关指令的设备。

电感器(感应器)：采用风险原则并将一定比例量的浓缩泡沫引入消防用水流股的一种装置。如果喉部压力低于大气压，将在从常压储罐中吸取液体。

EHSR：必要健康和安全要求。

电气专区分级，外部：电气区域可分为三个区：①0区为爆炸性气体持续存在或存在很长一段时期的区域；②1区为爆炸性气体在正常操作下可能产生的区域；③2区为爆炸性气体在正常操作下不可能产生，或者即使产生也仅在短时间内存在的区域。

端部-中心管阵：在分配管两侧与配水支管组成的管阵。

端部-侧面管阵：仅在分配管一侧与配水支管组成的管阵。

工程系统：那些需要单独计算和设计用于确定流量、喷嘴压力、管道尺寸、面积或各喷嘴保护的体积、干粉灭火剂数量、喷嘴的数量和型号以及在具体系统内的布置。

设备：机械、装置、固定或移动设备、控制组件及其仪表、探测或预防系统，其中探测或预防系统单独或联合用于材料加工过程中能量的产生、转移、储存、测量、控制和转化，通过其自身的潜在着火源均能引发爆炸。

设备保护等级(EPL)：分配给设备的保护等级，基于设备成为着火源的可能性及爆炸性气体环境、爆炸性粉尘环境与矿井内易生成沼气的爆炸性环境之间的区别。

EU: 欧洲联盟(欧盟)

Ex 组件: 部分电气设备或模块，标有字母“U”，不会单独使用，当与电气设备或系统集成用于爆炸性环境时，需要进行额外的考虑。

排气机: 在喷水器操作时，用于从干式装置或替代装置向大气排气的装置，可使警报阀操作更快速。

ExNB: Ex公告机构。

膨胀系数: 泡沫中的气水比。用于计算使用单位体积的泡沫溶液可产生的泡沫体积。

驱动气体: 用于将干粉灭火剂从容器内排出的介质(如CO_2和氮气)。

防爆: 危险区域内的任意电气设备(包括气体探测设备)必须经过测试和批准，保证即使在故障状态也不会引发爆炸。

防爆设备: 具有认可防爆等级的任意形式的设备。

爆炸气体环境: 在常压条件下，呈气体、蒸气或薄雾形式的易燃材料与空气的混合物，一经点燃，燃烧将迅速蔓延至未燃混合物。

爆炸极限: 爆炸下限(LEL)是指空气中可燃气体、蒸气或薄雾的浓度低于一定值时，不会形成爆炸性气体环境。爆炸上限(UEL)是指空气中可燃气体、蒸气或薄雾的浓度高于一定值时，不会形成爆炸性气体环境。

爆炸范围: 气体或蒸气与空气混合的范围介于爆炸(可燃)极限之间，超过此范围气体混合将会爆炸。

EXTL: EX测试实验室。

紧固件: 用于连接挂管架和建筑结构或货架的装置。

故障信号: 设备非正常运转时，发出的可听、可视或其他形式的指示信号。

装灌密度: 填充进容器的二氧化碳的质量与容器体积的比值。

火: 一种燃烧过程，特征为释放热量并伴随有烟或火焰，或者二者都有。在时间和空间上无法控制蔓延的燃烧。

火警和气体探测系统(FGDS): 火灾和气体探测系统的组合，与应急关断系统相连，同时也可激活自动灭火系统。

沼气: 煤矿内形成的可燃烧气体。

火警探测系统: 火警探测器，连有控制板，主要用于探测和报警，疏散厂区和建筑物内的人员，同时向消防队报告事发地点并转到事发地点的画面(如果可用)。

火灾隐患: 基于可用数据的任意情景模式、材料或条件可能引发火灾或爆炸，或提供现成的燃料供应，从而加剧火灾或爆炸的扩大或强度，给生命和财产造成威胁。

失火危险性： 在实验室条件下测得的属性，只有当这种评估将特定情况下与火灾危险相关的所有评估因素考虑在内时，可以作为火灾风险评估的要素。

消防栓(地下消防栓)： 装在地面以下的坑内或箱内的组件，由阀和连接给水主管的出口接头组成。

地上消防栓： 出口接头安装在地面以上竖直组件上的消防栓。

着火点： 一次点燃时，使敞口容器内的液体释放足够蒸气的最低温度。通常稍高于闪点。

耐火性： 耐火等级，在几分钟或几小时内，材料或装配件必须承受火灾暴露，与NFPA 251测试一致。

FISCO：总线本质安全概念。

燃烧(爆炸)界限： 所有可燃气体和蒸气具有可燃界限的特征，在可燃界限内，气体或蒸气与空气的混合气能够维持火焰的蔓延。下限和上限通常表示物质与空气的混合体积比。

燃烧(爆炸)范围： 可燃蒸气或气体与空气的混合气在燃烧上限和燃烧下限之间的范围被称为燃烧范围或爆炸范围。

可燃气体或蒸气： 当气体或蒸气以一定比例与空气混合后将形成爆炸性气体环境。

可燃液体： 在任何可预见的操作条件下，能够产生可燃蒸气或薄雾的液体。

可燃物质： 由可燃气体、蒸气、液体和/或薄雾组成的物质(也可参见附录C)。

可燃薄雾： 可燃液体的液滴分散在空气中形成爆炸性气体环境。

闪点： 在液体表面或使用容器内部，使液体释放出足够的蒸气，与空气混合形成可燃性气体的最低温度。

氟蛋白： 通过加入氟碳表面活性剂改性后的传统蛋白泡沫液。

泡沫： 通过机械搅拌泡沫和水溶液形成的大量气泡。

泡沫液： 由制造商生产的发泡剂的浓缩液。

泡沫输入口： 由进口接管、固定管道和排放装配组成的固定设备，能够使消防员将泡沫引入密闭舱室。

泡沫溶液： 水和泡沫液以一定比例形成的均相混合物。

泡沫-水喷雾系统： 泡沫-水喷雾系统是一种特殊的系统管道，与泡沫液源头和供水系统连接，并配备泡沫-水喷嘴用于排放灭火剂(泡沫或水依次按照上述顺序或相反顺序)以及在受保护区域上方布液。系统工序与下段描述的泡沫–水两用喷洒系统并行。

泡沫–水喷洒系统：泡沫–水喷洒系统是一种特殊的系统管道，与泡沫源头和供水系统连接，并配备有适当的排放装置用于排放灭火剂以及在受保护区域上方布液。管道系统通过控制阀与供水系统连接，通常，通过运行安装在相同区域的自动探测设备(如洒水装置)启动。阀开时，水流入管道系统，泡沫液注入水中，形成的泡沫溶液通过排放装置排放，产生并分布泡沫。一旦供应的泡沫液消耗殆尽，排水将随后跟上并持续供应直至手动关闭。系统可用于先排水，随后定期排放泡沫，然后排水，直至手动关闭。现有的雨淋喷水系统已转换成使用水成膜泡沫灭火剂，被归类为泡沫–水喷洒系统。

(完全)水力学计算：此术语应用于指定尺寸的喉管或装置，其中装置内所有喉管下游的主装置控制阀组的尺寸应遵照BS 5306标准第2部分的相关规定执行。

Ga、Gb、Gc：气体设备的保护等级。

系统容器系统：气体推进剂分别储存在气体容器而非粉末容器的系统。

全面机械通风：通过机械方式(如风扇)进行空气流通和新鲜空气置换并应用到全面区域。

释放源级别：以下列出了三种基本释放源级别，以释放发生的可能性降低的次序排列：连续级别、一级和二级。释放源可以是以上三种级别的任意一种、两种或三种的组合，称之为多级释放源。

网格构型管列：水以多路线流向各洒水器的管列。①组仪器一：便携式、可运输的固定仪器，用于感应空气中可燃气体浓度。该仪器或部分仪器可用于或安装在易生成沼气的矿井中；②组仪器二：用于潜在爆炸性环境的设备，不能用于易生成沼气的矿井中。

吊架：用于从建筑结构的部分悬挂喉管的组装。

协调标准：特意建立的标准，允许推定与ATEX 95标准中的EHSR一致。

危险区域：出现或可能出现爆炸性气体环境的区域，出现的数量需要对建筑、装置和电气设备使用等进行特别预防。

健康危害：通过接触、吸入或摄入、临时或永久暴露时，物质的任一性质可直接或间接造成伤害或残疾。

密封组件：防止外部大气进入的被密封组件，组件内通过熔接进行密封，如焊接、钎焊、锻接或熔融玻璃与金属连接。

高闪点库存：具有闪点为55℃及以上的特征的库存(如重质燃料油、润滑油、变压器油等)。此分类不包括储存在其闪点以上或8℃以内的库存。

高压储罐: 在环境温度下二氧化碳的储存。

高层系统: 一种洒水系统,系统内最高的洒水器比最低的洒水器或洒水泵高出45m以上。

高膨胀: 泡沫的膨胀倍数高于200(通常约为500)。

软管卷盘: 消防设备,由一定长度的软管组成,装有截流管嘴并连接到管盘上,同时与增压供水系统固定连接。

软管卷盘系统: 该系统包括软管、卷放软管的卷盘或机架,以及人工直接操作的排放喷嘴。

消防栓出水口: 消防栓的组件,与立管连接。

着火点: 在规定测试条件下,当与空气在常压下混合,没有火花或火焰触发燃料的情况下,使物质点燃并持续燃烧的最低温度。

增安型: 一种保护类型,应用配套措施增强安全性,降低温度过高的可能性,避免在内部出现电弧和火花,并且电气设备的外部部件在正常运转时不产生电弧或火花。

红外传感器: 操作时吸收被测气体发出的红外辐射的传感器。

装置: 由一个或多个制造商独自出售的,两个或更多设备的结合。

装置,湿式(管道): 内部喉管总是充满水的装置。

装置交替: 内部喉管根据环境温度条件选择性地充满水或空气的装置。

装置,干式(管道): 内部喉管总是充满带压空气的装置。

装置,预作用: 一种或两种干式装置或干式模式的替换装置,其中保护区域内的独立火灾探测系统动作时警报阀打开。

装置,重复式: 警报阀由感温探测系统重复启闭的一种预作用装置。

本安型: 可用于0区、1区或2区的任意电气设备,这样即使出现两个错误,亦不会引起爆炸。

本安型设备: 所有电路为本质安全型的设备。

本安型电路: 在规定的测试条件下,任何火花或热效应均不会引起空气中易燃混合气或可燃物质着火的电路。

IP: 入口保护。

稳压泵: 用于补充微小水耗的小型泵,避免启动自动注吸或不必要的增加泵。

起落阀: 由一个阀门和来自湿式或干式竖管的出口接头组成的组装件。

生命安全: 应用于洒水系统的术语,洒水系统中形成的保护人员生命必不可少的措施。

局部应用系统： 一种自动或手动灭火系统，其中二氧化碳的固定供应与带喷嘴的固定管道永久连接，喷嘴的布置可直接向发生火灾的限定区内排放二氧化碳。其中，限定区周围没有围挡，或仅部分围挡，并在含有危险保护的整个体积内不会产生灭火浓度。

局部机械通风： 应用于特定释放源或局部区域，并通过机械方式(通常为抽取)进行空气运动或新鲜空气置换。

环形配置： 管阵内有多于一条的分配管路线使得消防水流向支管。

低膨胀： 泡沫的膨胀倍数最高为20(一般约为10)。

爆炸下限(LEL)： 空气中易燃气体、蒸气或薄雾低于此浓度不会形成爆炸性气体或环境。

低闪点库存： 闪点低于55℃的库存，如汽油、煤油、航煤、一些民用燃料、柴油和其他储存温度高于闪点或在闪点8℃以内的库存。

低压储罐： 压力容器内控制二氧化碳温度低于–18℃的储罐。注意，这种类型的储罐压力接近2.1MPa(21bar)。

低层系统： 最高洒水器距地表或洒水泵不大于45m的洒水系统。

主配管： 为分配管供水的管道。

手动： 在特定条件下由人工操作员介入发挥功能的灭火系统。

手动软管卷盘系统： 手动灭火系统，由软管、缠绕软管的卷盘或机架以及托运操作的排放喷嘴组件组成，所有部分与固定管联接用于二氧化碳供应。

物质转化因子(MCF)： 当保护处于危险的物质所需二氧化碳超过其最小设计浓度的34%时，应使用数字因子，以防止表面火灾；通过应用所需的体积因子增加获得二氧化碳的基本量。

机械管接头： 喉管的组成部分，不是螺纹管、螺纹管件、导线或复合密封塞，而是使用插口和法兰接头连接管道并密封，以抵抗压力和真空。

中级膨胀： 泡沫的膨胀倍数处于20~200之间(一般为100)。

熔点： 固态纯物质变为液体时的温度。

MESG： 最大试验安全间隙。

MIC： 最小点燃电流。

监控系统： 带喷嘴的固定管道系统可直接手动控制并在现场和/或远程进行操作。

多功能： 可检测0%~100%LEL、0%~25%氧气、0~25mg/L硫化氢和0~50mg/L一氧化碳的检测仪器。

多级释放源： 释放源是两种或三种上述级别的组合，以及基本分为连续或一级；

在不同条件下发生释放，制造出较大区域但较不频繁和/或比基本级别确定的持续时间较短。注意，不同条件是指诸如易燃物质的不同释放速率但通风状况相同。基本划分为连续级的释放源，如果易燃物质的释放速率为一级频率和/或持续时间，超过连续级别，释放可能被额外划分为一级。另外或有可替代的，如果可燃物质的释放速率为二级的频率和/持续时间，超过连续以及(如果有的话)二级，则一级也可能划分为二级。同样，基本划为一级的释放源，如果可燃物质的释放速率为二级的频率和/或持续时间，超过了一级，则可能额外被划分为二级。

多重控制：一种适用于雨淋系统或压力开关的阀门，通常由热敏元件关闭。

自然通风：由风和/或温度梯度等效应引起的空气运动及新鲜空气置换。

NEC：《国家电气规程(National Electrical Code)》。

无换气：没有空气与新鲜空气置换的布置，不存在通风。

节点：喉管中计算压力和流量的一点；各节点是用于进行水力学计算的数据点。

不燃物：不能点燃或不支持燃烧的物质。

非导电粉尘：电阻系数大于103Ω·m的可燃粉尘。

非危险区域：爆炸性气体环境预期不会大量存在的区域，不需对建筑、装置及使用的电气设备进行特殊预防。

非易燃电路：在设备的预期操作条件下，在特定测试条件下以及点燃特定可燃气体或蒸气的空气混合气，不会产生电弧或热效应的电路。

非易燃部件：通过接触用于形成或者断开易燃电路的部件，应当构造接触机理使部件不能点燃特定的易燃气体–空气或空气–空气混合物。非易燃组分的壳体并不旨在排除可燃性气体环境或包括爆炸。

非易燃磁场电路：进入或离开所述设备壳体的电路，在预期的操作条件及特定测试条件下，不能点燃指定易燃气体–空气或空气–空气混合物或可燃性粉尘。

无火花设备：通常没有电弧或热效应，不会点燃的设备。在正常使用时，排除带电电路部件的移除或插入。

正常运行：工厂设备在其设计参数下运行时的情景。少量释放易燃物质可以是正常运行的一部分。例如，从密封处的释放可视为少量释放，由泵送流体的润湿程度决定。涉及到维修或停工的事故(如泵轮密封、法兰垫片故障或因事故造成的泄漏)一般不视为正常运行的一部分。

公告机构：欧盟的公告机构是经成员国认可并用于评价产品是否满足某一预定标准的机构。评估可包括产品的检查与检验、设计和制造商。

住宅危险分类号：从3～7的系列数字，用于计算消防和火灾保护的供水总量的数学因子。NFC标准分配的数字3是住宅最低危险分类号，与最低危险分组类似，最高危险分组和数字7是最高危险住宅分类号。

近海设施：此术语用于描述钻井或产油、产气的任意近海装置。

开放式管道：阀门和开式喷嘴之间的管道，不能在连续压力下工作。

开路红外传感器：开路由红外光线贯穿，可探测其任意位置的气体的传感器。

普通：带木质屋顶和/或木质地板的一般砌体墙；全部为框架结构。

管阵：为一组洒水器供水的多个管道。注意，管阵可为环型、网格型或分支状。

管廊：管廊是用来在设备之间传送管道的高架支承结构。这种结构也可用作与电力分布相关电缆托架和器械托盘。

配置图：配置图是按比例绘制的工艺设施平面图。

便携式设备：设计的设备方便用户在需要时随处携带。

预先计算：在BS 5306标准第2部分18.1(b)中关于喉管尺寸的术语，或在BS 5306标准第2部分18.1(b)中关于指定装置中设计点下游管道尺寸的术语。

预混泡沫溶液：将称量好的泡沫溶液引入储罐内定量的水中。

增压：以连续流或非连续流向封闭壳体提供足够压力的保护气，防止易燃气体、蒸气、可燃粉尘或可燃性纤维进入。

一级释放源：在正常运行期间，释放源预期将定期或偶尔释放。

比例：以推荐比例向水流中连续引入泡沫液以形成泡沫溶液。

保护系统：一种设计单元，旨在初期快速中止爆炸和(或)限制爆炸火焰、爆炸压力的有效范围。保护系统可与设备集成,或作为自动系统单独投放市场。

蛋白：水溶性动物蛋白与多种稳定物质的混合物。

PTB：德国公告机构。

清除：向壳体提供足够流量和正压的保护气的过程，将最初存在的可燃气体或蒸气浓度降低至可接受的水平。

QAR：工厂质量条件检查报告。

配水支管：直接向洒水器供水的管道，或通过限制长度的臂管向洒水器供水的管道。

反应性危险：自身放热或与水结合放热的敏感性物质。

气体或蒸气的相对密度：在相同压力和温度下，气体或蒸气相对空气的密度(空气密度为1.0)。

相对蒸汽密度：在相同温度和压力下，一定体积气态或蒸汽态物质的质量与相同体积干空气质量的比值。

竖管: 向上方的配水管或配水支管供水的垂直管。

上行水管和干式(干式竖管): 建筑内安装的作为消防用途的垂直管,在消防队进入通道装处入口接管,在特定点装有起落阀,通常为干式,但也能装入从消防设备处泵入的水。

上行水管和湿式(湿式竖管): 建筑内安装的作为消防用途的垂直管,长期装有带压给水处的消防水,并在特定点配有起落阀。

花环(洒水器花环): 覆盖凸出到吊顶之外的洒水器柄或洒水器体与顶棚之间间隙的平板。

保护装置、控制装置和调节装置: 在室外具有潜在爆炸性环境中使用的装置,但对于有爆炸风险的设备或保护系统的安全运行具有一定帮助。

取样探针: 连接到仪器上的单独取样线,通常较短(1m)且呈刚性,但可通过灵活的管子与仪器相连。

密封装置: 不能打开且没有外部运行机制的装置,经密封后不需垫片限制外部大气进入。此类装置可作为电弧零件或内部热表面的容器。

二级释放源: 在正常操作下,预期不会释放的释放源,仅在极少情况下出会现短时间的释放。

部分: 由特殊竖管供水,处于特殊地面的装置的一部分(可为一个或多个区)。

半导体传感器: 通过对探测表面的气体的化学吸附而使半导体电导率改变的传感器。

传感元件: 传感器的一部分,当可燃气体混合物存在时,发生反应并产生一些物理变化,可用于激活测试功能或报警功能,或二者都激活。

服务空间: 适用于厨房、含烹调设备的餐具室、储物柜和储藏室,不能用在机舱室及类似场所或后备箱。

覆盖不燃或不燃: 木制框架,不燃性覆盖物。

短期探测管: 在职业接触限值(OEL)范围内,用于评价大气污染物浓度的管子和配套抽吸泵。采用彩色管材指示短期浓度。

截流管嘴: 与卷盘胶管出口端偶合的装置,通过喷射水或喷雾进行控制。

简易装置: 电气组件或将结构简单的组件,具有良好电性能参数并与本质安全型电路相匹配。

枕木: 枕木由设备之间配管设施的等级水平支撑结构组成(如油库或其他偏远地区)。

吊索杆: 用于支撑管夹、吊环、带式吊管等结构且带有吊眼或螺纹端的杆。

释放源： 气体、蒸气、薄雾或液体可以释放进入大气从而形成爆炸性气体环境的点或位置。

相对密度： 物质与相同体积的水或空气的质量比，以适用为准。

点读设备： 根据需要用于短时间的设备。

喷雾器： 向下排出锥形场的洒水装置。

喷雾器，高速： 用于高闪点液体灭火的喷嘴。

中速喷雾器： 用于控制较低闪点液体和气体火情或冷却表面的密封或开式的喷雾器。

自动洒水器： 打开后排水灭火的热敏密封装置。注意，现已很少使用“自动洒水器”的表述。“洒水器”不包括“开式洒水喷头”。

顶棚冲刷式喷头： 部分安装在顶棚平面的上方，但在顶棚平面的较低处装有温敏元件的下垂洒水喷头。

隐蔽型洒水喷头： 加热时盖板打开的半隐蔽型洒水喷头。

传统洒水喷头： 排水为球形的洒水喷头(另可参阅“截止洒水喷头”、“探测洒水喷头”条目)。

干式下垂型洒水器： 此装置由洒水喷头和在管道前端装有阀门的干式下垂喷管单元组成，其中此阀通过一个装置保持关闭，该装置由洒水喷头阀维持在相应位置。

干式直立型洒水器： 该装置由洒水喷头和在管道底端装有阀门的干式竖管单元组成，其中此阀通过一个装置保持关闭，该装置由洒水喷头阀维持在相应位置。

泡沫水型洒水喷头： 空气吸入开式洒水喷头，可排水或泡沫水溶液。

熔接型洒水喷头： 当组件熔化时打开的洒水喷头。

玻璃泡型洒水喷头： 当充液的玻璃泡破裂时打开的洒水喷头。

水平洒水喷头： 喷嘴水平引水洒水喷头。

喷水灭火装置： 部分自动喷水灭火系统，由一套主控制阀装置、相连的下游管道和洒水喷头等组成。

中间洒水喷头： 安装在下方的洒水喷头，是屋顶或吊顶型洒水喷头的补充

开式洒水喷头： 与洒水喷头(自动喷水器)类似且没有温敏元件的装置。

下垂式洒水喷头： 喷嘴向下导水的洒水喷头。

半隐蔽型洒水喷头： 内部全部或部分为热敏元件，并位于顶棚平面上方的洒水喷头。

顶棚或吊顶形洒水喷头： 保护屋顶或天花板的洒水喷头。

侧壁式洒水喷头： 以半抛物面向外排水的洒水喷头。

喷雾式洒水喷头: 以抛物面形向下排水的洒水喷头。

自动喷水灭火系统: 提前提供喷水保护,由一个或多个喷水装置、装置喉管和供水系统(供水总管除外)以及诸如湖泊、河流等水体组成的系统。

直立型洒水喷头: 喷嘴向上喷水的洒水喷头。

喷洒支架(喷洒臂): 使热敏元件与洒水喷头阀保持承载接触的洒水喷头的一部分。

(洒水器)交错布局: 一种支管布局,沿支管相对与下一个支管或其他支管半间距处替换洒水器。

(洒水器)标准布局: 洒水器与支管垂直对齐的纵横布局。

压力储存系统: 储存推进剂并永久为粉尘器增压的系统。

液下泡沫喷射: 将泡沫排放进储罐内液面以下并接近储罐底部。

抽吸泵: 从吸入罐、湖泊、河流或水渠向喷水灭火系统供水的自动水泵。

洒水器适用: 经主管部门认可、为特殊测试或遵守指定的一般标准,在喷水系统有特殊应用的设备或组件。

供水管: 连接供水系统和供水主干管或装置主控制阀(组)的管道,或向私人水库、吸入罐或重力贮罐供水的管道。

地表火: 涉及到易燃液体、气体或固体的火灾,没有阴燃火。

表面活性剂: 又称为合成洗涤剂或泡沫清洁剂。

悬挂格栅吊顶: 具有规则开孔结构的吊顶,洒水装置可通过规则开孔自如地排放消防用水。

末端备用(湿管和干管)扩展: 湿式装置的一部分,可根据环境温度条件选择性排放水或空气,由辅助干式警报阀或交替警报阀进行控制。

末端干管扩展: 湿式或备用装置的一部分,长期充满带压的空气。

储罐直径: 储罐间距由储罐直径表示,并遵循下列标准:如果储罐有不同用途或使用不同类型,需要使用较大间距的储罐直径作为间距;如果储罐用途类似,使用最大储罐的直径作为间距。

终端总管构型: 到各支管仅一条供水路线的管阵。

终端支管构型: 从配水管仅一条供水路线的管阵。

热导传感器: 通过对比电加热元件在待测气体和参比气室的热导率,依靠感知热损失运行的传感器。

半导体传热传感器: 根据电加热催化元件处气体的条件进行工作的传感器。

坝趾墙: 土质、混凝土或砌块的低矮墙,没有容量要求,用于阻挡少量的泄漏或溢出。

曲肘式支撑: 将吊架固定到吊顶或顶棚中空截面的旋转装置。

全淹没系统: 自动或手动灭火系统，其中二氧化碳的固定供应永久地连接到带喷嘴的固定管道，向封闭空间排放二氧化碳，以便在封闭空间的整个体积内产生足够的灭火浓度。

移动式仪器: 设备不能便携式，但可方便地向各处移动。

干管: 两个或多个供水管与装置主控制阀连接的管道。

U标: 证书参考的后缀标识，表明安全使用的特殊条件。

UEL: 爆炸上限

非均衡系统: 带多个排出喷嘴的化学干粉灭火系统，其中粉末流在喉管的一个或多个交叉点处不均匀划分。

爆炸上限(UEL): 空气中可燃(易燃)气体、蒸气或薄雾浓度超过一定值不会形成爆炸气体/气体环境的浓度。

用户: 有效控制火情、采取预防措施或使建筑物符合消防安全规定的负责人。

容器直径: 容器间距由容器直径表示，使并用最大容器的直径作为间距。对于球罐，使用最大赤道处的直径作为间距。

容器间距: 容器壳体之间或容器壳体与相邻设备最近边缘之间无障碍距离。

体积因子: 用于封闭壳体体积的数值因子，表明地表火消防所需的二氧化碳基本量(适合壳体体积的最小量)。

水溶性: 在给定温度下，物质与纯水混合形成分子均相系统的程度。

井口装置: 带排水出口和阀的水井套管顶端的组件，用于控制产品流动。

润湿水: 加有兼容润湿剂的水。

润湿水泡沫: 润湿水与空气产生蜂窝状泡沫的添加物，在水的沸点以下可迅速分解成原始液态，分解速率直接与暴露处的热量有关，从而冷却可燃物。

润湿剂: 向水中加入适当数量的化合物，可极大地降低表面张力，增加渗透和扩散能力，同时具有乳化和发泡特性。

“X”标: 参考证书的后缀标识，表明安全使用的特殊条件。

区: 基于出现频率和爆炸性气体环境的持续时间，将危险区域分为多个区，具体如下：①0区，爆炸性气体环境连续出现或长期出现的区域；②1区，爆炸性气体环境在正常操作时可能出现的区域；③2区，爆炸性气体环境在正常操作时不可能出现，如果出现仅存在很短时间的区域。

附录A 各种标准比较

IEC、NEC和CEC区域标准与NEC/CEC级/类标准的比较。

表A1 Ⅰ级区域分类比较[①]

<table>
<tr><td>0区</td><td>1区</td><td>2区</td></tr>
<tr><td>可燃气体、蒸气或液体的可引燃浓度连续出现或长时间存在的区域</td><td>可燃气体、蒸气或液体的可引燃浓度:
① 正常运行时易于出现的区域;
② 因检修、维护操作或泄漏可能频繁出现的区域</td><td>可燃气体、蒸气或液体的可引燃浓度:
① 正常运行时不可能出现的区域;
② 仅短时间内出现的区域;
③ 仅发生事故或在特殊操作条件下出现危险的区域</td></tr>
<tr><td colspan="2">1类</td><td>2类</td></tr>
<tr><td colspan="2">可燃气体、蒸气或液体的可引燃浓度:
① 正常运行时易于出现的区域;
② 因维护/检修工作或经常设备故障频繁出现的区域</td><td>可燃气体、蒸气或液体的可引燃浓度:
① 正常运行时不可能出现的区域;
② 通常仅在容器意外破裂、断裂或设备非正常操作时发生危险的封闭容器</td></tr>
</table>

① 每个NEC条款505-10(b)(1)划分的“类”可以安装在“区”的位置,但反之不行。通常情况下,区内的产品通过利用级/类机制中没有的保护方法提供保护。

表A2 典型分区产品

<table>
<tr><td>区</td><td>级/类</td><td>区</td><td>级/类</td></tr>
<tr><td rowspan="2">ⅡC,乙炔和氢气</td><td>A/乙炔</td><td>ⅡB,乙烯</td><td>C/乙烯</td></tr>
<tr><td>B/氢气</td><td>ⅡA,丙烷</td><td>D/丙烷</td></tr>
</table>

表A3 1级保护方法对比

0区	1区	2区
① 本质安全(2故障); ② 本安型,ia(2故障)Ⅰ级,1类(仅美国)	① 浇封型,m; ② 隔爆型,d; ③ 增安型,e; ④ 本安型,ib(1故障); ⑤ 充油型,o; ⑥ 充砂型,q; ⑦ 正压型,p; ⑧ 任意Ⅰ级0区的方法; ⑨ 任意Ⅰ级0类的方法(仅美国)	① 能量限制,nc; ② 密封,nc; ③ 不可燃,nc; ④ 无火花,nA; ⑤ 限制呼吸,nR; ⑥ 密封装置,nC; ⑦ 任意Ⅰ级,0区或1方法; ⑧ 任意Ⅰ级,1类或2方法(仅美国)

续表

1类	2类
① 防爆型； ② 本全型(2故障)； ③ 正压型(X或Y型)	① 密封； ② 不可燃； ③ 无火花； ④ 充油型； ⑤ 密封装置； ⑥ 正压型(Z型)； ⑦ 任意Ⅰ级、1区或2方法(仅美国)； ⑧ 任意Ⅰ级、1类

表A4　1级温度组别

0区、1区和2区	1类和2类	最高温度
T1	T1	450℃(842℉)
T2	T2	300℃(572℉)
	T2A	280℃(536℉)
	T2B	260℃(500℉)
	T2C	230℃(446℉)
	T2D	215℃(419℉)
T3	T3	200℃(392℉)
	T3A	180℃(356℉)
	T3B	165℃(329℉)
	T3C	160℃(320℉)
T4	T4	135℃(275℉)
	T4A	120℃(248℉)
T5	T5	100℃(212℉)
T6	T6	85℃(185℉)

附录B 气体环境下的检查表

表B1 Ex d、Ex e和Ex n装置的检查表[①]

检查项目			检查级别								
			Ex d			Ex e			Ex n		
			D	C	V	D	C	V	D	C	V
A：设备	设备适合分级区域(EPL或区)		√	√	√	√	√	√	√	√	√
	设备组正确		√	√		√	√		√	√	
	设备温度组别正确		√	√		√	√		√	√	
	设备电路识别正确		√			√			√		
	设备电路识别可用		√	√	√	√	√	√	√	√	√
	外壳、玻璃和玻璃金属密封垫圈和/或化合物符合要求		√	√	√	√	√	√	√	√	√
	没有未授权更改		√			√			√		
	没有明显的未授权更改			√	√		√	√		√	√
	螺栓、电缆引入装置(直接或间接)和堵封件型号正确，完整并紧固	物理检查	√	√		√	√		√	√	
		目视检查			√			√			√
	法兰表清洁无损坏；若有的话，垫片符合要求		√								
	法兰间隙尺寸在最大允许值之内		√	√							
	灯泡功率、型号和位置正确		√			√			√		
	电气连接紧固					√			√		
	外壳垫圈的条件符合要求					√			√		
	封闭式断路装置和密封装置无损坏								√		
	限制通气外壳符合要求								√		
	排风机到外壳和/或表面有足够空间		√			√			√		
	排气和排水设备符合要求		√	√		√	√		√	√	
B：安装	电缆型号恰当		√			√			√		
	电缆没有明显的损坏		√	√		√	√		√	√	√
	线槽、通风管、管道和/或导管的密封符合要求		√	√		√	√		√	√	√
	塞子箱和电缆箱安装正确		√								
	导管系统的完整性与混合系统接口的维护		√			√			√		
	接地装置(包括任何补充接地连接点)符合要求(如连接点紧固，导体有足够的横截面)	物理检查	√			√			√		
		目视检查		√	√		√	√		√	√

续表

检查项目		检查级别								
		Ex d			Ex e			Ex n		
		D	C	V	D	C	V	D	C	V
B：安装	故障环路阻抗(TN系统)或接地电阻(IT系统)符合要求	√			√			√		√
	绝缘电阻符合要求	√			√			√		√
	自动电气保护设备在允许范围内操作	√			√			√		√
	自动电气保护设备设定正确(自动复位不可能)	√			√			√		√
	遵循使用特殊条件(如果适用)	√			√			√		√
	闲置电缆绕线正确	√			√			√		√
	邻近防爆型法兰接头的障碍物符合EN 60079-14	√	√	√						
	变压/变频装置符合文档要求	√	√		√	√		√	√	
C：环境	充分保护设备免于腐蚀、天气、振动和其他有害因素的影响	√	√	√	√	√	√	√	√	√
	灰尘和污物没有过量累积	√	√	√	√	√	√	√	√	√
	绝缘体清洁、干燥				√			√		

① D是指详细；C是指仔细；V是指目测。

表B2 Ex i装置的检查图表①

检查项目		检查级别		
		D	C	V
A：设备	电路和/或设备的文档适用于区域分类(EPL和区)	√	√	√
	安装设备按照文档规定(仅固定设备)	√	√	
	电路和/或设备分类和分组正确	√	√	
	设备温度组别正确	√	√	
	安装已明确标示	√	√	
	外壳、玻璃和玻璃-金属密封垫圈和/或化合物符合要求	√		
	没有未授权的修改	√		
	没有明显的未授权修改		√	√
	安全屏障单元、继电器和其他能源限制装置为批准型号，安装符合认证要求，在需要的地方安全接地	√	√	√
	电气连接牢固	√		
	印刷电路板干净无损	√		
B：安装	电缆按照文档要求安装	√		
	电缆按照文档要求屏蔽接地	√		
	电缆没明显损伤	√	√	√
	线槽、通风管、管道和/或导管的密封符合要求	√	√	√
	点对点连接完全正确	√		

续表

<table>
<tr><th colspan="2" rowspan="2">检查项目</th><th colspan="3">检查级别</th></tr>
<tr><th>D</th><th>C</th><th>V</th></tr>
<tr><td rowspan="7">B: 安装</td><td>非电隔离电路的接地导通符合要求(如连接牢固，导体有足够的横截面积)</td><td>√</td><td></td><td></td></tr>
<tr><td>接地连接维持保护类型的完整性</td><td>√</td><td>√</td><td>√</td></tr>
<tr><td>本安型电路对地绝缘并接地充分</td><td>√</td><td></td><td></td></tr>
<tr><td>常见配电箱或继电器柜内的本安电路和非本安电路保持分离</td><td>√</td><td></td><td></td></tr>
<tr><td>如果适用，电源的短路保护按照文档要求</td><td>√</td><td></td><td></td></tr>
<tr><td>遵循使用特殊条件(如果适用)</td><td>√</td><td></td><td></td></tr>
<tr><td>未用电缆正确端接</td><td>√</td><td>√</td><td>√</td></tr>
<tr><td rowspan="2">C. 环境</td><td>充分保护设备免于腐蚀、天气、振动和其他有害因素的影响</td><td>√</td><td>√</td><td>√</td></tr>
<tr><td>灰尘和污物没有过量累积</td><td>√</td><td>√</td><td>√</td></tr>
</table>

① D是指详细；C是指仔细；V是指目测。

表B3 Ex p或pD装置的检查图表①

<table>
<tr><th colspan="3" rowspan="2">检查项目</th><th colspan="3">检查级别</th></tr>
<tr><th>D</th><th>C</th><th>V</th></tr>
<tr><td rowspan="9">A: 设备</td><td colspan="2">设备适于区域分类(EPL和区)</td><td>√</td><td>√</td><td>√</td></tr>
<tr><td colspan="2">设备分组正确</td><td>√</td><td>√</td><td></td></tr>
<tr><td colspan="2">设备温度组别正确</td><td>√</td><td></td><td></td></tr>
<tr><td colspan="2">设备电路识别正确</td><td>√</td><td></td><td></td></tr>
<tr><td colspan="2">设备电路识别可用</td><td>√</td><td>√</td><td>√</td></tr>
<tr><td colspan="2">外壳、玻璃和玻璃金属密封垫圈和/或化合物符合要求</td><td>√</td><td>√</td><td>√</td></tr>
<tr><td colspan="2">没有未授权的修改</td><td>√</td><td></td><td></td></tr>
<tr><td colspan="2">没有明显的未授权修改</td><td></td><td>√</td><td>√</td></tr>
<tr><td colspan="2">灯泡功率、型号和位置正确</td><td>√</td><td></td><td></td></tr>
<tr><td rowspan="11">B: 安装</td><td colspan="2">电缆型号恰当</td><td>√</td><td></td><td></td></tr>
<tr><td colspan="2">电缆没明显损伤</td><td>√</td><td>√</td><td>√</td></tr>
<tr><td rowspan="2">接地连接(包括任何补充接地连接)符合要求
(如连接牢固，导体有足够的横截面积)</td><td>物理检查</td><td></td><td></td><td></td></tr>
<tr><td>目视检查</td><td></td><td></td><td></td></tr>
<tr><td colspan="2">故障环路阻抗(TN系统)或接地电阻(IT系统)符合要求</td><td>√</td><td></td><td></td></tr>
<tr><td colspan="2">自动电气保护设备在允许范围内操作</td><td>√</td><td></td><td></td></tr>
<tr><td colspan="2">自动电气保护设备设定正确</td><td>√</td><td></td><td></td></tr>
<tr><td colspan="2">保护气入口温度低于指定最大值</td><td>√</td><td></td><td></td></tr>
<tr><td colspan="2">通风管、管道和外壳情况良好</td><td>√</td><td>√</td><td>√</td></tr>
<tr><td colspan="2">保护气基本不含污染物</td><td>√</td><td>√</td><td>√</td></tr>
<tr><td colspan="2">保护气压和/或流量充足</td><td>√</td><td>√</td><td>√</td></tr>
</table>

续表

检查项目		检查级别		
		D	C	V
B：安装	压力表和/或流量计、报警器和联锁装置运行正确	√		
	危险区域排气的通风管火花和颗粒挡板运行条件符合要求	√		
	遵循使用特殊条件(如果适用)	√		
C：环境	充分保护设备免于腐蚀、天气、振动和其他有害因素的影响	√	√	√
	灰尘和污物没有过量累积	√	√	√

① D是指详细；C是指仔细；V是指目测。

表B4 Ex tD装置的检查图表[①]

检查项目			检查级别		
			D	C	V
A：设备	设备适于区域分类(EPL和区)		√	√	√
	导电粉尘设备的防护功率正确		√	√	√
	最大表面温度正确		√	√	
	设备电路识别正确		√		
	设备电路识别可用		√	√	√
	外壳、玻璃和玻璃金属密封垫圈和/或化合物符合要求		√	√	√
	没有未授权的修改		√		
	没有明显的未授权修改			√	√
	螺栓、电缆引入装置(直接或间接)和堵封件型号正确，完整并紧固	物理检查	√	√	
		目视检查			√
	电缆型号恰当		√		
B：安装	电缆没明显损伤		√	√	√
	灯泡功率、型号和位置正确		√		
	电气连接牢固		√		
	外壳密封垫符合要求		√		
	排风机到外壳和/或表面有足够空间		√		
	尘埃和污垢避免累积		√	√	√
	电缆型号恰当		√		
	电缆没有明显损坏		√	√	√
	线槽、通风管、管道和/或导管的密封符合要求		√	√	√
	接地连接(包括任何补充接地连接)符合要求(如连接牢固，导体有足够的横截面积)	物理检查	√		
		目视检查		√	√
	故障环路阻抗(TN系统)或接地电阻(IT系统)符合要求		√		
	绝缘电阻符合要求		√		

续表

检查项目		检查级别		
		D	C	V
B: 安装	自动电气保护装置在允许范围内操作	√		
	遵循使用特殊条件(如果适用)	√		
	未用电缆正确端接	√	√	
C: 环境	充分保护设备免于腐蚀、天气、振动和其他有害因素的影响	√	√	√
	灰尘和污物没有过量累积	√	√	√

① D是指详细; C是指仔细; V是指目测。

附录C 灰尘环境下的检查表

表C1 Ex i、iD和nL设备的检查图表

检查项目		检查级别		
		D	C	V
A：设备	电路和/或设备文档满足EPL/区的要求	√	√	√
	设备按文档指定安装(仅限固定设备)	√	√	
	电路和/或设备分类和分组正确	√	√	
	设备温度组别正确	√	√	
	安装标识清晰	√	√	√
	外壳、玻璃零件和玻璃金属密封垫圈和/或化合物符合要求	√		
	没有未授权的修改	√		
	没有明显的未授权修改		√	√
	安全屏障单元、继电器和其他能源限制装置为批准型号，安装符合认证要求	√	√	√
	电气连接牢固	√		
	电缆型号恰当	√		
	印刷电路板清洁无损坏	√		
B：安装	电缆按照文档要求安装	√		
	电缆按照文档要求屏蔽接地	√		
	电缆没明显损伤	√	√	√
	线槽、通风管、管道和/或导管的密封符合要求	√	√	√
	点对点连接完全正确	√		
	非电隔离电路的接地导通符合要求(如连接牢固，导体有足够的横截面积)	√		
	接地连接维持保护类型的完整性	√	√	√
	本安电路接地和绝缘电阻符合要求	√		
	常见配电箱或继电器柜内的本安电路和非本安电路保持分离	√		
	如果适用，电源的短路保护按照文档要求	√		
	遵循使用特殊条件(如果适用)	√		
	未用电缆正确端接	√		
C：环境	充分保护设备免于腐蚀、天气、振动和其他有害因素的影响	√	√	√
	灰尘和污物没有过量累积	√	√	√

① D是指详细；C是指仔细；V是指目测。

表C2　Ex p或pD装置的检查图表

检查项目			检查级别		
			D	C	V
A：设备	设备适于EPL或区的要求		√	√	√
	设备分组正确		√	√	
	设备温度组别或表面温度正确		√	√	
	设备电路识别正确		√		
	设备电路识别可用		√	√	√
	外壳、玻璃和玻璃金属密封垫圈和/或化合物符合要求		√	√	√
	没有未授权的修改		√		
	没有明显的未授权修改			√	√
	灯泡功率、型号和位置正确		√		
B：安装	电缆型号恰当		√		
	电缆没明显损伤		√	√	√
	接地连接(包括任何补充接地连接)符合要求(如连接牢固，导体有足够的横截面积)	物理检查			
		目视检查		√	√
	故障环路阻抗(TN系统)或接地电阻(IT系统)符合要求		√		
	自动电气保护设备在允许范围内操作		√		
	自动电气保护设备设定正确		√		
	保护气入口温度低于指定最大值		√		
	通风管、管道和外壳情况良好		√	√	√
	保护气基本不含污染物		√	√	√
	保护气压和/或流量充足		√	√	√
	压力表和/或流量计、报警器和联锁装置运行正确		√		
	危险区域排气的通风管火花和颗粒挡板运行条件符合要求		√		
	遵循使用特殊条件(如果适用)		√		
C：环境	充分保护设备免于腐蚀、天气、振动和其他有害因素的影响		√	√	√
	灰尘和污物没有过量累积		√	√	√

① D是指详细；C是指仔细；V是指目测。

表C3　Ex tD装置的检查图表

检查项目		检查级别		
		D	C	V
A：设备	设备适于EPL或区的要求	√	√	√
	导电粉尘设备的防护功率正确	√	√	√
	最大表面温度正确	√	√	
	设备电路识别可用	√	√	√

续表

<table>
<tr><th colspan="3" rowspan="2">检查项目</th><th colspan="3">检查级别</th></tr>
<tr><th>D</th><th>C</th><th>V</th></tr>
<tr><td rowspan="10">A: 设备</td><td colspan="2">设备电路识别正确</td><td>√</td><td></td><td></td></tr>
<tr><td colspan="2">外壳、玻璃和玻璃金属密封垫圈和/或化合物符合要求</td><td>√</td><td>√</td><td>√</td></tr>
<tr><td colspan="2">没有未授权的修改</td><td>√</td><td></td><td></td></tr>
<tr><td colspan="2">没有明显的未授权修改</td><td>√</td><td>√</td><td></td></tr>
<tr><td rowspan="2">螺栓、电缆引入装置(直接或间接)和堵封件型号正确，完整并紧固</td><td>物理检查</td><td>√</td><td>√</td><td></td></tr>
<tr><td>目视检查</td><td></td><td></td><td>√</td></tr>
<tr><td colspan="2">灯泡功率、型号和位置正确</td><td>√</td><td></td><td></td></tr>
<tr><td colspan="2">电气连接牢固</td><td>√</td><td></td><td></td></tr>
<tr><td colspan="2">外壳密封垫符合要求</td><td>√</td><td></td><td></td></tr>
<tr><td colspan="2">排风机到外壳和/或表面有足够空间</td><td>√</td><td></td><td></td></tr>
<tr><td rowspan="11">B: 安装</td><td colspan="2">安装尽量减小尘埃累积的风险</td><td>√</td><td>√</td><td>√</td></tr>
<tr><td colspan="2">电缆型号恰当</td><td>√</td><td></td><td></td></tr>
<tr><td colspan="2">电缆没有明显损坏</td><td>√</td><td>√</td><td>√</td></tr>
<tr><td colspan="2">线槽、通风管、管道和/或导管的密封符合要求</td><td>√</td><td>√</td><td>√</td></tr>
<tr><td rowspan="2">接地连接(包括任何补充接地连接)符合要求(如连接牢固，导体有足够的横截面积)</td><td>物理检查</td><td>√</td><td></td><td></td></tr>
<tr><td>目视检查</td><td></td><td>√</td><td>√</td></tr>
<tr><td colspan="2">故障环路阻抗(TN系统)或接地电阻(IT系统)符合要求</td><td>√</td><td></td><td></td></tr>
<tr><td colspan="2">绝缘电阻符合要求</td><td>√</td><td></td><td></td></tr>
<tr><td colspan="2">自动电气保护装置在允许范围内操作</td><td>√</td><td></td><td></td></tr>
<tr><td colspan="2">遵循使用特殊条件(如果适用)</td><td>√</td><td></td><td></td></tr>
<tr><td colspan="2">未用电缆正确端接</td><td>√</td><td>√</td><td></td></tr>
<tr><td rowspan="2">C: 环境</td><td colspan="2">充分保护设备免于腐蚀、天气、振动和其他有害因素的影响</td><td>√</td><td>√</td><td>√</td></tr>
<tr><td colspan="2">灰尘和污物没有过量累积</td><td>√</td><td>√</td><td>√</td></tr>
</table>

① D是指详细；C是指仔细；V是指目测。